大学物理

（第二版） 上册

主　编　宋更新　姜立南　董晓睿　韩丹丹

DAXUE WULI

高等教育出版社·北京

内容提要

本书是按照教育部高等学校物理学与天文学教学指导委员会编制的《理工科类大学物理课程教学基本要求》（2010 年版），结合编者多年的教学实践经验编写而成的。全书分为上、下两册，上册主要内容为质点运动学、质点运动定律与守恒定律、刚体的定轴转动、机械振动、机械波、气体动理论、热力学基础、狭义相对论、量子物理基础；下册主要内容为光的干涉、光的衍射、光的偏振、真空中的静电场、静电场中的导体和电介质、恒定磁场、电磁感应、电磁场和电磁波、近代物理的应用。本书概念清晰，叙述简明扼要，理论与实际结合紧密，着重阐述物理思想和物理图像，内容通俗易懂且不乏趣味。

本书可作为高等学校理工科类专业大学物理课程的教材，也可供高职高专学校相关专业师生参考。

图书在版编目（CIP）数据

大学物理．上册／宋更新等主编．--2 版．-- 北京：高等教育出版社，2021.12
ISBN 978-7-04-057349-7

Ⅰ．①大… Ⅱ．①宋… Ⅲ．①物理学 – 高等学校 – 教材 Ⅳ．①O4

中国版本图书馆 CIP 数据核字（2021）第 236273 号

DAXUE WULI

策划编辑	马天魁	责任编辑	马天魁	封面设计	王凌波	版式设计	李彩丽
插图绘制	邓 超	责任校对	刘丽娴	责任印刷	耿 轩		

出版发行	高等教育出版社	网　址	http://www.hep.edu.cn
社　址	北京市西城区德外大街 4 号		http://www.hep.com.cn
邮政编码	100120	网上订购	http://www.hepmall.com.cn
印　刷	固安县铭成印刷有限公司		http://www.hepmall.com
开　本	787 mm×1092 mm　1/16		http://www.hepmall.cn
印　张	25.75	版　次	2016 年 3 月第 1 版
字　数	480 千字		2021 年 12 月第 2 版
购书热线	010-58581118	印　次	2021 年 12 月第 1 次印刷
咨询电话	400-810-0598	定　价	59.00 元

本书如有缺页、倒页、脱页等质量问题，请到所购图书销售部门联系调换
版权所有　侵权必究
物料号　57349-00

Preface

前　言

　　本书是东北电力大学大学物理教学部最近几年在大学物理课程教学研究和改革中所取得的一项成果，是为了适应不同教学对象和不同专业类别的教学需要而编写的。随着近年来教学改革的不断深入，各学科对大学物理课程教学形成了两条基本共识：第一，大学物理课程不仅是理工科学生进一步学习专业知识的基础，更是帮助所有专业学生树立正确的科学的世界观，培养抽象思维能力、逻辑推理能力、空间想象能力和科学计算能力的一门素质教育课程；第二，大学物理教学应突出学生的作用，贯彻以学生为本的指导思想。我们正是秉着这两条基本共识编写了本教材。

　　本书的编写充分考虑了培养 21 世纪的工程技术人才对物理学的要求，吸取了多年来本科物理学教学改革的经验。在编写本书的过程中，编者结合多年来的教学实践经验和所形成的教育理念，并注意到当前中学物理课程教改的动向和高校教学情况的变化，十分注重课程内容的有机整合。本书特别强调对基本理论、解题方法的严谨精炼阐述。本书的例题和习题丰富并具有综合性和实际应用性。本书尤其重视对学生分析问题、解决问题及创新能力的培养，不仅使教师便于讲授，更有助于学生自学。

　　本书在满足教学基本要求必学内容的基础上，还编入了一些供选学的内容。为便于使用，选学内容均冠以"*"号。这些选学内容可以拓展读者的知识面，使读者能更广泛地了解物理学的新成就和新技术等，其篇幅大到章，小到节与段。所有选学内容均自成体系，教师可选讲或指导学生自学，跳过不讲也不影响全书的系统性。

由于编者水平有限，编写时间较仓促，书中错误之处在所难免。我们衷心希望广大读者多提宝贵意见，我们将在再版中加以纠正，以使本教材在使用中不断完善。

编　者

2021 年 6 月

Contents

目 录

第 2 部分　机械振动和机械波 　139

Part 1

第 1 部分

力学

  力学是一门古老的学问，其渊源在西方可追溯到公元前 4 世纪古希腊学者柏拉图所认为的圆运动是天体的最完美的运动和亚里士多德关于力产生运动的学说，在中国可追溯到《墨经》中关于杠杆原理的论述。但力学（以及整个物理学）成为一门科学理论应该说是从 17 世纪伽利略论述惯性运动开始的，继而牛顿提出了后来以他的名字命名的牛顿运动定律。现在，以牛顿运动定律为基础的力学理论叫牛顿力学或经典力学。它曾经被尊为完美、普遍的理论而兴盛了约 300 年。在 20 世纪初，人们虽然发现了它的局限性（它在高速领域被相对论所取代，在微观领域被量子力学所取代），但在一般的技术领域，包括机械制造、土木建筑，甚至航空航天技术中，经典力学仍保持着充沛的活力而处于基础理论的地位。它的这种实用性是我们要学习经典力学的一个重要原因。

  由于经典力学是最早形成的物理理论，所以后来的许多理论，包括相对论和量子力学的形成都受到它的影响。后者的许多概念和思想都是经典力学概念和思想的发展或改造。经典力学在一定意义上是整个物理学的基础，这是我们要学习经典力学的另一个重要原因。

  本部分着重讨论力学的基本概念和基本定律，同时也将结合具体内容，介绍力学发展过程中所形成的研究方法。例如，根据所研究问题的性质，将物体抽象成物理模型（如质点、质点系和刚体等），这对其他学科都有借鉴作用。

应该指出，本部分内容在深广度上比中学物理有较大提高，在处理问题的方法上，一般都是使用矢量来表述有关物理量和基本定律；并往往以微积分作为求解力学问题的运算工具。读者在学习过程中，应充分注意和自觉培养这种表述和运算的能力。

读者应认真阅读本部分内容、解答习题和联系实际应用，能对有关概念和基本定律深入理解、牢固掌握、灵活运用；纠正一些不正确的习惯认识和似是而非的概念，从而为学习本书其他各部分内容和有关后继课程，以及今后从事有关工作打下坚实的基础。

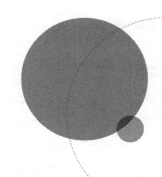

第 1 章
质点运动学

物质的运动通常包括机械运动、分子热运动、电磁运动、原子和原子核运动以及其他微观粒子运动等。机械运动是这些运动中最简单、最常见的。力学所研究的就是物体机械运动的规律。我们把宏观物体之间（或物体内部各部分之间）相对位置的变化称为**机械运动**。在经典力学中，人们通常将力学分为运动学、动力学和静力学三部分。在物体运动过程中，若物体内各点所移动的路径完全相同，则可用物体上任一点的运动来代表整个物体的运动，从而可研究物体的位置随时间而改变的情况。在力学中，这部分内容称为质点运动学。

本章只研究运动学规律，即只从几何的观点来描述物体的运动，研究物体的空间位置随时间的变化关系，不涉及引发物体运动和改变物体运动状态的原因。

1.1　参考系　坐标系

宇宙间任何物体皆运动不息。静止在地面上的物体（例如房屋、树木等）似乎是不动的，但是由于地球有公转和自转，因此地面上的物体自然也跟着地球一起在运动。有人以为太阳是不动的，但从整个银河系来看，太阳以 $240\ \mathrm{km \cdot s^{-1}}$ 的速度在运动。纵然是我们所在的银河系，从另一星系或者星云来看，也在运动。总之，自然界中没有不运动的物质，运动是物质的存在形式，这就是运动的绝对性。然而，对运动的描述是相对的。

1.1.1　参考系

运动是绝对的，是错综复杂的。在这些错综复杂的运动中，要描述一个物体的运动，总得选择另一个物体或几个彼此之间相对静止的物体作为参考，然后研究这个物体相对于这些物体是如何运动的，这些被选作参考的物体就叫作**参考系**。

同一物体的运动，由于我们所选参考系不同，对其运动的描述就会不同。例如，在匀速直线运动的车厢中，物体的自由下落，相对于车厢是作直线运动；相对于地面，却是作抛物线运动；相对于太阳或其他天体，运动的描述则更为复杂。这一事实充分说明了运动的描述是相对的。

从运动学的角度讲，参考系的选择是任意的；但由于选择不同的参考系对于我们研究同一问题的复杂程度不同，所以通常我们以对问题的研究最方便、最简单为原则。研究地球上物体的运动，在大多数情况下，以地球为参考系最为方便（以后如不作特别说明，研究地球上物体的运动，都是以地球为参考系的）。但是，当我们在地球上发射"人造天体"时，则需以太阳为参考系。

通过上面的讨论，我们知道，要准确地描述一个物体的运动，只有在选取某一确定的参考系后才有可能，而且由此作出的描述总是具有相对性的。

1.1.2　坐标系

为了从数量上确定物体相对于参考系的位置，需要在参考系上选用一个固定的坐标系。一般在参考系上选定一点作为坐标系的原点，并取通过原点并标有长度的线作为坐标轴，从而建立坐标系。常用的坐标系是直角坐标系。根据需要，我们也可选用其他的坐标系，例如极坐标系、自然坐标系、球坐标系或柱坐标系等。

当参考系选定后，无论选择何种坐标系，物体的运动性质都不会改变。然而如果坐标系选择得当，则可使计算简化。

1.1.3　物理模型

任何一个真实的物理过程都是极其复杂的。为了寻找某过程中最本质、最基本的规律，我们总是根据所提问题（或所要回答的问题），对真实过程进行理想化的简化，然后经过抽象提出一个可供数学描述的物理模型。

现在我们所提出的问题是如何确定物体在空间的位置。若物体的线度比它运动的空间范围小很多，或物体只作平动，则物体上各部分的运动情况完全相同。

此时，我们可以忽略物体的形状、大小而把它看成一个只具有一定质量的点，并称之为**质点**。

若物体的运动在上述两种情形之外，我们还可以推出质点系的概念，即把这个物体看成由许许多多质点所组成的系统。我们把组成这个物体的各个质点的运动情况弄清楚了，也就描述了整个物体的运动。

如果我们研究物体的转动，就必定涉及物体的空间方位，此时，质点模型已不适用，因为一个点是无方位可言的。然而，若在我们所研究的问题中，物体的微小形变可以忽略不计，则可以引入刚体模型。所谓刚体，是指在任何情况下，都没有形变的物体（我们在第 3 章中专门研究刚体）。

质点和刚体是我们在力学中所遇到的最初的物理模型。

综上所述，我们能够得到以下的启发：选择合适的参考系，以方便确定物体的运动性质；建立恰当的坐标系，以定量描述物体的运动；提出较准确的物理模型，以确定所提问题最基本的运动规律。

1.1.4 空间和时间

人们关于空间和时间的概念，首先起源于对自己周围物质世界和物质运动的直觉。空间反映了物质的广延性，它的概念是与物体的体积和物体位置的变化联系在一起的。时间所反映的则是物理事件的顺序性和持续性。早在我国春秋战国时代，墨家学派就对空间和时间的概念给予了深刻而明确的阐释。《墨经》中说，"宇，弥异所也""久，弥异时也"。此处，"宇"即空间，"久"即时间。意思是说，空间是一切不同位置的概括和抽象，时间是一切不同时刻的概括和抽象。在自然科学的创始和形成时代，关于空间和时间，有两种代表性的看法。莱布尼茨认为，空间和时间是物质上下左右的排列形式和先后久暂的持续形式，没有具体的物质和物质的运动就没有空间和时间。和莱布尼茨不同，牛顿认为，空间和时间是不依赖于物质的独立的客观存在。随着科学的进步，人们经历了从牛顿的绝对时空观到爱因斯坦的相对论时空观的转变，从时空的有限与无限的哲学思辨到可以用科学手段来探索的阶段。目前人类量度的时空范围，从宇宙范围的尺度 10^{26} m［约 9.3×10^{10} l. y.（光年）］到微观粒子尺度 10^{-15} m，从宇宙的年龄 10^{18} s［约 1.38×10^{10} a（年）］到微观粒子的最短寿命 10^{-24} s。物理理论指出，空间长度和时间间隔都有下限，它们分别是普朗克长度 10^{-35} m 和普朗克时间 10^{-43} s，当小于普朗克时空间隔时，现有的时空概念就可能不再适用了。

1.2 矢量概述

1.2.1 标量

在物理学中,有一类物理量,如时间、质量、功、能量、温度等,只需用大小(包括数值和单位)和正负就可完全确定,这类物理量统称为**标量**。标量既有大小又有正负,是代数量,所以可用代数方法进行计算。例如,同类的标量可以求代数和;又如标量函数的求导和积分等运算,读者在微积分学中也都是熟悉的,我们在本书中就不再复述这些内容了。

1.2.2 矢量

在物理学中,还有另一类物理量,如位移、速度、加速度、力、动量、冲量、电场强度等,必须同时给出大小和标明方向,才能完全确定。并且这类物理量在相加时服从平行四边形法则。这类物理量称为**矢量**或**向量**(在书中一般用黑体字母表示,平时手写一般在字母上面加"→"表示)。例如,若只说一物体以 $9\ \mathrm{m\cdot s^{-1}}$ 的速率运动,而不指出方向,我们就不了解该物体究竟朝哪个方向运动;只有既指出该物体具有 $9\ \mathrm{m\cdot s^{-1}}$ 的速率,又指出其运动方向(例如,朝东北),物体的运动速度才能完全确定;这样,物体的运动状态也就描述出来了。

矢量可用几何方法表示:画一条有箭头的直线段,以直线段的长度代表矢量的大小,并令直线段的方位及箭头的指向代表矢量的方向,记作 A,如图 1-1 所示。

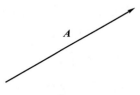

图 1-1

矢量 A 的大小 $|A|$ 称作矢量的模,记作 $|A|$ 或 A,模为 1 的矢量称作单位矢量,与矢量 A 方向相同的单位矢量记作 e_A。由于矢量具有大小与方向,所以,当两个矢量大小相等且方向相同时,它们才相等。将一个矢量平移后,其大小和方向都保持不变,即平移后的矢量与原矢量相等。所以,在考察矢量之间的关系或对它们进行运算时,可根据需要对它们进行平移。

若矢量 A 和 B 大小相等、方向相同,则这两个矢量相等,即 $A = B$,而标量和矢量由于不同类,故不能相比较,也不能相加减。

模为零的矢量称作零矢量，其方向可以认为是任意的，记作 **0**。

1.2.3　矢量的加减法

1. 矢量的加法

矢量的加法遵从平行四边形法则，如果矢量 **A** 和 **B** 相加，和为 **C**，则记为 **A** + **B** = **C**。如图 1-2 所示，两矢量 **A**、**B** 的夹角为 α，则矢量 **C** 的大小为

$$C = \sqrt{A^2 + B^2 + 2AB\cos\alpha}$$

当然，由图还可看出，若把矢量 **B** 平移，让其矢尾与 **A** 的矢端相连，那么从 **A** 的矢尾指向 **B** 的矢端的矢量即矢量 **C**，此时，**A**、**B**、**C** 构成了一个三角形，这种矢量相加的方法叫作三角形法则，它其实是平行四边形法则的简化。

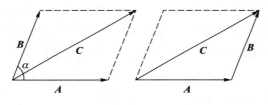

图 1-2

当多个矢量相加时，可用平行四边形法则逐次进行，也可将三角形法则推广为多边形法则进行。即令 **A**、**B**、**C** 等矢量依次首尾相接，那么，从第一个矢量的矢尾指向最后一个矢量的矢端的矢量即合矢量。

矢量的加法满足交换律和结合律，即有

$$A + B = B + A$$

和

$$(A + B) + C = A + (B + C)$$

注：有限角位移由于不遵从加法的交换律，故不是矢量。

2. 矢量的减法

如果矢量 **A** 与 **B** 的和为 **C**，即 **A** + **B** = **C**，则 **B** 可称作 **C** 与 **A** 的矢量差，记作 **B** = **C** – **A**，矢量减法是加法的逆运算。由于 –**A** 与 **A** 的方向相反，故

$$B = C - A = C + (-A)$$

即矢量的减法可换成加法来进行计算。如图 1-2 所示，由几何关系可知，**B** 等

于从矢量 A 的矢端指向矢量 C 的矢端。在三角形法则中，从减矢量矢端指向被减矢量矢端的矢量，即这两个矢量之差。

3. 矢量的数乘

矢量 A 与一个实数 m 的乘积叫作矢量的数乘，其结果仍是一个矢量，记作 mA，模为 $|mA| = |m||A|$，若 m 大于零，则 mA 与 A 同向；若 m 小于零，则 mA 与 A 反向，若 m 等于零，则 $mA = \mathbf{0}$。

如果用 e_A 表示与 A 同方向的单位矢量，则有

$$A = A\,e_A \quad \text{或} \quad A = |A|\,e_A$$

4. 矢量在直角坐标系下的正交分解

由矢量的加法（减法）可知，两个以上的矢量可以合成为一个矢量。所以，一个矢量也可以分解为两个或两个以上的矢量。但一个矢量分解为两个矢量时，结果并不唯一，而是有无穷多种结果。

如果限定了两个分量的方向，则分解结果是唯一的。我们常将一矢量沿直角坐标系的坐标轴进行分解。这种分解当然也是唯一的，这种情况下分矢量相互垂直，称为正交分解。

如图 1-3 所示，设直角坐标系为 $Oxyz$，并记 x、y、z 三个方向的单位矢量为 $\boldsymbol{i}$、$\boldsymbol{j}$、$\boldsymbol{k}$（为简便计，图中未标出），自矢量 A 的矢端向 z 轴作垂线，垂足为 A_z，再自 A 的矢端向 Oxy 平面作垂线，垂足为 A'，之后再从 A' 向 x、y 轴作垂线，垂足分别为 A_x、A_y，则 A_x、A_y、A_z 称为矢量 A 在 x、y、z 轴上的投影或分量（注意不是分矢量）。这样，A 在 x、y、z 方向的分矢量为 $A_x\boldsymbol{i}$、$A_y\boldsymbol{j}$、$A_z\boldsymbol{k}$，那么 A 的大小为

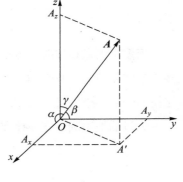

图 1-3

$$A = |A| = \sqrt{A_x^2 + A_y^2 + A_z^2}$$

而 A 与 x、y、z 轴的夹角 α、β、γ 叫作方向角，显然有

$$\cos\alpha = \frac{A_x}{A}, \quad \cos\beta = \frac{A_y}{A}, \quad \cos\gamma = \frac{A_z}{A}$$

且有 $\cos^2\alpha + \cos^2\beta + \cos^2\gamma = 1$，于是用 x、y、z 三个方向的分矢量表示 A 时，有

$$A = A_x\boldsymbol{i} + A_y\boldsymbol{j} + A_z\boldsymbol{k}$$

上式称为 A 在直角坐标系 $Oxyz$ 中的正交分解式，利用正交分解式进行矢量的加减

运算时，把对应方向的分矢量相加减，所得结果即所求矢量的对应分矢量，即若

$$A = A_x\boldsymbol{i} + A_y\boldsymbol{j} + A_z\boldsymbol{k}$$

$$B = B_x\boldsymbol{i} + B_y\boldsymbol{j} + B_z\boldsymbol{k}$$

则

$$A \pm B = (A_x \pm B_x)\boldsymbol{i} + (A_y \pm B_y)\boldsymbol{j} + (A_z \pm B_z)\boldsymbol{k}$$

5. 矢量的标积和矢积

矢量除了数乘之外，还有标积和矢积。

（1）矢量的标积（点乘）

两矢量的标积亦称点乘，定义为：一个矢量在另一个矢量方向上的投影与另一个矢量模的乘积。其结果是一个标量，可表示为

$$A \cdot B = |A||B|\cos(A, B) = AB\cos(A, B) = AB\cos\theta$$

即

$$A \cdot B = AB\cos\theta$$

式中 θ 为两矢量的夹角，如图 1-4 所示。

在直角坐标系 $Oxyz$ 中，x、y、z 方向的单位矢量为 $\boldsymbol{i}$、$\boldsymbol{j}$、$\boldsymbol{k}$，那么矢量 A 与单位矢量的标积即 A 在该方向的分量，即

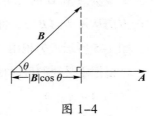

图 1-4

$$A \cdot \boldsymbol{i} = (A_x\boldsymbol{i} + A_y\boldsymbol{j} + A_z\boldsymbol{k}) \cdot \boldsymbol{i} = A_x$$

$$A \cdot \boldsymbol{j} = A_y$$

$$A \cdot \boldsymbol{k} = A_z$$

而

$$A \cdot A = A^2$$

若 $A \neq 0$，$B \neq 0$，$A \cdot B = 0$，则

$$A \perp B$$

在直角坐标系 $Oxyz$ 中，

$$\boldsymbol{i} \cdot \boldsymbol{i} = \boldsymbol{j} \cdot \boldsymbol{j} = \boldsymbol{k} \cdot \boldsymbol{k} = 1, \quad \boldsymbol{i} \cdot \boldsymbol{j} = \boldsymbol{j} \cdot \boldsymbol{k} = \boldsymbol{k} \cdot \boldsymbol{i} = 0$$

矢量的标积满足交换律、分配律和结合律。设有 A、B、C 三个矢量，λ 为实数，则有

$$A \cdot B = B \cdot A \qquad\qquad （交换律）$$

$$（A + B） \cdot C = A \cdot C + B \cdot C \qquad\qquad （分配律）$$

$$\lambda（A \cdot B） = （\lambda A） \cdot B = A \cdot （\lambda B） \qquad\qquad （结合律）$$

矢量的标积还可用矢量的正交分解式来计算，即

$$A \cdot B = （A_x i + A_y j + A_z k） \cdot （B_x i + B_y j + B_z k） = A_x B_x + A_y B_y + A_z B_z$$

（2）矢量的矢积（叉乘）

两矢量 A 和 B 的矢积亦称叉乘，其结果仍是一个矢量，用矢量 C 表示，矢量 C 的大小为 A 和 B 组成的平行四边形的面积，其方向垂直于矢量 A 和 B 构成的平面，并且 A、B 和 C 三者符合右手螺旋定则，其数学表达式为 $A \times B = C$，C 的大小为

$$C = AB\sin \varphi \qquad （0 \leqslant \varphi \leqslant \pi）$$

式中 φ 为 A 和 B 的夹角，而 C 的方向按右手螺旋定则确定：即右手四指按小于 π 的方向从 A 转向 B 时，伸直的拇指所指的方向即 C 的方向，如图 1–5 所示。矢积用"×"表示，故又叫叉乘。

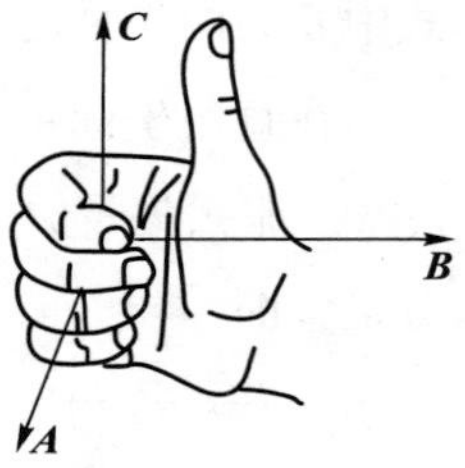

根据定义我们可以得到：

① $A \times A = 0$；

② 若 $A \neq 0$，$B \neq 0$，$A \parallel B$，则 $A \times B = 0$；

③ $A \times B = -B \times A$；

④ $（\lambda A） \times B = \lambda（A \times B） = A \times （\lambda B）$ （λ 为实数）；

⑤ $C \times （A + B） = C \times A + C \times B$；

⑥ 在直角坐标系中，有

图 1–5

$$i \times j = k, \quad j \times k = i, \quad k \times i = j$$

$$j \times i = -k, \quad k \times j = -i, \quad i \times k = -j$$

用正交分解式计算时，有

$$A \times B = \begin{vmatrix} i & j & k \\ A_x & A_y & A_z \\ B_x & B_y & B_z \end{vmatrix} = （A_y B_z - A_z B_y）i + （A_z B_x - A_x B_z）j + （A_x B_y - A_y B_x）k$$

1.3 运动的描述

1.3.1 位置矢量和位移

1. 位置矢量

在坐标系中，质点的位置常用位置矢量来表示。**位置矢量**简称**位矢**，它是一个有向线段，其始端位于坐标系的原点 O，末端则与质点 P 在时刻 t 的位置相重合。从图 1-6 中可以看出，位矢 r 在 x、y 和 z 轴上的投影（即质点的坐标）分别为 x、y 和 z。所以，质点 P 在直角坐标系 $Oxyz$ 中的位置，既可用位矢 r 来表示，也可用坐标 x、y 和 z 来表示。如取 i、j 和 k 分别为沿 x、y 和 z 轴的单位矢量，那么位矢 r 亦可写成

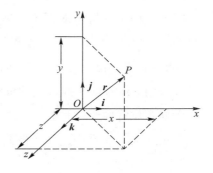

图 1-6　位置矢量

$$r = x\boldsymbol{i} + y\boldsymbol{j} + z\boldsymbol{k} \tag{1-1}$$

位矢 r 的大小为

$$|\boldsymbol{r}| = r = \sqrt{x^2 + y^2 + z^2}$$

位矢 r 的方向满足

$$\cos\alpha = \frac{x}{r}, \quad \cos\beta = \frac{y}{r}, \quad \cos\gamma = \frac{z}{r}$$

式中 α、β、γ 分别是 r 与 x、y 和 z 轴之间的夹角。

2. 运动方程

当质点运动时，它相对坐标原点 O 的位矢 r 是随时间变化的，如图 1-7 所示，因此，r 是时间的函数，即

$$r = \boldsymbol{r}(t) = x(t)\boldsymbol{i} + y(t)\boldsymbol{j} + z(t)\boldsymbol{k} \tag{1-2}$$

（1-2）式叫作质点的**运动方程**；而 $x(t)$、$y(t)$ 和 $z(t)$ 则是运动方程的分量式，也叫运动方程的**参量方程**。从中消去参量 t 便得到质点运动的**轨道方程**（也叫**轨迹方程**）。值得指出的是，运动学的重要任务之一就是找出各种具体运动所遵循的运动方程。知道了运动方程，我们就能确定任意时刻质点的位置，从而确定质点的运动。

3. 轨道

轨道是运动质点以时间顺序扫描出的曲线。轨道也具有相对性，或者说轨道与参考系的选择有关。例如，以地面为参考系，自由落体的轨道是一条直线；相对于水平匀速前进的列车而言，自由落体的轨道变成一条抛物线。

4. 位移

在如图 1-8 所示的直角坐标系 $Oxyz$ 中，有一质点沿曲线从时刻 t_1 的点 A 运动到时刻 t_2 的点 B，质点相对原点 O 的位矢由 $\boldsymbol{r}_1$ 变化到 $\boldsymbol{r}_2$。显然在时间间隔 $\Delta t = t_2 - t_1$ 内，位矢的大小和方向都发生了变化。我们把从始点 A 指向终点 B 的有向线段 $\overline{AB}$ 称为点 A 到点 B 的**位移矢量**，简称**位移**，用 $\Delta \boldsymbol{r}$ 表示。位移 $\Delta \boldsymbol{r}$ 的大小表示质点位置的变动大小，其方向反映质点位置的变动方向。由图 1-8 可以看出，点 B 的位矢 $\boldsymbol{r}_2$ 应等于点 A 的位矢 $\boldsymbol{r}_1$ 与 $\Delta \boldsymbol{r}$ 的矢量和，即

$$\boldsymbol{r}_2 = \boldsymbol{r}_1 + \Delta \boldsymbol{r}$$

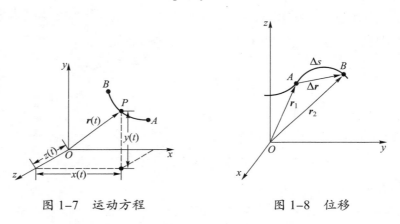

图 1-7　运动方程　　　　　图 1-8　位移

由上式可得，质点从点 A 到点 B 的位移为

$$\Delta \boldsymbol{r} = \boldsymbol{r}_2 - \boldsymbol{r}_1 \qquad (1-3)$$

由（1-2）式，可将 A、B 两点的位矢 $\boldsymbol{r}_1$ 与 $\boldsymbol{r}_2$ 分别写成

$$\boldsymbol{r}_1 = x_1 \boldsymbol{i} + y_1 \boldsymbol{j} + z_1 \boldsymbol{k}$$
$$\boldsymbol{r}_2 = x_2 \boldsymbol{i} + y_2 \boldsymbol{j} + z_2 \boldsymbol{k}$$

于是，位移 $\Delta \boldsymbol{r}$ 亦可写成

$$\Delta \boldsymbol{r} = \boldsymbol{r}_2 - \boldsymbol{r}_1 = (x_2 - x_1)\boldsymbol{i} + (y_2 - y_1)\boldsymbol{j} + (z_2 - z_1)\boldsymbol{k} = \Delta x \boldsymbol{i} + \Delta y \boldsymbol{j} + \Delta z \boldsymbol{k} \qquad (1-4)$$

位移的大小为

$$|\Delta \boldsymbol{r}| = \sqrt{(x_2 - x_1)^2 + (y_2 - y_1)^2 + (z_2 - z_1)^2} \qquad (1-5)$$

应当注意，位移是描述质点位置变化的物理量，它只表示位置变化的效果，并非质点所经历的实际路程。如图 1-8 所示，曲线是质点实际运动的轨道，轨道的长度为质点所经历的路程，而位移则是 $\Delta \boldsymbol{r}$。当质点经一闭合路径回到起始位置时，其位移为零，而路程不为零。可见，质点的位移和路程是两个完全不同的概念。只有在 Δt 取得很小的极限情况下，位移的大小 $|\Delta \boldsymbol{r}|$ 才可视为与路程 Δs 没有区别。位移和路程的单位均是长度的单位，在国际单位制（SI）中为 m（米）。

1.3.2　速度和加速度

1. 速度

研究质点运动时，人们不仅要知道质点的位置变动——位移，还要知道质点在多长的一段时间内产生的这段位移，也就是要知道质点运动的快慢程度。

如图 1-8 所示，在时刻 t 到 $t+\Delta t$ 这段时间内，质点的位移为 $\Delta \boldsymbol{r}$，那么 $\Delta \boldsymbol{r}$ 与 Δt 的比，就称为质点在 t 时刻附近 Δt 时间内的平均速度：

$$\bar{v} = \frac{\Delta s}{\Delta t} \qquad (1-6)$$

从（1-6）式不难看出，平均速度的方向与位移 $\Delta \boldsymbol{r}$ 的方向相同。

显然，用平均速度描述物体的运动是比较粗糙的。因为在 Δt 时间内，质点各个时刻的运动情况不一定相同，质点的运动可以时快时慢，方向也可以不断地改变，平均速度并不能反映质点运动的细节。如果我们要精确地知道质点在某一时刻或某一位置的实际运动情况，就需要使 Δt 尽量减少，即 $\Delta t \to 0$，用平均速度的极限——**瞬时速度**（简称**速度**）来描述它。

质点在某时刻或某位置的瞬时速度，等于该时刻附近 Δt 趋于零时平均速度的极限，其表达式为

$$v = \lim_{\Delta t \to 0} \frac{\Delta \boldsymbol{r}}{\Delta t} = \frac{\mathrm{d}\boldsymbol{r}}{\mathrm{d}t} \qquad (1-7)$$

可见，**速度等于位矢对时间的一阶导数**。

速度的方向就是 Δt 趋于零时，平均速度 $\dfrac{\Delta \boldsymbol{r}}{\Delta t}$ 的极限方向，即沿质点所在处轨道的切线方向，并指向质点前进的一方。

速度是矢量，既有大小又有方向。

描述质点运动时，我们也常采用一个叫作**速率**的物理量。速率是标量，等于质点在单位时间内所经过的路程，而不考虑质点运动的方向。如图 1-8 所示，在 Δt 时间内质点运动的轨道为曲线 $\overparen{AB}$，设曲线 $\overparen{AB}$ 的长度为 Δs，那么 Δs 与 Δt 的比就称

为 t 时刻附近 Δt 时间内的平均速率，即

$$\overline{v} = \frac{\Delta s}{\Delta t} \qquad （1-8）$$

值得注意的是，平均速率与平均速度不能等同看待。例如，在某一段时间内，质点走了一个闭合路径，显然质点的位移等于零，平均速度也为零，而质点的平均速率却不等于零。

虽然如此，但在 $\Delta t \to 0$ 的极限条件下，曲线 $\overgroup{AB}$ 的长度 Δs 与直线段 AB 的长度 $|\Delta \boldsymbol{r}|$ 相等，即在 $\Delta t \to 0$ 时，$\mathrm{d}s = |\mathrm{d}\boldsymbol{r}|$，所以瞬时速率为

$$v = \lim_{\Delta t \to 0} \frac{\Delta s}{\Delta t} = \frac{\mathrm{d}s}{\mathrm{d}t} = \frac{|\mathrm{d}\boldsymbol{r}|}{\mathrm{d}t} = |\boldsymbol{v}| \qquad （1-9）$$

即瞬时速率等于瞬时速度的模。

在直角坐标系 $Oxyz$ 中，速度可表示成

$$\boldsymbol{v} = \frac{\mathrm{d}\boldsymbol{r}}{\mathrm{d}t} = \frac{\mathrm{d}x}{\mathrm{d}t}\boldsymbol{i} + \frac{\mathrm{d}y}{\mathrm{d}t}\boldsymbol{j} + \frac{\mathrm{d}z}{\mathrm{d}t}\boldsymbol{k} = v_x\boldsymbol{i} + v_y\boldsymbol{j} + v_z\boldsymbol{k} \qquad （1-10）$$

式中 $v_x = \dfrac{\mathrm{d}x}{\mathrm{d}t}$，$v_y = \dfrac{\mathrm{d}y}{\mathrm{d}t}$，$v_z = \dfrac{\mathrm{d}z}{\mathrm{d}t}$ 叫作速度在 x、y、z 轴的分量。这时速度的模可以表示成

$$v = |\boldsymbol{v}| = \sqrt{v_x^2 + v_y^2 + v_z^2} \qquad （1-11）$$

速度的大小和速率在量值上都是长度与时间之比，它们的单位在国际单位制中为 $\mathrm{m \cdot s^{-1}}$（米每秒）。

例 1-1 设质点运动的参量方程为 $x = t + 2$，$y = \dfrac{1}{4}t^2 + 2$，x、y 的单位均为 m，t 的单位为 s。（1）求 $t = 3\ \mathrm{s}$ 时的速度；（2）作出质点的运动轨道图。

解 （1）由题意可得速度分量分别为

$$v_x = \frac{\mathrm{d}x}{\mathrm{d}t} = 1, \quad v_y = \frac{\mathrm{d}y}{\mathrm{d}t} = \frac{1}{2}t \quad （\text{SI单位}）$$

故 $t = 3\ \mathrm{s}$ 时的速度分量为 $v_x = 1\ \mathrm{m \cdot s^{-1}}$ 和 $v_y = 1.5\ \mathrm{m \cdot s^{-1}}$。于是 $t = 3\ \mathrm{s}$ 时，质点的速度为

$$\boldsymbol{v} = (\boldsymbol{i} + 1.5\boldsymbol{j})\ \mathrm{m \cdot s^{-1}}$$

速度的大小为 $v \approx 1.8\ \mathrm{m \cdot s^{-1}}$，速度 $\boldsymbol{v}$ 与 x 轴之间的夹角为

$$\theta = \arctan \frac{1.5}{1} \approx 56.3°$$

（2）由已知参量方程 $x = t + 2$，$y = \frac{1}{4}t^2 + 2$，消去 t 可得轨道方程：

$$y = \frac{1}{4}x^2 - x + 3 \quad (x \geq 2)$$

质点的运动轨道图如图 1-9 所示。

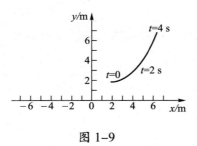

图 1-9

例 1-2　如图 1-10 所示，A、B 两物体由一长度为 l 的刚性细杆相连，A、B 两物体可在光滑轨道上滑行。若物体 A 以恒定的速率 v 向左滑行，则当 $\alpha = 60°$ 时，物体 B 的速度是多少？

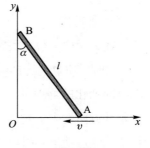

图 1-10

解　按图 1-10 所示的坐标系，物体 A 的速度为

$$v_A = v_x = \frac{\mathrm{d}x}{\mathrm{d}t} = -v \tag{1}$$

式中"–"号表示 A 沿 x 轴负方向运动。而物体 B 的速度为

$$v_B = v_y = \frac{\mathrm{d}y}{\mathrm{d}t} \tag{2}$$

由于 $x^2 + y^2 = l^2$，考虑到细杆是刚性的，其长度 l 为一常量，但 x、y 是时间的函数，故有

$$2x\frac{\mathrm{d}x}{\mathrm{d}t} + 2y\frac{\mathrm{d}y}{\mathrm{d}t} = 0$$

可得

$$\frac{\mathrm{d}y}{\mathrm{d}t} = -\frac{x}{y}\frac{\mathrm{d}x}{\mathrm{d}t}$$

于是由（2）式，物体 B 的速度为

$$v_B = -\frac{x}{y}\frac{\mathrm{d}x}{\mathrm{d}t}$$

因为

$$\frac{\mathrm{d}x}{\mathrm{d}t} = -v, \quad \tan \alpha = \frac{x}{y}$$

所以上式为

$$v_{\mathrm{B}} = v\tan \alpha$$

v_{B} 的方向沿 y 轴正方向，因此物体 B 的速度大小为

$$v_{\mathrm{B}} = v\tan \alpha$$

当 $\alpha = 60°$ 时，

$$v_{\mathrm{B}} \approx 1.73v$$

2. 加速度

在力学中，位置矢量 r 和速度 v 都是描述物体机械运动的状态参量。即当 r 与 v 已知时，质点的运动状态就确定了。我们要引入的加速度的概念是用来描述速度随时间变化的物理量。由于速度是个矢量，所以，无论是速度的数值发生了变化，还是其方向发生了变化，都表示速度发生了改变。为了有效衡量速度的变化，我们将从曲线运动出发引出加速度的概念。

如图 1–11 所示，质点在直角坐标系 $Oxyz$ 内的运动轨道是一条曲线，v_A 表示质点在时刻 t、位置 A 处的速度，v_B 表示质点在时刻 $t + \Delta t$、位置 B 处的速度，可以看出，在 Δt 时间内质点速度的增量为

$$\Delta v = v_B - v_A$$

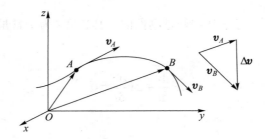

图 1–11　速度的增量

与平均速度的定义相类似，$\dfrac{\Delta v}{\Delta t}$ 称为 t 时刻附近 Δt 时间内的**平均加速度**，即

$$\overline{a} = \frac{v_B - v_A}{\Delta t} = \frac{\Delta v}{\Delta t} \tag{1–12}$$

平均加速度只反映在 Δt 时间内速度的平均变化率。为了准确地描述质点在某

一时刻 t（或某一位置处）的速度变化率，须引入瞬时加速度的概念。

质点在某时刻或某位置处的**瞬时加速度**（简称**加速度**）等于该时刻附近 Δt 趋于零时平均加速度的极限，其数学表达式为

$$\boldsymbol{a} = \lim_{\Delta t \to 0} \frac{\Delta \boldsymbol{v}}{\Delta t} = \frac{\mathrm{d}\boldsymbol{v}}{\mathrm{d}t} = \frac{\mathrm{d}^2 \boldsymbol{r}}{\mathrm{d}t^2} \tag{1-13}$$

可见，**加速度是速度对时间的一阶导数，或位置矢量对时间的二阶导数**。

在直角坐标系 $Oxyz$ 中，加速度的表达式为

$$\boldsymbol{a} = \frac{\mathrm{d}^2 \boldsymbol{r}}{\mathrm{d}t^2} = \frac{\mathrm{d}^2 x}{\mathrm{d}t^2}\boldsymbol{i} + \frac{\mathrm{d}^2 y}{\mathrm{d}t^2}\boldsymbol{j} + \frac{\mathrm{d}^2 z}{\mathrm{d}t^2}\boldsymbol{k} = a_x\boldsymbol{i} + a_y\boldsymbol{j} + a_z\boldsymbol{k} \tag{1-14}$$

式中，$a_x = \dfrac{\mathrm{d}v_x}{\mathrm{d}t} = \dfrac{\mathrm{d}^2 x}{\mathrm{d}t^2}$，$a_y = \dfrac{\mathrm{d}v_y}{\mathrm{d}t} = \dfrac{\mathrm{d}^2 y}{\mathrm{d}t^2}$，$a_z = \dfrac{\mathrm{d}v_z}{\mathrm{d}t} = \dfrac{\mathrm{d}^2 z}{\mathrm{d}t^2}$，称为加速度在 x，y，z 轴的分量。加速度的大小为

$$a = |\boldsymbol{a}| = \sqrt{a_x^2 + a_y^2 + a_z^2} \tag{1-15}$$

加速度的方向是当 $\Delta t \to 0$ 时，平均加速度 $\dfrac{\Delta \boldsymbol{v}}{\Delta t}$ 或速度增量的极限方向。

例 1-3　如图 1-12 所示，一人用绳子拉着小车前进，小车位于高出绳端 h 的平台上，人的速率 v_0 不变，求人行至距离平台 s 位置时小车的速度和加速度的大小。

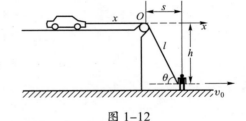

图 1-12

解　小车沿直线运动，以小车的前进方向为 x 轴正方向，以滑轮为坐标原点建立直角坐标系，小车的坐标为 x，人的坐标为 s，由速度的定义，小车和人的速度大小应为

$$v_{车} = \frac{\mathrm{d}x}{\mathrm{d}t}, \quad v_{人} = \frac{\mathrm{d}s}{\mathrm{d}t} = v_0$$

由于定滑轮不改变绳长，所以小车坐标的变化率等于拉小车的绳长的变化率，即

$$v_{车} = \frac{\mathrm{d}x}{\mathrm{d}t} = \frac{\mathrm{d}l}{\mathrm{d}t}$$

又由图 1-12 可以看出，$l^2 = s^2 + h^2$，两边对 t 求导得

$$2l\frac{\mathrm{d}l}{\mathrm{d}t} = 2s\frac{\mathrm{d}s}{\mathrm{d}t}$$

即

$$v_{车} = \frac{v_{人}s}{l} = v_{人}\frac{s}{\sqrt{s^2 + h^2}} = \frac{v_0 s}{\sqrt{s^2 + h^2}}$$

同理可得小车的加速度大小为

$$a = \frac{\mathrm{d}v_{\text{车}}}{\mathrm{d}t} = \frac{v_0^2 h^2}{(s^2 + h^2)^{\frac{3}{2}}}$$

例 1-4 一质点在 Oxy 平面上运动，运动方程为

$$x = 3t + 5, \quad y = \frac{1}{2}t^2 + 3t - 4$$

式中 t 以 s 为单位，x、y 以 m 为单位。（1）以时间 t 为变量，写出质点位置矢量的表示式；（2）求出 $t = 1$ s 时刻和 $t = 2$ s 时刻的位置矢量，计算这 1 s 内质点的位移；（3）计算 $t = 0$ 时刻到 $t = 4$ s 时刻内的平均速度；（4）求出质点速度矢量表示式，计算 $t = 4$ s 时质点的速度；（5）计算 $t = 0$ 到 $t = 4$ s 内质点的平均加速度；（6）求出质点加速度矢量的表示式，计算 $t = 4$ s 时质点的加速度（请把位置矢量、位移、平均速度、瞬时速度、平均加速度、瞬时加速度都表示成直角坐标系中的矢量式）。

解　（1）　　　　　$\boldsymbol{r} = (3t + 5)\boldsymbol{i} + \left(\frac{1}{2}t^2 + 3t - 4\right)\boldsymbol{j}$（SI单位）

（2）将 $t = 1$ s，$t = 2$ s 代入上式，即有

$$\boldsymbol{r}_1 = (8\boldsymbol{i} - 0.5\boldsymbol{j})\ \text{m}$$

$$\boldsymbol{r}_2 = (11\boldsymbol{i} + 4\boldsymbol{j})\ \text{m}$$

$$\Delta\boldsymbol{r} = \boldsymbol{r}_2 - \boldsymbol{r}_1 = (3\boldsymbol{i} + 4.5\boldsymbol{j})\ \text{m}$$

（3）因为

$$\boldsymbol{r}_0 = (5\boldsymbol{i} - 4\boldsymbol{j})\ \text{m}, \quad \boldsymbol{r}_4 = (17\boldsymbol{i} + 16\boldsymbol{j})\ \text{m}$$

所以

$$\overline{\boldsymbol{v}} = \frac{\Delta\boldsymbol{r}}{\Delta t} = \frac{\boldsymbol{r}_4 - \boldsymbol{r}_0}{(4-0)\ \text{s}} = \frac{12\boldsymbol{i} + 20\boldsymbol{j}}{4}\ \text{m}\cdot\text{s}^{-1} = (3\boldsymbol{i} + 5\boldsymbol{j})\ \text{m}\cdot\text{s}^{-1}$$

（4）　　　　　$\boldsymbol{v} = \frac{\mathrm{d}\boldsymbol{r}}{\mathrm{d}t} = [3\boldsymbol{i} + (t+3)\boldsymbol{j}]$（SI单位）

则

$$\boldsymbol{v}_4 = (3\boldsymbol{i} + 7\boldsymbol{j})\ \text{m}\cdot\text{s}^{-1}$$

（5）因为

$$\boldsymbol{v}_0 = (3\boldsymbol{i} + 3\boldsymbol{j})\ \text{m}\cdot\text{s}^{-1}, \quad \boldsymbol{v}_4 = (3\boldsymbol{i} + 7\boldsymbol{j})\ \text{m}\cdot\text{s}^{-1}$$

所以

$$\overline{\boldsymbol{a}} = \frac{\Delta\boldsymbol{v}}{\Delta t} = \frac{\boldsymbol{v}_4 - \boldsymbol{v}_0}{4\ \text{s}} = \frac{4}{4}\boldsymbol{j}\ \text{m}\cdot\text{s}^{-2} = \boldsymbol{j}\ \text{m}\cdot\text{s}^{-2}$$

（6）
$$a = \frac{\mathrm{d}v}{\mathrm{d}t} = \boldsymbol{j} \ \mathrm{m \cdot s^{-2}}$$

这说明该点只有 y 方向的加速度，且加速度为常矢量。

例 1–5 一质点沿 x 轴运动，其加速度和位置的关系为 $a = 2 + 6x^2$，a 的单位为 $\mathrm{m \cdot s^{-2}}$，x 的单位为 m。质点在 $x = 0$ 处，速度大小为 $10 \ \mathrm{m \cdot s^{-1}}$，试求质点在任意坐标处的速度大小。

解 因为
$$a = \frac{\mathrm{d}v}{\mathrm{d}t} = \frac{\mathrm{d}v}{\mathrm{d}x}\frac{\mathrm{d}x}{\mathrm{d}t} = v\frac{\mathrm{d}v}{\mathrm{d}x}$$

分离变量得
$$v\mathrm{d}v = a\mathrm{d}x = (2 + 6x^2)\mathrm{d}x$$

两边积分得
$$\int_0^v v\mathrm{d}v = \int_0^x (2 + 6x^2)\,\mathrm{d}x$$
$$\frac{1}{2}v^2\Big|_0^v = (2x + 2x^3)\Big|_0^x$$
$$v = 2\sqrt{x^3 + x + 25} \ (\text{SI单位})$$

例 1–6 已知一质点沿 x 轴作直线运动，其加速度为 $a = 4 + 3t$，a 的单位为 $\mathrm{m \cdot s^{-2}}$，t 的单位为 s，开始运动时，$x_0 = 5 \ \mathrm{m}$，$v_0 = 0$，求该质点在 $t = 10 \ \mathrm{s}$ 时的速度大小和位置。

解 因为
$$a = \frac{\mathrm{d}v}{\mathrm{d}t} = 4 + 3t$$

分离变量得
$$\mathrm{d}v = (4 + 3t)\,\mathrm{d}t$$

积分得
$$\int_0^v \mathrm{d}v = \int_0^t (4 + 3t)\,\mathrm{d}t$$
$$v = 4t + \frac{3}{2}t^2 \ (\text{SI单位})$$

又因为
$$v = \frac{\mathrm{d}x}{\mathrm{d}t} = 4t + \frac{3}{2}t^2$$

分离变量得
$$\mathrm{d}x = \left(4t + \frac{3}{2}t^2\right)\mathrm{d}t$$

$$\int_5^x dx = \int_0^t \left(4t + \frac{3}{2}t^2\right) dt$$

$$x - 5 = 2t^2 + \frac{1}{2}t^3$$

$$x = 2t^2 + \frac{1}{2}t^3 + 5 \ (\text{SI单位})$$

所以 $t = 10$ s 时，

$$v_{10} = \left(4 \times 10 + \frac{3}{2} \times 10^2\right) \text{m} \cdot \text{s}^{-1} = 190 \ \text{m} \cdot \text{s}^{-1}$$

$$x_{10} = \left(2 \times 10^2 + \frac{1}{2} \times 10^3 + 5\right) \text{m} = 705 \ \text{m}$$

1.3.3　曲线运动在自然坐标系下的描述

质点作曲线运动时，$\Delta \boldsymbol{v}$ 的方向和 $\dfrac{\Delta \boldsymbol{v}}{\Delta t}$ 的极限方向一般不同于速度 $\boldsymbol{v}$ 的方向，而且在曲线运动中，加速度的方向总是指向曲线凹的一方。如果速率是增大的（$|\boldsymbol{v}_B| > |\boldsymbol{v}_A|$），则 $\boldsymbol{a}$ 与 $\boldsymbol{v}$ 成锐角；如果速率是减小的（$|\boldsymbol{v}_B| < |\boldsymbol{v}_A|$），则 $\boldsymbol{a}$ 与 $\boldsymbol{v}$ 成钝角；如果速率不变（$|\boldsymbol{v}_B| = |\boldsymbol{v}_A|$），则 $\boldsymbol{a}$ 与 $\boldsymbol{v}$ 成直角，如图 1-13 所示。

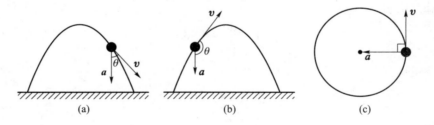

图 1-13　曲线运动中的加速度

为运算方便起见，平面曲线运动中的加速度常采用平面自然坐标系加以讨论，即将加速度沿着质点所在处轨道的切线方向和法线方向进行分解，这样得到的加速度分量分别叫作**切向加速度**和**法向加速度**。

设质点的运动轨道如图 1-14（a）所示：t 时刻质点在 P_1 点，速度为 v_1；$t + \Delta t$ 时刻，质点运动到 P_2 点，速度为 v_2；P_1、P_2 两点的邻切角为 $\Delta \theta$，在 Δt 时间内，速度增量为 $\Delta \boldsymbol{v}$。图 1-14（b）表示了 v_1、v_2、$\Delta \boldsymbol{v}$ 三者之间的关系。$\Delta \boldsymbol{v}$ 就是图中 $\overrightarrow{BC}$ 矢量。如果在 $\overrightarrow{AC}$ 上截取 $|\overrightarrow{AD}| = |\overrightarrow{AB}| = |v_1|$，则剩下的部分为

$$|\overrightarrow{DC}| = |\overrightarrow{AC}| - |\overrightarrow{AB}| = |v_2| - |v_1| = |\Delta v_t| = \Delta v$$

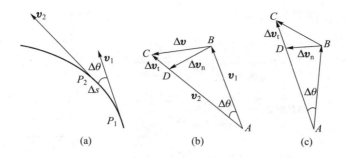

图 1-14　切向加速度与法向加速度

即 $|\Delta \boldsymbol{v}_\mathrm{t}| = \Delta v$ 反映了速度模的增量。作矢量 $\overline{BD}$，并记作 $\Delta \boldsymbol{v}_\mathrm{n}$，其反映了速度方向的增量。不难看出，速度增量 $\Delta \boldsymbol{v}$ 包含速度大小的增量和速度方向的增量。速度增量 $\Delta \boldsymbol{v}$ 可以通过 $\Delta \boldsymbol{v}_\mathrm{t}$ 和 $\Delta \boldsymbol{v}_\mathrm{n}$ 得到定量的描述，即 $\Delta \boldsymbol{v} = \Delta \boldsymbol{v}_\mathrm{t} + \Delta \boldsymbol{v}_\mathrm{n}$。

由图 1-14（c）可以看出，当 $\Delta t \to 0$ 时，$\Delta \theta \to 0$，则 $\angle ABD \to \dfrac{\pi}{2}$，即在极限条件下，$\Delta \boldsymbol{v}_\mathrm{n}$ 的方向垂直于过 P_1 点的切线，亦即沿曲线在 P_1 点的法线方向；同时，在 $\Delta \theta \to 0$ 的极限条件下 $\Delta \boldsymbol{v}_\mathrm{t}$ 就是 $\boldsymbol{v}_1$ 的方向，也就是沿 P_1 点的切线方向。

由图 1-14（c）还可以看出，当 $\Delta \theta \to 0$ 时，$|\Delta \boldsymbol{v}_\mathrm{n}| = v\Delta \theta$，如果以 $\boldsymbol{e}_\mathrm{n}$ 表示 P_1 点内法线方向的单位矢量，以 $\boldsymbol{e}_\mathrm{t}$ 表示 P_1 点切线方向（且指向质点前进方向）的单位矢量，则有

$$\boldsymbol{a} = \lim_{\Delta t \to 0} \frac{\Delta \boldsymbol{v}}{\Delta t} = \lim_{\Delta t \to 0} \frac{\Delta \boldsymbol{v}_\mathrm{t}}{\Delta t} + \lim_{\Delta t \to 0} \frac{\Delta \boldsymbol{v}_\mathrm{n}}{\Delta t} = \frac{\mathrm{d}v}{\mathrm{d}t}\boldsymbol{e}_\mathrm{t} + v\frac{\mathrm{d}\theta}{\mathrm{d}t}\boldsymbol{e}_\mathrm{n} \qquad （1-16）$$

由于 $\dfrac{\mathrm{d}\theta}{\mathrm{d}t} = \dfrac{\mathrm{d}\theta}{\mathrm{d}s}\dfrac{\mathrm{d}s}{\mathrm{d}t} = v\dfrac{1}{\rho}$，式中 ρ 为过 P_1 点曲率圆的曲率半径，则上式可写为

$$\boldsymbol{a} = \frac{\mathrm{d}v}{\mathrm{d}t}\boldsymbol{e}_\mathrm{t} + \frac{v^2}{\rho}\boldsymbol{e}_\mathrm{n} = \boldsymbol{a}_\mathrm{t} + \boldsymbol{a}_\mathrm{n} \qquad （1-17）$$

式中 $\boldsymbol{a}_\mathrm{t} = \dfrac{\mathrm{d}v}{\mathrm{d}t}\boldsymbol{e}_\mathrm{t}$，$\boldsymbol{a}_\mathrm{n} = \dfrac{v^2}{\rho}\boldsymbol{e}_\mathrm{n}$ 分别为加速度的切向分量和法向分量。$a_\mathrm{t} = \dfrac{\mathrm{d}v}{\mathrm{d}t}$，反映了速度大小的变化；$a_\mathrm{n} = \dfrac{v^2}{\rho}$，反映了速度方向的变化。加速度的大小为

$$a = |\boldsymbol{a}| = \sqrt{a_\mathrm{t}^2 + a_\mathrm{n}^2} \qquad （1-18）$$

加速度在国际单位制中的单位为 $\mathrm{m \cdot s^{-2}}$（米每二次方秒）。

例 1-7　以速度 v_0 平抛一小球，不计空气阻力，求 t 时刻小球的切向加速度大小 a_t、法向加速度大小 a_n 和轨道的曲率半径 ρ。

解 由图 1-15 可知，

$$a_t = g\sin\theta = g\frac{v_y}{v} = g\frac{gt}{\sqrt{v_0^2 + g^2 t^2}} = \frac{g^2 t}{\sqrt{v_0^2 + g^2 t^2}}$$

$$a_n = g\cos\theta = g\frac{v_x}{v} = \frac{gv_0}{\sqrt{v_0^2 + g^2 t^2}}$$

$$\rho = \frac{v^2}{a_n} = \frac{v_x^2 + v_y^2}{a_n} = \frac{\left(v_0^2 + g^2 t^2\right)^{\frac{3}{2}}}{gv_0}$$

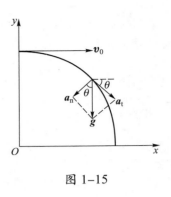

图 1-15

例 1-8 一质点沿半径为 R 的圆周按 $s = v_0 t - \frac{1}{2}bt^2$ 的规律运动，式中 s 为质点离圆周上某点的弧长，v_0、b 都是常量。（1）求 t 时刻质点的加速度；（2）问 t 为何值时，加速度在数值上等于 b？

解 （1）由题意可知

$$v = \frac{ds}{dt} = v_0 - bt$$

$$a_t = \frac{dv}{dt} = -b$$

$$a_n = \frac{v^2}{R} = \frac{(v_0 - bt)^2}{R}$$

则可得

$$\boldsymbol{a} = -b\boldsymbol{e}_t + \frac{(v_0 - bt)^2}{R}\boldsymbol{e}_n$$

（2）由题意应有

$$a = \sqrt{a_t^2 + a_n^2} = \sqrt{b^2 + \frac{(v_0 - bt)^4}{R^2}} = b$$

即

$$b^2 = b^2 + \frac{(v_0 - bt)^4}{R^2}$$

得

$$(v_0 - bt)^4 = 0$$

所以当 $t = \dfrac{v_0}{b}$ 时，$a = b$。

1.3.4　圆周运动的角量描述

质点作圆周运动时，由于其轨道的曲率半径处处相等，而速度方向始终在圆周的切线上，因此对圆周运动的描述常常采用以平面自然坐标系为基础的线量描述和以平面极坐标系为基础的角量描述。下面我们就来看一下，在这两种平面坐标系下如何描述质点的圆周运动。

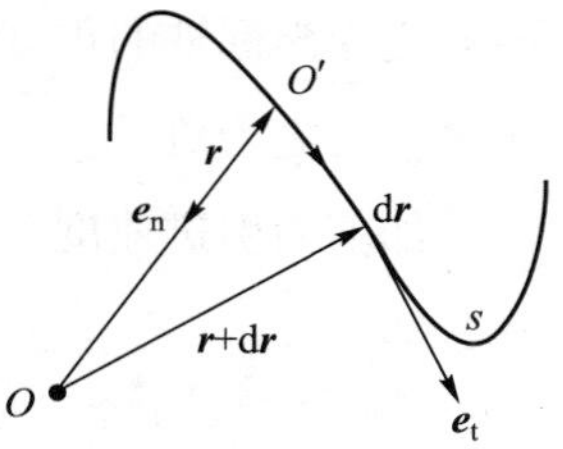

在自然坐标系中，位置矢量 r 是轨道 s 的函数，即

$$r = r(s)$$

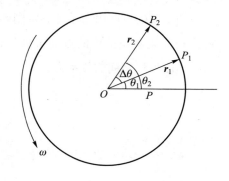

图 1-16　用自然坐标表示质点的位置

如图 1-16 所示，O' 为自然坐标系原点，e_t 和 e_n 分别为切向单位矢量和法向单位矢量。我们知道，$|dr| = ds$，在自然坐标系中位移、速度分别表示为

$$dr = ds e_t$$

$$v = \frac{dr}{dt} = \frac{ds}{dt} e_t = v e_t \tag{1-19}$$

根据（1-17）式，圆周运动中的切向加速度和法向加速度为

$$a_t = \frac{dv}{dt} e_t = \frac{d^2 s}{dt^2} e_t \tag{1-20}$$

$$a_n = \frac{v^2}{\rho} e_n = \frac{v^2}{R} e_n \tag{1-21}$$

式中 R 是圆半径。

于是，所谓匀速圆周运动，就是指切向加速度为零的圆周运动，即匀速率圆周运动。

如果以圆心为**极点**，任引一条射线为**极轴**，那么质点位置对极点的径矢 r 与极轴的夹角 θ 就叫作质点的**角位置**，用 $\Delta\theta$ 表示位矢在 Δt 时间内转过的**角位移**。角位移既有大小又有方向，其方向这样确定：握住的右手四指表示质点的运动方向，则拇指指向表示角位移的方向，即角位移的方向是按右手螺旋定则确定的。在图 1-17 中，质点逆时针转动，这时角位移的方向垂直于纸面向外。但有限大小的角位移不是矢量（因为其合成不服从交换律），可以证明，只有在 $\Delta t \to 0$ 时的角位移才是矢量。质点作圆周运动时，其角位移只有两种可能的方向，因此，我们也可以在标量前冠以正、负号来表示角位移的方向。如果我们过圆心作一垂直于圆面的直线，任选一个方

图 1-17　角位移

向规定为坐标轴的正方向，则由上述规定的角位移，其方向与坐标轴正方向相同为正号，反之为负号。

如前面引进速度、加速度的方法一样，我们也可以引进**角速度**和**角加速度**的概念，即

$$\omega = \lim_{\Delta t \to 0} \frac{\Delta \theta}{\Delta t} = \frac{\mathrm{d}\theta}{\mathrm{d}t} \tag{1-22}$$

$$\alpha = \lim_{\Delta t \to 0} \frac{\Delta \omega}{\Delta t} = \frac{\mathrm{d}\omega}{\mathrm{d}t} = \frac{\mathrm{d}^2\theta}{\mathrm{d}t^2} \tag{1-23}$$

当质点作圆周运动时，角位置只是时间 t 的函数，这样只需一个坐标就可描述质点的位置。这和质点的直线运动有些类似，因此，我们也可比照匀变速直线运动的方法建立起描述匀角加速圆周运动的公式。即在匀角加速圆周运动中，有

$$\begin{cases} \omega = \omega_0 + \alpha t \\ \theta = \theta_0 + \omega_0 t + \dfrac{1}{2}\alpha t^2 \\ \omega^2 - \omega_0^2 = 2\alpha\left(\theta - \theta_0\right) \end{cases} \tag{1-24}$$

不难证明，在圆周运动中，线量和角量之间存在如下关系：

$$\begin{cases} \mathrm{d}s = R\mathrm{d}\theta \\ v = \dfrac{\mathrm{d}s}{\mathrm{d}t} = R\dfrac{\mathrm{d}\theta}{\mathrm{d}t} = R\omega \\ a_\mathrm{t} = \dfrac{\mathrm{d}v}{\mathrm{d}t} = R\dfrac{\mathrm{d}\omega}{\mathrm{d}t} = R\alpha \\ a_\mathrm{n} = \dfrac{v^2}{R} = R\omega^2 \end{cases} \tag{1-25}$$

角速度的方向由右手螺旋定则确定（握住的右手四指表示质点的运动方向，则拇指指向表示角速度的方向），如图 1-18 所示。按照矢量叉乘定义，角速度矢量与线速度矢量之间的关系为

$$\boldsymbol{v} = \boldsymbol{\omega} \times \boldsymbol{r} \tag{1-26}$$

如图 1-19 所示。

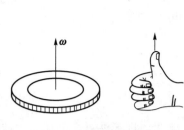

图 1-18　角速度方向

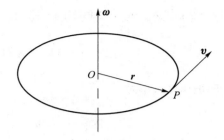

图 1-19　角速度矢量与线速度矢量的关系

1.3.5　运动学中的两类问题

前面说过，位矢 r 和速度 v 是描述质点运动状态的两个物理量，这两个物理量可从运动方程求出，所以知道了运动方程就能确定质点在任意时刻的运动状态。因此，概括说来，运动学问题有两类：一是由已知运动方程求运动状态，二是由已知运动状态求运动方程。下面我们就举几例加以说明。

例 1-9　已知一质点的运动方程为 $r = 3t\mathbf{i} - 4t^2\mathbf{j}$，式中 r 以 m 为单位，t 以 s 为单位，求质点运动的轨道、速度、加速度。

解　（1）

$$x = 3t, \quad y = -4t^2$$

消去参量 t 得轨道方程：$4x^2 + 9y = 0$，这是顶点在原点、开口向下的抛物线。

（2）由速度定义得

$$v = \frac{\mathrm{d}r}{\mathrm{d}t} = 3\mathbf{i} - 8t\mathbf{j}\,(\text{SI单位})$$

（3）由加速度的定义得

$$a = \frac{\mathrm{d}v}{\mathrm{d}t} = -8\mathbf{j}\ \mathrm{m}\cdot\mathrm{s}^{-2}$$

例 1-10　一质点沿半径为 1 m 的圆周运动，它通过的弧长 s 按 $s = t + 2t^2$（SI 单位）的规律变化。求它在第 2 秒末的速率、切向加速度大小、法向加速度大小。

解　由速率定义，有

$$v = \frac{\mathrm{d}s}{\mathrm{d}t} = 1 + 4t\,(\text{SI单位})$$

将 $t = 2$ s 代入，得第 2 秒末的速率为

$$v = (1 + 4 \times 2) \text{ m} \cdot \text{s}^{-1} = 9 \text{ m} \cdot \text{s}^{-1}$$

法向加速度大小为

$$a_n = \frac{v^2}{R} = 81 \text{ m} \cdot \text{s}^{-2}$$

由切向加速度的定义，得 $a_t = \dfrac{\mathrm{d}v}{\mathrm{d}t} = 4 \text{ m} \cdot \text{s}^{-2}$，为一常量，即第 2 秒末的切向加速度大小为 $4 \text{ m} \cdot \text{s}^{-2}$。

例 1-11 一飞轮半径为 2 m，其运动方程为 $\theta = 2 + 3t - 4t^3$（SI 单位），求飞轮上距轴心 1 m 处的点在第 2 秒末的速率和切向加速度大小。

解 因为

$$\omega = \frac{\mathrm{d}\theta}{\mathrm{d}t} = 3 - 12t^2 \, (\text{SI单位})$$

$$\alpha = \frac{\mathrm{d}\omega}{\mathrm{d}t} = -24 \, t \, (\text{SI单位})$$

将 $t = 2$ s 代入，得第 2 秒末的角速度大小为

$$\omega = |\, 3 - 12 \times 2^2 \,| \text{ rad} \cdot \text{s}^{-1} = 45 \text{ rad} \cdot \text{s}^{-1}$$

第 2 秒末的角加速度大小为

$$\alpha = |\, -24 \times 2 \,| \text{ rad} \cdot \text{s}^{-2} = 48 \text{ rad} \cdot \text{s}^{-2}$$

在距轴心 1 m 处的点的速率为

$$v = R\omega = 45 \text{ m} \cdot \text{s}^{-1}$$

切向加速度大小为

$$a_t = R\alpha = 48 \text{ m} \cdot \text{s}^{-2}$$

例 1-12 一质点沿 x 轴运动，其加速度 $a = -kv^2$，式中 k 为正常量，设 $t = 0$ 时，$x = 0$，$v = v_0$。（1）求 v 和 x 作为 t 的函数表达式；（2）求 v 作为 x 的函数表达式。

解 （1）因为

$$\mathrm{d}v = a\mathrm{d}t = -kv^2\mathrm{d}t$$

分离变量得

$$\frac{\mathrm{d}v}{v^2} = -k\mathrm{d}t$$

积分得

$$\int_{v_0}^{v} \frac{\mathrm{d}v}{v^2} = -k\int_0^t \mathrm{d}t$$

代入题中条件并整理得

$$v = \frac{v_0}{1 + v_0 kt}$$

再由 $\mathrm{d}x = v\mathrm{d}t$，将 v 的表达式代入，积分得

$$x = \int_0^t \frac{v_0 \mathrm{d}t}{1 + v_0 kt}$$

于是

$$x = \frac{1}{k}\ln\left(1 + kv_0 t\right)$$

（2）因为

$$a = \frac{\mathrm{d}v}{\mathrm{d}t} = \frac{\mathrm{d}v}{\mathrm{d}x}\frac{\mathrm{d}x}{\mathrm{d}t} = v\frac{\mathrm{d}v}{\mathrm{d}x}$$

所以有

$$\frac{v\mathrm{d}v}{\mathrm{d}x} = -kv^2$$

分离变量并积分得

$$-\int_0^x k\mathrm{d}x = \int_{v_0}^{v} \frac{\mathrm{d}v}{v}$$

整理得

$$v = v_0 \mathrm{e}^{-kx}$$

例 1-13 一飞轮受摩擦力矩作用作减速转动，其角加速度与角位置 θ 成正比，比例系数为 k（$k > 0$），且 $t = 0$ 时，$\theta_0 = 0$，$\omega = \omega_0$。求：（1）角速度作为 θ 的函数表达式；（2）最大角位移。

解 （1）依题意有

$$\alpha = -k\theta$$

且

$$\alpha = \frac{\mathrm{d}\omega}{\mathrm{d}t} = \frac{\mathrm{d}\omega}{\mathrm{d}\theta}\frac{\mathrm{d}\theta}{\mathrm{d}t} = \frac{\mathrm{d}\omega}{\mathrm{d}\theta}\omega$$

所以有

$$-k\theta = \frac{\mathrm{d}\omega}{\mathrm{d}\theta}\omega$$

分离变量并积分得

$$-\int_0^\theta k\theta \mathrm{d}\theta = \int_{\omega_0}^\omega \omega \mathrm{d}\omega$$

得

$$\frac{\omega^2}{2} - \frac{\omega_0^2}{2} = -k\frac{\theta^2}{2}$$

所以有

$$\omega = \sqrt{\omega_0^2 - k\theta^2} \quad （取正值）$$

（2）最大角位移发生在 $\omega = 0$ 时，所以 $\theta = \dfrac{1}{\sqrt{k}}\omega_0$（只能取正值）。

例 1–14　一质点沿半径为 1 m 的圆周运动，运动方程为 $\theta = 2 + 3t^3$，式中 θ 以 rad 为单位，t 以 s 为单位。（1）$t = 2$ s 时，求质点的切向和法向加速度的大小；（2）当加速度的方向和半径成 45° 角时，其角位置是多少?

解　　　　$\omega = \dfrac{\mathrm{d}\theta}{\mathrm{d}t} = 9t^2,\quad \alpha = \dfrac{\mathrm{d}\omega}{\mathrm{d}t} = 18t$（SI单位）

（1）$t = 2$ s 时，

$$a_\mathrm{t} = R\alpha = 1 \times 18 \times 2 \ \mathrm{m \cdot s^{-2}} = 36 \ \mathrm{m \cdot s^{-2}}$$

$$a_\mathrm{n} = R\omega^2 = 1 \times (9 \times 2^2)^2 \ \mathrm{m \cdot s^{-2}} = 1\ 296 \ \mathrm{m \cdot s^{-2}}$$

（2）当加速度方向与半径成 45° 角时，有

$$\tan 45° = \frac{a_\mathrm{t}}{a_\mathrm{n}} = 1$$

即

$$R\omega^2 = R\alpha$$

亦即

$$(9t^2)^2 = 18t$$

解得

$$t^3 = \frac{2}{9} \mathrm{s}^3$$

于是角位置为

$$\theta = 2 + 3t^3 \ （SI单位）$$

将 t^3 的值代入，于是得

$$\theta = \left(2 + 3 \times \frac{2}{9}\right) \text{rad} \approx 2.67 \text{ rad}$$

例 1–15　一飞轮半径为 0.4 m，自静止启动，其角加速度为 $\alpha = 0.2 \text{ rad} \cdot \text{s}^{-2}$，求 $t = 2$ s 时飞轮边缘上各点的速度、法向加速度、切向加速度和合加速度的大小。

解　当 $t = 2$ s 时，

$$\omega = \alpha t = 0.2 \times 2 \text{ rad} \cdot \text{s}^{-1} = 0.4 \text{ rad} \cdot \text{s}^{-1}$$

则

$$v = R\omega = 0.4 \times 0.4 \text{ m} \cdot \text{s}^{-1} = 0.16 \text{ m} \cdot \text{s}^{-1}$$

$$a_n = R\omega^2 = 0.4 \times 0.4^2 \text{ m} \cdot \text{s}^{-2} = 0.064 \text{ m} \cdot \text{s}^{-2}$$

$$a_t = R\alpha = 0.4 \times 0.2 \text{ m} \cdot \text{s}^{-2} = 0.08 \text{ m} \cdot \text{s}^{-2}$$

$$a = \sqrt{a_n^2 + a_t^2} = \sqrt{0.064^2 + 0.08^2} \text{ m} \cdot \text{s}^{-2} \approx 0.102 \text{ m} \cdot \text{s}^{-2}$$

*1.4　相对运动

本书在 1.1.1 中曾指出，选取不同的参考系，对同一物体运动的描述会不同，这说明对物体运动的描述是相对的。下面我们研究同一质点运动在有相对运动的两个参考系中的位矢、速度和加速度之间的关系。

1.4.1　时间和空间

在图 1–20 中，小车以较小的速度 v 沿水平轨道先后通过点 A 和点 B。如站在地面上的人测得的通过点 A 和点 B 的时间间隔为 $\Delta t = t_B - t_A$，而站在车上的人测得的通过 A、B 两点的时间间隔为 $\Delta t' = t_B' - t_A'$，则两者是相等的，即 $\Delta t = \Delta t'$。也就是说，在两个作相对直线运动的参考系（地面和小车）中，时间的测量是绝对的，与参考系无关。

同样，在地面上的人和在车上的人测得的 A、B 两点之间的距离也是相等的，

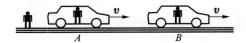

图 1–20　在低速运动时，时间和空间的测量是绝对的

都等于|AB|。也就是说，在两个作相对运动的参考系中，长度的测量也是绝对的，与参考系无关。在人们的日常生活和生产实践中，上述关于时间和空间量度的结论是毋庸置疑的。时间和空间的绝对性是经典力学的基础。以后我们将介绍，当相对运动的速度接近光速时，时间和空间的测量将依赖于相对运动的速度。由于牛顿力学所涉及物体的运动速度远小于光速，即$v \ll c$，所以在牛顿力学范围内，运动质点的位移、速度和运动轨道可以视为与参考系的选择无关。本节将着重讨论这方面的问题。

1.4.2　相对运动

在研究小车上物体的运动时，我们一方面要知道该物体相对于地面的运动，另一方面又要知道该物体相对于小车的运动。为此，我们就把地面定义为静止参考系，而把小车定义为运动参考系。但是，当我们研究宇宙飞船的发射时，则需把太阳作为静止参考系而把地球作为运动参考系。也就是说，"静止参考系""运动参考系"的称谓是相对的。

一般情况下，研究地面上物体的运动时，把地球作为静止参考系比较方便。

当我们定义了静止参考系后，对于一个处于运动参考系中的物体，我们把它相对于静止参考系的运动称为**绝对运动**，把运动参考系相对于静止参考系的运动称为**牵连运动**，把物体相对于运动参考系的运动称为**相对运动**。

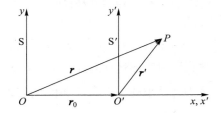

图 1-21　对运动的描述的相对性

如图 1-21 所示，设 S 为静止参考系，S′为运动参考系。为简单起见，假定相应坐标轴保持相互平行，S′系相对于 S 系沿 x 轴作直线运动。这时两参考系间的相对运动情况，可用 S′系的坐标原点 O′相对于 S 系的坐标原点 O 的运动来代表。设有一质点位于 S′系中的 P 点，它对 S 系的位矢为 r（也叫**绝对位矢**），对 S′系的位矢为 r'（也叫**相对位矢**），而 O′点对 O 点的位矢为 r_0（也叫**牵连位矢**）。由矢量加法的三角形法则可知，r、r'、r_0 之间有如下关系：

$$r = r_0 + r' \tag{1-27}$$

即绝对位矢等于牵连位矢与相对位矢的矢量和。

将（1-27）式两边对 t 求导，即可得

$$v = v_0 + v' \qquad (1-28)$$

式中 v 为**绝对速度**，v_0 为**牵连速度**，v' 为**相对速度**。同一质点相对于两个相对作平动的参考系的速度之间的这一关系叫作**伽利略速度变换**。

将（1–28）式两边对 t 求导，可得

$$a = a_0 + a' \qquad (1-29)$$

式中 a 为**绝对加速度**，a_0 为**牵连加速度**，a' 为**相对加速度**。

应该指出的是，（1–27）、（1–28）、（1–29）三式所表示的位矢、速度、加速度的合成法则，只在物体的运动速度远小于光速时才成立。当物体的运动速度可与光速相比拟时，上述三式不再成立，此时遵循的是相对论时空坐标、速度、加速度的变换法则。另外当两个参考系之间还有相对转动时，它们的速度、加速度之间的关系也要复杂得多，此处就不作讨论了。

例 1–16　如图 1–22（a）所示，河宽为 L，河水以恒定速度 u 流动，岸边有 A、B 两码头，A、B 连线与岸边垂直，码头 A 处有船相对于水以恒定速率 v_0 开动，证明：船在 A、B 两码头间往返一次所需时间为

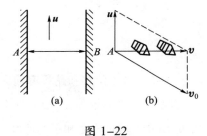

图 1–22

$$t = \frac{\dfrac{2L}{v_0}}{\sqrt{1 - \left(\dfrac{u}{v_0}\right)^2}}$$

船转向时间忽略不计。

解　设船相对于岸边的速度（绝对速度）为 v，由题知，v 的方向必须指向 A、B 连线，此时河水流速 u 为牵连速度，船对水的速度 v_0 为相对速度，于是有

$$v = u + v_0$$

据此作出矢量图 1–22（b），由图知

$$v = \sqrt{v_0^2 - u^2}$$

可以证明，当船由 B 返回 A 时，船对岸的速度的大小亦由上式给出。因为在 A、B 两码头往返一次的路程为 $2L$，故所需时间为

$$t = \frac{2L}{v} = \frac{2L}{\sqrt{v_0^2 - u^2}} = \frac{\dfrac{2L}{v_0}}{\sqrt{1 - \left(\dfrac{u}{v_0}\right)^2}}$$

讨论：（1）若 $u = 0$，即河水静止，则 $t = \dfrac{2L}{v_0}$；

（2）若 $u = v_0$，即河水流速大小 u 等于船对水的速率 v_0，则 $t \to \infty$，即船由码头 A（或 B）出发后就永远不能再回到原出发点了；

（3）若 $u > v_0$，则 t 为一虚数，这是没有物理意义的，即船不能在 A、B 间往返。

综上所述，船在 A、B 间往返的必要条件是

$$v_0 > u$$

思 考 题

1-1　（1）位移和路程有何区别？在什么情况下二者的量值相等？在什么情况下二者的量值不相等？（2）平均速度和平均速率有何区别？在什么情况下二者的量值相等？瞬时速度和平均速度的关系是怎样的？它们有什么区别？

1-2　对物体的曲线运动有下面两种说法：

（1）物体作曲线运动时，必有加速度，加速度的法向分量一定不等于零；（2）物体作曲线运动时，速度方向一定在运动轨道的切线方向，速度的法向分量等于零，因此其法向加速度也一定等于零。

试判断上述两种说法是否正确，并讨论物体作曲线运动时速度、加速度的大小和方向及其关系。

1-3　在两物体相互接触或有联系时，它们彼此间是否一定存在弹性力？

1-4　用绳子系一物体，物体在竖直平面内作圆周运动，当物体达到最高点时：（1）有人说："这时物体受到三个力：重力、绳子的拉力以及向心力"；（2）又有一个人说："这三个力的方向都是向下的，但物体不下落，可见物体还受到一个方向向上的离心力，该离心力这些力平衡"。这两种说法对吗？

1-5　质点的位矢方向不变，它是否一定作直线运动？质点作直线运动，其位矢方向是否一定保持不变？

习　　题

1-1　一质点在 Oxy 平面上运动，运动方程为

$$x = 3t + 5, \quad y = \frac{1}{2}t^2 + 3t - 4$$

式中 t 以 s 为单位，x、y 以 m 为单位。（1）以时间 t 为变量，写出质点位置矢量的表达式；（2）求出 $t = 1$ s 时刻和 $t = 2$ s 时刻的位置矢量，计算这 1 s 内质点的位移；（3）计算 $t = 0$ 时刻到 $t = 4$ s 时刻内质点的平均速度；（4）求出质点速度矢量表达式，计算 $t = 4$ s 时质点的速度；（5）计算 $t = 0$ 到 $t = 4$ s 内质点的平均加速度；（6）求出质点加速度矢量的表达式，计算 $t = 4$ s 时质点的加速度。

1-2　已知一质点沿 x 轴作直线运动，其运动方程为 $x = 2 + 6t^2 - 2t^3$（SI 单位），求：（1）质点在运动开始后 4.0 s 内的位移的大小；（2）质点在该时间内所通过的路程。

1-3　在离水面高 h 的岸上，有人用绳子拉船靠岸，船在离岸 s 处，如习题 1-3 图所示（h 和 s 请读者自行标出）。当人以 v_0 的速度收绳时，试求船运动的速度和加速度的大小。

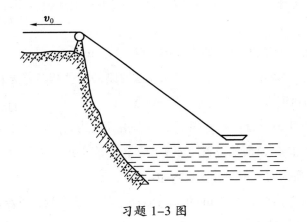

习题 1-3 图

1-4　已知一质点位矢随时间变化的函数形式为

$$\boldsymbol{r} = R(\cos \omega t \boldsymbol{i} + \sin \omega t \boldsymbol{j})$$

式中 ω 为常量。求：（1）质点的轨道方程；（2）质点的速度和速率。

1-5　一质点沿 x 轴运动，其加速度和位置的关系为

$$a = 2 + 6x^2$$

a 的单位为 m·s^{-2}，x 的单位为 m。质点在 $x = 0$ 处，速度大小为 10 m·s^{-1}，试求质点在任意坐标处的速度大小。

1-6 已知一质点位置矢量随时间变化的函数形式为 $r = 4t^2i + (3 + 2t)j$，式中 r 的单位为 m，t 的单位为 s。求：（1）质点的轨道方程；（2）质点从 $t = 0$ 到 $t = 1$ s 的位移。

1-7 已知一质点作直线运动，其加速度为 $a = 4 + 3t$（SI 单位）。开始运动时，$x = 5$ m，$v = 0$，求质点在 $t = 10$ s 时的速度和位置。

1-8 已知一质点位矢随时间变化的函数形式为 $r = t^2i + 2tj$，式中 r 的单位为 m，t 的单位为 s。求：（1）质点在任一时刻的速度和加速度；（2）质点在任一时刻的切向加速度和法向加速度。

1-9 一质点自原点开始沿抛物线 $2y = x^2$ 运动，它在 x 轴上的分速度为一常量，其值为 $v_x = 4.0$ m·s^{-1}，求质点在 $x = 2.0$ m 处的速度和加速度。

1-10 一质点在 Oxy 平面内运动，其运动方程为 $r = 2ti + (19 - 2t^2)j$（SI 单位）。求：（1）质点的轨道方程；（2）质点在 $t_1 = 1$ s 到 $t_2 = 2$ s 时间内的平均速度；（3）质点在 $t_1 = 1$ s 时的速度及切向和法向加速度。

1-11 一质量为 m 的小球在高度 h 处以初速度 v_0 水平抛出，求：（1）小球的运动方程；（2）小球在落地之前的轨道方程；（3）落地前瞬时小球的速度、速率、切向加速度。

1-12 一质点具有恒定加速度 $a = (6i + 4j)$ m·s^{-2}，在 $t = 0$ 时，其速度为零，位置矢量 $r_0 = 10i$ m。（1）求质点在任意时刻的速度和位置矢量；（2）求质点在 Oxy 平面上的轨道方程，并画出轨道的示意图。

1-13 一弹性小球直落在一斜面上，下落高度为 h，斜面对水平面的倾角为 θ，问小球第二次碰到斜面的位置距原来的下落点有多远？（假设小球碰斜面前后速度大小相等，碰撞时入射角等于反射角。）

1-14 一质点沿半径为 1 m 的圆周运动，其运动方程为 $\theta = 2 + 3t^3$，式中 θ 以 rad 为单位，t 以 s 为单位。求：（1）$t = 2$ s 时，质点的切向和法向加速度；（2）当加速度的方向和半径成 45° 角时，其角位移。

1-15 已知子弹的轨道为抛物线，初速度为 v_0，并且 v_0 与水平面的夹角为 θ。试分别求出抛物线顶点及落地点的曲率半径。

1-16 一质点沿半径为 R 的圆周按 $s = v_0t - \dfrac{1}{2}bt^2$ 的规律运动，式中 s 为质点离圆周上某一点的弧长，v_0、b 都是常量。（1）求 t 时刻质点的加速度；（2）问 t 为何值时，质点的加速度在数值上等于 b？

1-17 飞机以 v_0 的速度沿水平直线飞行，在离地面高度为 h 时，驾驶员要把物品投放到前方某一地面目标上。问：投放物品时，驾驶员看目标的视线和竖直线应成什么角度？此时目标距飞机下方地点有多远？

1–18 以初速率 $v_0 = 20$ m · s^{-1} 抛出一小球，抛出方向与水平面成 $\alpha = 60°$ 的夹角。求：（1）小球轨道最高点的曲率半径 ρ_1；（2）小球轨道落地处的曲率半径 ρ_2。

1–19 一船以速率 $v_1 = 30$ km · h^{-1} 沿直线向东行驶，另一小艇在其前方以速率 $v_2 = 40$ km · h^{-1} 沿直线向北行驶，问：在船上看小艇的速度为多少？在小艇上看船的速度又为多少？

1–20 一物体和探测气球从同一高度竖直向上运动，物体初速率 $v_0 = 49.0$ m · s^{-1}，而气球以速率 $v = 19.6$ m · s^{-1} 匀速上升，问气球中的观察者在第2秒末、第3秒末、第4秒末测得的物体的速度各是多少？

1–21 一质点沿 x 轴运动，其加速度和位置的关系为 $a = 2 + 6x^2$，a 的单位为 m · s^{-2}，x 的单位为 m。质点在 $x = 0$ 处，速度大小为 10 m · s^{-1}。试求质点在任意位置处的速度大小。

1–22 一质点由空中自由落入水中，质点落到水面瞬间的速度大小为 v_0，质点在水中具有加速度 $a = -kv$，k 为正常量。求质点的运动方程。

1–23 一飞行火箭的运动学方程为 $x = ut + u\left(\dfrac{1}{b} - t\right)\ln(1 - bt)$，其中 b 是与燃料燃烧速率有关的量，u 为燃气相对火箭的喷射速度大小。求：（1）火箭飞行速度与时间的关系；（2）火箭的加速度大小。

1–24 一质点的运动方程为：$x = R\cos\omega t$，$y = R\sin\omega t$，$z = \dfrac{h}{2\pi}\omega t$，式中 R、h、ω 为正的常量。求：（1）质点运动的轨道方程；（2）质点的速度大小；（3）质点的加速度大小。

伽利略

Galileo Galilei

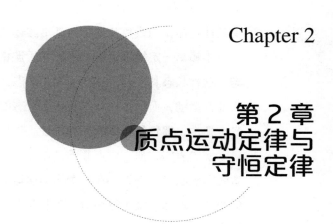

Chapter 2

第 2 章
质点运动定律与守恒定律

在上一章中，我们介绍了质点运动学的内容，解决了如何描述质点机械运动的问题。本章我们将进一步研究动力学问题。动力学的基本问题是研究物体间的相互作用，以及由此引起的物体运动状态变化的规律。牛顿关于运动的三个定律是整个动力学的基础。

为了提高和深化对牛顿运动定律的认识，本章除对有关概念和定律的物理本质作较深入的分析讨论外，还将介绍牛顿第二定律的几种不同的表述形式，说明在从动力学问题的瞬时关系的研究过渡到过程关系的研究时，牛顿运动定律的积分形式往往比其微分形式更为有效。而描述物质基本属性的状态量，包括动量和能量的引入将使我们认识到动量定理和动能定理在解决实际问题中的重要地位和作用。我们还将研究对象由质点转向质点系，重点研究系统的过程问题，从而确立和认识运动的守恒定律。一般来说，对于物体系统内发生的各种过程，如果某物理量始终保持不变，则该物理量就叫作**守恒量**。本章将着重讨论能量守恒、动量守恒。

2.1 牛顿运动定律

2.1.1 牛顿运动定律

1. 牛顿第一定律　惯性参考系

设想有一个物体远离所有物体，它的运动便不会受到其他物体的影响。这种不受其他物体作用或离其他物体都足够远的质点，称为"孤立质点"。

牛顿第一定律指出：一个孤立质点将永远保持其原来静止或匀速直线运动的状态。这种状态其实是加速度为零的状态，是不受力的状态。物体的这种运动通常称为惯性运动，而物体保持原有运动状态的特性称为**惯性**。任何物体在任何状态下都具有惯性，**惯性是物体的固有属性**。牛顿第一定律又称为**惯性定律**。

实验表明，孤立质点并不是在任何参考系中都能保持加速度为零的静止或匀速直线运动状态。例如，在一个作加速运动的车厢内去观察水平方向可视为孤立质点的小球的运动，则小球相对于车厢参考系就有加速度，而相对于地面参考系，其加速度为零，如图 2-1 所示。

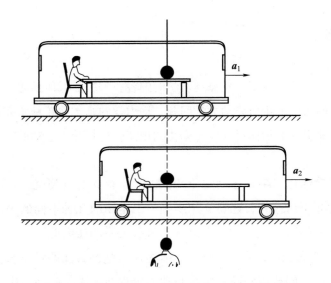

图 2-1　在加速运动的车厢内惯性定律不成立

由于运动只有相对于一定的参考系来说明才有意义，所以牛顿第一定律也定义了一种参考系。上述现象表明惯性定律只能在牛顿第一定律所定义的参考系中才成立。我们通常把相对于孤立质点静止或作匀速直线运动的参考系称为**惯性参考系**，简称**惯性系**。上例中的地面就是惯性系，而加速运动的车厢不是惯性系。

那么，哪些参考系是惯性系呢？严格地讲，要根据大量的观察和实验结果来判断。

例如，在研究天体的运动时，人们常把某些不受其他星体作用的孤立星体（或星体群）作为惯性系。但完全不受其他星体作用的孤立星体（群）作为惯性系也只能是近似的。地球是最常用的惯性系。但精确观测表明，地球不是严格的惯性系。离地球最近的恒星是太阳，两者相距约 1.5×10^{11} m。由于太阳的存在，地球具有

约 5.9×10^{-3} m·s⁻² 的公转加速度。地球的自转加速度更大,约为 3.4×10^{-2} m·s⁻²。但对大多数精度要求不是很高的实验,上述效应可以忽略,地球可以作为近似程度很高的惯性系。

可以证明,凡是对于某惯性系静止或作匀速直线运动的其他参考系都是惯性系。

2. 牛顿第二定律

牛顿第二定律指出:**物体受到外力作用时,它所获得的加速度 a 的大小与合外力的大小成正比,与物体的质量 m 成反比;加速度 a 的方向与合外力 F 的方向相同。**

牛顿第二定律的数学形式为

$$F = kma \tag{2-1}$$

比例系数 k 与单位制有关。在国际单位制中 $k = 1$。

牛顿第一定律只是说明任何物体都具有惯性,但没有给出惯性的量度。牛顿第二定律指出,同一个外力作用在不同的物体上,质量大的物体获得的加速度小,这意味着质量大的物体要改变其运动状态比较困难,质量小的物体要改变其运动状态比较容易。因此,**质量就是物体惯性大小的量度**。牛顿第二定律中的质量也常称为**惯性质量**。

牛顿第二定律定量地表述了物体的加速度与所受外力之间的瞬时关系。a 表示瞬时加速度,F 表示瞬时力,它们同时存在、同时改变、同时消失。一旦作用在物体上的外力被撤去,物体的加速度就立即消失,但这并不意味着物体停止运动。按照牛顿第一定律,这时物体将作匀速直线运动,这正是惯性的表现。物体有无运动,表现在它有无速度;而运动有无改变,则要决定于它有无加速度。如果有加速度,则作用在物体上的外力一定存在,力是产生加速度的原因。为了突出牛顿第二定律的瞬时性,可将(2-1)式改写成

$$F = m\frac{\mathrm{d}v}{\mathrm{d}t} \tag{2-2}$$

这将更为醒目。

一个有趣而常被忽视的历史事实是,牛顿对力学基本定律的表述并非是(2-1)式的形式,方程式 $F = kma$ 在其名著《自然哲学的数学原理》中并未出现过。牛顿自己是怎样表述牛顿第二定律的呢?他的原文的意思是这样的:

运动的变化与所加的动力成正比,并且发生在这力所沿直线的方向上。

牛顿提出的"运动"一词是有其严格定义的,他把物体的质量和速度矢量之积定义为"运动"。我们知道,现在这个乘积 mv 叫作物体的**动量**,用 p 表示,即

$$p = mv$$

而牛顿所说的运动的变化指的是动量的变化率，所以，牛顿对牛顿第二定律的说法实质上是

$$\frac{\mathrm{d}p}{\mathrm{d}t} = F$$

或

$$\mathrm{d}p = F\mathrm{d}t$$

这就是牛顿第二定律的微分形式。

（2-1）式原是对物体只受一个外力的情况说的，事实上，当一个物体同时受到几个力的作用时，物体产生的加速度等于每个力单独作用时产生的加速度的矢量叠加，也等于这几个力的合力所产生的加速度。这一结论叫作**力的独立性原理**或**力的叠加原理**。如果以 F_1、F_2、$\cdots$、F_i 表示同时作用在物体上的几个外力，以 F 表示它们的合力，以 a_1、a_2、$\cdots$、a_i 表示它们各自作用所产生的加速度，以 a 表示合加速度，则力的叠加原理可表示为

$$F = F_1 + F_2 + \cdots + F_i = \sum_i F_i$$

$$= ma_1 + ma_2 + \cdots + ma_i = ma = m\frac{\mathrm{d}v}{\mathrm{d}t} \tag{2-3}$$

上式是矢量式，实际应用时常用它们的投影式或分量式。在直角坐标系中这些投影式为

$$F_x = m\frac{\mathrm{d}v_x}{\mathrm{d}t} = m\frac{\mathrm{d}^2 x}{\mathrm{d}t^2}$$

$$F_y = m\frac{\mathrm{d}v_y}{\mathrm{d}t} = m\frac{\mathrm{d}^2 y}{\mathrm{d}t^2} \tag{2-4}$$

$$F_z = m\frac{\mathrm{d}v_z}{\mathrm{d}t} = m\frac{\mathrm{d}^2 z}{\mathrm{d}t^2}$$

对于平面曲线运动，我们常用沿切向和法向的投影式，即

$$F_\mathrm{t} = ma_\mathrm{t} = m\frac{\mathrm{d}v}{\mathrm{d}t}$$

$$F_\mathrm{n} = ma_\mathrm{n} = m\frac{v^2}{\rho} \tag{2-5}$$

式中 F_t 和 F_n 分别表示合外力的切向分量和法向分量大小，ρ 是质点轨道曲线的曲

率半径。

3. 牛顿第三定律

牛顿第三定律：当物体 A 以力 F_1 作用在物体 B 上时，物体 B 也必定同时以力 F_2 作用在物体 A 上，F_1 与 F_2 大小相等、方向相反，且力的作用线在同一条直线上。即

$$F_1 = -F_2 \tag{2-6}$$

对于牛顿第三定律，必须注意以下几点：

（1）作用力与反作用力总是成对出现，且作用力与反作用力之间的关系是一一对应的；

（2）作用力与反作用力分别作用在两个物体上，因此它们绝对不是一对平衡力；

（3）作用力与反作用力一定是属于同一性质的力。如果作用力是万有引力，那么反作用力也一定是万有引力；作用力是摩擦力，反作用力也一定是摩擦力；作用力是弹性力，反作用力也一定是弹性力。

图 2-2 是关于牛顿第三定律的几个例子，从中可以看出，作用力和反作用力属于同一种性质。例如，（a）中都是磁性力；（b）中都是万有引力；（c）中都是摩擦力；（d）中都是电性力；（e）中都是张力。

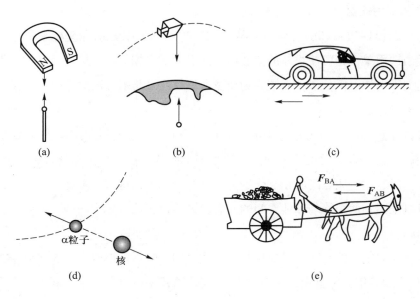

图 2-2

2.1.2　几种常见的力

按照牛顿第一定律所包含的力的概念，一个物体所受的力必为其他物体所施，如果没有其他物体，没有其他物体的作用，就谈不到力。每一个力都有一个施力物体和一个受力物体。所以，分析一个物体的受力情况时，必须注意力是哪一个物体所施，没有施力物体的力是不存在的。

力学中常见的力有万有引力（重力）、弹性力、摩擦力，它们分属不同性质的力，万有引力（重力）属于场力，而弹性力和摩擦力属于接触力。下面我们就介绍这几种力。

1. 万有引力

牛顿继承前人的研究结果，通过深入研究，提出了著名的万有引力定律。这个定律指出，任何两个物体之间，都存在着一种相互吸引的力，所有这些力都遵循同一规律。这种相互吸引的力叫作**万有引力**。**万有引力定律可表述为：在两个相距 r，质量分别为 m_1、m_2 的质点间有万有引力，其方向沿着它们的连线，其大小与它们的质量乘积成正比，与它们之间距离 r 的二次方成反比，即**

$$F = G\frac{m_1 m_2}{r^2} \tag{2-7}$$

式中 G 为一普适常量，叫作引力常量。其值为 $G = 6.67 \times 10^{-11} \ \text{N} \cdot \text{m}^2 \cdot \text{kg}^{-2}$，$m_1$、$m_2$ 则称为**引力质量**。

物体的惯性质量和引力质量是从不同的物理现象中分别定义出来的。实验证明，适当选用单位，可使物体的惯性质量和引力质量相等。我们以后对物体的这两种质量就不再加以区分了，而统称为质量。惯性质量与引力质量等价是广义相对论的基本出发点之一。

应该注意，万有引力定律中的 F 是两个质点之间的引力大小。如果要求两个物体间的引力，则必须把每个物体分成很多小部分，把每个小部分看成一个质点，然后计算所有这些质点间的相互作用力。从数学上讲，这个计算通常是一个积分问题。可以证明，两个均匀球体之间的万有引力等价于质量集中在两个球体球心上的质点间的引力。

万有引力定律的几次成功应用是引人注目的。哈雷彗星曾在 1456 年、1531 年、1607 年、1682 年分别出现，周期约为 76 年，哈雷根据这些记录，利用万有引力定律准确预报了该彗星下一次出现的时间为 1758 年。1846 年，海王星的发现，也是应用万有引力定律的成功例证。

自然界千变万化的现象，归根到底是通过 4 种基本相互作用引起的。除引力相互作用外，电磁相互作用是发生在电荷粒子之间的长程相互作用，它使原子核和电子聚集在一起而形成原子、分子。极近距离的质子之间存在强大的排斥作用，但是原子核牢固地保持为一个整体，这是强力——一种存在于质子、中子、介子等强子之间的相互作用——作用的结果。强力的力程极短，强子之间的距离超过 10^{-15} m 时其作用可忽略不计，小于 10^{-15} m 时强力比电磁力（即电磁相互作用）强大得多，占支配地位。弱相互作用引起粒子之间的某些过程，如许多粒子的衰变。引力相互作用是已知相互作用中最弱的一种，然而它在宇宙的构造和演化过程中却起了主要作用。

2. 重力

地球表面附近的物体都受到地球的吸引作用，这种因地球吸引而使物体受到的力叫作**重力**。在重力作用下，任何物体产生的加速度都是重力加速度 g。重力的方向和重力加速度的方向相同，都是竖直向下的。重力可表示为

$$G = mg \tag{2-8}$$

重力的存在主要是由于地球对物体有引力作用。在地面附近和一些要求精度不高的计算中，可以认为重力近似等于地球的引力。对于地面附近的物体，其所在位置的高度变化与地球半径（约为 6 370 km）相比极为微小，可以认为它到地心的距离就等于地球半径，物体在地面附近不同高度时的重力加速度也就可以看作常量。当地球内某处存在大型矿藏，从而破坏了地球质量的对称分布时，该处的重力加速度会出现异常，因此可通过重力加速度的测定来探矿。这种方法叫作重力探矿法。

3. 弹性力

当两个物体相互接触而挤压或拉伸时，它们要发生形变。而物体发生形变时，欲恢复其原来的形状，物体间会有作用力产生。这种因物体形变而产生的欲使其恢复原来形状的力叫作**弹性力**。常见的弹性力有：弹簧被拉伸或压缩时产生的弹簧弹性力；绳索被拉紧时产生的张力；重物放在支持面上产生的正压力（作用在支持面上）和支持力（作用在物体上）等。力学中有一种经常讨论的弹性力，即弹簧的弹性力。当弹簧被拉伸或压缩时，它就会对与之相连的物体有弹性力作用。这种弹性力总是力图使弹簧恢复原状，所以又叫作恢复力。这种恢复力在弹性限度内，其大小和弹簧的形变量成正比，以 F 表示弹性力，以 x 表示形变量亦即弹簧的长度变化量，则

$$F = -kx \tag{2-9}$$

式中 k 叫作弹簧的弹性系数，负号表示弹性力的方向总是和弹簧长度变化的方向相反。这就是说，弹性力总是指向要恢复弹簧原长的方向。

4. 摩擦力

除了弹性力是接触力之外，摩擦力也是接触力。两个互相接触的物体间有相对滑动的趋势但尚未相对滑动时，在接触面上便产生阻碍发生相对滑动的力，这个力称为**静摩擦力**。把物体放在一水平面上，有一外力 F 沿水平面作用在物体上，若外力 F 较小，物体尚未滑动，则这时静摩擦力与外力在数值上相等，在方向上相反。

当物体在平面上滑动时，它仍受摩擦力作用。这个摩擦力叫作**滑动摩擦力**，其方向总是与物体相对平面的运动方向相反，其大小与物体的正压力大小 F_N 成正比，即

$$F_f = \mu F_N \qquad (2-10)$$

式中 μ 叫作**滑动摩擦因数**，μ 与两接触物体的材料性质、接触表面的情况、温度、湿度等有关，还与两接触物体的相对速度有关。

从微观层面上看，摩擦是十分复杂的现象。虽然摩擦力与电磁力有关，但我们没有办法推导出摩擦力的宏观定律，只能总结出一些支配摩擦力的经验规律。在原子尺度上，即使对于最精细的抛光表面，它也不是几何意义上的平面。两个表面的实际接触面积只占几何接触面积的极小部分。以图 2-3 中金属台面上移动的金属"砖"为例，不论砖的哪个表面与台面接触，微观接触面积都大致相同。摩擦力来自微观接触区域内原子间的相互作用。接触点有很大的应力，两表面分子非常接近，致使很强的分子力产生了作用，好像接触点被"冷焊"在一起，从而发生表面黏附现象。两个物体发生相对滑动时，摩擦力就伴随着成千上万个微小"焊点"破裂而产生。新的接触又生成新的"焊点"。摩擦力大小与法向力大小成正比，实际上是微观接触面积与法向力大小成正比。滚动摩擦力比滑动摩擦力小得多，其原因是微观"焊点"在滚动中是被"剥"开的，而在滑动中是被"切"开的。

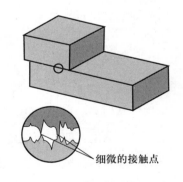

细微的接触点

图 2-3

2.1.3　牛顿运动定律的应用

例 2-1　一细绳跨过一轴承光滑的定滑轮，绳的两端分别悬有质量为 m_1 和 m_2 的物体（$m_1 < m_2$），如图 2-4 所示。设定滑轮和绳的质量可忽略不计、绳不能伸长，试求物体的加速度大小以及悬挂滑轮的绳中的张力大小。

解 以质量为 m_1 和 m_2 的物体以及定滑轮为研究对象，受力分析如图2-4所示。

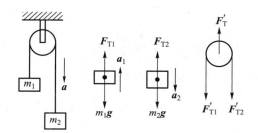

图 2-4

对质量为 m_1 的物体，它在绳子拉力 $\boldsymbol{F}_{T1}$ 及重力 $m_1\boldsymbol{g}$ 的作用下以加速度 $\boldsymbol{a}_1$ 向上运动，以向上为正方向，则有

$$F_{T1} - m_1g = m_1a_1 \qquad\qquad (1)$$

对质量为 m_2 的物体，它在绳子拉力 $\boldsymbol{F}_{T2}$ 及重力 $m_2\boldsymbol{g}$ 作用下以加速度 $\boldsymbol{a}_2$ 向下运动，以向下为正方向，则有

$$m_2g - F_{T2} = m_2a_2 \qquad\qquad (2)$$

由于定滑轮轴承光滑，定滑轮和绳的质量可忽略不计，所以绳上各部分的张力大小都相等；又因为绳不能伸长，所以质量为 m_1 和 m_2 的物体的加速度大小相等，即有

$$F_{T1} = F_{T2} = F_T, \ a_1 = a_2 = a$$

解（1）和（2）两式，得

$$a = \frac{m_2 - m_1}{m_2 + m_1}g, \quad F_T = \frac{2m_1m_2}{m_1 + m_2}g$$

由牛顿第三定律知：$F'_{T1} = F_{T1} = F_T, F'_{T2} = F_{T2} = F_T$，又考虑到定滑轮质量不计，所以有

$$F'_T = 2F_T = \frac{4m_1m_2}{m_1 + m_2}g$$

容易证明

$$F'_T < (m_1 + m_2)g$$

例 2-2 一质量为 2 kg 的质点在 Oxy 平面上运动，受到外力 $\boldsymbol{F} = 4\boldsymbol{i} + 24t^2\boldsymbol{j}$（SI 单位）的作用，$t = 0$ 时，它的初速度为 $\boldsymbol{v}_0 = (3\boldsymbol{i} + 4\boldsymbol{j})$ m·s^{-1}，求 $t = 1$ s 时质点的速度 $\boldsymbol{v}$ 及受到的法向力 $\boldsymbol{F}_n$。

解 由

$$\boldsymbol{F} = m\frac{\mathrm{d}\boldsymbol{v}}{\mathrm{d}t}$$

有

$$4\boldsymbol{i} - 24t^2\boldsymbol{j} = 2\frac{\mathrm{d}\boldsymbol{v}}{\mathrm{d}t} \ (\text{SI单位})$$

两边积分有

$$\int_{v_0}^{v}\mathrm{d}\boldsymbol{v} = \int_0^t \frac{1}{2}\left(4\boldsymbol{i} - 24t^2\boldsymbol{j}\right)\mathrm{d}t \ (\text{SI单位})$$

所以

$$\boldsymbol{v} = \boldsymbol{v}_0 + 2t\boldsymbol{i} - 4t^3\boldsymbol{j} = (3 + 2t)\boldsymbol{i} + (4 - 4t^3)\boldsymbol{j} \ (\text{SI 单位})$$

$t = 1$ s 时，有 $\boldsymbol{v}_1 = 5\boldsymbol{i}$ m·s^{-1}。

在自然坐标系中，$\boldsymbol{v} = v\boldsymbol{e}_{\mathrm{t}}$，而 $\boldsymbol{v}_1 = 5\boldsymbol{i}$ m·s^{-1}（$t = 1$ s 时），这表明在 $t = 1$ s 时，切向速度方向就是 $\boldsymbol{i}$ 方向。因此，此时法向的力是 $\boldsymbol{j}$ 方向的，则利用 $\boldsymbol{F} = 4\boldsymbol{i} + 24t^2\boldsymbol{j}$（SI 单位），将 $t = 1$ s 代入有

$$\boldsymbol{F} = (4\boldsymbol{i} + 24\boldsymbol{j})\ \text{N} = (4\boldsymbol{e}_{\mathrm{t}} - 24\boldsymbol{e}_{\mathrm{n}})\ \text{N}$$

所以

$$\boldsymbol{F}_{\mathrm{n}} = 24\boldsymbol{j}\ \text{N}$$

例 2-3 跳伞运动员在张伞前的俯冲阶段，由于受到随速度增加而增大的空气阻力作用，其速度不会像自由落体那样增大。当空气阻力增大到与重力大小相等时，跳伞运动员就达到其下落的最大速度，称之为终极速度（约为 50 m·s^{-1}）。设跳伞运动员以鹰展姿态下落，受到的空气阻力 $F = -kv^2$（k 为常量），如图 2-5（a）所示。试求跳伞运动员在任意时刻的下落速度。

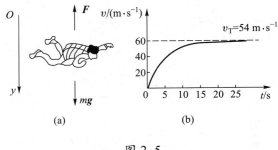

图 2-5

解 跳伞运动员的运动方程为

$$mg - kv^2 = m\frac{\mathrm{d}v}{\mathrm{d}t}$$

显然，在 $kv^2 = mg$ 的条件下对应的速度即终极速度，用 v_T 表示终极速度：

$$v_T = \sqrt{\frac{mg}{k}}$$

可将运动方程改写为

$$v_T^2 - v^2 = \frac{m \mathrm{d}v}{k \mathrm{d}t}$$

$$\frac{\mathrm{d}v}{v_T^2 - v^2} = \frac{k}{m}\mathrm{d}t$$

$t = 0$ 时，$v = 0$，并设在时刻 t，跳伞运动员的速度为 v，对上式两边取定积分：

$$\int_0^v \frac{\mathrm{d}v}{v_T^2 - v^2} = \frac{k}{m}\int_0^t \mathrm{d}t = \frac{g}{v_T^2}\int_0^t \mathrm{d}t$$

积分得

$$\frac{1}{2v_T}\ln\left(\frac{v_T + v}{v_T - v}\right) = \frac{g}{v_T^2}t$$

最后解得

$$v = \frac{1 - \mathrm{e}^{\frac{-2gt}{v_T}}}{1 + \mathrm{e}^{\frac{-2gt}{v_T}}}v_T$$

当 $t \gg \dfrac{v_T}{2g}$ 时，$v \to v_T$。

设跳伞运动员的质量为 $m = 70\ \mathrm{kg}$，测得其终极速度为 $v_T = 54\ \mathrm{m \cdot s^{-1}}$，则可推算出 $k = \dfrac{mg}{v_T^2} \approx 0.24\ \mathrm{N^2 \cdot m^2 \cdot s^{-1}}$。将这些量代入上式，可得到如图 2-5（b）所示的 v–t 函数曲线。

2.1.4　力学相对性原理　非惯性系中的力学

前文已指出，牛顿运动定律只在惯性系中成立。那么，在不同的惯性系中，牛顿运动定律的表现形式又是什么样的呢？

1. 伽利略变换　经典力学时空观

在同一时刻，同一物体的坐标从一个坐标系变换到另一个坐标系，这叫作**坐标变换**。联系这两组坐标的方程，叫作**坐标变换式**。设有两个惯性参考系 S 和 S′，参考系 S′（比如汽车）相对参考系 S（比如地面）沿共同的 x、x' 轴正方向作速度为 $\boldsymbol{u}$ 的匀

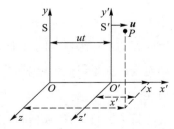

图 2-6　坐标变换

速直线运动，如图 2-6 所示。设时刻 $t = t' = 0$ 时，两坐标系的坐标原点 O 与 O' 重合，则空间某一点 P 的坐标变换式为

$$\begin{cases} x' = x - ut \\ y' = y \\ z' = z \\ t' = t \end{cases} \quad \text{或} \quad \begin{cases} x = x' + ut \\ y = y' \\ z = z' \\ t = t' \end{cases} \quad (2\text{--}11)$$

方程（2-11）叫作**伽利略坐标变换式**。这个变换式已经对时间、空间性质作了某些假定。这些假定主要有两条：第一，假定了时间对于一切参考系都是相同的，即假定存在着与具体参考系的运动状态无关的同一的时间，表现为 $t = t'$。既然时间是不变的，那么，时间间隔 $\Delta t = t_2 - t_1$ 和 $\Delta t' = t_2' - t_1'$ 在一切参考系中也都是相同的，即时间间隔与参考系的运动状态无关。因为时间是用时钟测量的，所以这相当于假定存在不受运动状态影响的时钟；第二，假定了在任一确定时刻，空间两点间的长度

$$\Delta L = \sqrt{\left(x_2 - x_1 \right)^2 + \left(y_2 - y_1 \right)^2 + \left(z_2 - z_1 \right)^2}$$

对于一切参考系都是相同的，也就是假定空间长度与任何具体参考系的运动状态都无关。空间长度是用尺测量的，这相当于假定存在不受运动状态影响的尺。用数学式可表示为

$$\Delta L = \Delta L'$$

或

$$\sqrt{\left(x_2 - x_1 \right)^2 + \left(y_2 - y_1 \right)^2 + \left(z_2 - z_1 \right)^2} = \sqrt{\left(x_2' - x_1' \right)^2 + \left(y_2' - y_1' \right)^2 + \left(z_2' - z_1' \right)^2}$$

这些假定与经典力学时空观是一致的。牛顿说："绝对的、真正的和数学的时间，就其本质而言，是永远均匀地流逝着，与任何外界事物无关的"，"绝对空间，就其本质而言，是与任何外界事物无关的，它永远不动、永远不变"。这就是经典力学时空观，也称绝对时空观。按照这种观点，时间和空间是彼此独立的，互不相关，并且不受物质和运动的影响。这种绝对时间可以形象地比拟为独立的不断流逝着的水；绝对空间可比拟为能容纳宇宙万物的一个无形的、永不动的容器。伽利略变换就是以这种绝对时空观为前提的，可以说伽利略变换是绝对时空观的数学表述。

将（2-11）式对时间 t 求一次导数，得

$$\begin{cases} v'_x = v_x - u \\ v'_y = v_y \\ v'_z = v_z \end{cases} \qquad (2\text{-}12)$$

这就是 S 和 S′系之间的**速度变换法则**，叫**伽利略速度变换法则**，或称**经典速度相加定理**。

将（2-12）式对时间再求一次导数，得到 S 和 S′系加速度变换关系为

$$\begin{cases} a'_x = a_x \\ a'_y = a_y \Rightarrow \boldsymbol{a'} = \boldsymbol{a} \\ a'_z = a_z \end{cases} \qquad (2\text{-}13)$$

（2-13）式说明在所有惯性系中，加速度是不变量。

2. 力学相对性原理

设在图 2-6 的 P 点处有一质点，在 S 系中测得其质量为 m，加速度为 $\boldsymbol{a}$，所受合外力为 $\boldsymbol{F}$；在 S′系中测得其质量为 m'，加速度为 $\boldsymbol{a'}$，所受合外力为 $\boldsymbol{F'}$。因为在经典力学中可认为物体的质量和相互作用力都与物体的运动状态无关，所以有 $m' = m$，$\boldsymbol{F'} = \boldsymbol{F}$；又由（2-13）式，$\boldsymbol{a'} = \boldsymbol{a}$。所以，若在惯性系 S 中，有

$$\boldsymbol{F} = m\boldsymbol{a}$$

则在 S′系中一定有

$$\boldsymbol{F'} = m'\boldsymbol{a'}$$

上面的讨论说明：**在任何一个惯性系中牛顿运动定律都有完全相同的形式。**

早在 1632 年，伽利略曾在封闭的船舱里观察了力学现象，他的观察记录如下："在这里（只要船的运动是匀速的），你在一切现象中观察不出丝毫的改变，你也不能够根据任何现象来判断船究竟是在运动还是静止。当你在地板上跳跃的时候，你所通过的距离和你在一条静止的船上跳跃时所通过的距离完全相同，也就是说，你向船尾跳时并不比向船头跳时——由于船的匀速运动——跳得更远些，虽然当你跳在空中时，在你下面的船板是在向着和你跳跃相反的方向运动着。当你抛一件东西给你的朋友时，如果你的朋友在船头而你在船尾，你费的力并不比你们站在相反的位置时所费的力更大。从挂在天花板下的装着水的酒杯里滴下的水滴，将竖直地落在地板上，没有任何一滴水偏向船尾方向滴落，虽然当水滴尚在空中时，船在向前走……"

伽利略描述的这种现象表明：在一个惯性系内所作的任何力学实验都不能确

定这一惯性系是处于静止还是匀速直线运动状态。或者说力学规律对一切惯性系都是等价的。这就是**力学的相对性原理**，也称**伽利略相对性原理**，或**经典相对性原理**。

*3. 非惯性系中的力学

如前所述，牛顿运动定律只在惯性系中成立。可是，在实际中我们常常需要在非惯性系中观察和处理力学问题。为了能在非惯性系中沿用牛顿运动定律的形式，需要引入惯性力的概念。

（1）在变速直线运动参考系中的惯性力

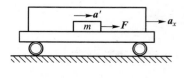

如图 2-7 所示，有一相对地面以加速度 a_x 作直线运动的车厢，车厢地板上有一质量为 m 的物体，其所受合外力为 F，相对于小车以加速度 a' 运动。因车厢有加速度 a_x（是非惯性系），所以在车厢参考系中牛顿运动定律不成立，即

图 2-7　惯性力的引入

$$F \neq ma'$$

若以地面为参考系，则牛顿运动定律成立，应有

$$F = ma_{地} = m(a_x + a') = ma_x + ma'$$

如果我们将 ma_x 移至等式左边，令

$$F_{惯} = -ma_x \qquad (2-14)$$

并称 $F_{惯}$ 为**惯性力**，则上式可写为

$$F + F_{惯} = ma' \qquad (2-15)$$

（2-15）式说明，惯性力的方向与牵连运动参考系（车厢）相对于惯性系（地面）的加速度 a_x 的方向相反，其大小等于研究对象的质量 m 与 a_x 的乘积。

注意：惯性力不是物体间的相互作用，故惯性力无施力物体、无反作用力。惯性力仅是参考系非惯性运动的表现，其具体形式与非惯性运动的形式有关。

例 2-4　一个电梯具有大小为 $g/3$ 且方向向下的加速度，电梯内装有一滑轮，其质量和摩擦均不计，一轻且不可伸长的细绳跨过滑轮，分别与质量为 $3m$ 和 m 的两物体相连，如图 2-8 所示。（1）计算质量为 $3m$ 的物体相对于电梯的加速度；（2）计算连接杆对滑轮的作用力大小；（3）一个完全隔离在电梯中的观察者如何借助于弹簧秤测出的力来测量电梯对地的加速度大小。

解 以质量为 m 和 $3m$ 的物体、滑轮为研究对象，受力分析如图 2-8 所示，并设两物体对电梯的加速度大小为 a'。

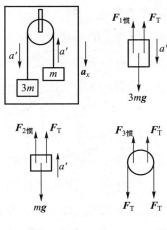

（1）分别对质量为 m 和 $3m$ 的两物体运用非惯性系中的牛顿运动定律，由（2-15）式得

$$\begin{cases} F_{2惯} + F_T - mg = ma' \\ 3mg - F_T - F_{1惯} = 3ma' \end{cases}$$

式中 $F_{2惯} = \dfrac{1}{3}mg$，$F_{1惯} = 3m\dfrac{g}{3} = mg$，联立解得

$$a' = g/3, \quad F_T = mg$$

图 2-8

即质量为 $3m$ 的物体相对于电梯以大小为 $g/3$ 的加速度向下运动。

（2）因滑轮质量不计，所以 $F_{3惯} = 0$。故连杆对滑轮的作用力大小为

$$F_T' = 2F_T = 2mg$$

（3）对于完全被隔离在电梯里的观察者，其观察到的两物体的加速度只能是相对于电梯的，弹簧秤测出的力并没有包括惯性力，若其测出的力的大小为 F_T，则须考虑惯性力。

设质量为 m 的物体对电梯的加速度大小为 a'，则有

$$F_T + F_{2惯} - mg = ma'$$

于是有

$$F_{2惯} = m(a' + g) - F_T$$

则电梯相对于地面的加速度大小为

$$a_x = \frac{F_{2惯}}{m} = (a' + g) - \frac{F_T}{m}$$

（2）在匀角速转动的非惯性系中的惯性力——惯性离心力 $\boldsymbol{F}_c^*$

如图 2-9 所示，在光滑水平圆盘上，用一轻弹簧拴一小球，圆盘以角速度 ω 匀速转动，弹簧被拉伸后相对圆盘静止。

地面上的观察者认为：小球受到一指向轴心的弹簧弹性力作用，所以随盘一起作圆周运动，符合牛顿

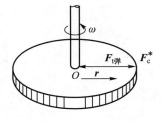

图 2-9 转动参考系中的惯性离心力

运动定律。

圆盘上的观察者认为：小球受到一指向轴心的弹簧弹性力作用而仍处于静止状态，不符合牛顿运动定律。圆盘上的观察者若仍要用牛顿运动定律解释这一现象，就必须引入一个惯性力——惯性离心力 F_c^*，即

$$F_c^* = -ma_x = m\omega^2 r \qquad (2-16)$$

值得注意的是，不要把惯性离心力误认为向心力的反作用力，原因有两个：其一，惯性离心力不是物体间的相互作用，故没有反作用力；其二，惯性离心力是作用在小球上的，作为向心力的弹簧弹性力也是作用在小球上的，在圆盘上的观察者看来，这是一对"平衡"力。

惯性离心力也是人们在日常生活中经常遇到的。例如物体的重力随纬度而变化，就是由与地球自转相关的惯性离心力所引起的。如图 2-10 所示，一质量为 m 的物体静止在纬度为 φ 处，其重力 = 地球引力 + 自转效应的惯性离心力，即

$$W = F_{引} + F_{惯性离心力}$$

经推导，得

$$W \approx F_{引} - m\omega^2 R\cos^2\varphi$$

但由于地球自转角速度很小（约为 $7.3 \times 10^{-5}\ \text{rad} \cdot \text{s}^{-1}$），故除精密计算外，可把 $F_{引}$ 视为物体的重力。

（3）科里奥利力 F_K^*

在转动的非惯性系中，当研究对象相对于转动参考系还有相对运动时，为了在非惯性系中沿用牛顿运动定律的形式，除了要加上惯性离心力外，还需引入科里奥利力 F_K^*。可以证明，若质量为 m 的物体相对于转动角速度为 ω 的参考系具有运动

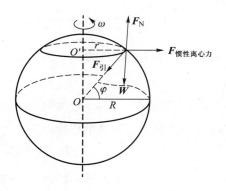

图 2-10　重力与纬度的关系

速度 $u_{相}$，则科里奥利力为

$$\boldsymbol{F}_{\mathrm{K}}^{*} = 2m\boldsymbol{u}_{相} \times \boldsymbol{\omega} \tag{2-17}$$

严格地讲，地球是个匀角速转动的参考系，因此，在地球上运动的物体都会受到科里奥利力的影响。由于地球自转的角速度很小，所以该力往往不易被人们觉察。但在许多自然现象中都有科里奥利力存在的痕迹。例如，北京天文馆内的傅科摆（摆长为 10 m）的摆平面每隔约 37.25 h 转动一周；对于北半球南北向的河流，若人们面对下游方向观察，则可看到右侧河岸被冲刷得厉害一些；南北半球分别有不同的信风等。这些都可以用科里奥利力来解释。

2.2　动量　动量守恒定律

牛顿第二定律指出，在外力作用下，质点的运动状态要发生改变，质点获得加速度。然而力不仅作用于质点，普遍地说，力是作用于质点系的。从本节开始，我们将从力的时间和空间累积效应出发，根据牛顿运动定律，导出动量定理、动能定理这两条运动定理，并且将进一步讨论动量守恒和能量的转换与守恒定律。对于求解力学问题，在一定条件下运用这两条运动定理和守恒定律，往往比直接运用牛顿运动定律更为方便。

2.2.1　质点的动量定理

牛顿最初建立起来的牛顿第二定律并不是大家熟知的 $\boldsymbol{F} = m\boldsymbol{a}$ 这种形式。他所选择的是

$$\boldsymbol{F} = \frac{\mathrm{d}}{\mathrm{d}t}\left(m\boldsymbol{v}\right) \tag{2-18}$$

只是因为在牛顿力学中，质量 m 是一个不变的量，$\boldsymbol{F} = m\boldsymbol{a}$ 在形式上才与（2-18）式等价。近代物理知识告诉我们，惯性质量与物体的运动状态有关，不能看成常量。这就是说，从近代物理观点来看，（2-18）式具有更广泛的适应性。

但是，牛顿本人将牛顿第二定律写成（2-18）式时并没有意识到 m 不是常量，他采取（2-18）式，是因为他认为"$m\boldsymbol{v}$"是一个独立的物理量。也就是说，乘积 $m\boldsymbol{v}$ 是由质量和速度联合确定的，而不能由 m 和 $\boldsymbol{v}$ 之值分开地确定。如果我们引进 $\boldsymbol{p} = m\boldsymbol{v}$，那么（2-18）式可写成

$$F = \frac{\mathrm{d}\boldsymbol{p}}{\mathrm{d}t} \tag{2-19}$$

将（2-19）式分离变量得

$$\boldsymbol{F}\mathrm{d}t = \mathrm{d}\boldsymbol{p} = \mathrm{d}(m\boldsymbol{v})$$

两边积分得

$$\int_{t_0}^{t} \boldsymbol{F}\mathrm{d}t = \int_{p_0}^{p} \mathrm{d}\boldsymbol{p} = \boldsymbol{p} - \boldsymbol{p}_0 = m\boldsymbol{v} - m\boldsymbol{v}_0 \tag{2-20}$$

可见物理量 $\boldsymbol{p} = m\boldsymbol{v}$ 是 m 和 $\boldsymbol{v}$ 的分离值所不能取代的独立物理量。（2-20）式表明力对时间的累积效应使物体的 $m\boldsymbol{v}$ 发生了变化。牛顿称 $m\boldsymbol{v}$ 为**动量**。

动量是一个矢量，它的方向与物体的运动方向一致。动量也是个相对量，与参考系的选择有关。在国际单位制中动量的单位是 $\mathrm{kg \cdot m \cdot s^{-1}}$。

若将（2-20）式中力对时间的积分 $\int_{t_0}^{t} \boldsymbol{F}\mathrm{d}t$ 叫作**力的冲量**，用符号 $\boldsymbol{I}$ 表示，则（2-20）式又可写成

$$\boldsymbol{I} = \int_{t_0}^{t} \boldsymbol{F}\mathrm{d}t = \boldsymbol{p} - \boldsymbol{p}_0 \tag{2-21}$$

上式表明**作用于物体上的合外力的冲量等于物体动量的增量**。这就是**质点的动量定理**。（2-19）式就是动量定理的微分形式。

由（2-20）式可知，要使物体的动量发生变化，作用于物体的力和相互作用持续的时间是两个同样重要的因素。因此在实践中，在物体的动量变化给定时，人们常常用增加作用时间（或减少作用时间）的办法来减小（或增大）冲力。

冲量是矢量。在恒力作用的情况下，冲量的方向与恒力的方向相同。在变力情况下，Δt 时间内的冲量是各个瞬时冲量 $\boldsymbol{F}\mathrm{d}t$ 的矢量和。但无论过程多么复杂，Δt 时间内的冲量总是等于这段时间内质点动量的增量。冲量的方向并不与动量的方向相同，而是与动量增量的方向相同。

动量定理在冲击和碰撞等问题中特别有用。我们将两物体在碰撞瞬时相互作用的力称为**冲力**。由于在冲击和碰撞这类问题中，作用时间极短，冲力的值变化迅速，所以人们较难准确测量冲力的瞬时值（图 2-11 所表示的就是冲力的示意图）。但是两物体在碰撞前后的动量和作用持续的时间都较容易测定。这样我们就可根据动量定理求出冲力的平均值，然后根据实际的需要乘上一个系数就可以估算

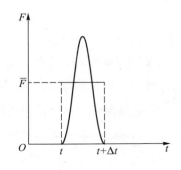

图 2-11　冲力示意图

冲力。在实际问题中，如果作用时间极短（如打击、碰撞、爆炸），两物体内部的冲力将远大于外部有限大小的主动冲力，则有限大小的主动冲力往往可以忽略，这可以使问题得到简化。

动量定理在直角坐标系中的坐标分量式为

$$\int_{t_1}^{t_2} F_x \mathrm{d}t = mv_{2x} - mv_{1x}$$

$$\int_{t_1}^{t_2} F_y \mathrm{d}t = mv_{2y} - mv_{1y} \qquad （2-22）$$

$$\int_{t_1}^{t_2} F_z \mathrm{d}t = mv_{2z} - mv_{1z}$$

下面简单说明一下动量 p 的物理意义。从动量定理可以知道，在相等的冲量作用下，对于不同质量的物体，其速度的变化是不相同的，但它们动量的变化却可能是一样的，所以从过程角度来看，与速度 v 相比，动量 p 能更恰当地反映物体的运动状态。因此，在描述物体的机械运动时，用动量 p 比用速度 v 更确切。动量 p 和位矢 r 是描述物体机械运动的状态参量。

2.2.2　质点系的动量定理

如果研究的对象是多个质点，则该对象称为**质点系**。一个不能抽象为质点的物体也可认为是由多个（甚至无限个）质点所组成的。从这种意义上讲，力学又可分为质点力学和质点系力学。下面我们就研究由一些质点构成的质点系的动量变化与作用在质点系上的力之间的关系。

当研究对象是质点系时，其受力就可分为"内力"和"外力"。质点系内各质点之间的作用力称为内力，如图 2-12 所示，质点系以外的物体对质点系内质点的作用力称为外力。由牛顿第三定律可知，质点系内质点间相互作用的内力必定是成对出现的，且每对作用内力都必沿两质点连线的方向。这些就是研究质点系力学的基本观点。

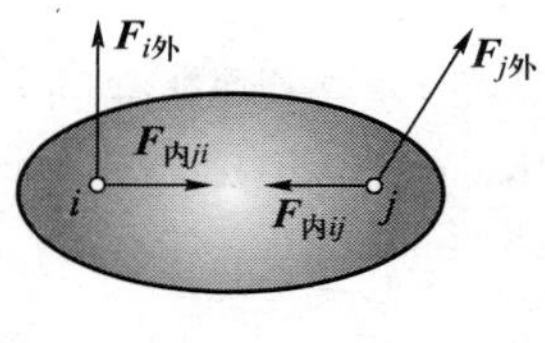

设质点系是由相互作用的 n 个质点所组成的。现考察第 i 个质点的受力情况。首先考察 i 质点所受内力之矢量和。设质点系内第 j 个质点对 i 质点的作用力为 $F_{内ji}$，则 i 质点所受内力为

图 2-12　质点系的
受力分析图

$$\sum_{j=1}^{n-1} F_{内ji} \qquad （2-23）$$

若设 i 质点受到的外力为 $F_{i外}$，则 i 质点受到的合力为 $F_{i外} + \sum_{j=1}^{n-1} F_{内ji}$，对 i 质

点运用动量定理有

$$\int_{t_1}^{t_2}\left(\boldsymbol{F}_{i\text{外}}+\sum_{j=1}^{n-1}\boldsymbol{F}_{\text{内}ji}\right)\mathrm{d}t=m_i\boldsymbol{v}_{i2}-m_i\boldsymbol{v}_{i1} \tag{2-24}$$

对 i 求和，并考虑到所有质点相互作用的时间 $\mathrm{d}t$ 都相同，则求和与积分顺序可互换，于是得

$$\int_{t_1}^{t_2}\left(\sum_{i=1}^{n}\boldsymbol{F}_{i\text{外}}\right)\mathrm{d}t+\int_{t_1}^{t_2}\left(\sum_{i=1}^{n}\sum_{j=1}^{n-1}\boldsymbol{F}_{\text{内}ji}\right)\mathrm{d}t=\sum_{i=1}^{n}m_i\boldsymbol{v}_{i2}-\sum_{i=1}^{n}m_i\boldsymbol{v}_{i1}$$

由于内力总是成对出现，且每对内力都等值反向，因此所有内力的矢量和为

$$\sum_{i=1}^{n}\sum_{j=1}^{n-1}\boldsymbol{F}_{\text{内}ji}=\boldsymbol{0}$$

于是有

$$\int_{t_1}^{t_2}\left(\sum_{i=1}^{n}\boldsymbol{F}_{i\text{外}}\right)\mathrm{d}t=\sum_{i=1}^{n}m_i\boldsymbol{v}_{i2}-\sum_{i=1}^{n}m_i\boldsymbol{v}_{i1} \tag{2-25}$$

这就是质点系动量定理的数学表示式。即**质点系总动量的增量等于作用于该系统上合外力的冲量**。这个结论说明内力对质点系的总动量无贡献。但由（2-24）式可知，在质点系内部动量的传递和交换中，内力起作用。

例 2-5　一颗子弹由枪口射出时速率为 v_0，当子弹在枪筒内被加速时，它所受的合力为 $F=a-bt$（a、b 为常量）。（1）假设子弹运行到枪口处合力刚好为零，试计算子弹走完枪筒全长所需时间；（2）求子弹所受的冲量大小；（3）求子弹的质量。

解　（1）由题意，子弹到枪口时，有

$$F=a-bt=0$$

得

$$t=\frac{a}{b}$$

（2）子弹所受的冲量大小为

$$I=\int_{0}^{t}(a-bt)\,\mathrm{d}t=at-\frac{1}{2}bt^2$$

将 $t=\dfrac{a}{b}$ 代入，得

$$I=\frac{a^2}{2b}$$

（3）由动量定理可求得子弹的质量为

$$m=\frac{I}{v_0}=\frac{a^2}{2bv_0}$$

例 2-6   容器中有大量气体分子，为简单起见，假想每个分子都以速度 v 碰到竖直的器壁上，v 与器壁法线 e_n 方向的夹角为 α，又以同样大小的速度，与器壁法线成同样夹角 α 的方向反射回来，如图 2-13 所示。若单位体积内的分子数为 n，每个分子的质量为 m，试求分子对器壁的压强。

解   取 Δt 时间内碰到器壁上的气体分子为研究对象。

质点系质量为
$$m' = mnSv\Delta t\cos\alpha$$

碰撞前：
$$p_{n0} = -m'v\cos\alpha = -mnSv^2\Delta t\cos^2\alpha$$

碰撞后：
$$p_n = mnSv^2\Delta t\cos^2\alpha$$

根据动量定理：
$$\overline{F}_n\Delta t = p_n - p_{n0} = 2mnSv^2\Delta t\cos^2\alpha$$

平均冲力大小为
$$\overline{F}_n = 2mnSv^2\cos^2\alpha$$

作用在器壁单位面积上的法向力大小，即压强为

$$p = \frac{\overline{F}_n}{S} = 2mnv^2\cos^2\alpha$$

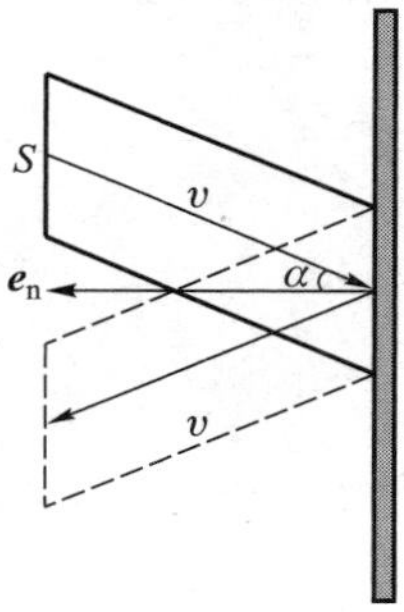

图 2-13

2.2.3   质心和质心运动定理

在研究由许多质点所组成的系统的运动时，质心是十分有用的概念。无论这些质点是彼此隔离开来的，还是结构紧密的，都是如此。

1. 质心

一人向空中抛一匀质薄三角板，如图 2-14（a）所示。实际观测表明，板上有一点 C 的运动轨迹为抛物线，而其他各点既随点 C 作抛物线运动，又绕通过点 C 的轴线作圆周运动。这时板的运动可看成板的平动与整个板绕点 C 转动这两种运动的合成。因此，我们可用点 C 的运动来代表整个板的平动，点 C 就是板的质心。就平动而言，板的全部质量似乎集中在质心这一点上。跳水运动员在空中，其质心

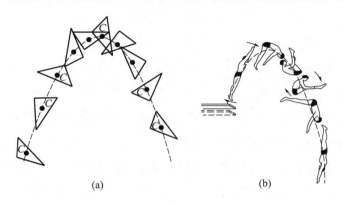

(a)   (b)

图 2-14   质心

的运动轨迹也是抛物线，如图 2-14（b）所示。这两个例子说明，质点系的质心是个重要的概念。下面引进质心的定义，然后再讨论质心的运动规律。

在如图 2-15 所示的直角坐标系中，有 n 个质点组成的质点系，其质心位置可由下式确定：

$$r_C = \frac{m_1 r_1 + m_2 r_2 + \cdots + m_i r_i + \cdots}{m_1 + m_2 + \cdots + m_i + \cdots}$$

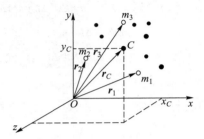

图 2-15　质心位置的确定

即
$$r_C = \frac{\sum\limits_{i=1}^{n} m_i r_i}{\sum\limits_{i=1}^{n} m_i} \tag{2-26}$$

式中 m_i 为第 i 个质点的质量，$\sum\limits_{i=1}^{n} m_i$ 为质点系内各质点的质量总和，即 $\sum\limits_{i=1}^{n} m_i = m'$；$r_C$ 为质心对原点 O 的位置矢量，它在 x、y、z 轴上的分量即质心在 x、y、z 轴上的坐标，即

$$x_C = \frac{\sum\limits_{i=1}^{n} m_i x_i}{\sum\limits_{i=1}^{n} m_i}, \quad y_C = \frac{\sum\limits_{i=1}^{n} m_i y_i}{\sum\limits_{i=1}^{n} m_i}, \quad z_C = \frac{\sum\limits_{i=1}^{n} m_i z_i}{\sum\limits_{i=1}^{n} m_i}$$

对于质量连续分布的物体，可把物体分成许多质量元 dm，上式中的求和 $\sum m_i x_i$，可用积分 $\int x dm$ 来代替。于是质心的坐标为

$$x_C = \frac{1}{m'} \int x dm, \quad y_C = \frac{1}{m'} \int y dm, \quad z_C = \frac{1}{m'} \int z dm \tag{2-27}$$

对于密度均匀分布、形状对称的物体，其质心都在它的几何中心处，例如圆环的质心在圆环中心、球的质心在球心等。

例 2-7　水分子 H_2O 是由两个氢原子和一个氧原子构成的，其结构如图 2-16 所示。每个氢原子与氧原子之间的距离均为 $d = 1.0 \times 10^{-10}$ m，氢原子与氧原子两条连线之间的夹角为 $\theta = 104.6°$。求水分子的质心。

解 选如图 2-16 所示的坐标系。由于氧原子的中心位于坐标原点 O，两个氢原子关于 y 轴对称，故质心 C 在 x 轴上的坐标 $x_C = 0$。利用（2-27）式可得质心 C 在 y 轴上的坐标为

$$y_C = \frac{\sum m_i y_i}{\sum m_i} = \frac{m_H d \sin 37.7° + m_O \times 0 + m_H d \sin 37.7°}{m_H + m_O + m_H}$$

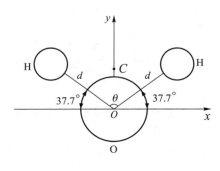

图 2-16

关于氢原子和氧原子的质量 m_H 和 m_O，如以 u（原子质量单位）为单位计算，则 $m_H = 1.0$ u，$m_O = 16$ u。把已知数据代入，得

$$y_C = \frac{2 \times 1.0 \times 1.0 \times 10^{-10} \times \sin 37.7°}{2 \times 1.0 + 16} \text{ m} \approx 6.8 \times 10^{-12} \text{ m}$$

即质心处于图 2-16 中 $x_C = 0$，$y_C = 6.8 \times 10^{-12}$ m 处，其位置矢量为 $\boldsymbol{r}_C = 6.8 \times 10^{-12} \boldsymbol{j}$ m。

例 2-8 求半径为 R 的匀质半薄球壳的质心。

解 选如图 2-17 所示的坐标轴。由于球壳关于 y 轴对称，所以质心显然在图中的 y 轴上。在半球壳上取一圆环，圆环的平面与 y 轴垂直。圆环的面积为 $dS = 2\pi R(\sin\theta)Rd\theta$。

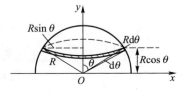

图 2-17

设匀质薄球壳的质量面密度为 σ，则圆环的质量为

$$dm = \sigma \cdot 2\pi R^2 \sin\theta d\theta \qquad （2-28）$$

由（2-28）式可得匀质薄球壳的质心处于

$$y_C = \frac{\int y dm}{m'} = \frac{\int y \sigma \cdot 2\pi R^2 \sin\theta d\theta}{\sigma \cdot 2\pi R^2}$$

从图 2-17 可见，$y = R\cos\theta$，所以上式化为

$$y_C = R \int_0^{\frac{\pi}{2}} \cos\theta \sin\theta d\theta = \frac{1}{2}R$$

即质心位于 $y_C = \dfrac{R}{2}$ 处，其位置矢量为 $r_C = \dfrac{R}{2} j$。

2. 质心运动定律

在如图 2-15 所示的质点系中，（2-26）式可写成

$$m' r_C = \sum_{i=1}^{n} m_i r_i$$

考虑到质点系内各质点的质量总和 m' 是一定的，因此，上式对时间的一阶导数为

$$m' \frac{\mathrm{d} r_C}{\mathrm{d} t} = \sum_{i=1}^{n} m_i \frac{\mathrm{d} r_i}{\mathrm{d} t} \qquad （2-29）$$

式中 $\dfrac{\mathrm{d} r_C}{\mathrm{d} t}$ 是质心的速度，用 v_C 表示，$\dfrac{\mathrm{d} r_i}{\mathrm{d} t}$ 是第 i 个质点的速度，用 v_i 表示，故上式为

$$m' v_C = \sum_{i=1}^{n} m_i v_i = \sum_{i=1}^{n} p_i \qquad （2-30）$$

上式表明，**系统内各质点动量的矢量和等于系统质心的速度乘以系统的质量。**

前面在讨论质点系的动量定理时已经讲过，系统内各质点间相互作用的内力的矢量和为零，即 $\sum_{i=1}^{n} F_i^{\mathrm{in}} = 0$。因此，作用在系统上的合力就等于合外力。于是有

$$\sum_{i=1}^{n} \frac{\mathrm{d} p_i}{\mathrm{d} t} = \sum_{i=1}^{n} F_i^{\mathrm{ex}}$$

如用 F^{ex} 代表作用于系统的合外力，即 $F^{\mathrm{ex}} = \sum_{i=1}^{n} F_i^{\mathrm{ex}}$，那么上式可写成

$$F^{\mathrm{ex}} = m' \frac{\mathrm{d} v_C}{\mathrm{d} t} = m' a_C \qquad （2-31）$$

上式表明，**作用在系统上的合外力等于系统的总质量乘以系统质心的加速度。**它与牛顿第二定律在形式上完全相同，就相当于系统的质量集中于质心，在合外力作用下，质心以加速度 a_C 运动。通常我们把（2-31）式作为**质心运动定律**的数学表达式。

质心运动定律会为求解多粒子体系的物理问题带来许多方便，下面举两个这方面的例子。

例 2-9 设有一质量为 $2m$ 的弹丸，从地面斜抛出去，它在最高点处爆炸成质量相等的两个碎片，如图 2-18 所示，其中一个碎片竖直自由下落，另一个碎片水平抛出，它们同时落地。试问第二个碎片的落地点在何处？

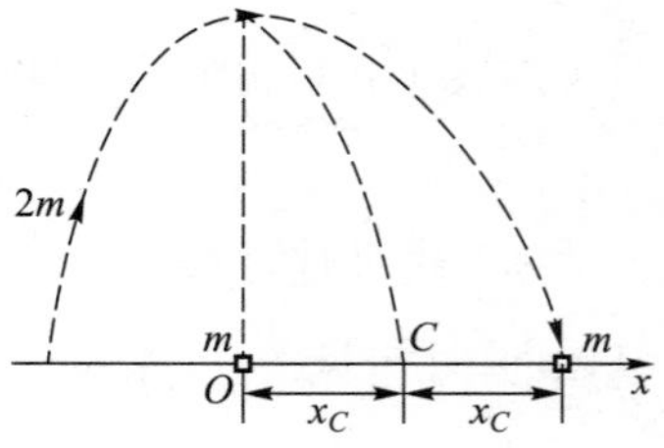

图 2-18

解　考虑弹丸是一系统，空气阻力略去不计。爆炸前和爆炸后弹丸质心的运动轨道都在同一抛物线上，这就是说，爆炸以后两碎片质心的运动轨道仍沿爆炸前弹丸的抛物线运动轨道。如取第一个碎片的落地点为坐标原点 O，水平向右为 x 轴正方向。设 m_1 和 m_2 分别为第一个和第二个碎片的质量，且 $m_1 = m_2 = m$；x_1 和 x_2 为两碎片落地时距原点 O 的距离，x_C 为两碎片落地时它们的质心距原点 O 的距离，由图 2-18 可知 $x_1 = 0$，于是，从（2-27）式可得

$$x_C = \frac{m_1 x_1 + m_2 x_2}{m_1 + m_2}$$

由于 $m_1 = m_2 = m$，由上式有

$$x_2 = 2x_C$$

即第二个碎片的落地点与第一个碎片落地点的水平距离为它们的质心与第一个碎片落地点的水平距离的 2 倍。这个问题虽然也可以用第一章的质点运动学方法来求解，但那样比用上面方法繁琐得多，读者不妨一试。

例 2-10　一长为 l、密度均匀的柔软链条，其质量线密度为 λ。将其卷成一堆放在地面上，如图 2-19 所示。若手握链条的一端，以匀速率 v 将其上提。当链条一端被提离地面的高度为 y 时，求手的提力。

解　从图 2-19 中可以看出，被提起的链条质心的坐标 y_C 是随链条的上升而改变的。按如图所选的坐标系，其质心位于

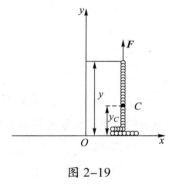

图 2-19

$$y_C = \frac{\sum m_i y_i}{\sum m_i} = \frac{\lambda y \frac{y}{2} + \lambda (l - y) \times 0}{\lambda l} = \frac{y^2}{2l} \tag{1}$$

作用于链条的合外力为 $\boldsymbol{F} + \lambda y \boldsymbol{g}$，故由质心运动定律有

$$\boldsymbol{F} + \lambda y \boldsymbol{g} = l\lambda \frac{\mathrm{d}^2 y_C}{\mathrm{d}t^2} \boldsymbol{j}$$

或

$$(\boldsymbol{F} - y\lambda \boldsymbol{g})\boldsymbol{j} = l\lambda \frac{\mathrm{d}^2 y_C}{\mathrm{d}t^2} \boldsymbol{j} \tag{2}$$

（1）式对时间 t 求二阶导数，有

$$\frac{\mathrm{d}^2 y_C}{\mathrm{d}t^2} = \frac{1}{l}\left[\left(\frac{\mathrm{d}y}{\mathrm{d}t}\right)^2 + y\frac{\mathrm{d}^2 y}{\mathrm{d}t^2}\right]$$

考虑到 $v = \dfrac{\mathrm{d}y}{\mathrm{d}t}$，$v = c$（$c$ 为常量），故 $y\dfrac{\mathrm{d}^2 y}{\mathrm{d}t^2} = 0$，则上式为

$$\frac{\mathrm{d}^2 y_C}{\mathrm{d}t^2} = \frac{v^2}{l}$$

把上式代入（2）式，得

$$(F - y\lambda g)\boldsymbol{j} = \lambda v^2 \boldsymbol{j}$$

则

$$\boldsymbol{F} = (y\lambda g + \lambda v^2)\boldsymbol{j}$$

2.2.4　动量守恒定律

由（2-25）式知，若 $\sum \boldsymbol{F}_{i\text{外}} = \boldsymbol{0}$，则有

$$\sum_{i=1}^{n} m_i \boldsymbol{v}_{i2} - \sum_{i=1}^{n} m_i \boldsymbol{v}_{i1} = \boldsymbol{0} \tag{2-32}$$

或

$$\sum_{i=1}^{n} m_i \boldsymbol{v}_{i2} = \sum_{i=1}^{n} m_i \boldsymbol{v}_{i1}$$

这就是说，**一个孤立的力学系统（系统不受外力作用）或合外力为零的系统，系统内各质点间动量可以交换，但系统的总动量保持不变。这就是动量守恒定律。**

动量守恒（2-32）式是矢量式。因此，当 $\sum \boldsymbol{F}_{i\text{外}} = \boldsymbol{0}$ 时，质点系在任何一个方向上（即沿任何一个坐标方向）都满足动量守恒的条件。如果质点系所受合外力的矢量和不为零，但合外力在某一方向上的分量为零，则质点系在该方向上的动量也满足守恒定律。在实际问题中，若能判断出内力远大于有限主动外力（如重力），也可忽略有限主动外力而应用动量守恒定律。

动量守恒定律表明，在物体机械运动转移过程中，系统中一物体获得动量的同时，必然有别的物体失去了一份与之相等的动量。所以，动量这个物理量的深刻意义在于它正是物体机械运动的一种量度，物体动量的转移反映了物体机械运动的转移。

动量是相对量。若质点系内各质点间有相对运动，则在运用动量守恒定律时，必须将各质点的动量统一到同一惯性系中。

值得注意的是，虽然我们在推导动量守恒定律的过程中，是从牛顿第二定律出发，并运用了牛顿第三定律（即 $\sum\limits_{i=1}^{n}\sum\limits_{j=1}^{n-1} \boldsymbol{F}_{\text{内}\,ji} = \boldsymbol{0}$），但不能认为动量守恒定律只是牛顿运动定律的推论。相反，动量守恒定律是比牛顿运动定律更为普遍的规律。在某

些过程中，特别是在微观领域中，牛顿运动定律不成立，但动量守恒定律依然成立。

例 2-11　一弹性球，质量为 $m = 0.20$ kg，速率为 $v = 5$ m·s^{-1}，与墙碰撞后弹回。设球弹回时速度大小不变，碰撞前后的运动方向和墙的法线所夹的角都是 α，如图 2-20 所示，设球和墙碰撞的时间为 $\Delta t = 0.05$ s，$\alpha = 60°$。求在碰撞时间内，球和墙的平均相互作用力。

解　以球为研究对象。设墙对球的平均作用力为 $\bar{\boldsymbol{F}}$，球在碰撞前后的速度为 $\boldsymbol{v}_1$ 和 $\boldsymbol{v}_2$，由动量定理可得

$$\bar{\boldsymbol{F}}\Delta t = m\boldsymbol{v}_2 - m\boldsymbol{v}_1 = m\Delta\boldsymbol{v}$$

将冲量和动量分别沿图中两方向分解得

$$\bar{F}_x\Delta t = mv\sin\alpha - mv\sin\alpha = 0$$

$$\bar{F}_n\Delta t = mv\cos\alpha - (-mv\cos\alpha) = 2mv\cos\alpha$$

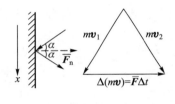

图 2-20

解方程得

$$\bar{F}_x = 0$$

$$\bar{F}_n = \frac{2mv\cos\alpha}{\Delta t} = \frac{2\times0.2\times5\times0.5}{0.05}\,\text{N} = 20\,\text{N}$$

按牛顿第三定律，球对墙的平均作用力和 $\bar{F}_n$ 的方向相反而等值，即垂直于墙面向里。

例 2-12　如图 2-21 所示，一装矿砂的车厢以 $v = 4$ m·s^{-1} 的速率从漏斗下通过，矿砂落入车厢的速率为 $k = 200$ kg·s^{-1}，如欲使车厢保持速率不变，则须施予车厢多大的牵引力（忽略车厢与地面的摩擦）？

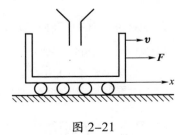

图 2-21

解　设 t 时刻已落入车厢的矿砂质量为 m，经过 dt 后又有 d$m = k$dt 的矿砂落入车厢。取 m 和 dm 为研究对象，则系统沿 x 方向

的动量定理为

$$F\mathrm{d}t = (m + \mathrm{d}m)v - (mv + \mathrm{d}m \cdot 0) = v\mathrm{d}m = kv\mathrm{d}t$$

则

$$F = kv = 200 \times 4 \text{ N} = 800 \text{ N}$$

例 2-13　如图 2-22 所示，一质量为 m_1 的球在质量为 m_2 的 $\frac{1}{4}$ 圆弧形滑槽中从静止滑下。设圆弧形滑槽的半径为 R，如所有摩擦都可忽略，求当小球 m_1 滑到槽底时，滑槽 m_2 在水平方向上移动的距离。

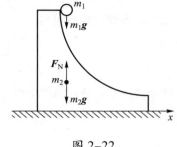

图 2-22

解　以 m_1 和 m_2 为研究系统，其在水平方向不受外力（图中所画是 m_1 和 m_2 所受的竖直方向的外力），故水平方向动量守恒。设在下滑过程中，m_1 在水平方向上相对于 m_2 的滑动速度为 v_{x_1}，m_2 对地速度为 v_{x_2}，并以水平向右为 x 轴正方向，则在水平方向上有

$$m_1(v_{x_1} - v_{x_2}) - m_2 v_{x_2} = 0$$

解得

$$v_{x_1} = \frac{m_1 + m_2}{m_1} v_{x_2}$$

设 m_1 在滑槽上运动的时间为 t，而 m_1 相对于 m_2 在水平方向移动的距离为 R，则有

$$R = \int_0^t v_{x_1} \mathrm{d}t = \frac{m_2 + m_1}{m_1} \int_0^t v_{x_2} \mathrm{d}t$$

于是滑槽在水平方向上移动的距离为

$$s = \int_0^t v_{x_2} \mathrm{d}t = \frac{m_1}{m_2 + m_1} R$$

值得注意的是，此题的条件还可简化一些，即只要 m_2 与水平支撑面的摩擦可以忽略不计就可以了。

2.3　功和能

本节讨论力的空间累积效应，进而讨论功和能的关系。

2.3.1 功

1. 功

如图 2-23 所示，一物体作直线运动，在恒力 F 的作用下物体发生位移 Δr，F 与 Δr 的夹角为 α，则恒力 F 所做的功定义为：**力在位移方向上的投影与该物体位移大小的乘积**。若用 A 表示功，则有

$$A = F\left|\Delta r\right|\cos\alpha \tag{2-33}$$

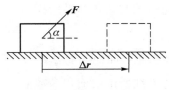

图 2-23　恒力的功

按矢量标积的定义，上式可写为

$$A = F \cdot \Delta r \tag{2-34}$$

即恒力的功等于力与质点位移的标积。

功是标量，它只有大小，没有方向。功的正负由 α 角决定。当 $\alpha < \dfrac{\pi}{2}$ 时，$\cos\alpha > 0$，功为正值，我们说某力做正功；当 $\alpha = \dfrac{\pi}{2}$ 时，$\cos\alpha = 0$，功值为零，则说某力不做功，例如物体作曲线运动时法向力就不做功；当 $\alpha > \dfrac{\pi}{2}$ 时，$\cos\alpha < 0$，功为负值，则说某力做负功。另外，因为位移的值与参考系有关，所以功是个相对量。

如果物体受到变力作用或作曲线运动，那么上面所讨论的功的计算公式就不能直接套用了。但如果我们将运动的轨道曲线分割成许许多多足够小的位移元 $\mathrm{d}r$，使得每段位移元 $\mathrm{d}r$ 中，作用在质点上的力 F 都能看成恒力（图 2-24），则力 F 在这段位移元上所做的元功为

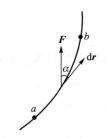

图 2-24　变力的功

$$\mathrm{d}A = F \cdot \mathrm{d}r$$

力 F 在轨道 ab 上所做的总功就等于所有位移元上元功的代数和，即

$$A = \int_a^b F \cdot \mathrm{d}r = \int_a^b F\cos\alpha\left|\mathrm{d}r\right| = \int_a^b F_t\mathrm{d}s \tag{2-35}$$

式中 $\mathrm{d}s = \left|\mathrm{d}r\right|$，$F_t$ 是力 F 在位移元 $\mathrm{d}r$ 方向上的投影，（2-35）式就是计算变力做

功的一般方法。如果建立了直角坐标系，则因为

$$\boldsymbol{F} = F_x\boldsymbol{i} + F_y\boldsymbol{j} + F_z\boldsymbol{k}$$

$$\mathrm{d}\boldsymbol{r} = \mathrm{d}x\boldsymbol{i} + \mathrm{d}y\boldsymbol{j} + \mathrm{d}z\boldsymbol{k}$$

所以（2-35）式就可表示为

$$A = \int_a^b \left(F_x\mathrm{d}x + F_y\mathrm{d}y + F_z\mathrm{d}z\right) = \int_{x_a}^{x_b} F_x\mathrm{d}x + \int_{y_a}^{y_b} F_y\mathrm{d}y + \int_{z_a}^{z_b} F_z\mathrm{d}z \qquad （2-36）$$

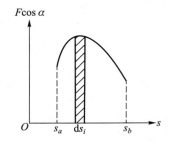

功也可以用图解法计算。以路程 s 为横坐标，$F\cos\alpha$ 为纵坐标，根据 $\boldsymbol{F}$ 随路程的变化关系所描绘的曲线称为示功图。

图 2-25 中画有斜线的狭长矩形面积等于力 $\boldsymbol{F}_i$ 在 $\mathrm{d}s_i$ 上所做的元功。曲线与边界线所围的面积在数值上等于变力 $\boldsymbol{F}$ 在整个路程上所做的总功。用示功图求功较直接方便，所以工程上常采用此方法。

图 2-25　示功图

2. 功率

单位时间内的功称为功率。设 Δt 时间内完成功 ΔA，则这段时间内的**平均功率**为

$$\bar{P} = \frac{\Delta A}{\Delta t} \qquad （2-37）$$

当 $\Delta t \to 0$ 时，则某一时刻的瞬时功率为

$$P = \lim_{\Delta t \to 0} \frac{\Delta A}{\Delta t} = \frac{\mathrm{d}A}{\mathrm{d}t} = \boldsymbol{F} \cdot \boldsymbol{v} \qquad （2-38）$$

即瞬时功率等于力和速度的标积。

在国际单位制中，功的单位是焦耳（J）。功率的单位是焦耳每秒（$\mathrm{J} \cdot \mathrm{s}^{-1}$），又称为瓦特（W）。

例2-14　一质点所受外力为 $\boldsymbol{F} = (y^2 - x^2)\boldsymbol{i} + 3xy\boldsymbol{j}$（SI 单位），求质点由点（0，0）运动到点（2，4）的过程中力 $\boldsymbol{F}$ 所做的功：（1）先沿 x 轴由点（0，0）运动到点（2，0），再平行于 y 轴运动到点（2，4）；（2）沿直线由点（0，0）运动到点（2，4）；（3）沿抛物线 $y = x^2$ 由点（0，0）运动到点（2，4）。

解　（1）质点由点（0，0）沿 x 轴运动到（2，0），此时 $y = 0$，$\mathrm{d}y = 0$，所以

$$A_1 = \int_0^2 F_x\mathrm{d}x = \int_0^2 \left(-x^2\right)\mathrm{d}x = -\frac{8}{3} \quad （\text{SI单位}）$$

质点由点（2，0）平行于 y 轴运动到点（2，4），此时 $x = 2$，$\mathrm{d}x = 0$，故

$$A_2 = \int_0^4 F_y \mathrm{d}y = \int_0^4 6y\,\mathrm{d}y = 48 \quad （\text{SI单位}）$$

$$A = A_1 + A_2 = 45\frac{1}{3} \quad （\text{SI单位}）$$

（2）因为由原点到点（2，4）的直线方程为 $y = 2x$，故

$$A = \int_0^2 F_x \mathrm{d}x + \int_0^4 F_y \mathrm{d}y = \int_0^2 \left(4x^2 - x^2\right)\mathrm{d}x + \int_0^4 \frac{3}{2}y^2\,\mathrm{d}y = 40 \quad （\text{SI单位}）$$

（3）因为 $y = x^2$，所以

$$A = \int_0^2 \left(x^4 - x^2\right)\mathrm{d}x + \int_0^4 3y^{\frac{3}{2}}\mathrm{d}y = 42\frac{2}{15} \quad （\text{SI单位}）$$

可见题中所给的力是非保守力。

2.3.2　动能和动能定理

能的概念和功的概念有密切联系。什么叫作能？如果一个物体能够做功，我们就说它具有能或能量。能是做功的能力或做功的本领。在本节中我们首先说明动能这一概念。根据经验，凡是运动着的物体都能够做功，例如水流（即流动的水）能够推动水磨或水车而做功，风（即流动的空气）能够推动风车、帆船而做功。所以凡是运动着的物体都具有能，物体由于运动而具有的能称为**动能**。

物体的动能与哪些因素有关？根据动能的概念，静止的物体是没有动能的，只有运动的物体才具有动能。又根据经验，物体运动速度越大，它做功的本领就越大。例如子弹速度越大，它穿入障碍物的深度就越大，所做的功就越大。可见物体的速度越大，它的动能就越大。即物体的动能与它的速度有关。另一方面，当外力对物体做功时，物体的速度要发生变化，也就是它的动能要发生变化。由此可见，外力对物体所做的功与物体动能的变化有关。现在我们就来研究力对物体做功后，物体的运动状态将发生的变化。

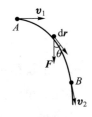

如图 2-26 所示，一质量为 m 的质点在合外力 $\boldsymbol{F}$ 的作用下自点 A 沿曲线移动到点 B，它在点 A 和点 B 的速率分别为 v_1 和 v_2。设作用在位移元 $\mathrm{d}\boldsymbol{r}$ 上的合外力 $\boldsymbol{F}$ 与 $\mathrm{d}\boldsymbol{r}$ 之间的夹角为 θ，则合外力 $\boldsymbol{F}$ 对质点所做的元功为

图 2-26　动能定理

$$\mathrm{d}A = \boldsymbol{F} \cdot \mathrm{d}\boldsymbol{r} = F\cos\theta\,\mathrm{d}r$$

由牛顿第二定律及切向加速度 a_t 的定义，有

$$F \cos \theta = ma_t = m \frac{\mathrm{d}v}{\mathrm{d}t}$$

故可得

$$\mathrm{d}A = m \frac{\mathrm{d}v}{\mathrm{d}t} \mathrm{d}r = mv\mathrm{d}v$$

于是，质点自点 A 移至点 B 这一过程中，合外力所做的总功为

$$A = \int \mathrm{d}A = \int_{v_1}^{v_2} mv\mathrm{d}v$$

积分得

$$A = \frac{1}{2} mv_2^2 - \frac{1}{2} mv_1^2 \tag{2-39}$$

上式表明，合外力对质点所做的功，使得 $\frac{1}{2} mv^2$ 这个量获得了增量，而 $\frac{1}{2} mv^2$ 是与质点的运动状态有关的参量。我们把 $\frac{1}{2} mv^2$ 叫作**质点的动能**，用 E_k 表示，即

$$E_k = \frac{1}{2} mv^2$$

这样，$E_{k1} = \frac{1}{2} mv_1^2$ 和 $E_{k2} = \frac{1}{2} mv_2^2$ 分别表示质点在起始和终末位置的动能。（2–39）式可写成

$$A = E_{k2} - E_{k1} \tag{2-40}$$

上式表明，合外力对质点所做的功，等于质点动能的增量。这个结论就叫作**质点的动能定理**。E_{k1} 称为初动能，而 E_{k2} 称为末动能。

关于质点的动能定理还应说明以下两点：

（1）功与动能之间的联系和区别。只有合外力对质点做功，质点的动能才能发生变化。功是能量变化的量度，功是与在外力作用下质点的位置移动过程相联系的，故功是一个过程量。而动能是取决于质点的运动状态的，是运动状态的函数。

（2）与牛顿第二定律一样，动能定理也适用于惯性系。此外，在不同的惯性系中，质点的位移和速度是不同的，因此，功和动能依赖于惯性系的选取。

动能的单位和量纲与功的单位和量纲相同。

应该指出，应用动能定理计算功的过程中，要应用到线积分，故必须知道质点的运动路径。然而在许多情况下，这往往是十分困难的。值得高兴的是，有些力的线积分与积分路径无关，只与质点的起始和终末位置有关，这些力就是下一节要讲到的保守力。

例2-15 一质量为10 kg的物体沿 x 轴无摩擦地滑动，$t = 0$ 时物体静止于原点，（1）若物体在力 $F = 3 + 4t$（SI单位）的作用下运动了 3 s，则它的速度增为多大？（2）若物体在力 $F = 3 + 4x$（SI单位）的作用下运动了 3 m，则它的速度增为多大？

解 （1）由动量定理 $\int_0^t F\mathrm{d}t = mv$，得

$$v = \int_0^t \frac{F}{m}\mathrm{d}t = \int_0^3 \frac{3+4t}{10}\mathrm{d}t \left(\text{SI单位}\right) = 2.7 \text{ m} \cdot \text{s}^{-1}$$

（2）由动能定理 $\int_0^x F\mathrm{d}x = \frac{1}{2}mv^2$，得

$$v = \sqrt{\int_0^x \frac{2F}{m}\mathrm{d}x} = \sqrt{\int_0^3 \frac{2(3+4x)}{10}\mathrm{d}x} \left(\text{SI单位}\right) = 2.3 \text{ m} \cdot \text{s}^{-1}$$

例2-16 以铁锤将一铁钉击入木板，设木板对铁钉的阻力大小与铁钉进入木板内的深度成正比，铁锤在击打第一次时，能将铁钉击入木板内 1 cm，问铁锤击打第二次时能将铁钉击入多深？（假定铁锤两次击打铁钉时的速度相同。）

解 以木板上界面为坐标原点，向内为 y 轴正方向，如图2-27所示，则铁钉所受阻力为

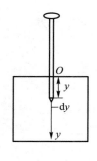

图 2-27

$$F_\mathrm{f} = -ky$$

铁锤击打后仅有阻力对铁钉做功，由动能定理，第一次击打后：

$$A_1 = \int_0^{y_1} F_\mathrm{f}\mathrm{d}y = \int_0^{1\,\mathrm{cm}} \left(-ky\right)\mathrm{d}y = \Delta E_{\mathrm{k}1}$$

第二次击打后：

$$A_2 = \int_{1\,\mathrm{cm}}^{y_2} F_\mathrm{f}\mathrm{d}y = \int_{1\,\mathrm{cm}}^{y_2} \left(-ky\right)\mathrm{d}y = \Delta E_{\mathrm{k}2}$$

由题意，铁锤两次击打铁钉时的速度相同，即铁钉两次获得的初速度相同，有

$$\Delta E_{\mathrm{k}1} = \Delta E_{\mathrm{k}2}$$

即

$$\frac{1}{2}ky_2^2 - \frac{k}{2} = \frac{k}{2}$$

所以

$$y_2 = \sqrt{2} \text{ cm}$$

于是铁钉第二次能进入的深度为

$$\Delta y = y_2 - y_1 = \left(\sqrt{2}-1\right)\mathrm{cm} \approx 0.414 \text{ cm}$$

例 2-17　力 $F = 6ti$（SI 单位）作用在 $m = 3$ kg 的质点上。物体沿 x 轴运动，$t = 0$ 时，$v_0 = 0$。求前 2 s 内 F 对质点所做的功。

解　研究对象为质点；此为直线问题，F 沿 x 轴正方向。

方法一　按 $A = \int_a^b \boldsymbol{F} \cdot \mathrm{d}\boldsymbol{r}$，有

$$A = \int_a^b 6t\mathrm{d}x$$

因为

$$F = ma = m\frac{\mathrm{d}v}{\mathrm{d}t} = 6t$$

所以

$$m\mathrm{d}v = 6t\mathrm{d}t$$

进行积分：

$$3\int_0^v \mathrm{d}v = \int_0^t 6t\mathrm{d}t$$

有

$$v = t^2$$

因为

$$\frac{\mathrm{d}x}{\mathrm{d}t} = v = t^2$$

即

$$\mathrm{d}x = t^2\mathrm{d}t$$

所以

$$A = \int_0^2 6t \cdot t^2 \mathrm{d}t = \frac{3}{2}t^4 \Big|_0^2 = 24\,\text{J}\ （\text{以上解题中间步骤用SI单位}）$$

方法二　用动能定理有

$$A = \frac{1}{2}mv_2^2 - \frac{1}{2}mv_0^2 = \frac{1}{2}m\left(v_2^2 - v_0^2\right)$$

$$= \frac{1}{2} \times 3 \times \left(2^4 - 0\right)\text{J} = 24\,\text{J}$$

2.3.3　保守力与非保守力　势能

上一节我们介绍了作为机械运动能量之一的动能。本节将介绍另一种机械能——势能。首先，我们将引入保守力和非保守力的概念，然后介绍势能的概念。

1. 保守力的功

下面通过分析重力、万有引力、弹簧弹性力做功的特点，引入保守力的概念。

（1）重力的功

我们这里讨论的重力是指地面附近几百米高度范围内的重力，也就是说，这里

所指的重力可视为恒力。

设质量为 m 的质点在重力 G 作用下由 a 点沿任一路径移动到 b 点，如图 2-28 所示，选取地面上一点为坐标原点，z 轴垂直于地面，向上为正。重力 G 只有 z 方向的分量，即 $F_z = -mg$，应用（2-36）式，有

$$A = \int_a^b \boldsymbol{G} \cdot \mathrm{d}\boldsymbol{r} = \int_a^b F_z \mathrm{d}r \cos\theta = \int_{z_0}^z F_z \mathrm{d}z = \int_{z_0}^z (-mg)\mathrm{d}z = -(mgz - mgz_0) \quad （2-41）$$

（2-41）式表明，重力的功只由质点相对于地面的始末位置 z_0 和 z 决定，而与质点所通过的路径无关。

（2）万有引力的功

考虑质量分别为 m_1 和 m_2 的两质点，质点 m_1 相对于质点 m_2 的初位置为 $\boldsymbol{r}_A$、末位置为 $\boldsymbol{r}_B$，如图 2-29 所示。质点 m_1 受到质点 m_2 的万有引力的矢量式为

$$\boldsymbol{F} = -G\frac{m_1 m_2}{r^2}\boldsymbol{e}_r$$

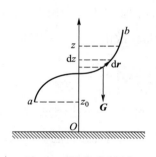

图 2-28　重力的功

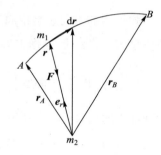

图 2-29　引力的功

式中 $\boldsymbol{e}_r$ 表示 m_1 相对于 m_2 位矢的单位矢量。则万有引力的元功为

$$\mathrm{d}A = \boldsymbol{F} \cdot \mathrm{d}\boldsymbol{r} = -G\frac{m_1 m_2}{r^2}\boldsymbol{e}_r \cdot \mathrm{d}\boldsymbol{r}$$

因为

$$\boldsymbol{r} \cdot \mathrm{d}\boldsymbol{r} = (x\boldsymbol{i} + y\boldsymbol{j} + z\boldsymbol{k}) \cdot (\mathrm{d}x\boldsymbol{i} + \mathrm{d}y\boldsymbol{j} + \mathrm{d}z\boldsymbol{k}) = x\mathrm{d}x + y\mathrm{d}y + z\mathrm{d}z$$

$$= \frac{1}{2}\mathrm{d}(x^2 + y^2 + z^2) = \frac{1}{2}\mathrm{d}r^2 = r\mathrm{d}r \quad （2-42）$$

又考虑到 $\boldsymbol{e}_r = \dfrac{\boldsymbol{r}}{r}$，所以

$$\mathrm{d}A = -G\frac{m_1 m_2}{r^2}\mathrm{d}r$$

于是质点由 A 点移动到 B 点时万有引力的功为

$$A = \int_{r_A}^{r_B} \left(-G\frac{m_1 m_2}{r^2} \right) \mathrm{d}r = -\left[\left(-G\frac{m_1 m_2}{r_B} \right) - \left(-G\frac{m_1 m_2}{r_A} \right) \right] \quad (2\text{--}43)$$

这说明万有引力的功也只与质点的始末位置有关，而与质点的具体路径无关。

（3）弹簧弹性力的功

如图 2-30 所示，选取弹簧自然伸长处为 x 轴的原点，则当弹簧形变量为 x 时，弹簧对质点的弹性力为

$$F = -kx$$

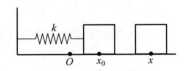

图 2-30　弹簧弹性力的功

式中负号表示弹性力的方向总是指向弹簧的平衡位置，即坐标原点。k 为弹簧的弹性系数，单位是 $\mathrm{N \cdot m^{-1}}$。因为作用力只有 x 分量，故由（2-36）式可得

$$A = \int_{x_0}^{x} F\mathrm{d}x = \int_{x_0}^{x} -kx\mathrm{d}x = -\left(\frac{1}{2}kx^2 - \frac{1}{2}kx_0^2 \right) \quad (2\text{--}44)$$

这说明弹簧弹性力的功只与始末位置有关，而与弹簧的中间形变过程无关。

综上所述，重力、万有引力、弹簧弹性力的功的特点是：它们都只与物体的始末位置有关而与具体路径无关，或者说，当仅受这些力作用下的物体沿任意闭合路径绕行一周时，它们所做的总功为零。在物理学中，除了这些力之外，静电力、分子力等也具有这种特性。我们把具有这种特性的力统称为**保守力**。保守力可用下面的数学式来定义，即

$$\oint_l \boldsymbol{F}_{保} \cdot \mathrm{d}\boldsymbol{r} = 0 \quad (2\text{--}45)$$

如果某力的功与路径有关，或该力沿任意闭合路径的功不等于零，则称这种力为**非保守力**，例如摩擦力、爆炸力等。

2. 势能

前一章已指出，描述质点机械运动状态的参量是位矢 $\boldsymbol{r}$ 和速度 $\boldsymbol{v}$。对应于状态参量 $\boldsymbol{v}$ 我们引入了动能 $E_\mathrm{k} = E_\mathrm{k}(\boldsymbol{v})$，那么对应于状态参量 $\boldsymbol{r}$ 我们将引入什么样的能量形式呢？下面讨论这个问题。

在前面的讨论中我们已指出，保守力的功与质点运动的路径无关，仅取决于相

互作用的两物体初态和终态的相对位置。如重力、万有引力、弹簧弹性力的功，其值分别为

$$A_{重} = -\left(mgz - mgz_0\right)$$

$$A_{引} = -\left[\left(-G\frac{m_1 m_2}{r}\right) - \left(-G\frac{m_1 m_2}{r_0}\right)\right]$$

$$A_{弹} = -\left(\frac{1}{2}kx^2 - \frac{1}{2}kx_0^2\right)$$

可以看出，保守力所做的功总是等于一个由相对位置决定的函数增量的负值，而功总是与能量的改变量相联系的。因此，上述由相对位置决定的函数必定是某种能量的函数形式。我们将其称为**势能**，用 E_p 表示，即

$$\int_1^2 \boldsymbol{F}_{保} \cdot \mathrm{d}\boldsymbol{r} = -\left(E_p - E_{p0}\right) = -\Delta E_p \tag{2-46}$$

（2-46）式定义的只是势能之差，而不是势能本身。为了定义势能，可以将（2-46）式的定积分改写为不定积分，即

$$E_p = -\int \boldsymbol{F}_{保} \cdot \mathrm{d}\boldsymbol{r} + C \tag{2-47}$$

式中 C 是一个由系统零势能位置决定的积分常量。

（2-47）式表明，只要已知一种保守力的力函数，即可求出与之相关的势能函数。例如，已知万有引力的力函数为

$$\boldsymbol{F} = -G\frac{m_1 m_2}{r^2}\boldsymbol{e}_r$$

那么由（2-47）式可知，与万有引力相对应的势能函数形式为

$$E_{p引} = -\int -G\frac{m_1 m_2}{r^2}\boldsymbol{e}_r \cdot \mathrm{d}\boldsymbol{r} + C = -G\frac{m_1 m_2}{r} + C$$

如令 $r \to \infty$ 时 $E_{p引} = 0$，则 $C = 0$。即取无穷远处为引力势能零点时，引力势能为

$$E_{p引} = -G\frac{m_1 m_2}{r} \tag{2-48}$$

可以证明：若取地面（$z = 0$）处为重力势能零点，则重力势能为

$$E_{p重} = mgz \tag{2-49}$$

对于弹簧弹性力，若取弹簧自然伸长处为坐标原点和弹性势能零点，则弹性势能为

$$E_{p弹} = \frac{1}{2}kx^2 \qquad\qquad (2\text{--}50)$$

有关势能的几点讨论如下。

（1）**势能是相对量，其值与零势能位置的选取有关。**零势能位置选得不同，（2–47）式中的常量 C 就不同。上面的讨论说明，对于给定的保守力的力函数，只要选取适当的零势能位置，总可使 $C = 0$。在一般情况下，这时的势能函数形式较为简捷，如（2–48）、（2–49）、（2–50）式所示。需说明的是，并非在任何情况下，（2–47）式中的积分常量都能为零，这一点在静电场中尤为突出。

（2）**势能函数的形式与保守力的性质密切相关，对应于一种保守力就可引进一种相关的势能函数。**因此，势能不可能像动能那样有统一的表达式。

（3）**势能是以保守力形式相互作用的物体系统所共有的。**例如（2–49）式所表示的实际上是某物体与地球相互作用的结果；（2–48）式所表示的实际上是质量为 m_1 和质量为 m_2 的物体相互作用的结果；（2–50）式所表示的则是物体 m_2 与弹簧相互作用的结果。在平常的叙述中，说某物体具有多少势能，这只是一种简便叙述，不能认为势能仅由某一物体所有。

（4）因为势能是相互以保守力作用的系统所共有的，所以（2–46）式的物理意义可解释为：**一对保守力的功等于相关势能增量的负值。因此，当保守力做正功时，系统势能减少；当保守力做负功时，系统势能增加。**

3. 势能曲线

将势能随相对位置变化的函数关系用一条曲线描绘出来，该曲线就是势能曲线。图 2–31 中（a）、（b）、（c）分别给出的就是重力势能、弹性势能及引力势能的势能曲线。

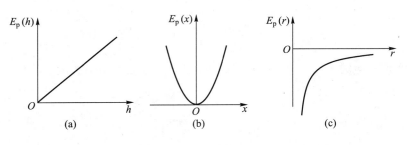

图 2–31　势能曲线

势能曲线可给我们提供多种信息：

（1）势能曲线给出了质点在轨道上任一位置时，质点系所具有的势能值。

（2）势能曲线上任一点的斜率 $\left(\dfrac{\mathrm{d}E_p}{\mathrm{d}l}\right)$ 的负值，表示质点在该处所受的保守力。

设有一保守系统，其中一质点沿 x 方向作一维运动，则由（2–47）式有

$$dE_p = -F(x)\,dx$$

故可知

$$F(x) = -\frac{dE_p}{dx} \qquad （2–51）$$

由图可知，在势能曲线极值处，即势能曲线斜率为零处，质点所受的力为零。这些位置即平衡位置。进一步的理论指出，势能曲线极大值的位置是不稳定平衡位置，势能曲线极小值的位置是稳定平衡位置，如图 2–32 所示。

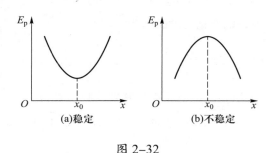

图 2–32

若质点作三维运动，则有

$$\boldsymbol{F} = F_x\boldsymbol{i} + F_y\boldsymbol{j} + F_z\boldsymbol{k} = -\left(\frac{\partial E_p}{\partial x}\boldsymbol{i} + \frac{\partial E_p}{\partial y}\boldsymbol{j} + \frac{\partial E_p}{\partial z}\boldsymbol{k}\right) \qquad （2–52）$$

这是直角坐标系中由势能函数求保守力的一般形式。

4. 非保守力

某些宏观力，如摩擦力、黏性力等，做功与路径有关，而且本身也没有确定的空间分布，当然不存在对应的势能，这些力称为非保守力。非保守力做功同样与能量的迁移和转化相联系，因为非保守力没有相应的势能，所以非保守力的功是系统机械能（动能和势能）与其他形式能量相互转化的量度。

化学能是一种静电势能。当一些原子结合成分子时，原子间的引力做功并释放能量。这种能量的宏观表现是热量。在动物体内，糖类是通常化学能的来源。糖类和氧化合成水及二氧化碳，同时放出热量，每克糖类约放出 2×10^4 J 的热量。每克动物的脂肪含有的化学能几乎是糖类的 2 倍。在动物的肌肉细胞里，当糖类"燃料"被"燃烧"时，大约 25% 的能量可以释放出来做机械功。一匹马可以长时间以 500 W 的功率做机械功，这意味着它可以长时间地以 2 kW 的功率"燃烧""燃料"。马在短时间内输出的机械功率可达 800 W。

一个成年人在睡眠时，要以 80 W 的功率"燃烧"他的"燃料"，才能维持基本代谢。当一个人清醒时，例如一个学生在一堂物理课中，消耗的功率约为 135 W，其中约 80 W 为基本代谢功率，约 40 W 消耗在脑的活动中，心脏跳动消耗约 15 W。在中等强度的运动中，例如以 16 km·h^{-1} 的速率骑自行车或以 0.5 m·s^{-1} 的速率游泳，一个人消耗的功率约为 500 W。在比较剧烈的运动中，例如打篮球，一个人消耗的功率约为 700 W。在更为剧烈的运动中，如在高速自行车赛中，一个竞技状态良好的运动员消耗的功率可以超过 1 000 W，但其中只有约 100 W 的功率做机械功输出体外。

为维持人的中等强度的运动（500 W），0.5 kg 脂肪所提供的能量可维持多久？换言之，超过正常体重的人要运动多长时间才能减肥 0.5 kg？由于每克脂肪所含热量约为 4×10^4 J，所以需要运动的时间为

$$t = \frac{0.5 \times 10^3 \times 4 \times 10^4}{500} \text{ s} = 4 \times 10^4 \text{ s} \approx 11 \text{ h}$$

又如，一个人每天消耗的最小功率是基础代谢功率 80 W 和清醒时功率 150 W 的平均值，取 120 W，人每天应由食物提供 1.04×10^7 J 的能量才能使生存所需的能量收支平衡。

例 2-18 一弹性系数为 k 的轻质弹簧，其下悬一质量为 m 的物体而处于静止状态。今以该平衡位置为坐标原点，并将其作为系统的重力势能和弹性势能的零点，那么当物体 m 偏离平衡位置的位移为 x 时，整个系统的总势能为多少？

解 题中所指系统是地球、弹簧、物体 m 所组成的系统。为便于叙述，开始时仍以弹簧原长处（即自然伸长处）为坐标原点 O'，并以向下为 x' 轴（x 轴）正方向（图 2-33），则物体 m 位于平衡位置 O 点处的坐标为

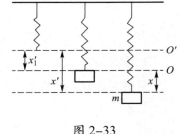

图 2-33

$$x_1' = \frac{mg}{k}$$

弹簧弹性势能为

$$E_{p\text{弹}} = \frac{1}{2}kx'^2 + C$$

根据题意，选系统在 O 点时 $E_{p\text{弹}} = 0$，所以 $C = -\frac{1}{2}kx_1'^2$。即以 O 点为弹性势能零点时，系统弹性势能为

$$E_{p\text{弹}} = \frac{1}{2}kx'^2 - \frac{1}{2}kx_1'^2$$

当物体 m 离 O 点的位移为 x 时（图 2-33），它相对于 O' 点的坐标为 $x' = x + x_1'$，所以此时系统的弹性势能为

$$E_{p\text{弹}} = \frac{1}{2}k\left(x + x_1'\right)^2 - \frac{1}{2}kx_1'^2 = \frac{1}{2}kx^2 + kx_1'x = \frac{1}{2}kx^2 + mgx$$

同时，题中又设 O 点处重力势能为零，故 x 处的重力势能为

$$E_{p\text{重}} = -mgx$$

则总势能为

$$E_p = E_{p\text{弹}} + E_{p\text{重}} = \frac{1}{2}kx^2 + mgx - mgx = \frac{1}{2}kx^2$$

这说明，对于竖直悬挂的弹簧，若以平衡位置为坐标原点及重力势能、弹性势能零点，则此系统的总势能（或称系统的振动势能）为 $\frac{1}{2}kx^2$。这种处理方法在讨论弹簧振子的谐振动能量时极为方便。

2.3.4 功能原理 能量守恒定律

前面我们讨论了质点机械运动的能量——动能和势能，以及合外力对质点所做的功引起质点动能改变的动能定理。可是，在许多实际问题中，我们需要研究由许多质点构成的系统。这时系统内的质点，既受到系统内各质点之间相互作用的内力，又可能受到系统外的物体对系统内质点作用的外力。内力和外力，都可以是保守力或非保守力。例如把弹簧和与弹簧相连接的物体视为一个系统时，弹簧与物体间的作用力为内力，而空气对弹簧和物体的阻力则为外力。

1. 质点系的动能定理

设一质点系由 n 个质点组成，作用于各个质点的力所做的功分别为 A_1、A_2、A_3、$\cdots$，各质点初动能 E_{k10}、E_{k20}、E_{k30}、$\cdots$改变为末动能 E_{k1}、E_{k2}、E_{k3}、$\cdots$。由质点的动能定理式（2-40），可得

$$A_1 = E_{k1} - E_{k10}$$
$$A_2 = E_{k2} - E_{k20}$$
$$A_3 = E_{k3} - E_{k30}$$
$$\cdots\cdots\cdots$$

以上各式相加，有

$$\sum_{i=1}^{n} A_i = \sum_{i=1}^{n} E_{ki} - \sum_{i=1}^{n} E_{ki0} \tag{2-53}$$

式中 $\sum_{i=1}^{n} E_{ki0}$ 是系统内 n 个质点的初动能之和，$\sum_{i=1}^{n} E_{ki}$ 是这些质点的末动能之和，$\sum_{i=1}^{n} A_i$ 则是作用在 n 个质点上的力所做的功之和。因此，上式的物理意义是：**作用于质点系的力所做之功，等于该质点系的动能增量**。这就叫作**质点系的动能定理**。

正如前面所说，系统内的质点所受的力，既有来自系统外的外力，也有来自系统内各质点间相互作用的内力，因此，作用于质点系的力所做的功 $\sum A_i$，应是一切外力对质点系所做的功 $\sum A_{i外} = A_{外}$ 与质点系内一切内力所做的功 $\sum A_{i内} = A_{内}$ 之和，即

$$\sum_{i=1}^{n} A_i = \sum_{i=1}^{n} A_{i外} + \sum_{i=1}^{n} A_{i内} = A_{外} + A_{内}$$

这样（2-53）式亦可写成

$$A_{外} + A_{内} = \sum_{i=1}^{n} E_{ki} - \sum_{i=1}^{n} E_{ki0} \tag{2-54}$$

这是质点系动能定理的另一数学表示式，它表明，**质点系的动能的增量等于作用于质点系的一切外力所做的功与一切内力所做的功之和**。

2. 质点系的功能原理

前面已经指出，如果按力的特点来区分，作用于质点系的力，有保守力与非保守力之分。无论是外力还是内力，它们都可以是保守力或非保守力。因此，如以 $A_{保内}$ 表示质点系内各保守内力所做的功之和，$A_{非保内}$ 表示质点系内各非保守内力所做的功之和，那么，质点系内一切内力所做的功应为

$$A_{内} = A_{保内} + A_{非保内}$$

此外，从式（2-46）可知，系统内保守力所做的功等于势能增量的负值，因此，质点系内各内力的保守力所做的功应为

$$A_{保内} = -\left(\sum_{i=1}^{n} E_{pi} - \sum_{i=1}^{n} E_{pi0} \right)$$

考虑了以上两点，式（2-54）可写为

$$A_{外} + A_{非保内} = \left(\sum_{i=1}^{n} E_{ki} + \sum_{i=1}^{n} E_{pi} \right) - \left(\sum_{i=1}^{n} E_{ki0} + \sum_{i=1}^{n} E_{pi0} \right) \tag{2-55}$$

在力学中，动能和势能统称为机械能。若以 E_0 和 E 分别代表质点系的初机械

能和末机械能，那么，（2-55）式可写成

$$A_{外} + A_{非保内} = E - E_0 \qquad (2\text{-}56)$$

上式表明，**质点系机械能的增量等于外力与非保守内力所做的功之和。**这就是**质点系的功能原理。**

在应用（2-56）式求解问题时应当注意，$A_{外}$是作用在质点系内各质点上的外力所做的功之和，而$A_{非保内}$是非保守内力对质点系内各质点所做的功之和。

此外，我们还应知道，功和能是密切相关的，但又是有区别的。功总是和能量的变化与转化过程相联系，是能量变化与转化的一种量度。而能量代表物体系统在一定状态下所具有的做功本领，它和物体系统的状态有关。对机械能来说，它与物体系统的机械运动状态（即位置和速度）有关。

3. 机械能守恒定律

机械能守恒的条件应该是系统为一个孤立的保守系统，但在实际应用中条件可以放宽一些。由功能原理（2-56）式可知：

若$A_{外} + A_{非保内} > 0$，则系统的机械能增加；

若$A_{外} + A_{非保内} < 0$，则系统的机械能减少；

若$A_{外} + A_{非保内} = 0$，则系统的机械能保持不变。

现考虑一种情况，即$A_{外} = 0$，这时：

若$A_{非保内} > 0$，则系统的机械能增加。如炸弹爆炸、人从静止开始走动，就属于这种情形（这时伴随有其他形式的能量转化为机械能的过程）；

若$A_{非保内} < 0$，则系统的机械能减少。如克服摩擦力做功，这样的非保守力称为耗散力（这时伴随有机械能转化为其他形式的能量的过程）；

若$A_{非保内} = 0$，则系统的机械能守恒。

从以上分析可知，机械能守恒的条件是同时满足$A_{外} = 0$和$A_{非保内} = 0$，即系统与外界无机械能的交换，系统内部又无机械能与其他形式的能量的转化。

当系统的机械能守恒时，有

$$E_{k1} + E_{p1} = E_{k2} + E_{p2} \qquad (2\text{-}57)$$

或

$$E_{p2} - E_{p1} = -(E_{k2} - E_{k1})$$

即

$$\Delta E_{p} = -\Delta E_{k} \qquad (2\text{-}58)$$

系统势能的增量等于系统动能减少的量。

在一个封闭系统状态发生变化时，有非保守内力做功，根据（2–56）式，它的机械能当然不守恒了。例如，地雷爆炸时它（变成了碎片）的机械能会增加，两汽车相撞时它们的机械能要减少。但对更广泛的物理现象，包括电磁现象、热现象、化学反应以及原子内部的变化等的研究表明，如果引入更广泛的能量概念，例如电磁能、内能、化学能或原子核能等，则有大量实验证明：一个封闭系统经历任何变化后，该系统的所有能量的总和是不改变的，能量只能从一种形式转化为另一种形式或从系统内的此一物体传给彼一物体。这就是普遍的能量守恒定律。它是自然界的一条普遍的最基本的定律，其意义远远超出了机械能守恒定律的范围，后者只不过是前者的一个特例。

为了对能量有个量的概念，表 2–1 列出了一些典型的能量值。

表 2–1　一些典型的能量值　　　　　　　　　　　　　　　　单位：J

1987A 超新星爆发的能量	约 1×10^{46}
太阳的总核能	约 1×10^{45}
地球上矿物燃料总储能	约 2×10^{23}
1994 年彗木相撞释放的总能量	约 1.8×10^{23}
2004 年我国全年发电量	约 7.3×10^{18}
1976 年唐山大地震的能量	约 1×10^{18}
1 kg 物质 – 反物质湮没的能量	约 9.0×10^{16}
百万吨级氢弹爆炸的能量	约 4.4×10^{15}
1 kg 铀裂变的能量	约 8.2×10^{13}
一次闪电的能量	约 1×10^{9}
1 L 汽油燃烧的能量	约 3.4×10^{7}
一人每日需要的能量	约 1.3×10^{7}
1 kg TNT 爆炸的能量	约 4.6×10^{6}
一个馒头提供的能量	约 2×10^{6}
地球表面每平方米每秒接收的太阳能	约 1×10^{3}
一次俯卧撑消耗的能量	约 3×10^{2}
一个电子的静止能量	约 8.2×10^{-14}
一个氢原子的电离能	约 2.2×10^{-18}
一个黄色光子的能量	约 3.4×10^{-19}
HCl 分子的振动能	约 2.9×10^{-20}

例 2-19 在光滑的水平台面上放着一质量为 m_1 的沙箱，一颗从左方飞来的质量为 m_2 的子弹从沙箱左侧击入，在沙箱中前进一段距离 l 后停止。在这段时间内沙箱向右运动的距离为 s，此后沙箱带着子弹匀速运动。求此过程中内力所做的功。

解 如图 2-34 所示，设子弹对沙箱的作用力为 $\boldsymbol{F}'$，沙箱位移大小为 s；沙箱对子弹的作用力为 $\boldsymbol{F}$，子弹的位移大小为 $s + l$。根据 $\boldsymbol{F} = -\boldsymbol{F}'$，则这一对内力的功为

$$A = -F(s + l) + F's = -Fl \neq 0$$

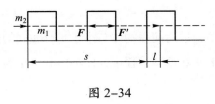

图 2-34

说明：沙箱对子弹做的功 $-F(s + l)$ 与子弹对沙箱做的功 $F's = -Fs$ 两者不相等，而这一对内力所做的功之和不为零，它等于子弹与沙箱组成的系统的机械能的损失量。损失的机械能转化为热能。

关于一对内力所做的功之和的一般证明：

设质点系内第 i 和第 j 两个质点中，质点 j 对质点 i 的作用力为 $\boldsymbol{F}_{ji}$，质点 i 对质点 j 的作用力为 $\boldsymbol{F}_{ij}$。当 i 和 j 两质点运动时，这一对作用与反作用内力均要做功。这两力所做的元功之和应为

$$\mathrm{d}A = \boldsymbol{F}_{ji} \cdot \mathrm{d}\boldsymbol{r}_i + \boldsymbol{F}_{ij} \cdot \mathrm{d}\boldsymbol{r}_j$$

由 $\boldsymbol{F}_{ij} = -\boldsymbol{F}_{ji}$ 可以得到

$$\mathrm{d}A = \boldsymbol{F}_{ji} \cdot (\mathrm{d}\boldsymbol{r}_i - \mathrm{d}\boldsymbol{r}_j) = \boldsymbol{F}_{ji} \cdot \mathrm{d}\boldsymbol{r}_{ij}$$

式中 $\boldsymbol{r}_i$ 和 $\boldsymbol{r}_j$ 为第 i 和第 j 两个质点对参考系坐标原点的位矢，$\boldsymbol{r}_{ij}$ 是第 i 个质点对第 j 个质点的相对位矢，$\mathrm{d}\boldsymbol{r}_i$ 和 $\mathrm{d}\boldsymbol{r}_j$ 则是相应的元位移，$\mathrm{d}\boldsymbol{r}_{ij}$ 为两质点间的相对元位移，如图 2-35 所示。

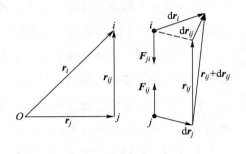

图 2-35

由以上讨论可得到两个结论：

（1）由于 $\mathrm{d}\boldsymbol{r}_i$ 和 $\mathrm{d}\boldsymbol{r}_j$ 不一定相同，$\mathrm{d}\boldsymbol{r}_{ij}$ 一般不为零，故一对内力的元功之和一

一般不为零，一对内力所做的功之和一般也不为零；

（2）因相对位矢 r_{ij} 及相对元位移 $\mathrm{d}r_{ij}$ 与参考系无关，故一对内力所做的功之和也与参考系的选择无关。

例 2-20 如图 2-36 所示，一质量为 m_1 的平顶小车，在光滑的水平轨道上以速率 v 作直线运动。今在车顶前缘放上一质量为 m_2 的物体，物体相对于地面的初速度为零。设物体与车顶之间的摩擦因数为 μ，为使物体不致从车顶上跌下去，问车顶的长度 l 最短应为多少？

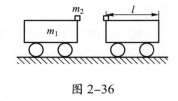

图 2-36

解 由于摩擦力做功，最后使得物体与小车具有相同的速度，所以这时物体相对于小车静止而不会跌下。在这一过程中，以物体和小车为一系统，水平方向动量守恒，有

$$m_1 v = (m_2 + m_1) v'$$

而物体 m_2 相对于小车 m_1 的位移为 l，如图 2-36 所示，则一对摩擦力的功为

$$-\mu m_2 g l = \frac{1}{2}(m_2 + m_1) v'^2 - \frac{1}{2} m_1 v^2$$

联立以上两式即可解得车顶的最小长度为

$$l = \frac{m_1 v^2}{2\mu g(m_1 + m_2)}$$

例 2-21 如图 2-37 所示，有一质量略去不计的轻弹簧，其一端系在竖直放置的圆环的顶点 P，另一端系一质量为 m 的小球，小球穿过圆环并在圆环上作摩擦可略去不计的运动。设开始时小球静止于点 A，弹簧处于自然伸长状态，其长度为圆环的半径 R；当小球运动到圆环的底端点 B 时，小球对圆环没有压力。求此弹簧的弹性系数。

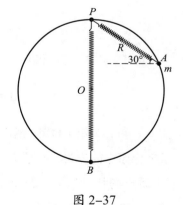

图 2-37

解 取弹簧、小球和地球为一个系统，小球与地球间的重力、小球与弹簧间的弹性力均为保守内力。而圆环对小球的支持力和点 P 对弹簧的拉力虽都为外力，但都不做功。所以，在小球从点 A 运动到点 B 的过程中，系统的机械能是不变量，机械能守恒。因小球在点 A 时弹簧为自然状态，故取点 A 处的弹性势能为零；另取点 B 处的重力势能为零。那么，由机械能守恒定律可得

$$\frac{1}{2}mv^2 + \frac{1}{2}kR^2 = mgR(2 - \sin 30°) \tag{1}$$

式中 v 是小球在点 B 的速率。又小球在点 B 时的牛顿第二定律方程为

$$kR - mg = m\frac{v^2}{R} \tag{2}$$

解（1）式和（2）式，得弹簧的弹性系数为

$$k = \frac{2mg}{R}$$

例 2-22 试分析航天器的三种宇宙速度。

解 （1）第一宇宙速度。航天器绕地球运动所需的最小速度，称为第一宇宙速度。以地心为原点，航天器在距地心 r 处绕地球作圆周运动的速度大小为 v_1，则有

$$G\frac{mm_{地}}{r^2} = m\frac{v_1^2}{r}$$

$$v_1 = \sqrt{G\frac{m_{地}}{r}} = \sqrt{\frac{R^2}{r}g_0}$$

式中 $g_0 = G\dfrac{m_{地}}{R^2}$ 为地球表面处的重力加速度大小。若 $r = R$，则

$$v_1 = \sqrt{Rg_0} \approx 7.9 \text{ km} \cdot \text{s}^{-1}$$

这就是第一宇宙速度。

（2）第二宇宙速度。在地球表面处的航天器要脱离地球引力范围而必须具有的最小速度，称为**第二宇宙速度**。以地球和航天器为一系统，航天器在地球表面处的引力势能为 $-G\dfrac{mm_{地}}{R}$，动能为 $\dfrac{1}{2}mv_2^2$，航天器能脱离地球时，地球的引力可忽略不计，系统势能为零，动能的最小值为零，由机械能守恒定律，有

$$\frac{1}{2}mv_2^2 - G\frac{mm_{地}}{R} = 0$$

$$v_2 = \sqrt{2Rg_0} = \sqrt{2}v_1 \approx 11.2 \text{ km} \cdot \text{s}^{-1}$$

这就是第二宇宙速度。

（3）第三宇宙速度。在地球表面发射的航天器能逃逸出太阳系所需的最小速度，称为**第三宇宙速度**。近似处理可分两步进行：第一步，从地球表面把航天器送出地球引力范围，在此过程中，忽略地球的引力，这一步的计算方法与分析第二宇宙速度类似，所不同的是航天器还必须有剩余动能 $\dfrac{1}{2}mv^2$，因此有

$$\frac{1}{2}mv_3^2 - G\frac{mm_{地}}{R} = \frac{1}{2}mv^2$$

由前讨论知：$G\dfrac{mm_{地}}{R}=\dfrac{1}{2}mv_2^2$，代入上式有

$$v_3^2=v_2^2+v^2$$

第二步，航天器由脱离地球引力范围的地点（近似在地球相对于太阳的轨道上）出发，继续运动，逃离太阳系，在此过程中，忽略地球的引力。以太阳为参考系，地球绕太阳的公转速度（相当于计算地球相对于太阳的第一宇宙速度）大小为

$$v_1'=\sqrt{G\frac{m_{太}}{r_0}}\approx 30\ \text{km}\cdot\text{s}^{-1}$$

式中 $m_{太}$ 为太阳的质量，r_0 为太阳中心到地球中心的距离。以太阳参考系计算，逃离太阳引力范围所需的速度（相当于计算地球相对于太阳的第二宇宙速度）大小满足

$$\frac{1}{2}mv_2'^2-G\frac{mm_{太}}{r_0}=0$$

$$v_2'=\sqrt{\frac{2Gm_{太}}{r_0}}=\sqrt{2}v_1'\approx 42\ \text{km}\cdot\text{s}^{-1}$$

为了充分利用地球的公转速度，使航天器在第二步开始时的速度沿公转方向，这样，在第二步开始时，航天器所需的相对地球速度为

$$v=v_2'-v_1'=12\ \text{km}\cdot\text{s}^{-1}$$

这就是第一步航天器所需的剩余动能所对应的速度，因此，

$$v_3^2=v_2^2+v^2=(11.2^2+12^2)\ (\text{km}\cdot\text{s}^{-1})^2\approx 16.4^2\ (\text{km}\cdot\text{s}^{-1})^2$$

即
$$v_3\approx 16.4\ \text{km}\cdot\text{s}^{-1}$$

这就是第三宇宙速度。

以上三种宇宙速度仅为理论上的最小速度，没有考虑空气阻力的影响。

例 2-23 （1）试计算月球和地球对质量为 m 的物体的引力相抵消的一点 P，距月球表面的距离。地球质量为 5.98×10^{24} kg，地球中心到月球中心的距离为 3.84×10^8 m，月球质量为 7.35×10^{22} kg，月球半径为 1.74×10^6 m。（2）如果一个 1 kg 的物体在距月球和地球均为无限远处的引力势能为零，那么它在 P 点的引力势能为多少？

解 （1）设在距月球中心 r 处 $F_{月引}=F_{地引}$，由万有引力定律，有

$$G\frac{mm_{月}}{r^2}=G\frac{mm_{地}}{(R-r)^2}$$

经整理，得

$$r = \frac{\sqrt{m_月}}{\sqrt{m_地} + \sqrt{m_月}} R$$

$$= \frac{\sqrt{7.35 \times 10^{22}}}{\sqrt{5.98 \times 10^{24}} + \sqrt{7.35 \times 10^{22}}} \times 3.48 \times 10^8 \text{ m}$$

$$\approx 3.472 \times 10^7 \text{ m}$$

则 P 点至月球表面的距离为

$$h = r - r_月 = (34.72 - 1.74) \times 10^6 \text{ m} \approx 3.30 \times 10^7 \text{ m}$$

（2）质量为 1 kg 的物体在 P 点的引力势能为

$$E_p = -G\frac{m_月}{r} - G\frac{m_地}{R-r}$$

$$= \left[-6.67 \times 10^{-11} \times \frac{7.35 \times 10^{22}}{3.47 \times 10^7} - 6.67 \times 10^{-11} \times \frac{5.98 \times 10^{24}}{(38.4 - 3.47) \times 10^7} \right] \text{J}$$

$$\approx 1.28 \times 10^6 \text{ J}$$

例 2-24 一炮弹质量为 m，以速率 v 飞行，其内部炸药使此炮弹分裂为两块，且一块的质量为另一块质量的 k 倍。因爆炸增加的动能为 T。如两者仍沿原方向飞行，试证其速率分别为

$$v + \sqrt{\frac{2kT}{m}}, \quad v - \sqrt{\frac{2T}{km}}$$

证明 设一块的质量为 m_1，另一块的质量为 m_2，则有

$$m_1 = km_2 \text{ 及 } m_1 + m_2 = m$$

于是得

$$m_1 = \frac{km}{k+1}, \quad m_2 = \frac{m}{k+1} \tag{1}$$

又设 m_1 的速率为 v_1，m_2 的速率为 v_2，则有

$$T = \frac{1}{2}m_1 v_1^2 + \frac{1}{2}m_2 v_2^2 - \frac{1}{2}mv^2 \tag{2}$$

$$mv = m_1 v_1 + m_2 v_2 \tag{3}$$

联立（1）、（3）式解得

$$v_2 = (k+1)v - kv_1 \tag{4}$$

将（4）式代入（2）式，并整理得

$$\frac{2T}{km} = (v_1 - v)^2$$

于是有

$$v_1 = v \pm \sqrt{\frac{2T}{km}}$$

将其代入（4）式，有

$$v_2 = v \pm \sqrt{\frac{2kT}{m}}$$

又，爆炸后两弹片仍沿原方向飞行，故只能取

$$v_2 = v + \sqrt{\frac{2kT}{m}}, \quad v_1 = v - \sqrt{\frac{2T}{km}}$$

证毕。

例 2-25 一根弹性系数为 k_1 的轻弹簧 A 的下端，挂一根弹性系数为 k_2 的轻弹簧 B，B 的下端挂一重物 C，C 的质量为 m，如图 2-38 所示。求这一系统静止时两弹簧的伸长量之比和弹性势能之比。

解 弹簧 A、B 及重物 C 受力如图 2-38 所示平衡时，有

$$F_A = F_B = mg$$

又

$$F_A = k_1 \Delta x_1$$
$$F_B = k_2 \Delta x_2$$

所以静止时两弹簧伸长量之比为

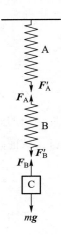

图 2-38

$$\frac{\Delta x_1}{\Delta x_2} = \frac{k_2}{k_1}$$

弹性势能之比为

$$\frac{E_{p_1}}{E_{p_2}} = \frac{\frac{1}{2} k_1 \Delta x_1^2}{\frac{1}{2} k_2 \Delta x_2^2} = \frac{k_2}{k_1}$$

2.4　碰撞

如果在两个或几个物体相遇时，物体之间的相互作用仅持续一个极为短暂的时间，那么这种现象就是碰撞。"碰撞"的含义比较广泛，除了球的撞击、打桩、锻铁外，分子、原子、原子核等微观粒子的相互作用过程也都是碰撞过程，甚至人从车上跳下、子弹打入墙壁等过程，在一定条件下也可看作碰撞过程。

两物体在碰撞过程中，它们之间相互作用的内力较其他物体对它们作用的外力大得多，因此，在研究两物体间的碰撞问题时，可将其他物体对它们作用的外力忽略不计。**如果在碰撞后，两物体的动能之和完全没有损失，那么，这种碰撞叫作完全弹性碰撞。**实际上，**在两物体碰撞时，由于非保守力作用，机械能转化为热能、声能、化学能等其他形式的能量，或者其他形式的能量转化为机械能，这种碰撞就是非弹性碰撞。如果两物体在非弹性碰撞后以同一速度运动，这种碰撞就叫作完全非弹性碰撞。**下面通过举例来讨论完全非弹性碰撞和完全弹性碰撞。

例 2-26　设在宇宙中有密度为 ρ 的尘埃，这些尘埃相对惯性参考系是静止的。有一质量为 m_0 的宇宙飞船以速度 v_0 穿过宇宙尘埃，尘埃粘贴到飞船上，致使飞船的速度发生改变。求飞船的速度与其在尘埃中飞行时间的关系。为便于计算，设想飞船的外形是横截面积为 S 的圆柱体，如图 2-39 所示。

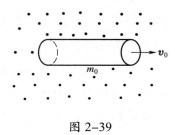

图 2-39

解　按题设条件，可认为尘埃与飞船作完全非弹性碰撞，把尘埃与飞船作为一个系统。考虑到飞船在自由空间飞行，无外力作用在这个系统上，因此，系统的动量守恒。如果以 m_0 和 v_0 为飞船进入尘埃前（即 $t=0$ 时）的质量和速度，m 和 v 为飞船在尘埃中（即时刻 t）的质量和速度。那么，由动量守恒有

$$m_0 v_0 = mv \qquad (1)$$

此外，在 $t \to t+\mathrm{d}t$ 时间内，由于飞船与尘埃作完全非弹性碰撞，所以粘贴在宇宙飞船上尘埃的质量即飞船所增加的质量，即

$$\mathrm{d}m = \rho Sv\mathrm{d}t \qquad (2)$$

由（1）式有

$$\mathrm{d}m = -\frac{m_0 v_0}{v^2}\mathrm{d}v$$

从而得

$$\rho Sv\mathrm{d}t = -\frac{m_0 v_0}{v^2}\mathrm{d}v$$

由已知条件，上式积分为

$$-\int_{v_0}^{v}\frac{\mathrm{d}v}{v^3} = \frac{\rho S}{m_0 v_0}\int_0^t \mathrm{d}t$$

得

$$\frac{1}{2}\left(\frac{1}{v^2} - \frac{1}{v_0^2}\right) = \frac{\rho S}{m_0 v_0}t$$

有

$$v = \left(\frac{m_0}{2\rho S v_0 t + m_0}\right)^{\frac{1}{2}}v_0$$

显然，飞船在尘埃中飞行的时间越长，其速度就越小。

除上例外，完全非弹性碰撞的事例还有很多，如采用子弹打入沙摆的方法来测量子弹的速度，就是这方面一个常见的例子。

例 2-27　如图 2-40 所示，设有两个质量分别为 m_1 和 m_2，速度分别为 v_{10} 和 v_{20} 的弹性小球作对心碰撞，两球相向而行。若碰撞是完全弹性的，求两球碰撞后的速度 v_1 和 v_2。

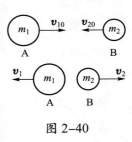

图 2-40

解　由动量守恒定律得

$$m_1 v_{10} + m_2 v_{20} = m_1 v_1 + m_2 v_2 \tag{1}$$

由机械能守恒定律得

$$\frac{1}{2}m_1 v_{10}^2 + \frac{1}{2}m_2 v_{20}^2 = \frac{1}{2}m_1 v_1^2 + \frac{1}{2}m_2 v_2^2 \tag{2}$$

（1）式可改写成

$$m_1(v_{10} - v_1) = m_2(v_2 - v_{20}) \tag{3}$$

（2）式可改写成

$$m_1\left(v_{10}^2 - v_1^2\right) = m_2\left(v_2^2 - v_{20}^2\right) \tag{4}$$

由（3）、（4）式可解得

$$v_{10} + v_1 = v_2 + v_{20}$$

或

$$v_{10} - v_{20} = v_2 - v_1 \tag{5}$$

（5）式表明，碰撞前两球相互趋近的相对速度（$v_{10} - v_{20}$）等于碰撞后它们相互分开的相对速度（$v_2 - v_1$）。

从（3）式和（5）式，可解出

$$\begin{cases} v_1 = \dfrac{(m_1 - m_2)v_{10} + 2m_2 v_{20}}{m_1 + m_2} \\ v_2 = \dfrac{(m_2 - m_1)v_{20} + 2m_1 v_{10}}{m_1 + m_2} \end{cases} \tag{6}$$

讨论：（1）若 $m_1 = m_2$，则从（6）式可得

$$v_1 = v_{20}, \quad v_2 = v_{10}$$

即两质量相同的小球碰撞后互相交换速度。

（2）若 $m_2 \gg m_1$，且 $v_{20} = 0$，则从（6）式可得

$$v_1 \approx -v_{10}, \quad v_2 \approx 0$$

即碰撞后，质量为 m_1 的小球将以同样大小的速率，从质量为 m_2 的大球上反弹回来，而大球 m_2 几乎保持静止。皮球对墙壁的碰撞，以及气体分子和容器壁的碰撞都属于这种情形。

（3）若 $m_2 \ll m_1$，且 $v_{20} = 0$，则从（6）式可得

$$v_1 \approx v_{10}, \quad v_2 \approx 2v_{10}$$

这个结果表明：当一个质量很大的球与另一个质量很小的球相碰撞时，它的速度不发生显著改变，但质量很小的球却以近于两倍于大球的速度向前运动。

例 2-28　一小球与另一质量相等的静止小球发生非对心弹性碰撞，试证碰后两小球的运动方向互相垂直（图 2-41）。

证　在两小球碰撞过程中，机械能守恒，有

$$\frac{1}{2}mv_0^2 = \frac{1}{2}mv_1^2 + \frac{1}{2}mv_2^2$$

即

$$v_0^2 = v_1^2 + v_2^2 \tag{1}$$

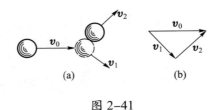

图 2-41

又在碰撞过程中，动量守恒，即有

$$mv_0 = mv_1 + mv_2$$

亦即 $$v_0 = v_1 + v_2 \qquad\qquad （2）$$

由（2）式可作出矢量三角形，如图 2-41（b）所示，又由（1）式可知三矢量大小满足勾股定理，且以 v_0 为斜边，故可知 v_1 与 v_2 是互相垂直的。

思 考 题

2-1 人坐在车上推车，是怎么也推不动车的；但坐在轮椅上的人却能让轮椅前进，这是为什么？

2-2 使百米赛跑运动员加速的是什么力？有人说是地面给跑鞋的摩擦力。如果是这样，赛跑岂不是和运动员本身的体力无关了吗？你的意见如何？

2-3 在杂技表演中，一个平躺的人身上放有一块大而且重的石板，另一人以大锤猛力击石板，石板裂而人不伤。试解释之。

2-4 用锤压钉，很难把钉压入木块，如用锤击打钉，钉就很容易进入木块，为什么？

2-5 棚顶悬挂细线，用细线把球悬挂起来，球下系一同样的细线，拉球下细线，逐渐加大力量，哪段细线先断？为什么？如果用较大的力量突然拉球下细线，哪段细线先断？为什么？

2-6 外力对质点不做功时，质点是否一定作匀速运动？

习 题

2-1 如习题 2-1 图所示，一细绳跨过一定滑轮，绳的一边悬有一质量为 m_1 的物体，另一边穿在质量为 m_2 的圆柱体的竖直细孔中，圆柱体可沿绳子滑动。今看到绳子从圆柱体细孔中加速上升，圆柱体相对于绳子以匀加速度 a' 下滑，求 m_1、m_2 相对于地面的加速度、绳的张力及圆柱体与绳子间的摩擦力（绳轻且不可伸长，定滑轮的质量及轮与轴间的摩擦不计）。

2-2　一个质量为 m 的质点，在光滑的固定斜面（倾角为 α）上以初速度 v_0 运动，v_0 的方向与斜面底边的水平线 AB 平行，如习题 2-2 图所示，求质点的运动轨道。

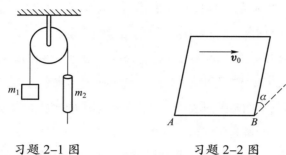

习题 2-1 图　　　　　　　习题 2-2 图

2-3　一个铁球（可以看作质点）竖直落在水中，铁球在水中受到的合力为阻力，阻力的大小正比于速度大小，比例系数为 k（$k > 0$）。取铁球与水面接触的瞬间为计时起点，此时，铁球的速度大小为 v_0，求：（1）铁球在 t 时刻的速度大小；（2）铁球在由 0 到 t 的时间内经过的距离；（3）铁球在停止运动前经过的距离。

2-4　一质量为 16 kg 的质点在 Oxy 平面内运动时受一恒力作用，力的分量为 $F_x = 6$ N，$F_y = -7$ N。当 $t = 0$ 时，$x = y = 0$，$v_x = -2$ m·s^{-1}，$v_y = 0$。求当 $t = 2$ s 时质点的（1）位矢；（2）速度。

2-5　有一质量为 $2m$ 的弹丸，从地面斜抛出去，它的落地点为 x_c。如果它在飞行到最高点处爆炸成质量相等的两碎片，其中一碎片竖直自由下落，另一碎片水平抛出，它们同时落地，问第二块碎片落在何处？

2-6　一质点在流体中作直线运动，受与速度大小成正比的阻力 kv（k 为常量）的作用，$t = 0$ 时质点的速度大小为 v_0，证明：（1）质点 t 时刻的速度大小为 $v = v_0 e^{-\left(\frac{k}{m}\right)t}$；（2）质点在由 0 到 t 的时间内经过的距离为 $x = \left(\frac{mv_0}{k}\right)\left[1 - e^{-\left(\frac{k}{m}\right)t}\right]$；（3）质点停止运动前经过的距离为 $v_0\left(\dfrac{m}{k}\right)$；（4）当 $t = \dfrac{m}{k}$ 时，质点的速度大小减至 v_0 的 $\dfrac{1}{e}$，式中 m 为质点的质量。

2-7　两个质量分别为 m_1 和 m_2 的木块 A 和 B，用一弹性系数为 k 的轻弹簧连接，放在光滑的水平面上。A 紧靠墙。今用力推 B，使弹簧压缩 x_0 然后释放。已知 $m_1 = m$，$m_2 = 3m$，求：（1）释放后 A、B 两木块速度相等时的瞬时速度的大小；（2）弹簧的最大伸长量。

2-8　一质量为 10 kg 的质点在力 $F = 120t + 40$(SI 单位)的作用下，沿 x 轴作直线运动，在 $t = 0$ 时，质点位于 $x = 5.0$ m 处，其速率 $v_0 = 6.0$ m·s^{-1}。求质点在任意时刻的速度和位置。

2-9　两个质量相同的小球，一个静止，一个以速度 v_0 与另一个小球作对心碰撞，在以下条件下，求碰撞后两球的速度。（1）假设碰撞是完全非弹性的；（2）假设碰撞是完全弹性的；（3）假设碰撞的恢复系数 $e = 0.5$。

2-10　一质量为 m 的小球以与地的仰角 $\theta = 30°$ 的初速度 v_0 从地面抛出，若忽略空气阻力，求小球落地时相对抛出时的动量的增量。

2-11　一质量为 m 的小球从某一高度处水平抛出，落在水平桌面上发生弹性碰撞，并在抛出 1 s 后，跳回到原高度，速度方向仍是水平方向，速度大小也与抛出时相等。求小球与桌面碰撞过程中，桌面给予小球的冲量的大小和方向。并问在碰撞过程中，小球的动量是否守恒？

2-12　如习题 2-12 图所示，光滑斜面与水平面的夹角为 $\alpha = 30°$，轻质弹簧上端固定。今在弹簧的另一端轻轻地挂上质量为 $m_1 = 1.0$ kg 的木块，木块沿斜面从静止开始向下滑动。当木块下滑 $x = 30$ cm 时，恰好有一质量为 $m_2 = 0.01$ kg 的子弹，沿水平方向以速率 $v = 200$ m·s^{-1} 射中木块并陷在其中。设弹簧的弹性系数为 $k = 25$ N·m^{-1}。求子弹打入木块后它们的共同速度。

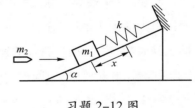

习题 2-12 图

2-13　作用在质量为 10 kg 的物体上的力为 $\boldsymbol{F} = (10 + 2t)\boldsymbol{i}$(SI 单位)。（1）求 4 s 后，物体的动量和速度的变化，以及力给予物体的冲量；（2）为了使力的冲量大小为 200 N·s，问该力应在这物体上作用多久？试就一原来静止的物体和一个具有初速度 $-6\boldsymbol{j}$ m·s^{-1} 的物体，分别回答这两个问题。

2-14　一质量为 m 的质点在 Oxy 平面上运动，其位置矢量为

$$\boldsymbol{r} = (a\cos \omega t)\boldsymbol{i} + (b\sin \omega t)\boldsymbol{j}$$

求质点的动量及在由 $t = 0$ 到 $t = \dfrac{\pi}{2\omega}$ 的时间内质点所受的合力的冲量和质点动量的改变量。

2-15　一颗子弹由枪口射出时速率为 v_0，当子弹在枪筒内被加速时，它所受的合力大小为 $F = a - bt$（a、b 为常量）。（1）假设子弹在运动到枪口处时所受的合力刚好为零，试计算子弹走完枪筒全长所需时间；（2）求子弹所受的冲量；（3）求子弹的质量。

2-16 一炮弹质量为 m，以速率 v 飞行，其内部爆炸使此炮弹分裂为两块，且其中一块的质量为另一块质量的 k 倍。因爆炸增加的动能为 T。如两者仍沿原方向飞行，试证其速率分别为

$$v+\sqrt{\frac{2kT}{m}}, \quad v-\sqrt{\frac{2T}{km}}$$

2-17 设 $F=(7i-6j)\,\text{N}$。（1）当一质点从原点运动到 $r=(-3i+4j+16k)\,\text{m}$ 处时，求 F 所做的功；（2）如果质点运动到 r 处需时 $0.6\,\text{s}$，试求平均功率；（3）如果质点的质量为 $1\,\text{kg}$，试求其动能的变化。

2-18 如习题 2-18 图所示，水平路面上有一质量为 $m_1=5\,\text{kg}$ 的无动力小车以匀速率 $v_0=2\,\text{m}\cdot\text{s}^{-1}$ 运动。小车由不可伸长的轻绳与另一质量为 $m_2=25\,\text{kg}$ 的车厢连接，车厢前端有

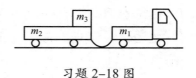

习题 2-18 图

一质量为 $m_3=20\,\text{kg}$ 的物体，物体与车厢间的摩擦因数为 $\mu=0.2$。开始时车厢静止，绳未拉紧。求：（1）当小车、车厢、物体以共同速度运动时，物体相对于车厢的位移；（2）从绳绷紧到三者达到共同速度时所需要的时间。（车与路面间摩擦不计，取 $g=10\,\text{m}\cdot\text{s}^{-2}$。）

2-19 已知一质点（质量为 m）在其保守力场中位矢为 r 处的势能为 $E_\text{p}(r)=k/r^n$，试求质点所受保守力的大小和方向。

2-20 一根弹性系数为 k_1 的轻弹簧 A 的下端挂一根弹性系数为 k_2 的轻弹簧 B，B 的下端又挂一重物 C，C 的质量为 m，如习题 2-20 图所示。求这一系统静止时两弹簧的伸长量之比和弹性势能之比。

习题 2-20 图

2-21 （1）试计算月球和地球对物体的引力相抵消的一点 P，距月球表面的距离。地球质量约为 $5.98\times10^{24}\,\text{kg}$，地球中心到月球中心的距离约为 $3.84\times10^8\,\text{m}$，月球质量约为 $7.35\times10^{22}\,\text{kg}$，月球半径约为 $1.74\times10^6\,\text{m}$；（2）如果一个 $1\,\text{kg}$ 的物体在距月球和地球均为无限远处的引力势能为零，那么它在 P 点的引力势能为多少？

2-22 水平桌面、光滑竖直杆、不可伸长的轻绳、轻弹簧、理想滑轮以及质量为 m_1 和 m_2 的滑块组成如习题 2-22 图所示装置，弹簧的弹性系数为 k，自然长度等于水平距离 BC，m_2 与桌面间的摩擦因数为 μ，最初 m_1 静止于 A 点处，$AB=BC=h$，绳已拉直，现令滑块 m_1 落下，求它下落到 B 点处时的速率。

2-23 如习题 2-23 图所示，一物体质量为 $2\,\text{kg}$，以初速率 $v_0=3\,\text{m}\cdot\text{s}^{-1}$ 从斜面 A 点处下滑，它与斜面的摩擦力大小为 $8\,\text{N}$，到达 B 点后压缩弹簧 $20\,\text{cm}$ 后停止，

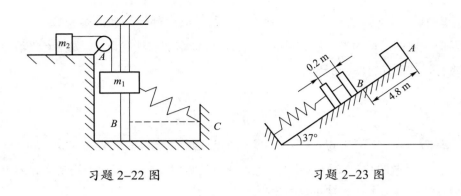

习题 2-22 图　　　　　　　　　习题 2-23 图

然后又被弹回，求弹簧的弹性系数和物体最后能回到的高度。

2-24　一质量为 m_1 的大木块具有半径为 R 的四分之一弧形槽，如习题 2-24 图所示。一质量为 m_2 的小木块从弧形槽的顶端滑下，大木块放在光滑水平面上，二者都作无摩擦的运动，而且都从静止开始，求小木块脱离大木块时的速度。

2-25　如习题 2-25 图所示，一个小球与另一个质量相等的静止小球发生非对心弹性碰撞，试证碰撞后两小球的运动方向互相垂直。

2-26　如习题 2-26 图所示，一质量为 m_1 的木块，系在一固定于墙壁的弹簧的末端，静止在光滑水平面上，弹簧的弹性系数为 k。一质量为 m_2 的子弹射入木块后，弹簧长度被压缩了 L。（1）求子弹的速度；（2）若子弹射入木块的深度为 s，求子弹所受的平均阻力大小。

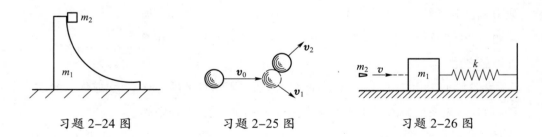

习题 2-24 图　　　　　　习题 2-25 图　　　　　　习题 2-26 图

牛顿

Isaac Newton

Chapter 3

第 3 章
刚体的定轴转动

在前面各章中，我们研究物体的运动时，把物体看成质点，即忽略了物体的大小和形状，这是我们在研究实际问题时经常引入的一种理想物理模型。然而，在很多实际问题中，物体的大小和形状是不能被忽略的；而且在许多问题中，物体的大小和形状会对运动产生重要的影响。例如，在研究机床上的转动轮绕轴的转动时，轮子上各点的运动情况不尽相同，并且在力的作用下还会引起轮子的微小形变。在这些问题中，物体就不能被简化为质点。然而，根据实际问题的性质和要求，如果物体在外力作用下所引起的形变极其微小，而完全可以不予考虑，即当把物体的形状和大小视作不变，并不影响我们对问题的研究时，我们就可以引入另外一种物理模型。即在任何情况下，大小和形状都不改变的物体，称为**刚体**。

我们在研究刚体运动时，可以将刚体看成由无数个质点连续组成的系统。由于刚体的形状和大小在运动过程中始终保持不变，所以这种系统具有这样的基本特征——刚体内任何两个质点之间的距离，在运动过程中始终保持不变。从刚体是由质点组成的观点看，刚体就是一个质点间的距离始终保持不变的一种特殊的质点系。正因为如此，我们才完全能够在质点力学的基础上，来研究刚体的运动学和动力学。因为刚体内每一质点的运动都服从质点的运动定律，所以把构成刚体的全部质点的运动加以综合，就可得出刚体的整体运动所具有的规律。

对于刚体，它的基本运动形式有两种：平动和转动。那么刚体作什么样的运动是平动？作什么样的运动又是转动呢？

刚体中所有质点的运动轨道都保持相同时，或者说刚体上任意两点之间的连线在运动过程中始终保持平行时，刚体的运动称为平动。当刚体平动时，刚体内各点在任意一段时间内的位移以及任意时刻的速度和加速度都分别相等。即当刚体平动时，刚体内各点的运动情况都相同。因此，刚体内任一点的运动都能代表整个刚体的运动。也就是说，我们完全可以用前述的质点运动学和质点动力学知识，来解决刚体的平动问题。

而当刚体中所有点都绕同一直线作圆周运动时，这种运动称为**转动**，这条直线叫作**转轴**。一般来说，转轴的位置和方向是可以随时间发生改变的。而在这一章中，我们主要研究当转轴固定不变时刚体的运动。我们称这种转轴固定不变的刚体运动为刚体定轴转动。例如地球的自转、机床上飞轮的转动、电动机转子绕轴的旋转、旋转式门窗的开关等，都可看成定轴转动。下面我们就来着重介绍一下刚体定轴转动的运动规律。

3.1　刚体的定轴转动

对于刚体，其定轴转动的确切定义如下：

当一刚体运动时，如果刚体上各点都以一定的半径绕某条固定直线作圆周运动，则这种运动就称为刚体的**定轴转动**。

刚体作定轴转动时，具有下列特征：

（1）当刚体绕某一直线转动时，刚体内直线上所有点都固定不动，这条直线称为转轴。它与我们实际生活中所说的转轴并不完全相同，即转轴不一定是日常生活中所见到的一根实体轴。例如，车床在切削圆柱形元钢前，先把元钢两端的中心用顶针和夹具固定住。切削时，元钢就绕其两端中心的连线回转，这条连线就是元钢的轴线。转轴甚至不一定在刚体上，例如混凝土搅拌机是一个两端开口的中空圆筒，它的转轴就是圆筒的中线。

（2）刚体内部，位于转轴外的各点，如图 3-1 中的 A、B 点，都在通过各点并垂直于转轴的平面 II_1、II_2 内绕转轴作圆周运动。这些圆周运动轨道的圆心就是这些平面与转轴的交点（图中的 O_1、O_2 点），半径就是各点到转轴的距离（图中的 r_1、r_2）。

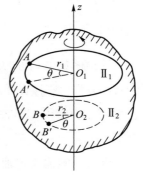

图 3-1　刚体内各点的
运动情况

（3）由于刚体内各点所处位置不同，所以刚体内各点运动的轨道半径不尽相同，如图 3-1 所示。在同一段时间内，各点转过的圆弧 (如图中的弧 $\widehat{AA'}$、弧 $\widehat{BB'}$) 也不尽相同。但是，由于刚体内各点之间的相对位置保持不变，所以在同一段时间内，若其中某点的半径扫过一定的角度，则所有其他各点的半径也将随之一起扫过同样大小的角度（图中的 θ 角），即这些圆弧所对的中心角都相等。既然各点在同一时间段内都绕转轴转过相等的角度，那么，由所有这些点构成的整个刚体也必定绕转轴转过这一角度。所以，对于整个刚体的定轴转动，我们只需用这一转角来描述它即可。

3.1.1　刚体转动的描述

通过前面的学习，我们知道，当刚体作定轴转动时，其转轴上各点始终静止不动，而转轴外各质点均在垂直于转轴的平面内作圆周运动。各质点的线速度、线加速度一般是不同的，但由于刚体中各质点的相对位置是保持不变的，所以描述各质点运动的角量，如角位移、角速度和角加速度都是一样的。因此描述刚体整体的运动时，用角量最为方便。下面我们就试着用前面学过的角量知识来描述刚体的定轴转动。

如图 3-2 所示，我们在刚体上任选一点 P。过点 P 作与转轴垂直的平面 N，即点 P 的转动平面。此平面与转轴交于一点 O，点 O 是点 P 的转动中心。通常选取转轴为参考系的一个方向，选取相对转轴的任一固定方向 OA 作为另一个方向。OP 相对于 OA 的坐标增量就称为刚体的角坐标，也就是刚体的角位置，用字母 θ 表示，其单位为 rad（弧度）。

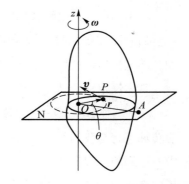

图 3-2　刚体的定轴转动

当 θ 一定时，刚体内每一点的位置也就随之确定。当刚体作定轴转动时，角坐标 θ 将随时间而变动，它是时间 t 的单值连续函数，其数学形式为

$$\theta = \theta(t) \tag{3-1}$$

这个函数关系称为刚体绕定轴转动的**转动方程（运动状态方程）**。一旦给出这个转动方程，刚体在任意时刻的位置就完全确定了，整个刚体定轴转动的运动状态也就随之确定了。那么从这个函数关系我们都能得到些什么呢？下面我们就来看一下。

设有一刚体作定轴转动，刚体在某一时刻 t 的角坐标为 θ，在时刻 $t + \Delta t$ 的角坐标为 $\theta + \Delta\theta$，则 $\Delta\theta$ 表示刚体在时间 Δt 内的角位置变化，$\Delta\theta$ 称为时间间隔 Δt 内的**角位移**。

仿照直线运动的描述方法，我们把角位移 $\Delta\theta$ 与所经历的时间 Δt 之比，即

$$\overline{\alpha} = \frac{\Delta\omega}{\Delta t} \tag{3-2}$$

称为刚体在 Δt 时间内的**平均角速度**。当 Δt 趋于零时，上式的极限，即刚体在时刻 t 的**瞬时角速度**（简称**角速度**）为

$$\omega = \lim_{\Delta t \to 0} \frac{\Delta\theta}{\Delta t} = \frac{\mathrm{d}\theta}{\mathrm{d}t} \tag{3-3}$$

角速度是描述整个刚体转动状态的物理量。由于角坐标的单位为 rad，时间的单位为 s，因此角速度的单位是 $\mathrm{rad \cdot s^{-1}}$，读作"弧度每秒"。

若角速度是常量，则刚体作匀角速度转动；若角速度是变量，则刚体作变角速度转动。设刚体在 t 和 $t+\Delta t$ 时刻的瞬时角速度分别为 ω 和 $\omega + \Delta\omega$。仿照直线运动的描述方法，我们把刚体角速度改变量 $\Delta\omega$ 与所经历的时间 Δt 之比，即

$$\overline{\alpha} = \frac{\Delta\omega}{\Delta t} \tag{3-4}$$

称为刚体在 Δt 时间内的**平均角加速度**。当 Δt 趋近于零时，上式的极限，即刚体在时刻 t 的**瞬时角加速度**（简称**角加速度**）为

$$\alpha = \lim_{\Delta t \to 0} \frac{\Delta\omega}{\Delta t} = \frac{\mathrm{d}\omega}{\mathrm{d}t} = \frac{\mathrm{d}^2\theta}{\mathrm{d}t^2} \tag{3-5}$$

角加速度也是描述整个刚体转动状态的物理量。由于角速度的单位为 $\mathrm{rad \cdot s^{-1}}$，时间的单位为 s，因此角加速度的单位是 $\mathrm{rad \cdot s^{-2}}$，读作"弧度每二次方秒"。

为了给出刚体转动的方向，我们定义角速度的方向由右手螺旋定则确定。在刚体作定轴转动时，由于转轴已固定，所以刚体绕转轴转动的方向只有顺时针或逆时针两种可能。因此，角速度 $\boldsymbol{\omega}$ 的方向只有沿转轴向上或向下两种可能，即

$$\boldsymbol{\omega} = \frac{\mathrm{d}\boldsymbol{\theta}}{\mathrm{d}t} \tag{3-6}$$

同理，刚体在 t 时刻的瞬时角加速度用 $\boldsymbol{\alpha}$ 表示，即

$$\boldsymbol{\alpha} = \frac{\mathrm{d}\boldsymbol{\omega}}{\mathrm{d}t} = \frac{\mathrm{d}^2\boldsymbol{\theta}}{\mathrm{d}t^2} \tag{3-7}$$

当 $\boldsymbol{\omega}$ 的模变大时，$\boldsymbol{\alpha}$ 与 $\boldsymbol{\omega}$ 同向；当 $\boldsymbol{\omega}$ 的模变小时，$\boldsymbol{\alpha}$ 与 $\boldsymbol{\omega}$ 反向。

由于刚体上各点之间的相对位置是固定不变的，所以，在刚体绕定轴转动的过程中，刚体内各点在同一时间 Δt 内的角位移相同；在同一时刻 t，各点具有相同的角速度和角加速度。

3.1.2 角量和线量的关系

刚体作定轴转动的角位移、角速度和角加速度确定后，刚体内任一点的位移、速度和加速度也就完全确定了。

在实际问题中，我们往往需要描述刚体上某一质点相对于某转动中心的速度和加速度。对于这样的问题，我们在知道了刚体作定轴转动的角位移、角速度和角加速等物理量的前提下，如何去求这个质点的速度和加速度呢？下面我们就来介绍一下。

如图 3-2 所示，选取转动中心为坐标原点。若质点 P 相对于原点的位矢为 $\boldsymbol{r}$，根据矢量叉乘的定义，P 点的速度可表示为

$$\boldsymbol{v} = \boldsymbol{\omega} \times \boldsymbol{r} \tag{3-8}$$

根据右手螺旋定则，速度 $\boldsymbol{v}$ 的方向沿该点圆轨道的切线方向，其大小为

$$v = \omega r \tag{3-9}$$

式中 r 为质点 P 圆周运动的轨道半径。

根据 P 点速度的表达式，P 点的加速度可由加速度定义得到，即

$$\boldsymbol{a} = \frac{\mathrm{d}\boldsymbol{v}}{\mathrm{d}t} = \frac{\mathrm{d}}{\mathrm{d}t}(\boldsymbol{\omega} \times \boldsymbol{r}) = \frac{\mathrm{d}\boldsymbol{\omega}}{\mathrm{d}t} \times \boldsymbol{r} + \boldsymbol{\omega} \times \frac{\mathrm{d}\boldsymbol{r}}{\mathrm{d}t} = \boldsymbol{\alpha} \times \boldsymbol{r} + \boldsymbol{\omega} \times \boldsymbol{v} \tag{3-10}$$

等式右端第一项即质点圆周运动的切向加速度 $\boldsymbol{a}_t$，第二项即质点圆周运动的法向加速度 $\boldsymbol{a}_n$，即

$$\boldsymbol{a}_t = \boldsymbol{\alpha} \times \boldsymbol{r} \tag{3-11}$$

$$\boldsymbol{a}_n = \boldsymbol{\omega} \times \boldsymbol{v} \tag{3-12}$$

它们的方向均可由右手螺旋定则来判断，它们的大小可以写成标量形式，即

$$a_t = r\alpha$$

$$a_n = \omega v = \frac{v^2}{r} = r\omega^2$$

例 3-1 一飞轮以 1 500 r·min⁻¹ 的转速绕定轴作逆时针转动，制动后，飞轮均匀地减速，经时间 $\Delta t = 50$ s 后停止转动。求：（1）飞轮的角加速度 α；（2）从开始制动到静止，飞轮转过的转数 N；（3）制动开始后 $t = 25$ s 时飞轮的角速度 ω；（4）$t = 25$ s 时，飞轮边缘上一点的速度和加速度（设飞轮的半径为 $r = 1$ m）。

解（1）由题设，初角速度为

$$\omega_0 = \left(2\pi \times \frac{1\,500}{60}\right) \text{rad} \cdot \text{s}^{-1} = 50\pi \text{ rad} \cdot \text{s}^{-1}$$

在 $t = 50$ s 时，末角速度 $\omega = 0$，代入匀变速转动的公式，得

$$\alpha = \frac{\omega - \omega_0}{t} = \frac{0 - 50\pi}{50} \text{ rad} \cdot \text{s}^{-2} = -\pi \text{ rad} \cdot \text{s}^{-2}$$

（2）从开始制动到静止，飞轮的角位移 $\Delta\theta$ 及转数 N 分别为

$$\Delta\theta = \omega_0 t + \frac{1}{2}\alpha t^2 = \left(50\pi \times 50 - \frac{1}{2} \times \pi \times 50^2\right) \text{rad} = 1\,250\pi \text{ rad}$$

$$N = \frac{\Delta\theta}{2\pi} = \frac{1\,250\pi}{2\pi} = 625$$

（3）在 $t = 25$ s 时，飞轮的角速度为

$$\omega = \omega_0 + \alpha t = (50\pi - 25\pi) \text{ rad} \cdot \text{s}^{-1} = 25\pi \text{ rad} \cdot \text{s}^{-1}$$

$\boldsymbol{\omega}$ 的方向与 $\boldsymbol{\omega}_0$ 相同。

（4）
$$v = r\omega\boldsymbol{e}_t = 1 \times 25\pi\boldsymbol{e}_t \text{ m} \cdot \text{s}^{-1} = 25\pi\boldsymbol{e}_t \text{ m} \cdot \text{s}^{-1}$$

相应的切向加速度和法向加速度大小分别为

$$a_t = r\alpha = 1 \times (-\pi) \text{ m} \cdot \text{s}^{-2} = -\pi \text{ m} \cdot \text{s}^{-2}$$

$$a_n = r\omega^2 = 1 \times (25\pi)^2 \text{ m} \cdot \text{s}^{-2} = (25\pi)^2 \text{ m} \cdot \text{s}^{-2}$$

则

$$\boldsymbol{a} = \left[-\pi\boldsymbol{e}_t + (25\pi)^2\boldsymbol{e}_n\right] \text{ m} \cdot \text{s}^{-2}$$

例 3-2　如图 3-3 所示，发电机的皮带轮 A 被汽轮机的皮带轮 B 带动。A 轮和 B 轮的半径分别为 $r_1 = 30$ cm、$r_2 = 75$ cm。已知汽轮机在启动后以恒定的角加速度 0.8π rad·s^{-2} 转动，两轮与皮带间均无相对滑动。问经过多长时间后发电机作 600 r·min^{-1} 转的转动？

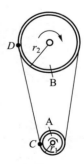

图 3-3

解　皮带上的 CD 段与轮 A、B 分别相切于 C、D 点。由于两轮与皮带之间均无相对滑动，因此，皮带上 C 点的加速度大小 a_C 必定等于 A 轮轮缘上与 C 点相接触的那点的切向加速度的大小，即 $a_C = r_1\alpha_1$（设 α_1 为 A 轮的角加速度）；同理，皮带上 D 点的加速度大小 a_D 必定等于 B 轮轮缘上与 D 点相接触的那点的切向加速度的大小，即 $a_D = r_2\alpha_2$（设

α_2 为 B 轮的角加速度)。又因皮带可认为是无伸缩的，所以皮带上各点具有相同的速度和加速度，对 C 点和 D 点而言，有 $a_C = a_D$，即 $r_1\alpha_1 = r_2\alpha_2$。由此得 A 轮的角加速度为

$$\alpha_1 = \frac{r_2}{r_1}\alpha_2 = \frac{75 \text{ cm}}{30 \text{ cm}} \times 0.8\pi \text{ rad} \cdot \text{s}^{-2} = 2\pi \text{ rad} \cdot \text{s}^{-2}$$

于是，发电机达到 $600 \text{ r} \cdot \text{min}^{-1}$ 的转速时，所需时间为

$$t = \frac{\Delta\omega}{\alpha_1} = \left(\frac{600 \times 2\pi}{60} \text{ rad} \cdot \text{s}^{-1}\right) \times \frac{1}{2\pi \text{ rad} \cdot \text{s}^{-2}} = 10 \text{ s}$$

例 3-3 一种电动机启动后转速随时间变化的关系为 $\omega = \omega_0\left(1 - e^{-\frac{t}{\tau}}\right)$，式中 $\omega_0 = 9.0 \text{ rad} \cdot \text{s}^{-1}$，$\tau = 2.0 \text{ s}$。求：（1）$t = 6.0 \text{ s}$ 时电动机的转速；（2）电动机角加速度随时间变化的规律；（3）电动机启动后 6.0 s 内转过的圈数。

解 （1）
$$\omega = \omega_0\left(1 - e^{-\frac{t}{\tau}}\right) \approx 8.6 \text{ rad} \cdot \text{s}^{-1}$$

（2）
$$\alpha = \frac{d\omega}{dt} = 4.5e^{-\frac{t}{2}} \text{ (SI单位)}$$

（3）
$$\omega = \frac{d\theta}{dt} = \omega_0\left(1 - e^{-\frac{t}{\tau}}\right)$$

$$d\theta = \omega_0\left(1 - e^{-\frac{t}{\tau}}\right)dt$$

$$\int_{\theta_0}^{\theta} d\theta = \int_0^t \omega_0\left(1 - e^{-\frac{t}{\tau}}\right)dt$$

转过的圈数为

$$N = (\theta - \theta_0)/2\pi \approx 5.87$$

3.2 力矩 转动定律

3.2.1 转动动能和转动惯量

图 3-4 为一作定轴转动的刚体。根据刚体的定义，我们可以认为该刚体是由 n 个质点组成的。各质点的质量分别为 m_1，m_2，$\cdots$，m_n；各质点到转轴的距离依次为 r_1，r_2，$\cdots$，r_n。若我们设刚体

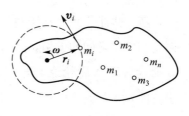

图 3-4

定轴转动的角速度为 ω，那么整个刚体的转动动能就应该等于这 n 个质点绕转轴圆周运动动能的总和，即

$$E_{\mathrm{k}} = \sum_{i=1}^{n} \frac{1}{2} m_i v_i^2 = \frac{1}{2} \left(\sum_{i=1}^{n} m_i r_i^2 \right) \omega^2 \qquad （3-13）$$

我们将此式与质点动能的表达式相比较可以看到，如果认为刚体转动的角速度 ω 与质点运动的速度 v 相对应，那么 $\sum_{i=1}^{n} m_i r_i^2$ 必定与质点的质量 m 相对应，我们就称这个量为刚体相对于给定转轴的**转动惯量**，将其用 J 表示，即

$$J = \sum_{i=1}^{n} m_i r_i^2 \qquad （3-14）$$

将（3-14）式代入（3-13）式，我们得到刚体定轴转动动能的表达式：

$$E_{\mathrm{k}} = \frac{1}{2} J \omega^2 \qquad （3-15）$$

式中刚体的转动惯量 J 与质点的质量 m 相对应。在质点运动中，质点的质量是质点惯性的量度，质量越大，其运动速度就越不容易改变。而在刚体定轴转动中，人们也发现了类似的现象，即刚体的转动惯量越大，刚体的角速度就越不容易改变。因此，刚体的转动惯量是刚体转动惯性的量度。

根据（3-14）式，刚体相对于某转轴的转动惯量，等于组成刚体的各质点质量与它们各自到该转轴距离的二次方的乘积之和，如果刚体的质量是连续分布的，则（3-14）式中的求和可以用积分代替，即

$$J = \int r^2 \mathrm{d}m \qquad （3-16）$$

我们求出了几种常见刚体的转动惯量，并将结果列于表 3-1 中。

表 3-1　常见刚体的转动惯量

刚体	转轴	转动惯量
J_D　J_C　l	通过中心与棒垂直	$J_C = \dfrac{1}{12} ml^2$
	通过端点与棒垂直	$J_D = \dfrac{1}{3} ml^2$
$J_{x,y}$　J_C　J_D　R	通过中心与环面垂直	$J_C = mR^2$
	通过边缘与环面垂直	$J_D = 2mR^2$
	直径	$J_x = J_y = \dfrac{1}{2} mR^2$

刚体	转轴	转动惯量
	通过中心与盘面垂直	$J_C = \dfrac{1}{2}mR^2$
	通过边缘与盘面垂直	$J_D = \dfrac{3}{2}mR^2$
	直径	$J_x = J_y = \dfrac{1}{4}mR^2$
	几何轴	$J_C = \dfrac{1}{2}mR^2$
	通过中心与几何轴垂直	$J_D = \dfrac{1}{4}mR^2 + \dfrac{1}{12}ml^2$
	几何轴	$J_C = \dfrac{1}{2}m\left(R_2^2 + R_1^2\right)$
（薄球壳）	中心轴	$J_C = \dfrac{2}{3}mR^2$
	切线	$J_D = \dfrac{5}{3}mR^2$
（球体）	中心轴	$J_C = \dfrac{2}{5}mR^2$
	切线	$J_D = \dfrac{7}{5}mR^2$

刚体	转轴	转动惯量
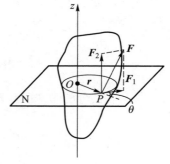	中心轴	$J_C = \dfrac{1}{6}ml^2$
	棱边	$J_D = \dfrac{2}{3}ml^2$

3.2.2　力矩

日常生活的经验告诉我们，一个作定轴转动的物体（如门、窗），在外力作用下，可能发生转动，也可能不发生转动。物体的转动和转动的难易程度不仅与力的大小有关，而且还与力的作用点的位置以及力的方向有关。例如，开关门窗时，施力的方向显然是相反的。若将力作用在门窗的不同地方，则纵然力的大小和方向相同，效果也不一样。力的作用点离门窗的轴越远，门窗越容易开关；当力作用在离门窗轴最远的一侧，且力的方向垂直于门窗轴时，门窗最容易开关。可是，如果力的方向与转轴平行或力的作用线通过转轴，那么无论用多大的力也不能把门窗开启或关上。由此可知，力的大小、方向和作用点的位置是决定刚体绕定轴转动的三个重要因素，这三者的作用集中地体现在力矩这一物理量中。

如图 3-5 所示，力 $\boldsymbol{F}$ 作用于刚体上 P 点处。P 点的转动平面 N 与转轴交于 O 点，$\overrightarrow{OP} = \boldsymbol{r}$。我们把该力 $\boldsymbol{F}$ 分解为转动平面中的分量 $\boldsymbol{F}_1$ 和垂直于转动平面（平行于转轴）的分量 $\boldsymbol{F}_2$。$\boldsymbol{F}_2$ 的力矩对刚体的定轴转动不起作用；只有在转动平面里的 $\boldsymbol{F}_1$ 的力矩才对刚体的定轴转动有作用。以后我们所讨论的力均为在转动平面里的力。图 3-5 中 $\boldsymbol{F}_1$ 的力矩为

图 3-5　刚体定轴转动的力矩

$$\boldsymbol{M} = \boldsymbol{r} \times \boldsymbol{F}_1 \tag{3-17}$$

力矩的大小为

$$M = F_1 r \sin \theta \qquad (3-18)$$

式中 θ 是 r 与 F_1 的夹角，M 的方向由右手螺旋定则确定。

力矩的单位在 SI 中为牛顿米，符号为 N·m。

力矩是改变刚体定轴转动状态的原因。对同一刚体定轴转动来说，作用在刚体上的力矩 M 越大，刚体定轴转动的状态改变得就越快，反之就越慢。

*3.2.3 力偶

当刚体仅受大小相等、方向相反的两个外力作用时，若此两力作用在同一条直线上，则不影响刚体的运动（平动和转动）状态；若此两力的作用线不在同一直线上，则有可能使刚体改变原有的转动状态。我们把大小相等、方向相反、不在同一直线上的一对力称为**力偶**。

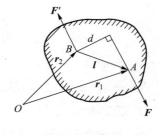

图 3-6　力偶

如图 3-6 所示，一物体受一力偶作用，构成此力偶的两力分别设为 F 和 F'，其中 $F' = -F$，它们的作用点分别为 A、B，则此两力对任一点 O 的力矩分别为

$$M_1 = r_1 \times F$$

$$M_2 = r_2 \times F'$$

式中 r_1、r_2 分别为力 F、F' 的作用点相对于 O 点的位矢。力偶的力矩 M（称为**力偶矩**）等于这两力的合力矩，即

$$M = M_1 + M_2 = r_1 \times F + r_2 \times F'$$

按矢积的分配律，且由 $F' = -F$，有

$$M = r_1 \times F - r_2 \times F = (r_1 - r_2) \times F$$

由图可见，矢量 $r_1 - r_2$ 沿两力作用点 A、B 的连线、从 B 指向 A，记作 l。于是可以得到力偶矩为

$$M = l \times F$$

由于矢量 l 与点 O 的选择无关，因此，无论以哪一点为参考点，M 均是一样的。

按矢积的定义，力偶矩 **M** 的大小为

$$M = Fd$$

式中 d 为两力作用线之间的垂直距离，称为**力偶臂**。**M** 的方向可按矢积的定义，用右手螺旋定则来确定，并可据此判断力偶使刚体沿哪一个转向改变转动状态。

3.2.4　转动定律及其应用

图 3-7 为一作定轴转动的刚体。我们设其在 t 时刻的角加速度为 α。P 点表示构成刚体的任一质点在 t 时刻的位置，该质点的质量为 m_i。P 点相对于转轴的位置矢量为 $\overrightarrow{OP} = \boldsymbol{r}_i$。当刚体作定轴转动时，这个质点就以 O 为圆心，$r_i$ 为半径作圆周运动。根据之前给出的线量与角量之间的关系，我们可以得到该质点的切向加速度大小为

$$a_{it} = r_i \alpha$$

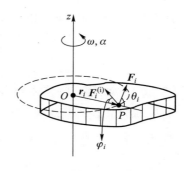

图 3-7　刚体定轴转动定律

由于在质点所受的所有外力中，只有在转动平面里的外力分力力矩才对刚体的定轴转动有作用，所以我们设该质点在 P 处所受的合外力在转动平面内的分力为 $\boldsymbol{F}_i$，并设 $\boldsymbol{F}_i$ 与位矢 $\boldsymbol{r}_i$ 成 θ_i 角。因为在质点所受的所有内力中，只有在转动平面里的内力分力力矩才对刚体的定轴转动有作用，所以我们设质点在 P 点处受到的刚体内其他所有质点对它作用的合内力在转动平面内的分力为 $\boldsymbol{F}_i^{(i)}$，$\boldsymbol{F}_i^{(i)}$ 与位矢 $\boldsymbol{r}_i$ 成 φ_i 角。按照牛顿第二定律，质点 P 的运动方程在切向的分量式为

$$F_i \sin \theta_i + F_i^{(i)} \sin \varphi_i = m_i a_{it} = m_i r_i \alpha \tag{3-19}$$

式中左端为质点 P 所受的切向力大小。质点 P 所受法向力 $F_i \cos \theta_i + F_i^{(i)} \cos \varphi_i$ 的作用线通过转轴，力矩为零，不改变刚体作定轴转动的状态，故不作讨论。将（3-19）式两边分别乘以 r_i，则

$$F_i r_i \sin \theta_i + F_i^{(i)} r_i \sin \varphi_i = m_i r_i^2 \alpha$$

式中 $F_i r_i \sin \theta_i$ 是质点 P 所受合外力在转动平面内的分力 F_i 对转轴的力矩；$F_i^{(i)} r_i \sin \varphi_i$ 是质点 P 所受合内力在转动平面内的分力 $F_i^{(i)}$ 对转轴的力矩。对构成刚体的每一个质点，都可写出与上式相类似的方程，把所有方程左右两端分别相加起来，则有

$$\sum_i F_i r_i \sin \theta_i + \sum_i F_i^{(\mathrm{i})} r_i \sin \varphi_i = \sum_i m_i r_i^2 \alpha$$

式中 $\sum_i F_i^{(\mathrm{i})} r_i \sin \varphi_i$ 表示整个刚体的内力对转轴力矩的代数和。而内力是刚体中质点彼此之间的相互作用力，总是成对出现的。对每一对内力来说，它们大小相等、方向相反、力臂相同，所以每一对内力力矩的代数和为零，那么整个刚体的内力对转轴力矩的代数和 $\sum_i F_i^{(\mathrm{i})} r_i \sin \varphi_i = 0$。剩下的一项正是作用于刚体内所有质点上的外力对转轴力矩的代数和，**即刚体的合外力矩**，我们用 M 来表示它。由于角加速度 α 对任一质点都相同，与求和号无关，所以可从求和号中提出。剩下的 $\sum_i m_i r_i^2$ 即前面介绍的刚体作定轴转动时，刚体相对于转轴的转动惯量，那么上式可写为

$$M = J\alpha \qquad\qquad (3\text{-}20)$$

（3-20）式表明，刚体在外力矩的作用下所获得的角加速度大小 α 与合外力矩的大小 M 成正比，与刚体自身的转动惯量 J 成反比，这一关系叫作**刚体定轴转动的转动定律**。它在刚体定轴转动中的地位与牛顿第二定律在质点运动中的地位是相当的。

通过刚体定轴转动的转动定律，我们不难看出，外力矩与力、角量与线量、转动惯量与质量这三对对应关系，将贯穿整个刚体定轴转动的讨论。

在具体运用转动定律来处理刚体定轴转动的动力学问题时，我们必须充分考虑到转动定律的内涵及其成立条件，需要注意以下几个问题：

（1）明确研究对象。把所研究的刚体从相关联的物体中"隔离"出来，这与牛顿运动定律应用中隔离物体是同一个意思。对作定轴转动的刚体来说，常见的与刚体相关联的物体又分为两大类。第一类是与刚体相关的轴或轴承；第二类是通过绳子与圆柱状或圆盘状刚体相关的物体。

（2）选择参考系。我们在选择参考系时要考虑到以下两点：第一，刚体作定轴转动的转动定律只有在惯性系中才成立；第二，刚体作定轴转动时的转轴在所选参考系中是否满足"定轴"的要求。

（3）选定转轴的方向，分析刚体的受力及相应的力矩。由于力矩 M 是代数量，因此，必须先规定好转轴的正方向，才能谈论它与角加速度 α 以及角速度 ω 等量的正负号问题。

（4）列方程求解未知量（由力矩 M 求角加速度 α 或由角加速度 α 求力矩 M）。

（5）对于第二类关联物体亦需隔离后运用牛顿运动定律列出方程，并寻找刚体与关联物体之间的运动学联系。

例 3-4 某水力发电站的水轮机通过转动装置作用在发电机转子上的力矩 M

为 426 N·m，发电机在额定负载时作匀速转动，转速为 $n_0 = 140$ r·min^{-1}。若突然失去负载，则发电机转速会立刻增加，如果要求 7 s 内转速增加不超过 20%，那么电机转子的转动惯量 J 至少为多大？（计算时略去转子受到的空气阻力及轴承处的摩擦力。）

解 在转子的转轴上取 z 轴，z 轴的正方向根据转子的转动方向由右手螺旋定则确定。本题给出的力矩 M 实际上就是力对 z 轴的力矩 M_z：

$$M_z = M$$

当负载突然消失后，发电机的转子在力矩 M 的作用下作匀变速转动。假定转子转速 n 在 7 s 内增加到 n_0 的 1.2 倍，即

$$n = 1.2n_0$$

则转子的角加速度为

$$\alpha = \frac{\omega - \omega_0}{t} = \frac{2\pi(n - n_0)}{t} = \frac{2\pi \times 0.2 \times 140}{60 \times 7} \text{ rad·s}^{-2} \approx 0.419 \text{ rad·s}^{-2}$$

根据转动定律 $M = J\alpha$，转子的转动惯量为

$$J = \frac{M}{\alpha} = \frac{426}{0.419} \text{ kg·m}^2 \approx 1\,016.7 \text{ kg·m}^2$$

若转子的转动惯量 J 小于 1 016.7 kg·m^2，则在力矩 M 的作用下，转子将获得更大的角加速度，在 7 s 内转速的增加将超过 20%。所以 1 016.7 kg·m^2 就是本题所求的转动惯量。

在实际情况中，空气阻力对转子的运动影响很大，所以这里算出的只是近似结果。

例 3-5 如图 3-8（a）所示，一轻绳跨过一轴承光滑的圆盘状定滑轮。绳的两端分别悬挂有质量为 m_1 和 m_2 的物体，且 $m_1 > m_2$。设滑轮的质量为 m、半径为 R，绳与轮之间无相对滑动，试求物体的加速度和绳的张力大小。

解 分别选定滑轮、物体 m_1、物体 m_2 为研究对象，用隔离法画受力图，如图 3-8（b）所示。

物理过程分析：定滑轮在合外力矩作用下作匀加速转动；物体 m_1、m_2 在合外力作用下作匀加速直线运动。滑轮转动时的切向加速度 a_t 与物体作直线运动时的加速度 a 在量值上相等，a_t 是转动与直线运动的

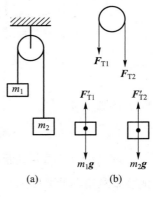

(a)　　(b)

图 3-8

衔接量。

对定滑轮应用转动定律。矢量 M、α 的方向均沿转轴（如图 3-9 所示规定正方向），根据 $M = J\alpha$，有

$$F_{T1}R - F_{T2}R = J\alpha = \frac{1}{2}mR^2\frac{a}{R}$$

整理，得

$$F_{T1} - F_{T2} = \frac{1}{2}ma$$

对物体 m_1 应用牛顿运动定律，如图 3-8（b）所示。规定竖直向下为坐标轴正方向，根据 $F = ma$，有

$$m_1g - F_{T1} = m_1a$$

对物体 m_2 应用牛顿运动定律，如图 3-8（b）所示。规定竖直向上为坐标轴正方向，根据 $F = ma$，有

$$F_{T2} - m_2g = m_2a$$

整理，得

$$m_1g - m_1a - m_2g - m_2a = \frac{1}{2}ma$$

则有

$$a = \frac{(m_1 - m_2)g}{\frac{1}{2}m + m_1 + m_2}$$

因此，得

$$F_{T1} = m_1\left[g - \frac{(m_1 - m_2)g}{\frac{1}{2}m + m_1 + m_2}\right] = m_1g\left(\frac{\frac{1}{2}m + 2m_2}{\frac{1}{2}m + m_1 + m_2}\right)$$

$$F_{T2} = m_2\left[g + \frac{(m_1 - m_2)g}{\frac{1}{2}m + m_1 + m_2}\right] = m_2g\left(\frac{\frac{1}{2}m + 2m_1}{\frac{1}{2}m + m_1 + m_2}\right)$$

讨论：（1）若要判断绳的张力大小 F_{T1}、F_{T2} 的运算结果是否正确，可设定滑轮的质量忽略不计，即 $m = 0$ 进行检查；

（2）为了将矢量式 $M = J\alpha$ 转换为代数式运算，可沿转轴取坐标轴的正方向。

此外，也可规定顺时针方向为正，如图 3-9 所示，使滑轮顺时针方向转动的力矩取正，反之取负；

（3）对物体 m_1、m_2 的坐标轴方向，在同一个方向上如果一个选为正，另一个选为负，那么将导致运算错误。

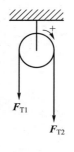

图 3-9

例 3-6 如图 3-10 所示，物体 A 质量为 m_A，静止在光滑平面上，和一质量不计的绳索相连接。此绳索跨过一半径为 R、质量为 m_C 的圆盘形滑轮 C，并系在另一质量为 m_B 的物体 B 上，B 竖直悬挂。圆盘形滑轮可绕其几何中心轴转动。当滑轮转动时，它与绳索间没有滑动，且滑轮与轴承间的摩擦力可略去不计。问：（1）这两物体的线加速度大小为多少？（2）物体 B 从静止落下距离 y 时，其速率为多少？

解 （1）在质点动力学中，当涉及有关滑轮的问题时，为简单起见，我们都假设滑轮的质量可以忽略不计。然而，在很多实际问题中，滑轮的质量是不能忽略的。在计及滑轮的质量时，就应考虑它的转动。物体 A 和 B 作平动，它们加速度 a 的大小取决于每个物体所受的合力。滑轮 C 作转动，它的角加速度大小 α 取决于作用在它上面的合外力矩。首先将三个物体隔离出来，如图 3-10 所示。张力 F_{T1} 和 F_{T2} 的大小是不能假定相等的，但 $F_{T2} = F'_{T2}$，$F_{T1} = F'_{T1}$。

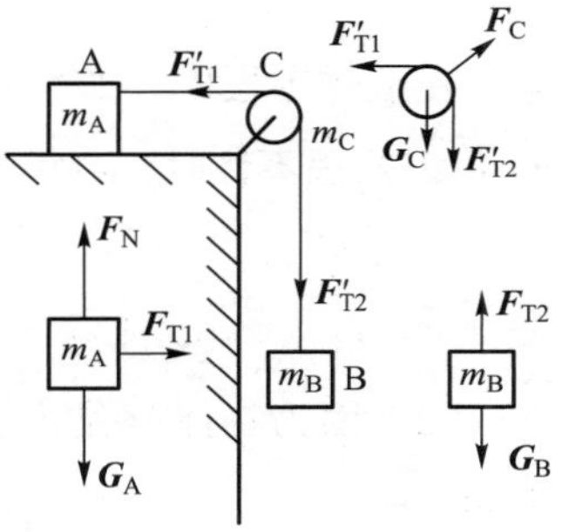

图 3-10

应用牛顿第二定律，并考虑到绳索不伸长，故对 A、B 两物体，有

$$F_{T1} = m_A a$$
$$m_B g - F_{T2} = m_B a$$

在上式中，我们选择物体 B 加速度的正方向竖直向下；物体 A 加速度的正方向向右。按题意略去滑轮与轴承间的摩擦力，故滑轮 C 受到重力 G_C、张力 F'_{T1} 和 F'_{T2} 以及轴对它的力 F_C 的作用。由于转轴通过滑轮的中心，所以仅有张力 F'_{T1} 和 F'_{T2} 对它有力矩作用。因为 $F'_{T1} = F_{T1}$，$F'_{T2} = F_{T2}$，由转动定律有

$$RF_{T2} - RF_{T1} = J\alpha$$

滑轮 C 以其中心为轴的转动惯量是

$$J = \frac{1}{2} m_C R^2$$

因为绳索在滑轮上无滑动，所以在滑轮边缘上一点的切向加速度与绳索和物体的加速度大小相等。它与滑轮转动的角加速度的关系为 $a = R\alpha$，代入上式有

$$F_{T2} - F_{T1} = \frac{1}{2}m_C a$$

解得

$$a = \frac{m_B g}{m_A + m_B + \frac{1}{2}m_C}$$

$$F_{T1} = \frac{m_A m_B g}{m_A + m_B + \frac{1}{2}m_C}$$

$$F_{T2} = \frac{\left(m_A + \frac{1}{2}m_C\right)m_B g}{m_A + m_B + \frac{1}{2}m_C}$$

在上述方程中，如令 $m_C = 0$，或滑轮的质量较物体 A 和 B 的质量小得多，即 m_C 可以略去不计时，可得

$$F_{T1} = F_{T2} = \frac{m_A m_B}{m_A + m_B} g$$

（2）因为物体 B 是由静止出发作匀加速直线运动，所以它下落距离 y 时的速率为

$$v = \sqrt{2ay} = \sqrt{\frac{2m_B g y}{m_A + m_B + \frac{1}{2}m_C}}$$

例 3-7　有一根长为 l、质量为 m 的均匀细直棒，棒可绕上端光滑水平轴在竖直平面内转动，最初棒静止在水平位置，求它由此下摆 θ 角时的角加速度和角速度。$\left(\text{细棒对转轴的转动惯量为 } J = \frac{1}{3}ml^2。\right)$

解　棒作下摆运动，它不能再看成质点，而应作为刚体来处理。我们需要用刚体定轴转动定律对棒作受力分析，如图 3-11 所示。

轴对棒的作用力过轴心，因而轴对棒的作用力相对轴的力矩为零。又因棒重心对转轴的合力矩和将重力集中作用于质心 C 所产生的力矩一样，因而棒所受合外力矩为

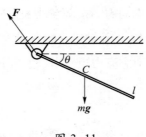

图 3-11

$$M = \frac{1}{2} mgl \cos \theta$$

根据刚体定轴转动定律,可得棒的角加速度为

$$\alpha = \frac{M}{J} = \frac{\frac{1}{2} mgl \cos \theta}{\frac{1}{3} ml^2} = \frac{3g \cos \theta}{2l}$$

又因为

$$\alpha = \frac{\mathrm{d}\omega}{\mathrm{d}t} = \frac{\mathrm{d}\omega}{\mathrm{d}\theta} \frac{\mathrm{d}\theta}{\mathrm{d}t} = \omega \frac{\mathrm{d}\omega}{\mathrm{d}\theta}$$

所以有

$$\omega \frac{\mathrm{d}\omega}{\mathrm{d}\theta} = \frac{3g \cos \theta}{2l}$$

即

$$\omega \mathrm{d}\omega = \frac{3g \cos \theta}{2l} \mathrm{d}\theta$$

考虑到 $\theta = 0$ 时,$\omega = 0$,夹角为任意角 θ 时,棒的角速度为 ω,两边积分,有

$$\int_0^\omega \omega \mathrm{d}\omega = \int_0^\theta \frac{3g \cos \theta}{2l} \mathrm{d}\theta$$

得

$$\omega = \sqrt{\frac{3g \sin \theta}{l}}$$

3.3　角动量　角动量守恒定律

在质点力学中,我们为了描述机械运动量的转移和传递,除了用速度 v 描述质点的运动状态外,又引进了动量 p,并进而导出动量定理和动量守恒定律。同样,在刚体定轴转动中,为了描述转动,除了用角速度 ω 描述刚体的转动状态外,我们还将引入角动量 L 的概念,并进而导出刚体的角动量定理和角动量守恒定律。

3.3.1　质点的角动量和刚体的角动量

角动量又称为动量矩,它是用来描述物体作旋转运动时,物体旋转运动状态的

物理量。对于一个动量为 p 的质点，它对惯性参考系中某一固定点 O 的角动量 L 用下述矢量叉乘来定义，即

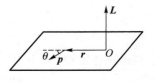

图 3-12　定轴转动刚体的角动量

$$L = r \times p = r \times mv \qquad （3-21）$$

式中 r 为质点相对于固定点 O 的位矢，如图 3-12 所示。

根据矢量叉乘的定义，可知角动量的大小为

$$L = |L| = rp\sin\theta = mrv\sin\theta \qquad （3-22）$$

式中 θ 是 r 和 p 两矢量之间的夹角。L 的方向垂直于 r 和 p 所决定的平面，可用右手螺旋定则来确定。

根据（3-21）式，质点的角动量不仅取决于质点的动量 p，还取决于它的位矢 r，因而取决于固定点位置的选择。同一质点相对于不同的固定点，它的角动量有不同的值，因此，在说明一个质点的角动量时，必须指明是对哪一个固定点说的。

一个质点沿半径为 r 的圆周运动时，设其动量大小为 $p = mv$，那么它对圆心 O 的角动量大小为

$$L = rp\sin\frac{\pi}{2} = mrv \qquad （3-23）$$

根据前面的学习，我们知道，质点作圆周运动的线速度与角速度之间的关系为

$$v = r\omega$$

质点相对于 O 点的转动惯量为

$$J = mr^2$$

所以质点对 O 点的角动量大小可写为

$$L = J\omega \qquad （3-24）$$

不难看出，角动量的方向与角速度的方向是相同的，则有

$$\boldsymbol{L} = J\boldsymbol{\omega} \qquad （3-25）$$

当刚体以角速度 ω 作定轴转动时，设构成刚体的质点系中的某一个质点 m_i 到转轴的距离为 r_i，则其对转轴的角动量的大小为

$$L_i = J_i\omega = m_i r_i^2 \omega$$

整个刚体对转轴的角动量的大小 L 就等于构成刚体的质点系中所有质点对转轴角动量大小的代数和，即

$$L = \sum_i L_i = \sum_i m_i r_i^2 \omega = J\omega \qquad （3-26）$$

写成矢量式，即

$$\boldsymbol{L} = J\boldsymbol{\omega} \qquad （3-27）$$

上式即刚体作定轴转动时，刚体相对于转轴的角动量的定义式。

3.3.2　刚体定轴转动的角动量定理

根据刚体作定轴转动的转动定律，我们有

$$\boldsymbol{M} = J\boldsymbol{\alpha} = J\frac{\mathrm{d}\boldsymbol{\omega}}{\mathrm{d}t}$$

对于一个作定轴转动的刚体来说，其相对于转轴的转动惯量一般情况下是不随时间发生改变的，则

$$\boldsymbol{M} = J\frac{\mathrm{d}\boldsymbol{\omega}}{\mathrm{d}t} = \frac{\mathrm{d}(J\boldsymbol{\omega})}{\mathrm{d}t} = \frac{\mathrm{d}\boldsymbol{L}}{\mathrm{d}t} \qquad （3-28）$$

把（3-28）式写成积分式，即

$$\int_{t_1}^{t_2} \boldsymbol{M}\mathrm{d}t = \boldsymbol{L}_2 - \boldsymbol{L}_1 \qquad （3-29）$$

式中 $\int_{t_1}^{t_2} \boldsymbol{M}\mathrm{d}t$ 称为合外力矩对刚体的冲量矩，它等于相应时间内刚体角动量的增量，我们把这一结论称为刚体定轴转动的角动量定理。

3.3.3　刚体定轴转动的角动量守恒定律

在刚体作定轴转动过程中，如果刚体所受外力相对于转轴的合力矩为零，即 $\boldsymbol{M} = \boldsymbol{0}$，那么由（3-29）式可得

$$\boldsymbol{L}_2 - \boldsymbol{L}_1 = \boldsymbol{0} \qquad （3-30）$$

即

$$\boldsymbol{L}_1 = \boldsymbol{L}_2 = 常矢量 \qquad （3-31）$$

当作定轴转动的刚体所受合力矩为零时，或者说当刚体不受外力矩的作用时，刚体相对于转轴的角动量恒定不变，这个结论称为**角动量守恒定律**。实践告诉我们，该结论不仅对刚体成立，对非刚体也同样成立。

对于绕某固定轴转动的物体来说，角动量守恒的情况有以下几种：

（1）对于作定轴转动的刚体，在转动过程中刚体的转动惯量始终保持不变。当刚体所受合外力矩等于零时，刚体将以恒定的角速度 ω 绕定轴转动。例如，地球自转就近似为这种情况。

（2）如果作定轴转动的物体为非刚体，则物体相对于转轴的转动惯量可变。角动量守恒表现为当物体的转动惯量增加或减少时，其角速度相应地减少或增加。例如，一个人坐在凳子上，凳子能绕竖直轴转动（转动中的摩擦忽略不计），人的两手各握一个哑铃。当他平举两臂时，在别人的帮助下，人和凳一起转动。然后，此人在转动中将两手收至胸前。这时由于合外力对转轴的力矩为零，人和凳的角动量保持不变，所以当人将两手收至胸前时，转动惯量减小，结果角速度增大，也就是说比平举两臂时要转得快一些。舞蹈演员、滑冰运动员等在旋转的时候，往往先将四肢伸开获得一定的转速，然后迅速收拢四肢，使自己的转动惯量减小，因而角速度迅速增大，这也是利用了角动量守恒定律。

（3）当定轴转动系统由多个物体组成时，角动量守恒表现为各个物体的角动量的矢量和不变，即

$$\sum_i J_i \omega_i = 常矢量 \tag{3-32}$$

工程上经常采用的摩擦离合器就是利用了这一原理。

这里还应指出，前面介绍的角动量守恒定律、动量守恒定律和能量守恒定律，都是在不同的理想化条件（如质点、刚体……）下，用经典的牛顿力学原理"推证"出来的，但它们的适用范围却远远超出原有条件的限制。它们不仅适用于牛顿力学所研究的宏观、低速（远小于光速）领域，而且通过相应的扩展和修正后也适用于牛顿力学失效的微观、高速（接近光速）领域，即量子力学和相对论。这就充分说明，上述三条守恒定律有其时空特征，是近代物理理论的基础，是更为普适的物理定律。

例 3-8 一飞轮的质量为 $m = 60$ kg，半径为 $R = 0.25$ m，绕其水平中心轴 O 转动，转速为 900 r·min^{-1}。现利用一制动的闸杆，在闸杆的一端加一竖直方向的制动力 F，可使飞轮减速。已知闸杆的尺寸如图 3-13（a）所示，闸瓦与飞轮之间的摩擦因数 $\mu = 0.4$，飞轮的转动惯量可按匀质圆盘计算。（1）设 $F = 100$ N，问飞轮在多长时间内停止转动？在这段时间内飞轮转了几转？（2）如果在 2 s 内飞轮

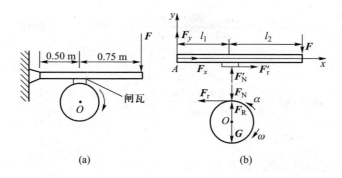

图 3-13

转速减少一半，问需加多大的力？

解 （1）先作闸杆和飞轮的受力分析图［图 3-13（b）］。图中 F_N、F'_N 是正压力，F_r、F'_r 是摩擦力，F_x 和 F_y 是杆在 A 点转轴处所受支持力，G 是飞轮所受的重力，F_R 是飞轮在 O 轴处所受支持力。

杆处于静止状态，所以对 A 点的合力矩应为零，设闸瓦厚度不计，则有

$$F(l_1 + l_2) - F'_N l_1 = 0, \quad F'_N = \frac{l_1 + l_2}{l_1} F$$

对飞轮，按转动定律有 $\alpha = -F_r R/J$，式中负号表示角加速度 α 与角速度 ω 方向相反。

因为

$$F_r = \mu F_N, \quad F_N = F'_N$$

所以

$$F_r = \mu F'_N = \mu \frac{l_1 + l_2}{l_1} F$$

又因为

$$J = \frac{1}{2} m R^2$$

所以

$$\alpha = -\frac{F_r R}{J} = \frac{-2\mu(l_1 + l_2)}{mRl_1} F \tag{1}$$

将 $F = 100\ \text{N}$ 等代入上式，得

$$\alpha = \frac{-2 \times 0.40 \times (0.50 + 0.75)}{60 \times 0.25 \times 0.50} \times 100\ \text{rad} \cdot \text{s}^{-2} = -\frac{40}{3}\ \text{rad} \cdot \text{s}^{-2}$$

由此可算出从飞轮开始制动到停止转动经过的时间为

$$t = -\frac{\omega_0}{\alpha} = \frac{900 \times 2\pi \times 3}{60 \times 40} \text{ s} \approx 7.07 \text{ s}$$

这段时间内飞轮的角位移为

$$\Delta\theta = \omega_0 t + \frac{1}{2}\alpha t^2 = \left[\frac{900 \times 2\pi}{60} \times \frac{9}{4}\pi - \frac{1}{2} \times \frac{40}{3} \times \left(\frac{9}{4}\pi\right)^2\right] \text{ rad}$$

$$\approx 53 \times 2\pi \text{ rad}$$

可知在这段时间里，飞轮约转了 53 转。

（2）$\omega_0 = 900 \times \frac{2\pi}{60} \text{ rad·s}^{-1}$，要求飞轮转速在 $t = 2$ s 内减少一半，可知

$$\alpha = \frac{\frac{\omega_0}{2} - \omega_0}{t} = -\frac{\omega_0}{2t} = -\frac{15\pi}{2} \text{ rad·s}^{-2}$$

用上面（1）式所示的关系，可求出所需的制动力大小为

$$F = -\frac{mRl_1\alpha}{2\mu(l_1 + l_2)}$$

$$= \frac{60 \times 0.25 \times 0.50 \times 15\pi}{2 \times 0.40 \times (0.50 + 0.75) \times 2} \text{ N}$$

$$\approx 177 \text{ N}$$

例 3-9 一平板中央开一小孔，一质量为 m 的小球用细线系住，细线穿过小孔后挂一质量为 m_1 的重物。小球作匀速圆周运动，当半径为 r_0 时重物达到平衡。今在 m_1 的下方再挂一质量为 m_2 的物体，如图 3-14 所示。试问这时小球作匀速圆周运动的角速度 ω' 和半径 r' 为多少？

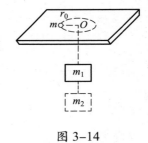

图 3-14

解 在只挂重物 m_1 时，小球作圆周运动的向心力大小为 m_1g，即

$$m_1g = mr_0\omega_0^2 \qquad\qquad (1)$$

挂上物体 m_2 后，则有

$$(m_1 + m_2)g = mr'\omega'^2 \qquad\qquad (2)$$

重力对圆心的力矩为零，故小球对圆心的角动量守恒，即

$$r_0mv_0 = r'mv'$$

得

$$r_0^2 \omega_0 = r'^2 \omega'$$ （3）

联立（1）、（2）、（3）式得

$$\omega_0 = \sqrt{\frac{m_1 g}{m r_0}}$$

$$\omega' = \left(m_1 + m_2\right)^{\frac{2}{3}} g^{\frac{1}{2}} m^{-\frac{1}{6}} r_0^{-\frac{1}{2}} m_1^{-\frac{1}{6}}$$

$$r' = \frac{m_1 + m_2}{m \omega'^2} g = \left(m_1 + m_2\right)^{-\frac{1}{3}} m^{-\frac{2}{3}} m_1^{\frac{1}{3}} r_0$$

例 3-10　在光滑的水平面上有一木杆，其质量为 $m_1 = 1.0$ kg，长为 $l = 40$ cm，可绕通过其中点并与之垂直的轴转动。一质量为 $m_2 = 10$ g 的子弹，以 $v = 2.0 \times 10^2$ m·s^{-1} 的速度射入杆端，其方向与杆及轴正交。若子弹陷入杆中，试求系统所得到的角速度。

解　在子弹与杆相互作用的瞬间，可将子弹的运动视为绕轴的转动。设子弹射入杆前的角速度为 ω，射入后与杆具有的共同的角速度为 ω'，若将二者视为一个系统，则该系统不受外力矩的作用，故角动量守恒，有

$$J_2 \omega = \left(J_1 + J_2\right) \omega'$$

式中 $J_2 = m_2 \left(l/2\right)^2$ 为子弹绕轴的转动惯量，$J_1 = m_1 l^2 / 12$ 为杆绕轴的转动惯量。可得

$$\omega' = \frac{6 m_2 v}{\left(m_1 + 3 m_2\right) l} \approx 29.1 \text{ rad} \cdot \text{s}^{-1}$$

3.4　力矩的功

在刚体作定轴转动时，对于作用在刚体上某点的力所做的功，我们仍然可以用此力与受力质点的位移之间的点积来定义它。但是对于刚体这种特殊质点系来说，在刚体定轴转动过程中外力所做的功需要用另外一种特殊的形式来表示。下面我们就根据质点所受的力做的功的定义来推导出刚体所受的外力做的功的表达式。

3.4.1　力矩的功

如图 3-15 所示，一刚体在处于转动平面内的外力 F 作用下作定轴转动。力 F 的作用点 P 到转轴的距离 $OP = r$（相应的径矢为 r）。经过 dt 时间后，刚体转过的微小角位移为 $d\theta$，径矢 r 也随之扫过 $d\theta$ 角，使 P 点发生位移 ds。由于 dt 极小，所以位移 ds 的大小 $ds = rd\theta$，位移 ds 的方向与 OP 垂直。按功的定义，力 F 所做的功为

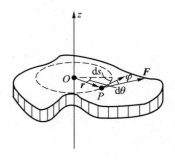

图 3-15　定轴转动刚体所受力矩的功

$$
\begin{aligned}
dA &= F \cdot ds \\
&= F \cos \varphi ds \\
&= F \cos \left(\frac{\pi}{2} - \theta \right) r d\theta \\
&= Fr \sin \theta d\theta
\end{aligned}
$$

式中 θ 为 F 和 r 之间的夹角。$Fr\sin\theta$ 是作用于 P 点的力 F 对转轴的力矩大小，故上式可写成

$$
dA = Md\theta \tag{3-33}
$$

若刚体受到许多外力 F_1，F_2，$\cdots$，F_n 作用，并设这些外力都处于转动平面内，那么在刚体在转过角位移 $d\theta$ 的过程中，各力作用点 P_1，P_2，$\cdots$，P_n 的径矢都扫过相同的 $d\theta$ 角。各外力的力矩所做的功之代数和就是这些外力的合力矩所做的功，即

$$
dA = \sum_i dA_i = \sum_i M_i d\theta = \left(\sum_i M_i \right) d\theta = Md\theta
$$

式中 $\sum_i M_i = M$ 为刚体所受的合外力矩的大小。

在刚体在此合外力矩的作用下由角位置 θ_1 转至角位置 θ_2 的过程中，力矩对刚体所做的功为

$$
A = \int_{\theta_1}^{\theta_2} dA = \int_{\theta_1}^{\theta_2} Md\theta \tag{3-34}
$$

上式即力矩所做的功的表达式。

3.4.2　力矩的功率

单位时间内力矩对刚体所做的功叫作**力矩的功率**，用 P 来表示。根据力矩的功率的定义，刚体在力矩作用下绕定轴转动时，在 $\mathrm{d}t$ 时间内转过 $\mathrm{d}\theta$ 角，则可得刚体在定轴转动过程中的瞬时功率为

$$P = \frac{\mathrm{d}A}{\mathrm{d}t} = M\frac{\mathrm{d}\theta}{\mathrm{d}t} = M\omega \qquad （3-35）$$

即力矩对定轴转动刚体的瞬时功率就等于力矩和角速度大小的乘积。当功率一定时，转速越低，力矩越大；反之，转速越高，力矩越小。

3.4.3　刚体作定轴转动的动能定理

我们在前面讲过，当外力对质点做正功时，质点的动能将增加。那么，对于作定轴转动的刚体来说，如果外力矩对刚体做功，那么刚体的转动动能又将如何改变呢？现在我们根据转动定律对此加以阐述。

设在合外力矩 M 作用下，刚体绕定轴转动的角速度从 ω_1 变为 ω_2，那么在此过程中，我们取一极小时间 $\mathrm{d}t$，设在时间 $\mathrm{d}t$ 内刚体转过微小的角位移 $\mathrm{d}\theta$，那么合外力矩在这段时间内所做的元功为

$$\mathrm{d}A = M\mathrm{d}\theta$$

在整个刚体的角速度由 ω_1 变为 ω_2 的过程中，根据转动定律，合外力矩对刚体所做的功为

$$A = \int_{\theta_1}^{\theta_2} M\mathrm{d}\theta = \int_{\theta_1}^{\theta_2} J\alpha\mathrm{d}\theta = \int_{\theta_1}^{\theta_2} J\frac{\mathrm{d}\omega}{\mathrm{d}t}\mathrm{d}\theta = \int_{\omega_1}^{\omega_2} J\omega\mathrm{d}\omega = \frac{1}{2}J\omega_2^2 - \frac{1}{2}J\omega_1^2 \quad （3-36）$$

这就是刚体作定轴转动的**动能定理**。它表明合外力矩对刚体所做的功等于刚体转动动能的增量。

当作定轴转动的刚体受到阻力矩的作用时，由于阻力矩与角位移的方向相反，所以阻力矩做负功。由上式可知，转动动能的增量为负值；或者说，作定轴转动的刚体克服阻力矩做功，它的转动动能减少。在这种情况下，刚体的转动角速度也将逐渐减慢下来，以至于刚体停止转动。

上述对单个刚体作定轴转动的动能定理可推广到作定轴转动的刚体与其他质点所组成的系统，这时，（3-36）式可写成

$$A = E_{k2} - E_{k1} \qquad （3-37）$$

这里，A 表示作用于系统的所有外力（及外力矩）所做的功的代数和；E_{k1} 和 E_{k2} 分别表示系统在始、末状态的总动能，即系统内所有的刚体转动动能和质点平动动能之和。

例 3-11 用刚体作定轴转动的动能定理求例 3-7 中的细棒下摆 θ 角时的角速度 ω。

解 对棒作受力分析如图 3-11 所示。棒所受合外力矩为

$$M = \frac{1}{2}mgl\cos\theta$$

刚开始时棒的角速度为 0，则棒对轴的转动动能亦为 0，对棒应用动能定理得

$$A = \int_{\theta_1}^{\theta_2} M\mathrm{d}\theta = \int_0^\theta \frac{1}{2}mgl\cos\theta\mathrm{d}\theta = \frac{1}{2}mgl\sin\theta = \frac{1}{2}J\omega^2 - \frac{1}{2}J\omega_0^2$$

$$= \frac{1}{2}J\omega^2 = \frac{1}{2}\times\frac{1}{3}ml^2\omega^2$$

解得

$$\omega = \sqrt{\frac{3g\sin\theta}{l}}$$

从解题过程来看，应用刚体作定轴转动的动能定理解题要比例 3-7 中应用刚体定轴转动定律解题简单。

例 3-12 用机械能守恒定律求例 3-7 中的细棒下摆 θ 角时的角速度 ω。

解 选细棒和地球作为系统。棒和轴之间的力过轴心，力矩为零，且对棒和地球组成的系统不做功，因此系统中只有重力做功，整个系统的机械能守恒。

选细棒下摆 θ 角时的质心位置作为重力势能的零点，对细棒和地球应用机械能守恒定律，即棒在水平位置的机械能与下摆 θ 角时的机械能相等，得

$$mgh_C = mg\frac{1}{2}l\sin\theta = \frac{1}{2}J\omega^2 = \frac{1}{2}\times\frac{1}{3}ml^2\omega^2$$

解得

$$\omega = \sqrt{\frac{3g\sin\theta}{l}}$$

从解题过程来看，应用机械能守恒定律解题要比例 3-11 中应用刚体作定轴转动的动能定理解题更简单。

读者可能已经注意到，我们已经用了三种不同的方法来解例 3-7。现在可以清楚地比较三种解法：在第一种方法中，我们直接应用刚体定轴转动定律。若将刚体定轴转动定律公式的左、右两侧，分别简称为"力矩侧"和"运动侧"，则该方法使用了纯数学方法进行积分运算；在第二种方法中，我们运用了功和能的概念。这时还需要对力矩侧进行积分来求功。但是运动侧已简化为只需要计算动能增量了，

这一简化是对运动侧用积分进行了预处理且引进刚体动能概念的结果；在第三种方法中，我们没有用任何积分，只是进行了代数运算，因而计算又大为简化了。这是因为我们又用积分预处理了力矩侧，引进了刚体势能。大家可以看到，即使基本定律是一个，通过引入新概念和建立新定律，也能使我们在解决实际问题时获得很大的益处。

在此我们也顺便指出，如果能应用机械能守恒定律求解，那么一定可以应用动能定理求解。如果能应用动能定理求解，那么一定可以应用刚体转动定律求解。因此，我们在对实际问题的求解中，先考虑能否应用机械能守恒定律，如不能，再考虑能否应用动能定理，最后考虑能否应用刚体定轴转动定律。

例 3-13　如图 3-16 所示，一质量为 m_1，长为 l 的均匀细杆，可绕过 O 端的水平轴在竖直平面内自由转动。在杆自由下垂时，有一质量为 m_2 的小球在距离杆下端 a 处垂直击中细杆。设小球在碰撞后的速度为零而自由下落，细杆被碰撞后的最大偏转角为 θ。求小球击中细杆前的速度大小。

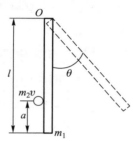

图 3-16

解　把全过程分为两个阶段。第一阶段，小球与细杆碰撞，使细杆获得一初角速度；第二阶段，细杆以第一阶段获得的初角速度摆动，直至最大偏转角。

第一阶段，把小球和细杆看作一个系统，O 轴对细杆的力通过转轴，故该力对 O 轴的力矩为零。在小球与细杆碰撞的极短的时间内，细杆与小球所受的重力都通过转轴，故其力矩都为零。整个系统所受到的对 O 轴的合外力矩为零，因此系统的角动量守恒。

设小球与细杆碰撞前的速度大小为 v。碰撞前，小球对 O 轴的角动量为 $m_2v(l-a)$，细杆静止，对 O 轴的角动量为零。因此，碰撞前系统的角动量为 $m_2v(l-a)$。碰撞后，小球速度为零而自由下落，对 O 轴角动量为零。细杆的角速度为 ω，对 O 轴的转动惯量为 J，角动量为 $J\omega$。因此，碰撞后系统的角动量为 $J\omega$，由角动量守恒定律，有

$$J\omega = m_2v(l-a)$$

第二阶段，把细杆和地球作为一个系统，细杆以初角速度 ω 摆动。摆动过程中，只有重力做功，故系统的机械能守恒。以细杆在竖直位置时细杆的中点为重力势能的零点，有

$$\frac{1}{2}J\omega^2 = m_1g\frac{l}{2}(1-\cos\theta)$$

均匀细杆对 O 轴的转动惯量为

$$J = \frac{1}{3}m_1l^2$$

则有

$$v = \frac{m_1l}{m_2(l-a)}\sqrt{\frac{2}{3}gl}\sin\frac{\theta}{2}$$

例 3-14 一长为 l、质量为 m' 的匀质细杆可绕通过其一端的轴在竖直面内自由旋转。杆的另一端固定一质量亦为 m' 的靶，今有一质量为 m 的子弹以速率 v 射向靶，穿过靶后速率降至 $v/2$。问：欲使细杆与靶在竖直面内作一完整的圆周运动，则 v 最小应为多少？

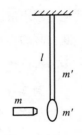

图 3-17

分析：如图 3-17 所示，将子弹与细杆和靶看作一个系统。此题求解分为两步：

第一步，子弹打杆过程中遵守角动量守恒定律 (注意动量不守恒，细杆受固定端外力作用)；

第二步，杆与靶向上转动的过程中遵守机械能守恒定律，若杆以细绳代替，则在最高点靶的向心力由重力提供，杆不受力。

解 取子弹与摆为系统，撞击前的瞬间可将子弹的运动看作绕轴的转动，其转动惯量为

$$J_1 = ml^2$$

靶和杆对轴的转动惯量分别为

$$J_2 = m'l^2, \quad J_3 = \frac{1}{3}m'l^2$$

根据角动量守恒有

$$J_1\frac{v}{l} = J_1\left(\frac{v}{2l}\right) + (J_2 + J_3)\omega_0$$

若恰好能够转一圈，则靶在最高点的速度为零，根据机械能守恒有

$$\frac{1}{2}(J_2 + J_3)\omega_0^2 + \frac{1}{2}m'gl = m'g(2l) + m'g\left(\frac{3}{2}l\right)$$

解上述方程组可得子弹的最小速率为

$$v = \frac{4m'}{m}\sqrt{2gl}$$

*3.4.4　陀螺的运动

绕对称轴高速旋转的刚体称为**陀螺**，或称**回转仪**。

陀螺在运动过程中通常有一点保持固定，所以它的运动属刚体的定点运动。利用角动量和角速度的矢量性质，我们不难解释陀螺的运动。陀螺有许多奇妙的性质，并有着广泛的应用。

1. 陀螺的进动

（1）杠杆陀螺的进动

图 3-18（a）为杠杆陀螺的示意图。A 为陀螺，P 为重物，O 为支点。陀螺以一定角速度 ω 快速自转，自转轴沿水平方向。若陀螺 A 和重物 P 的共同重心偏离 z 轴一定距离 l，则有一重力矩 $M = mgl$ 作用于陀螺，其方向水平向后，与自转轴垂直，如图所示。设陀螺绕对称轴的转动惯量为 J，则陀螺的自转角动量 $\boldsymbol{L} = J\boldsymbol{\omega}$。在力矩 $\boldsymbol{M}$ 的作用下，经 Δt 时间后，角动量将有一增量 $\Delta\boldsymbol{L} = \boldsymbol{M}\Delta t$。$\Delta\boldsymbol{L}$ 的方向与 $\boldsymbol{M}$ 相同，如图 3-18（b）所示。Δt 时间后，陀螺绕 z 轴转过 $\Delta\varphi$ 角，因而陀螺的自转轴也转过 $\Delta\varphi$ 角。当 Δt 很小时，$\boldsymbol{L}' = \boldsymbol{L} + \Delta\boldsymbol{L}$ 与 $\boldsymbol{L}$ 的大小相等，仅方向不同。在新的位置，由于力矩仍与自转轴垂直，再经 Δt 时间，角动量又转过 $\Delta\varphi$ 角，所以此过程将持续进行。结果，陀螺绕 z 轴以一定角速度 $\boldsymbol{\Omega}$ 旋转，这种现象称为**进动**。进动角速度 $\boldsymbol{\Omega}$ 可由角动量定理求得。

$$\Delta L = L\Delta\varphi = M\Delta t$$

而 $\Omega = \dfrac{\Delta\varphi}{\Delta t}$，因此

$$\Omega = \frac{M}{L}$$

为表示进动角速度的方向，可将上式写成矢量形式：

$$\boldsymbol{M} = \boldsymbol{\Omega} \times \boldsymbol{L}$$

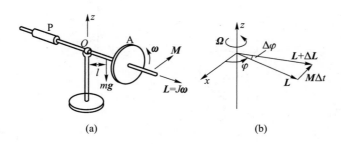

(a)　　　　　　　　　　(b)

图 3-18　杠杆陀螺

因 $M = mgl$，$L = J\omega$，上式又可写成

$$\Omega = \frac{mgl}{J\omega}$$

式中 m 是杠杆和陀螺的总质量。

（2）玩具陀螺的进动

图 3-19 为玩具陀螺示意图。它的进动原理与杠杆陀螺相同。设其自转轴与竖直方向成 θ 角，质心到支点 O 的距离为 l。由角动量定理，有

$$mgl\sin\theta\Delta t = J\omega\sin\theta\Delta\varphi$$

$$\Omega = \frac{\Delta\varphi}{\Delta t} = \frac{mgl}{J\omega}$$

写成矢量式，有

$$\boldsymbol{M} = \boldsymbol{\Omega} \times \boldsymbol{L}$$

从以上对进动的讨论可以看出，陀螺的两个行为是相当奇特的。其一，当对旋转着的有一点固定的陀螺施加外力时，它不顺着外力方向偏斜，而向着与外力垂直的方向即力矩的方向偏斜。陀螺在重力作用下并不往下掉而沿水平方向进动。这与不旋转的陀螺大不一样。不旋转的陀螺（一点固定），在外力下，将顺着外力方向偏斜。其二，在外力矩作用下，陀螺并不产生与力矩成正比的角加速度，使其角速度随时间增大，而产生与力矩成正比的进动角速度，这也与不旋转的陀螺大不相同。这一切都是由于陀螺在高速旋转着。

陀螺在外力矩作用下，其角动量矢量（从而其自转轴）有向外力矩方向偏斜的趋势，当外力矩方向不断改变时，这种偏斜方向也不断改变，这就是进动的原理。

在上面的讨论中，我们忽略了陀螺因进动而产生的角动量。在自转轴沿水平方向的杠杆陀螺中，由于进动角速度与陀螺的对称轴垂直，所以这一附加角动量 $\boldsymbol{L}_\perp = J_\perp\boldsymbol{\Omega}$ 与 $\boldsymbol{\Omega}$ 同方向（这里 $J_\perp$ 是陀螺绕竖直轴的转动惯量），沿着竖直轴向上，

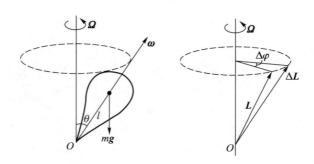

图 3-19　玩具陀螺

它使角动量略向上翘，如图 3-20 所示。但在玩具陀螺中，这一附加角动量对进动无影响，因为在进动过程中它并不改变，但如果陀螺在初始时刻的角动量沿水平方向，然后由静止释放，那么，由于重力矩与竖直轴垂直，所以不可能对体系提供沿竖直方向的角动量分量。因此，在稳定进动时，陀螺的头将略向下倾，使总角动量仍沿水平方向，如图 3-21 所示。

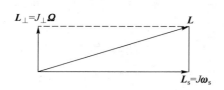

图 3-20　因进动而产生的附加角动量

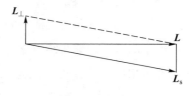

图 3-21

以上我们根据角动量的矢量性和角动量定理解释了陀螺在重力作用下并不倒下而作进动的道理。我们还可以从另一个更直接的角度来理解这一问题。

相对跟着陀螺一起进动的参考系而言，陀螺的角动量的大小和方向保持不变。进动参考系是匀速转动参考系，是一个非惯性系。在这一非惯性系中，陀螺除受到重力作用外，还受到惯性力作用。作用于各质元的惯性离心力的合力通过支点 O，可由支点上的约束力抵消。作用于各质元的科里奥利力取决于质元的速度。如图 3-22 所示，陀螺上的 B、D 两点的速度与进动角速度 Ω 平行，不受科里奥利力作用。但 A、C 两点受到如图所示的科里奥利力 F_A 和 F_C 的作用。F_A 和 F_C 构成沿 $-y$ 方向的惯性力矩，其与

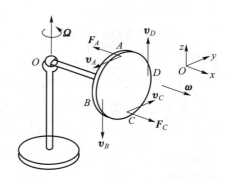

图 3-22　陀螺在进动参考系中受科里奥利力作用

重力矩方向相反。不难看出，陀螺上所有点都受到大小不等的科里奥利力作用，它们的力矩的矢量和沿 $-y$ 方向，与重力矩方向相反。在进动坐标系中，陀螺受到的这种惯性力矩叫**回转力矩**。可以证明，回转力矩的大小与重力矩相等。因此，相对进动参考系，陀螺所受重力矩被回转力矩平衡，所以它的角动量保持不变。

2. 地球在太阳（月球）引力矩作用下的进动

地球可看作一个自转着的刚体，相当于一个陀螺，它的角动量沿自转轴向北。地球并非严格的球体，而是呈扁平球形，赤道附近向外鼓出。而且，地球自转轴与黄道（太阳绕地球的运动轨道）面法线并不一致，而成 23.5° 的夹角。太阳对地球鼓出部分上各质元的引力是不同的。在冬季，太阳对鼓出部分 A 的引力 F_A 大于对

鼓出部分 B 的引力 F_B，即 $F_A > F_B$，如图 3-23 所示。两力对地球质心的合力矩不是零，其方向由纸面向外。在夏季，$F_A < F_B$，但两力都反向，结果合力矩方向仍由纸面向外。在春、秋两季，此合力矩为零。在一年中的平均力矩的方向由纸面向外。

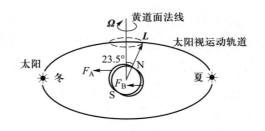

图 3-23 地球在太阳引力矩作用下的进动

在此力矩作用下，地球将绕黄道面法线进动，进动角速度 Ω 的方向与太阳绕地球转动的方向相反。计算表明，这种进动的周期约为 26 000 年。这一进动使春分点和秋分点（天球赤道与黄道的两交点）每年逆着太阳转动方向移动一定角度，这就是**回归年**（太阳相继两次通过春分点所经历的时间）比恒星年略短的缘故，形成**岁差**。

以上分析中把太阳的引力看成进动力矩的来源，实际上月球引力的作用更大些，但道理相同。

3. 回转罗盘

用适当的方法装置的陀螺，还可以用作罗盘，它可以指南、北，且不受地磁场的影响。

（1）装在转台上的二自由度陀螺

为说明回转罗盘的原理，我们先考察装在转台上的二自由度陀螺的行为。如图 3-24 所示的陀螺，只在 x 和 y 两个轴的方向，陀螺可以自由转动。陀螺的自转轴沿 x 轴方向。当陀螺高速自转时，若让转台以恒定角速度 Ω 绕 z 轴旋转，就相当于对陀螺加上一个沿 z 方向的外力矩。根据角动量定理，角动量矢量必定要向外力矩方向偏斜，于是陀螺上翘。现在外力矩不像杠杆陀螺中的重力矩那样会自

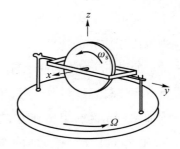

图 3-24 装在转台上的二自由度陀螺

动转向，因而当陀螺上翘到角动量与外力矩方向一致，即指向 z 轴时，角动量方向不再变化，陀螺最终将稳定在角动量向上的方位上。（实际上陀螺将在 z 轴附近左右摆动，逐渐因阻尼而停在稳定方位上。）

（2）回转罗盘原理

地球相当于一个大转盘，如果把上述二自由度陀螺放在赤道地面，使 y 轴竖直向上，则情况就完全同上面所讲的相仿，最终陀螺的自转角速度将与地球自转同方向，即指北。

如果陀螺不是放在赤道上，而是放在纬度为 λ 的地方，仍使 y 轴竖直向上，则可将地球自转角速度 Ω 分解为 $\Omega_1 = \Omega\cos\lambda$ 和 $\Omega_2 = \Omega\sin\lambda$ 两部分。Ω_1 沿地面指北，Ω_2 竖直向上。由于陀螺的 y 方向（即竖直方向）上的轴是光滑的，Ω_2 对陀螺不起作用，所以结果就相当于将陀螺放在转速为 Ω_1 的转台上，最终陀螺仍指北，如图3-25（a）、（b）所示。

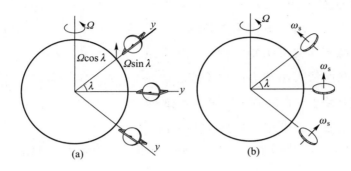

图 3-25　回转罗盘的角动量方向

4. 陀螺的章动

上面我们讨论了陀螺在重力矩作用下的进动。事实上，在重力作用下的陀螺运动还要更复杂些。一般来说，在进动基础上，还伴有上、下的周期性运动，即陀螺的自转轴与 z 轴的夹角还会在某一值附近作周期性变化，这种伴随着的上、下运动叫**章动**。例如，先用手水平地托住陀螺的轴，让陀螺自转后，由静止释放，其轴端将沿一摆线运动，如图3-26 所示，这就是章动的一种形式。以后，在阻力作用下，章动逐渐消失，陀螺作稳定的进动。当陀螺稳定进动时，其自转轴略偏离水平方向而下倾。

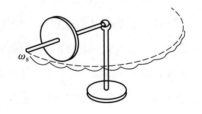

图 3-26　陀螺的章动

如何解释章动这一奇妙行为呢？轴端作摆线运动表明，在跟随陀螺一起进动的参考系看来，陀螺的轴端作圆周运动。而上文已指出，在进动参考系看来，陀螺由于受重力矩和回转力矩的共同作用，所受合力矩为零，角动量应保持不变。角动量保持不变的体系，其轴端怎么会作圆周运动呢？

如果适当调节图 3-18 所示的杠杆陀螺使之不受重力矩作用（例如适当调节重物 P 的位置，使整个陀螺的质心位于 O 点），则陀螺的角动量 $\boldsymbol{L}_s = J_s\boldsymbol{\omega}_s$ 保持不变，即陀螺的自转轴方向保持不变，陀螺不发生进动。

如果给陀螺一个水平冲量，即给它一个沿 z 方向的冲量矩，则陀螺获得沿 z 方

向的角速度 $\omega_\perp$，从而获得沿 z 方向的角动量 $\Delta L = J_\perp \omega_\perp$（$J_\perp$ 为陀螺绕与自转轴垂直的主轴的转动惯量），使总角动量为

$$L = L_s + \Delta L$$

如图 3-27 所示，图中 O 是支点，$\overrightarrow{OA}$ 表示自旋角动量 L_s，$\overrightarrow{AP} = \Delta L$ 表示冲量矩所产生的附加角动量，$\overrightarrow{OP} = L$ 表示总角动量。受冲击后的陀螺不再受外力矩作用，其角动量 $L = L_s + \Delta L$ 应保持大小和方向都不变。但是 ΔL 代表了陀螺绕着与自旋轴垂直的轴转动的角动量，ΔL 的存在，意味着陀螺自转轴的方向不

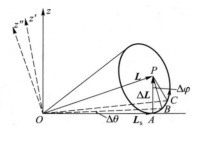

图 3-27

断变化，因此 L_s 的方向将不断变化。角动量 L 恒定，要求 L_s 的变化不引起 L 的变化。然而，在 ΔL 的大小和方向都不变的条件下，L_s 变化又不引起 L 变化是不可能的。因 ΔL 反映了陀螺绕着与对称轴垂直的（主）轴的转动，故 $\Delta L \perp L_s$。L 是以 L_s 和 ΔL 为直角边的直角三角形的斜边。当这一直角三角形以斜边 L 为轴以适当角速度旋转时，L_s 和 ΔL 的方向都随时间变化（但大小不变），但 L 却保持恒定。在运动过程中，陀螺的轴始终在以 OA 为母线的锥面上，而与自转轴垂直的轴则始终与以 AP 为母线的锥面上的一条母线平行。例如，当自转轴位于图中 OB 位置时，陀螺的自转轴以角速度 $\omega_\perp$ 绕平行于 BP 的轴 z' 转动。在下一瞬时，陀螺的自转轴处于 OC 位置，陀螺的自转轴又以角速度 $\omega_\perp$ 绕平行于 CP 的轴 z'' 转动。结果，自转轴画出一锥面，相当于自转轴绕不变的总角动量 L 方向进动。垂直于自转轴的轴线 z、z'、z'' 等亦构成一锥面。

由此可见，不受力矩作用的陀螺，当其总角动量 L 与自旋角动量 L_s 方向不一致时，为保持总角动量不变，自转轴必绕总角动量矢量以恒定角速度旋转。或者说，陀螺绕着过支点 O 的总角动量方向进动，这就是所谓的**无力矩进动**。

我们还可以算出自转轴总角动量 L 方向进动的角速度大小 ω_n。如图 3-27 所示，设在 Δt 时间内，矢量 L_s 转过角 $\Delta\theta$，其端点从 A 点移动到 B 点，则

$$\widehat{AB} \approx OA \cdot \Delta\theta = L_s \Delta\theta$$

在同一时间内，矢量 ΔL 的起点也从 A 移到 B。设 ΔL 转过的角为 $\Delta\varphi$，则

$$\widehat{AB} \approx AP \cdot \Delta\varphi = \Delta L \Delta\varphi$$

由于 $\Delta L \ll L_s$，$\Delta\varphi$ 近似等于 L_s 绕 L 进动所转过的角，因而

$$\omega_n \approx \frac{\Delta \varphi}{\Delta t} = \frac{L_s}{\Delta L}\frac{\Delta \theta}{\Delta t} = \frac{L_s}{\Delta L}\omega_\perp$$

但

$$\Delta L = J_\perp \omega_\perp$$

所以

$$\omega_n = \frac{L_s}{J_\perp} = \frac{J}{J_\perp}\omega_s$$

式中 J 是陀螺对自转轴的转动惯量，ω_s 是陀螺的自转角速度，$J_\perp$ 是陀螺对与自转轴垂直的轴的转动惯量。

*3.4.5　陀螺的章动

当作无力矩进动的陀螺又突然受到重力矩的作用时（例如设想在不影响陀螺运动的情况下，移动一下重物 P 的位置），陀螺将产生绕竖直轴的附加运动——进动，由无力矩进动形成的"锥体"将绕 z 轴进动。结果，陀螺自转轴的端点绕 L 作圆周运动，而 L 又绕 z 轴作圆周运动。由于 $L \gg \Delta L$，后一圆周的半径较大，所以，陀螺轴端的运动可看作圆周运动和直线运动（其实是绕 z 轴的大圆周运动）的合运动，即摆线运动，此即章动的由来。

其实，在有重力矩的情况下，给陀螺以一定的冲量矩，就可产生章动。冲量矩大小和方向不同，所对应的无力矩进动的具体形式也不同，从而形成的章动的形式也不同。图 3-28 就是轴端所画的各种形状的曲线。在进动参考系中看，这种情形所对应的总角动量并不在水平方向上，而是略向下，故形成如图所示的曲线。

由于阻尼，章动将逐渐削弱，图 3-28 中（d）就是与（a）相应的章动在有阻尼时的实际曲线。

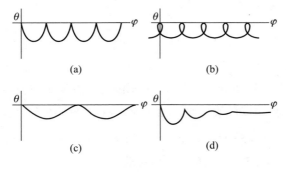

图 3-28

思 考 题

3-1 为什么走钢丝的杂技演员手里要拿一根长竹竿来保持身体的平衡？

3-2 对静止刚体施以外力作用，如果合外力为零，那么刚体会不会运动？

3-3 质量分别为 m_1 和 m_2 的两滑块 A 和 B 通过一轻弹簧水平连接后置于水平桌面上，两滑块与桌面间的摩擦因数均为 μ，系统在水平拉力 F 作用下匀速运动，如思考题 3-3 图所示。如突然撤去拉力，则刚撤去瞬间，二者的加速度 a_A 和 a_B 分别为多少？

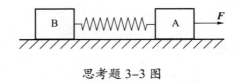

思考题 3-3 图

3-4 在弹性系数为 k 的弹簧下，如将质量为 m 的物体挂上并慢慢放下，则弹簧伸长多少？如瞬间挂上让其自由下落，则弹簧又伸长多少？

3-5 一圆盘绕过盘心且与盘面垂直的轴 O 以角速度 ω 按思考题 3-5 图示方向转动，若将两个大小相等、方向相反但不在同一条直线的力 F 和 F' 沿盘面同时作用到盘上，则盘的角速度 ω 怎样变化？

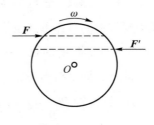

思考题 3-5 图

习 题

3-1 一发电机飞轮在 Δt 时间内转过的角度为 $\Delta\theta = \pi + 50\pi t + \dfrac{1}{2}\pi t^2$（SI 单位）。（1）求角速度和角加速度的表达式；（2）求 $t=0$ 时刻飞轮转动的角度、角速度和角加速度；（3）求 $t=2$ s 时刻飞轮转过的角度、角速度和角加速度；（4）求飞轮在前 2 s 内的角位移；（5）问飞轮作何种转动？

3-2 一链球运动员手持链球转动 1.25 圈后松手，此刻链球的速率 $v = 25$ m·s^{-1}，设转动时链球沿半径为 $R = 1.0$ m 的圆周运动，并且均匀加速，其中链的质量不计，球可看作质点，求：（1）链球离手时的角速度；（2）链球的角加速度；（3）链球在手中加速的时间。

3–3 以初速度 v_0 将质量为 m 的质点以倾角 θ 从坐标原点处抛出。设质点在 Oxy 平面内运动，不计空气阻力，以坐标原点为参考点，计算任一时刻：（1）作用在质点上的力矩 M；（2）质点的角动量。

3–4 在外力矩的作用下，一砂轮的转速在 7.0 s 内由 200 r·min⁻¹ 均匀地增加到 3 000 r·min⁻¹。（1）求砂轮在这段时间内的初角速度、末角速度及角加速度；（2）求砂轮在这段时间内转过的角度和圈数；（3）若砂轮的半径为 $r = 0.2$ m，求其边缘上一点在 7.0 s 末的切向加速度、法向加速度和总加速度。

3–5 如习题 3–5 图所示，有一匀质细杆，其长度为 l，质量为 m。（1）轴在杆的一端，求细杆对于与杆垂直的转轴的转动惯量；（2）轴在杆的中心，求细杆对于与杆垂直的转轴的转动惯量。

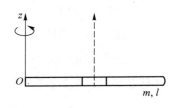

习题 3–5 图

3–6 人造地球卫星近地点离地心 $r_1 = 2R$（R 为地球半径），远地点离地心 $r_2 = 4R$。求：（1）卫星在近地点及远地点的速率 v_1 和 v_2（用地球半径 R 以及地球表面附近的重力加速度 g 来表示）；（2）卫星运行轨道在近地点的曲率半径 ρ。

3–7 一滑轮的半径为 10 cm，转动惯量为 1.0×10^{-3} kg·m²，一变力 $F = 0.5t + 0.3t^2$（SI 单位）沿着切线方向作用在滑轮边缘上，如果滑轮最初处于静止状态，试求它在 3 s 后的角速度。

3–8 如习题 3–8 图所示，一细杆长度为 l、质量为 m_1，可绕在其一端的水平轴 O 自由转动。初时杆自然悬垂，一质量为 m_2 的子弹以速率 v 沿杆的垂向击入杆中心后以速率 $\frac{v}{2}$ 穿出。求杆获得的角速度及最大上摆角。

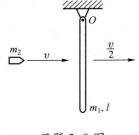

习题 3–8 图

3–9 一质量为 0.5 kg、长为 0.4 m 的匀质细棒，可绕垂直于棒的一端的水平轴转动。如将此棒放在水平位置，然后任其从静止自由落下，试求：（1）此棒在开始转动时的角加速度；（2）此棒下落到竖直位置时的动能；（3）此棒下落到竖直位置时的角速度。

3–10 一圆环形滑轮的半径为 R，一变力 $F = at$（a 为常量）沿着切线方向作用在此滑轮边缘上，如果此滑轮最初处于静止状态，试求它在时刻 t 的角速度。

3–11 我国 1970 年 4 月 24 日发射的第一颗人造地球卫星，其近地点为 4.39×10^5 m，

远地点为 2.38×10^6 m，试计算卫星在近地点和远地点的速率。（设地球半径为 6.38×10^6 m。）

3–12 如习题 3–12 图所示，一长度为 l、质量为 m 的细杆在光滑水平面内，沿杆的垂向以速度 v 平动。杆的一端与定轴 z 相碰撞后，杆将绕 z 轴转动，求杆转动的角速度。

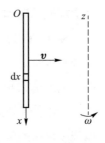

习题 3–12 图

3–13 一转动惯量为 0.2 kg·m² 的砂轮，在外力矩 $M = 0.2(\theta - 1)$（SI 单位）的作用下作定轴转动。式中 θ 为砂轮转过的角度。已知 $t = 0$ 时砂轮转过 $\theta_0 = 2$ rad，转动的角速度 $\omega_0 = 1$ rad·s⁻¹。试求：2 s 时砂轮的动能和角动量及前两秒内外力矩对砂轮所做的功及冲量矩。

3–14 如习题 3–14 图所示，一轻绳绕于半径为 R 的圆盘边缘。在绳端施以 $F = mg$ 的拉力，圆盘可绕水平固定光滑轴转动，圆盘质量为 m'，从静止开始转动。（1）试求圆盘的角加速度及转动的角度和时间的关系；（2）如以一质量为 m 的物体挂在绳端，再计算圆盘的角加速度及转动的角度和时间的关系。

3–15 如习题 3–15 图所示，一细杆长度为 $l = 0.6$ m，质量为 $m = 7$ kg，可绕其一端的水平轴 O 在竖直平面内无摩擦转动。在 O 轴正上方高度为 $h = 2l$ 处的 P 点固定着一个原长也为 l、弹性系数为 $k = 80$ N·m⁻¹ 的弹簧。把杆的活动端与弹簧的活动端挂接并使杆处于水平位置后释放，求杆转到竖直位置时的角速度。

3–16 一长为 l、质量为 m 的均匀细杆可绕通过其上端的水平光滑固定轴 O 转动，另一质量亦为 m 的小球，用长为 $\frac{l}{2}$ 的轻绳系于上述的 O 轴上，如习题 3–16 图所示。开始时杆静止在竖直位置，现将小球在垂直于轴的平面内拉开一定角度，然后使其自由摆下与杆的质心相碰撞（设为完全弹性碰撞），结果使杆的最大偏角为 $\frac{\pi}{3}$。求小球最初被拉开的角度 θ。

3–17 求一个输出功率为 149 W 的小发动机在其转速为 1 400 r·min⁻¹ 时所

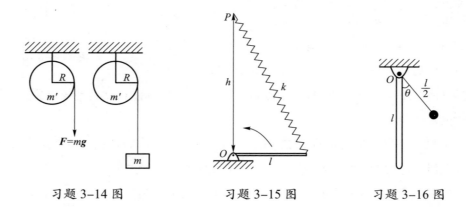

习题 3–14 图　　　　习题 3–15 图　　　　习题 3–16 图

能提供的力矩大小。

3-18 如习题 3-18 图所示，一轻绳跨过两个质量为 m、半径为 r 的均匀圆盘状定滑轮，绳的两端分别挂着质量为 $2m$ 和 m 的重物，绳与滑轮间无相对滑动，滑轮轴光滑，两个定滑轮的转动惯量均为 $mr^2/2$，将由两个定滑轮以及质量为 $2m$ 和 m 的重物组成的系统从静止释放，求重物的加速度和两滑轮之间绳内的张力。

3-19 如习题 3-19 图所示，一均匀细杆长为 l、质量为 m，平放在摩擦因数为 μ 的水平桌面上。设开始时杆以角速度 ω_0 绕过中心 O 且垂直于桌面的轴转动。（1）试求作用于杆的摩擦力矩；（2）问经过多长时间杆才会停止转动？

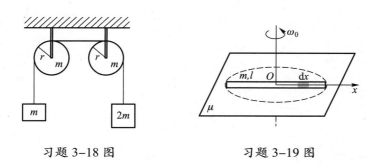

习题 3-18 图　　　　　　　习题 3-19 图

3-20 一弹性系数为 k 的轻质弹簧，其一端固定，另一端通过一个定滑轮和一个质量为 m_1 的物体相连，物体放在倾角为 θ 的光滑斜面上（习题 3-20 图）。如把定滑轮看作质量为 m_2、半径为 R 的均匀圆盘，开始时用手固定物体，使弹簧处于其自然长度，问物体下滑距离 x 时的速度有多大？（忽略滑轮轴上的摩擦，并认为绳在滑轮边缘上不打滑。）

3-21 如习题 3-21 图所示，唱机的转盘绕通过盘心的竖直轴转动，唱片放上后由于摩擦力的作用而随盘转动。如把唱片近似地看成半径为 R、质量为 m 的匀质圆盘，唱片和转盘之间的摩擦因数为 μ，转盘的转动角速度为 ω。试问：（1）唱片刚放上时，它受到的摩擦力矩为多大？唱片达到角速度 ω 需要多长时间？（2）在这段时间内，唱机驱动装置需做多少功？唱片获得了多大的动能？

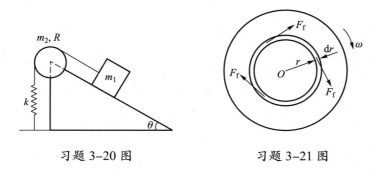

习题 3-20 图　　　　　　　习题 3-21 图

3-22 如习题 3-22 图所示，一长为 l、质量为 m 的匀质细杆，可绕上端的光滑水平轴转动，起初杆竖直静止。一质量为 m_1 的小球在杆的转动面内以速度 v_0 垂直射向杆的 A 点，求下列情况下杆开始运动的角速度及最大摆角。（1）子弹留在杆内；（2）子弹以 $\dfrac{v_0}{2}$ 射出。

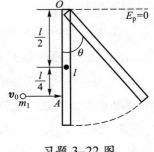

习题 3-22 图

胡克

Robert Hooke

Part 2

第 2 部分

机械振动和机械波

本部分研究机械运动中另一类常见的运动——机械振动和机械波。

物体在平衡位置附近所作的来回往复的运动，称为机械振动。这种运动形式在生产和生活实际中是普遍存在的。例如，钟摆的来回摆动，内燃机汽缸内活塞的往复运动，一切发声物体（声源）内部的运动以及人的心脏跳动等，都是机械振动。通过仪器检测，我们还可以发现，耸立的高层建筑和塔结构（如电视塔、烟囱等）也都在振动着。

除了机械振动以外，自然界中还存在着各种各样的振动。广义地说，凡是描述物质运动状态的物理量，在某一数值附近反复变化，这种运动都可叫作振动。例如，在交流电路中，电流和电压的数值随时间作周期性的变化；单晶高温炉的炉温在某个值附近忽高忽低地作重复性的变化等。这些振动和机械振动虽然本质不同，但是它们在数学描述方法上却有很多相似之处。

振动的传播就是波。波动是与振动紧密联系着的物质运动形式，振动是波动产生的根源，波动是振动的传播。例如次声波、超声波、地震波等机械波，都是机械振动在弹性介质中的传播；而无线电波、各种颜色的光波、X 射线等电磁波，则是电磁振荡在空间的传播。由于振动传播的同时伴随有能量的传播，因此波动也是能量的传播。

波动这种运动形式与人类的关系非常密切，人类以及自然界的许多生物，也往往凭借机械波（例如声波）和电磁波（例如光波等）来认识周围的世界。人们交流思想、交换信息也是依靠这两种波，特别是其中的声波和无线电波。此外，太阳作为一个巨大的能源，就是靠波动（电磁波）这种传播能量的方式，将人类生存必不可少的太阳能，源源不断地输送到地球表面上来的。因此，研究振动和波动具有普遍而重要的意义。

在科学技术领域中，振动和波动的理论是声学、地震学、建筑力学、光学、无线电技术及近代物理学等的基础。在本部分中，我们以机械振动和机械波为具体内容，讨论振动和波动现象的共同特征和规律。这些规律在以后学习电磁振荡和电磁波（及光波）等其他振动和波动时，一般也是适用的。

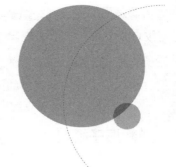

Chapter 4

第 4 章
机械振动

振动和波动是物质的基本运动形式。

所谓振动，是指物理量在某一个数值附近来回往复地变化。绝大多数物理量都能实现振动。最常见的是力学量和电磁学量的振动。

位置、速度、加速度、力、动量和能量等力学量的振动，统称为机械振动，这种运动形式在生产和生活中是普遍存在的。例如，钟摆的来回摆动，内燃机汽缸内活塞的往复运动，一切发声物体(声源)内部的运动以及人的心跳等，都是机械振动。通过仪器检测，我们还可以发现，耸立的高层建筑和塔结构建筑中(如电视塔、烟囱等)也存在振动。

除了机械振动外，自然界中还存在着各种各样其他的振动。例如，在交流电路中，电流和电压的数值随时间作周期性的变化；单晶高温炉的炉温在某个值附近忽高忽低地作重复性的变化，以及电功率等电磁学量的振动等，这些统称为电磁振荡。

机械振动比较直观，易于理解，在大学物理中我们主要讨论机械振动。物体在某固定位置附近的往复运动叫**机械振动**。任何一个具有质量的弹性系统在其运动状态发生突变时，都会发生振动，而这种振动只能在弹性物质中传播。本章主要讨论简谐振动和振动合成，并简单讨论阻尼振动、受迫振动和共振。

4.1 简谐振动的运动方程

简谐振动是最基本、最简单的振动形式，一切复杂的振动都可以分解为若干个简谐振动，也就是说，任何一个复杂的振动都可以看成若干个简谐振动的合成。那么，什么样的运动是简谐振动呢？当物体运动时，如果离开平衡位置的位移（或角位移）随时间按余弦或正弦函数的规律变化，则这样的运动称为**简谐振动**。我们最熟悉的简谐振动就是在忽略阻力的情况下，弹簧振子的小幅度振动。下面我们就以弹簧振子为例，来初步了解一下物体的简谐振动。

4.1.1　弹簧振子模型

弹簧振子的无阻尼振动就是简谐振动。如图 4-1 所示，将一个轻质弹簧（弹簧的质量相对于物体来说可以忽略不计）的一端固定，另一端连接一个可以在光滑水平面上自由运动的物体。设物体的质量为 m，若所有的摩擦都可以忽略，则这就是一个无阻尼的弹簧振子。在弹簧处于自然长度时，物体处于平衡位置 O。以 O 作为原点，现将其略向右移到 A 处，然后放开，此时，由于弹簧伸长而出现指向平衡位置的弹性

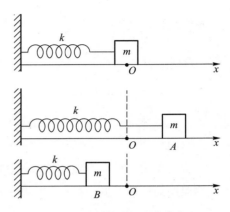

图 4-1　弹簧振子的简谐振动

力。在弹性力作用下，物体向左运动。当物体通过位置 O 时，作用在其上的弹性力等于 0。由于惯性作用，物体将继续向 O 的左侧运动，使弹簧压缩。此时，由于弹簧被压缩，所以出现了指向平衡位置的弹性力并阻止物体向左运动，这会使物体速率减小，直至物体静止于 B 处（瞬时静止）。之后物体在弹性力作用下改变方向，向右运动。这样，在弹性力作用下物体在 O 点左右往复运动，即作简谐振动。

由以上分析可知，当物体相对于平衡点 O 的位移为 x 时，根据胡克定律，物体受到的弹性力为

$$F = -kx \tag{4-1}$$

当 $x > 0$，位移沿 x 轴正方向时，F 沿 x 轴负方向，即 $F < 0$；当 $x < 0$，位移沿 x 轴负方向时，F 沿 x 轴正方向，即 $F > 0$。k 为弹簧的弹性系数，"-" 号表示力 F 与物体相对于 O 点的位移 x 反向。

由牛顿第二定律可知，物体的加速度为

$$a = \frac{F}{m} = -\frac{kx}{m}$$

或

$$\frac{\mathrm{d}^2 x}{\mathrm{d}t^2} + \frac{k}{m}x = 0$$

由于 k、m 均大于 0，所以可令 $\dfrac{k}{m} = \omega^2$，有

$$\frac{\mathrm{d}^2 x}{\mathrm{d}t^2} + \omega^2 x = 0 \qquad\qquad (4\text{--}2)$$

（4-2）式是简谐振动的微分方程。它是一个常系数齐次二阶线性微分方程，其解为

$$x = A\cos(\omega t + \varphi) \qquad\qquad (4\text{--}3)$$

或

$$x = A\sin(\omega t + \varphi')$$

式中 $\varphi' = \varphi + \dfrac{\pi}{2}$。

（4-3）式是简谐振动的运动方程。物体相对平衡位置的位移是随时间 t 变化的正弦或余弦函数，这正是简谐振动的特点。

为统一起见，我们在本书中一律采用余弦函数形式来表示简谐振动。

从（4-3）式中可以看到，A、ω 和 φ 三个物理量决定了简谐振动的运动状态。对于一个简谐振动，如果 A、ω 和 φ 都知道了，那么这个简谐振动也就完全清楚了。因此，这三个量叫作描述简谐振动的特征量。

余弦函数是周期函数。振动物体运动状态完全重复一次，称为物体进行了一次全振动。物体进行一次全振动所需要的时间叫振动的周期，以 T 表示。物体在任一时刻 t 的运动状态（位置和速度）应该与物体在时刻 $t + k'T$ 的运动状态（位置和速度）完全相同。

因此，根据周期定义，有

$$A\cos(\omega t + \varphi) = A\cos[\omega(t + k'T) + \varphi] = A\cos(\omega t + \varphi + \omega k'T)$$

因为余弦函数经 2π 重复一次，所以等式右边的 $\omega k'T$ 满足

$$\omega k'T = 2k\pi$$

这里取 k（以及 k'）$= 1, 2, \cdots$。相应于 k（以及 k'）$= 1$ 的 T 是周期，即

$$T = \frac{2\pi}{\omega} \qquad\qquad (4\text{--}4)$$

频率：单位时间内物体全振动的次数叫作简谐振动的频率，用 ν 表示。显然它是周期 T 的倒数，即

$$\nu = \frac{1}{T} = \frac{\omega}{2\pi} \qquad (4\text{-}5)$$

频率的单位是赫兹，其符号为 Hz。例如，电动机的底座在基础振动时的频率为 50 Hz，也就是说，在 1 s 内它往返振动 50 次。

ω 等于频率 ν 的 2π 倍，也就是在数值上等于 2π s 内的振动次数，正因如此，我们把 ω 称为角频率，其单位为 rad·s^{-1}。

因此，简谐振动的公式也可用周期或频率表示为

$$x = A\cos\left(\frac{2\pi}{T}t + \varphi\right) \qquad (4\text{-}6)$$

$$x = A\cos\left(2\pi\nu t + \varphi\right) \qquad (4\text{-}7)$$

现在，我们来说明周期或频率与振动系统本身性质的关系。以弹簧振子为例，其角频率为 $\omega = \sqrt{\dfrac{k}{m}}$，因而其周期和频率分别是

$$T = \frac{2\pi}{\omega} = 2\pi\sqrt{\frac{m}{k}} \qquad (4\text{-}8)$$

$$\nu = \frac{1}{T} = \frac{1}{2\pi}\sqrt{\frac{k}{m}} \qquad (4\text{-}9)$$

因为质量 m 和弹性系数 k 代表弹簧振子本身的性质，故上式说明，周期、频率或角频率是由振动系统本身性质所决定的量。这种由系统本身性质所决定的频率或周期亦称为固有频率或固有周期。

简谐振子都是以其固有频率或固有周期作简谐振动的。

在简谐振动方程中，变量 $\omega t + \varphi$ 叫作振动的相位，记作

$$\phi = \omega t + \varphi \qquad (4\text{-}10)$$

我们知道，质点的运动状态可以用位置和速度来描述。由于物体作简谐振动时，其位移和速度分别为

$$x = A\cos\left(\omega t + \varphi\right) \qquad (4\text{-}11)$$

$$v = \frac{\mathrm{d}x}{\mathrm{d}t} = -\omega A\sin\left(\omega t + \varphi\right) \qquad (4\text{-}12)$$

因此，当振幅 A 与角频率 ω 一定时，位移和速度取决于变量 $\omega t + \varphi$，即简谐振动的状态仅随相位的变化而变化。从以上两式可以看出，相位不仅可以确定物体在某一时刻的位置，还可以确定物体在某一时刻的速度（大小和方向），因而相位是描述简谐振动状态的最重要的物理量。在一次完整振动过程中，物体在每一时刻的

运动状态都是不同的，而且反映在相位的不同上。例如，在弹簧振子运动过程中，当 $\omega t + \varphi = \dfrac{\pi}{2}$ 时，

$$x = A\cos\frac{\pi}{2} = 0$$

$$v = -A\omega\sin\frac{\pi}{2} = -A\omega$$

即物体在平衡位置以速度的最大值 $A\omega$ 向左运动。

当 $\omega t + \varphi = \dfrac{3\pi}{2}$ 时，

$$x = A\cos\frac{3\pi}{2} = 0$$

$$v = -A\omega\sin\frac{3\pi}{2} = A\omega$$

物体同样是在平衡位置，但以速度的最大值 $A\omega$ 向右运动。可见，两个不同的相位表示两种不同的运动状态。

相位是一个非常重要的概念，大家应注意两点：相位与时间一一对应，相位不同是指时间先后不同。将（4–10）式对时间求导，可得

$$\omega = \frac{\mathrm{d}\phi}{\mathrm{d}t} \tag{4-13}$$

故角频率表示相位变化的速率，是描述简谐振动状态变化快慢的物理量。ω 是一个常量，表示相位是匀速变化的。

初相：相位的一般表达式中的 φ 叫初相（初相位），即 $t = 0$ 时的相位，初相描述简谐振动的初始状态。由初相 φ 可确定物体在起始时刻的运动状态，亦即 $t = 0$ 时的位置和速度。例如，对于弹簧振子的运动，若初相 $\varphi = 0$，则由（4–11）式、（4–12）式可以计算，当 $t = 0$ 时，物体处于 $x = +A$ 位置，速度 $v = 0$，即物体从右端开始振动；若初相 $\varphi = \pi$，同理可以得出，当 $t = 0$ 时，$x = -A$，$v = 0$，即物体从左端开始振动。

振幅 A 和初相 φ 取决于振动初始（$t = 0$）的位移 x_0 和速度 v_0。我们把 $t = 0$ 时的初始位移 x_0 和初始速度 v_0 称为初始条件。根据 $t = 0$ 时 $x = x_0$，$v = v_0$，可得

$$x_0 = A\cos\varphi$$

$$v_0 = -\omega A\sin\varphi$$

由以上两式可得

$$A = \sqrt{x_0^2 + \frac{v_0^2}{\omega^2}} \tag{4-14}$$

$$\varphi = \arctan\left(-\frac{v_0}{\omega x_0}\right) \tag{4-15}$$

由此可知，只要初始条件确定，质点简谐振动的振幅和初相就是确定的，即振幅和初相是由初始条件决定的。

根据上述方法确定简谐振动的振幅 A、角频率 ω 和初相 φ 后，简谐振动的运动规律 $x = A\cos(\omega t + \varphi)$ 也就完全确定了。

例 4-1 如图 4-2 所示，一竖直悬挂的轻质弹簧下端挂一物体，最初用手将物体在弹簧原长处托住，然后放手，此系统便上下振动起来。已知物体最低位置是初始位置下方 10 cm 处，求：（1）振动频率；（2）物体在初始位置下方 8.0 cm 处的速度大小。

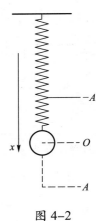

图 4-2

解 （1）由题知 $2A = 10$ cm，且

$$\frac{k}{m} = \frac{g}{A} = \frac{9.8}{5 \times 10^{-2}}\ \mathrm{s^{-2}} = 196\ \mathrm{s^{-2}}$$

又 $\omega = \sqrt{\dfrac{k}{m}} = \sqrt{196}\ \mathrm{s^{-1}} = 14\ \mathrm{s^{-1}}$，因此有

$$\nu = \frac{1}{2\pi}\sqrt{\frac{k}{m}} = \frac{7}{\pi}\ \mathrm{s^{-1}}$$

（2）物体在初始位置下方 8 cm 处，对应 $x = 3$ cm 的位置，所以

$$\cos\varphi = \frac{x}{A} = \frac{3}{5}$$

那么此时

$$\sin\varphi = -\frac{v}{A\omega} = \pm\frac{4}{5}$$

因此速度的大小为

$$v = \frac{4}{5}A\omega = 0.56\ \mathrm{m\cdot s^{-1}}$$

例 4-2 如图 4-3 所示，一质量为 m 的比重计，放在密度为 ρ 的液体中。已知比重计圆管的直径为 d。试证明比重计在竖直方向的振动为简谐振动，并计算其周期。

解 在平衡位置，比重计所受的浮力 $F_浮$ 与所受的重力 G 相平衡，即 $F_浮 = G$，设此时比重计进入水中的深度为 a，有

$$\rho g S a = mg$$

以水面处作为坐标原点 O，以向上为 x 轴正方向，质心的位置为 x，则比重计浸没水中部分的长度可以表示为 $a-x$，所以

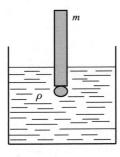

图 4-3

$$F = \rho g (a - x) S - \rho g a S = -\rho g S x = -kx$$

可得

$$a = \frac{F}{m} = -\frac{\rho g S x}{m} = \frac{\mathrm{d}^2 x}{\mathrm{d} t^2}$$

令

$$\omega^2 = \frac{\rho g S}{m} = \frac{\rho g \pi d^2}{4m}$$

可得

$$\frac{\mathrm{d}^2 x}{\mathrm{d} t^2} + \omega^2 x = 0$$

可见它是一个简谐振动，周期为

$$T = \frac{2\pi}{\omega} = \frac{4}{d} \sqrt{\frac{\pi m}{\rho g}}$$

在时间从 t_1 变化到 t_2 的过程中，相位从 $\phi_1 = \omega t_1 + \varphi$ 变化到 $\phi_2 = \omega t_2 + \varphi$，相位差为

$$\Delta \phi = \omega \Delta t = \frac{2\pi}{T} \Delta t \qquad\qquad （4-16）$$

其直观的物理意义是，相位变化等于相位变化的速率与时间之积。

相位差与时间差的关系常常用于讨论两个振动的步调。例如，有下列两个简谐振动：

$$x_1 = A_1 \cos (\omega t + \varphi_1)$$
$$x_2 = A_2 \cos (\omega t + \varphi_2)$$

它们的相位差（简称相差）为

$$\Delta \phi = (\omega t + \varphi_2) - (\omega t + \varphi_1) = \varphi_2 - \varphi_1 = \Delta \varphi$$

相差描述同一时刻两个振动的状态差。从上式可以看出，两个连续进行的同频率的简谐振动在任意时刻的相差都等于其初相差而与时间无关。由这个相差的值可以分析它们的步调是否相同。

如果 $\Delta \varphi = 0$ 或 2π 的整数倍，则两振动质点将同时到达各自的极大值位置，同时越过原点并同时到达各自的极小值位置，它们的步调始终相同。在这种情况下二者同相。

如果 $\Delta \varphi = \pi$ 或 π 的奇数倍，则两振动质点中的一个到达极大值位置时，另一个将同时到达极小值位置，并且将同时越过原点并同时到达各自的另一个极值位置，它们的步调正好相反。在这种情况下二者反相。

图 4-4 给出了两个振动的振动曲线（为了便于讨论相位差，我们把两个振动的振幅设为相同，图中实线表示 x_1 振动，虚线表示 x_2 振动）。从图中可以看出，在 $t = 0$ 时，x_1 振动的相位为 0，x_2 振动的相位为 $\frac{\pi}{2}$（以正向最大位移处为相位零点）；在 $t = \frac{T}{4}$ 时，x_1 振动的相位变为 $\frac{\pi}{2}$，而 x_2 振动的相位则变为 π。这种情况称为 x_2 振动在相位上超前 x_1 振动 $\frac{\pi}{2}$，或者说 x_1 振动滞后于 x_2 振动 $\frac{\pi}{2}$。通俗来说，当两个振动相比较时，相位大的一个称为超前，相位小的一个称为滞后。从时间上看，我们可以说 x_2 振动超前 x_1 振动 $\frac{T}{4}$，即 x_1 振动必须要在 $\frac{T}{4}$ 后才能到达 x_2 振动现在的状态。也就是说，两个振动比较，时间因子大的一个称为超前，时间因子小的一个称为滞后。（4-16）式还表示一个振动的时间每超前一个周期，则它的相位超前 2π。

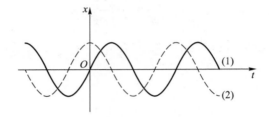

图 4-4　两个同频率的简谐振动的振动曲线

现在，我们来研究简谐振动的速度和加速度。根据（4-11）式和（4-12）式，简谐振动的速度为

$$v = \frac{\mathrm{d}x}{\mathrm{d}t} = -\omega A \sin (\omega t + \varphi)$$

加速度为

$$a = \frac{\mathrm{d}v}{\mathrm{d}t} = -\omega^2 A \cos (\omega t + \varphi) \qquad （4-17）$$

其中，速度的最大值 $v_{\max} = \omega A$；加速度的最大值 $a_{\max} = \omega^2 A$。可见，速度 v 和加速度 a 都随时间而变化，即简谐振动是一种变速运动。把简谐振动表达式（4-11）代入加速度表达式（4-17），得

$$a = -\omega^2 x \qquad （4-18）$$

（4-18）式是简谐振动的微分方程。

综上所述，当物体作简谐振动时，其位移、速度和加速度都是时间 t 的余弦或正弦函数。由于余弦或正弦函数都是有界的周期函数，因此，三者都在相应的数值范围内随时间作周期性的变化。这些物理量的运动形式亦可看成简谐振动。

以时间 t 为横坐标，位移 x、速度 v 及加速度 a 为纵坐标，可以分别绘出 x-t 曲线、v-t 曲线和 a-t 曲线。为了便于比较，我们把它们画在一起，如图 4-5 所示（曲线是假定 $\varphi = 0$ 而绘出的，并且为了方便起见，把 ωt 作为横坐标）。

从三条曲线上可以清楚地看出简谐振动的周期性，也就是说，位移、速度和加速度都在每隔一定的时间后，重复一次原来的数值。既然如此，我们在研究简谐振动时，只需弄清楚一次完全振动中的运动情况，也就掌握了简谐振动的全过程。

从以上的讨论中我们不难看出，如果我们把（4-11）式中的物理量 x 替换成其他物理量，如速度、加速度、角位移和角速度，甚至电磁学量，如电流、电压、电场强度和磁感应强度，只要它满足谐振微分方程，那么它的运动形式就是简谐振动。

简谐振动也可以用振动曲线来描述，称之为谐振曲线，如图 4-6 所示。此图中 $A = 0.02$ m，周期 $T = 0.4$ s。

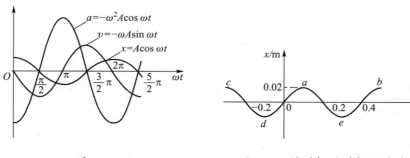

图 4-5　　　　　　　图 4-6　简谐振动的振动曲线

由以上对弹簧振子的简谐振动的分析，我们知道，如果一个物体所受到的力的大小总是与该物体对其平衡位置的位移大小成正比，且力的方向总是与位移方向相反的话，则该物体的运动即简谐振动。我们把具有这种性质的力称为线性回复力。这也是一个物体作简谐振动的动力学特征。

这里还应该指出，在弹簧振子的例子中，当振子振动的幅度过大时，振子所受的回复力将不再遵从胡克定律。此时，振子所受的回复力与位移之间将不再是简单的线性关系，这个时候弹簧振子的运动将不再是简谐振动。

4.1.2　单摆和复摆模型

如图 4-7 所示，将一端固定且不可伸长的细绳（细绳的质量忽略不计），与一个可视为质点的物体相连，物体的质量为

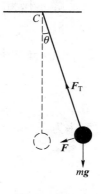

图 4-7　单摆

m。若所有的摩擦都可以忽略，则当物体在竖直平面内作小角度（$\theta \leqslant 5°$）摆动时，该系统称作单摆。当摆线处于竖直位置时，物体 m 所在位置为其平衡位置 O。当摆线与竖直方向成 θ 角时，物体所受的重力矩为

$$M = -mgl\sin\theta \tag{4-19}$$

由于单摆所作摆动的角度极小，$\theta \leqslant 5°$，所以 $\sin\theta \approx \theta$。则

$$M = -mgl\theta \tag{4-20}$$

根据转动定律 $M = J\alpha$ 以及质点的转动惯量计算公式 $J = ml^2$，有（注意 θ 与 M 方向相反）

$$ml^2 \frac{\mathrm{d}^2\theta}{\mathrm{d}t^2} = -mgl\theta$$

令 $\omega^2 = \dfrac{g}{l}$，则有

$$\frac{\mathrm{d}^2\theta}{\mathrm{d}t^2} + \omega^2\theta = 0 \tag{4-21}$$

由此可见，当单摆在摆角很小的范围内摆动时，单摆在平衡位置附近所作的摆动可看作简谐振动，其振动方程为

$$\theta = \theta_{\max}\cos(\omega t + \varphi) \tag{4-22}$$

式中 $\theta_{\max}$ 是最大角位移，即角振幅；φ 为初相，由初始条件决定。

例 4-3 有一单摆，摆长为 $l = 1$ m，小球质量为 $m = 10$ g。$t = 0$ 时，小球正好经过 $\theta_0 = -0.06$ rad 处，并以角速度 $\theta = 0.94$ rad·s^{-1} 向平衡位置运动。设小球的运动可看作简谐振动。（1）试求角频率、频率、周期；（2）用余弦函数形式写出小球的振动方程。

解 小球的振动方程为 $x = A\cos(\omega t + \varphi)$，我们只要按照题意找到对应的各项就可以了。

（1）角频率为

$$\omega = \sqrt{\frac{g}{l}} = \sqrt{10} \ \text{rad·s}^{-1}$$

频率为

$$\nu = \frac{1}{2\pi}\sqrt{\frac{g}{l}} = \frac{\sqrt{10}}{2\pi} \ \text{s}^{-1}$$

周期为

$$T = 2\pi \sqrt{\frac{l}{g}} = \frac{2\pi}{\sqrt{10}}\,\text{s}$$

（2）根据初始条件

$$\cos \varphi = \frac{\theta_0}{\theta_{\max}}$$

$$\sin \varphi = -\frac{\theta}{\theta_{\max}\omega}$$

可解得

$$\theta_{\max} \approx 0.302, \quad \varphi \approx -1.37$$

所以振动方程为

$$\theta = 0.302\cos(3.16t - 1.37) \quad （\text{SI 单位}）$$

例 4–4 测量重力加速度时，用摆长为 70 cm 的单摆，使其作小振幅振动，测得完成 100 次全振动的时间是 168 s。求当地的重力加速度。

解

$$T = \frac{168}{100}\,\text{s} = 1.68\,\text{s}$$

$$T = 2\pi \sqrt{\frac{l}{g}}$$

$$g = \frac{4\pi^2 l}{T^2} \approx 9.78\,\text{m/s}^2$$

例 4–5 把地球上的一个秒摆（周期等于 2 s 的摆称为秒摆）拿到月球上去，问它的振动周期变为多少？已知地球质量为 $m_e = 5.97 \times 10^{24}$ kg，半径为 $R_e = 6.4 \times 10^6$ m，月球质量为 $m_m = 7.35 \times 10^{22}$ kg，半径为 $R_m = 1.74 \times 10^6$ m。

解 由万有引力定律 $mg = G\dfrac{m'm}{r^2}$ 得

$$g_e = \frac{Gm_e}{R_e^2}, \quad g_m = \frac{Gm_m}{R_m^2}$$

而单摆周期为 $T = 2\pi\sqrt{\dfrac{l}{g}}$，有

$$\frac{T_m}{T_e}\frac{\sqrt{g_e}}{\sqrt{g_m}} = \sqrt{\frac{m_e}{m_m}}\frac{R_m}{R_e}$$

所以

$$T_m = \sqrt{\frac{m_e}{m_m}}\frac{R_m}{R_e}T_e \approx 4.9\,\text{s}$$

在单摆中，物体所受的回复力不是弹性力，而是重力的切向分力。在 θ 很小时，此力与角位移 θ 成正比，其方向指向平衡位置。虽然本质上不是弹性力，但其作用和弹性力完全一样，所以它是一种准弹性力。

当 θ 角较大时，物体所受的回复力与 $\sin\theta$ 成正比，物体不再作简谐振动。由于 $\sin\theta$ 总是小于 θ，所以，当摆动幅角较大时，单摆的振动周期将增大，此时单摆的周期 T 与角振幅 θ_{max} 的关系为

$$T = T_0\left(1 + \frac{1}{2^2}\sin^2\frac{\theta_{max}}{2} + \frac{1}{2^2}\frac{3^2}{4^2}\sin^4\frac{\theta_{max}}{2} + \cdots\right) \tag{4-23}$$

式中 T_0 为 θ_{max} 很小时的振动周期。式中含有 θ_{max} 的各项变得越来越小，因此只要在上述级数中取足够的项数就可以将周期计算到所要求的任何精确度。例如对于 $\theta_{max} = 15°$，实际的周期 T 与 T_0 相差不超过 0.5%。

单摆的振动周期完全取决于振动系统本身的性质，即取决于重力加速度 g 和摆长 l，而与摆球的质量无关。在小摆角的情况下，单摆的周期与振幅无关，所以单摆可用于计时。单摆为测量重力加速度 g 提供了一种简便方法。

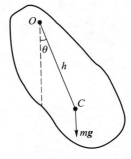

图 4-8　复摆

如图 4-8 所示，一个可绕固定轴 O 摆动的刚体称为复摆，也称物理摆。在平衡位置，复摆的重心 C 在轴的正下方。摆动时，重心与轴的连线 OC 偏离平衡时的竖直位置。根据转动定律，如果一个刚体绕 O 轴转动，那么它受到的合外力矩为

$$M = -mgh\sin\theta \tag{4-24}$$

式中的负号表明力矩 M 的方向与角位移 θ 的方向相反。

当摆角很小时，$\sin\theta \approx \theta$，则

$$M = -mgh\theta \tag{4-25}$$

因此有

$$J\frac{\mathrm{d}^2\theta}{\mathrm{d}t^2} = -mgh\theta$$

令 $\omega^2 = \dfrac{mgh}{J}$，则

$$\frac{\mathrm{d}^2\theta}{\mathrm{d}t^2} + \omega^2\theta = 0 \tag{4-26}$$

这是一个谐振微分方程，表示刚体对于平衡位置的角位移 θ 是一个谐振量，即

$$\theta = \Theta\cos(\omega t + \varphi) \qquad\qquad (4\text{--}27)$$

式中 Θ 表示角位移的振幅。因此可以说，若刚体所受的合外力矩正比于角位移，则刚体的摆动是简谐振动。

应当指出，实际的振动系统通常是很复杂的。弹簧振子、复摆等只是研究振动问题的理想模型。在机械振动中，如果我们对一个实际的振动系统，从动力学角度抓住形成振动的最本质的因素——惯性和弹性，则可将实际的振动系统抽象简化成弹簧振子。如图 4-9（a）所示，在精密机床下面，一般都筑有混凝土基础，并在混凝土基础下铺设弹性垫层。为了研究这一系统的振动情况，我们不妨将它作如下的简化：由于机床和混凝土基础的质量比弹性垫层的质量大得多，而振动时它们的形变又比弹性垫层小得多，所以可以将弹性垫层简化为一根轻弹簧，而将机床和混凝土基础简化为压在弹簧上面的一个物体，这样便构成了如图 4-9（b）所示的弹簧振子。此弹簧振子沿竖直方向振动时，只有弹簧（弹性垫层）发生形变；物体（机床与混凝土基础）形变很小可忽略，而只有位置的变化。分析这一弹簧振子的运动规律，也就能掌握所述振动系统振动的基本特征。

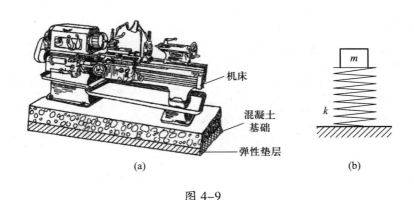

(a)　　　　　　　　　　(b)

图 4-9

4.2　旋转矢量法

简谐振动除了用谐振方程和谐振曲线来描述以外，还有一种很直观、很方便的描述方法，称为旋转矢量法。如图 4-10 所示，在一个平面上作一个 x 坐标轴，以原点 O 为起点作一个长度为 A 的矢量 $\boldsymbol{A}$，$\boldsymbol{A}$ 绕原点 O 以匀角速度 ω 沿逆时针方向旋转，称为旋转矢量，矢量端点在平面上将画出一个圆，称之为参考圆。设 $t = 0$

时矢量 A 与 x 轴的夹角（即初角位置）为 φ，则在任意时刻 t，A 与 x 轴的夹角为 $\phi = \omega t + \varphi$。矢量的端点 M 在 x 轴上投影点 P 的坐标为 $x = A\cos(\omega t + \varphi)$。

这与简谐振动定义式完全相同。由此可知，旋转矢量的端点在 x 轴上的投影的运动是简谐振动。显然，一个旋转矢量与一个简谐振动相对应，其对应关系是，旋转矢量的长度就是简谐振动的振幅，因而旋转矢量又称为振幅矢量；旋转矢量的角位置即振动的相位，初角位置为振动的初相，旋转矢量的角位移代表振动的相位；旋转矢量的角速度恰恰是振动的角频率，即相位变化的速率；旋转矢量旋转的周期和频率与简谐振动的周期和频率完全相同。我们在讨论一个简谐振动时，用上述方法作一个旋转矢量来帮助分析，可以使运动的各个物理量表现得更直观，运动过程也比较清晰，从而有利于问题的解决。

图 4-11 所示为 $t = 0$ 时某两个简谐振动的旋转矢量图。其中 A_1 是 x_1 振动对应的旋转矢量，A_2 是 x_2 振动对应的旋转矢量。由于旋转矢量的角位置表示振动的相位，因而它们的夹角代表它们的相位差。如果是两个同频率的简谐振动，则旋转矢量的角速度相同，它们的相位差不随时间改变。从图中可以看出，x_2 振动的相位（矢量的角位置）始终要比 x_1 振动的相位大 $\pi/2$，即超前 $\pi/2$。x_2 振动到达一个状态后，x_1 振动总要在 $T/4$ 后才能到达这个状态，即 x_2 振动超前 x_1 振动 $T/4$。

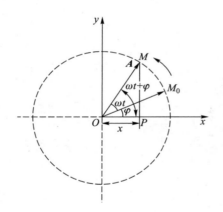 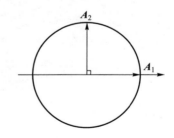

图 4-10　简谐振动的旋转矢量图　　图 4-11　两个同频率简谐
振动的旋转矢量

由于 $x_1 = A_1\cos(\omega t + 2\pi)$，所以也可以说是 x_1 振动超前 x_2 振动 $3\pi/2$。为了表述的一致性，我们约定，把 $|\Delta\phi|$ 的值限定在 π 以内。对于上面的两个简谐振动，我们统一说成 x_2 振动超前 x_1 振动 $\pi/2$，或说成 x_1 振动滞后于 x_2 振动 $\pi/2$。

例 4-6　如图 4-12 所示，两质点作同方向、同频率的简谐振动，振幅相等。当质点 1 在 $x_1 = A/2$ 处，且向左运动时，另一个质点 2 在 $x_2 = -A/2$ 处，且向右运动。求这两个质点所作简谐振动的相位差。

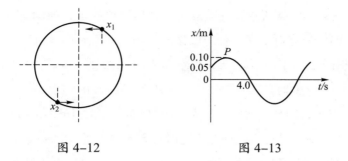

图 4-12   图 4-13

解 由旋转矢量图可知，当质点 1 在 $x_1 = A/2$ 处，且向左运动时，相位为 $\pi/3$，而质点 2 在 $x_2 = -A/2$ 处，且向右运动，相位为 $4\pi/3$。所以相位差为 π。

例 4-7 已知某质点作简谐运动，振动曲线如图 4-13 所示，试根据图中数据，求：（1）振动表达式；（2）与 P 点状态对应的相位；（3）与 P 点状态相应的时刻。

解（1）设振动表达式为

$$x = A\cos(\omega t + \varphi)$$

由图可见，$A = 0.1$ m，当 $t = 0$ 时，有 $x_0 = (0.1 \text{ m})\cos\varphi = 0.05$ m，这样得到 $\varphi = \pm\dfrac{\pi}{3}$。由振动曲线可以看到，在 $t = 0$ 时刻曲线的斜率大于零，故 $t = 0$ 时刻的速度大于零，由振动表达式可得

$$v_0 = -2\omega\sin\varphi > 0$$

即 $\sin\varphi < 0$，由此得到初相 $\varphi = -\dfrac{\pi}{3}$。

类似地，从振动曲线可以看到，当 $t = 4$ s 时有

$$x_4 = 0.1\cos\left(4\omega - \frac{\pi}{3}\right) = 0$$

$$v_4 = -0.1\omega\sin\left(4\omega - \frac{\pi}{3}\right) < 0$$

联立以上两式解得 $4\omega - \dfrac{\pi}{3} = \dfrac{\pi}{2}$，则 $\omega = \dfrac{5}{24}\pi$ rad·s^{-1}，因此得到振动表达式为

$$x = 0.10\cos\left(\frac{5}{24}\pi t - \frac{\pi}{3}\right) \quad (\text{SI单位})$$

（2）在 P 点，$x = 0.10\cos\left(\dfrac{5}{24}\pi t - \dfrac{\pi}{3}\right) = 0.1$（SI单位），因此相位 $\dfrac{5}{24}\pi t - \dfrac{\pi}{3} = 0$。

（3）由 $\dfrac{5}{24}\pi t - \dfrac{\pi}{3} = 0$，解出与 P 点状态相应的时刻 $t = 1.6$ s。

例 4-8　如图 4-14 所示，一质点沿 x 轴作简谐振动，振幅为 A，周期为 T。（1）当 $t=0$ 时，质点对平衡位置的位移 $x_0=A/2$，质点向 x 轴正方向运动，求质点振动的初相；（2）问质点从 $x=0$ 处运动到 $x=A/2$ 处最少需要多少时间？

解　（1）当 $t=0$ 时，质点的位移 $x_0=A/2$，故 $t=0$ 时的矢量图中的旋转矢量应与 x 轴成 60° 角，即与 x 轴的夹角为 $\varphi=\pi/3$ 或 $-\pi/3$，如图 4-14（a）所示。若 $\varphi=\pi/3$，注意到矢量的转动方向是沿逆时针方向的，所以此时矢量端点的投影向 x 轴负方向运动，这不符合题意；若 $\varphi=-\pi/3$，此时矢量端点的投影向 x 轴正方向运动，符合题意。故质点振动的初相应为 $\varphi=-\pi/3$。

（2）质点从位移为 $x=0$ 处运动到 $x=A/2$ 处的过程，在图 4-14（b）中即质点从 O 点运动到 a 点的过程。由于质点的运动不是匀速运动，所以运动时间在 x 轴上不能直接判断出来。在矢量图中，在质点从 $x=0$ 处运动到 $x=A/2$ 处的过程中，旋转矢量是从 $\varphi=-\pi/2$ 处转动到 $\varphi=-\pi/3$ 处，转过了 $\pi/6$ 的角度。由于矢量的转动是匀角速转动，转动一周的时间是 T，故转过 $\pi/6$ 的时间应为 $T/12$，这也就是质点从 $x=0$ 处运动到 $x=A/2$ 处所需要的最短的时间。

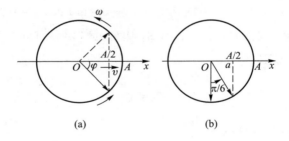

图 4-14

例 4-9　如图 4-15 所示，一质点沿 x 轴作简谐振动，振幅 $A=0.12$ m，周期 $T=2$ s。当 $t=0$ 时，质点对平衡位置的位移 $x_0=0.06$ m，此时刻质点向 x 轴正方向运动。求：（1）简谐振动的运动方程；（2）$t=T/4$ 时，质点的位移、速度、加速度。

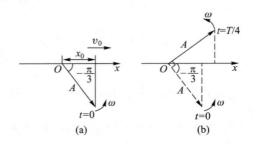

图 4-15

解 （1）取平衡位置为坐标原点。设位移表达式为

$$x = A\cos(\omega t + \varphi)$$

式中 $A = 0.12$ m。下面我们用矢量图来求初相 φ。

由初始条件，$t = 0$ 时，$x_0 = 0.06$ m $= \dfrac{A}{2}$，质点向 x 轴正方向运动。画出如图 4-15（a）所示的旋转矢量的初始位置（图中略去了参考圆），从而得出 $\varphi = -\dfrac{\pi}{3}$。于是此简谐振动的运动方程为

$$x = 0.12\cos\left(\pi t - \frac{\pi}{3}\right)（SI单位）$$

（2）此简谐振动的速度为

$$v = -\omega A\sin(\omega t + \varphi) = -0.12\pi\sin\left(\pi t - \frac{\pi}{3}\right)（SI单位）$$

加速度为

$$a = -\omega^2 A\cos(\omega t + \varphi) = -0.12\pi^2\cos\left(\pi t - \frac{\pi}{3}\right)（SI单位）$$

将 $t = T/4 = 0.5$ s 代入谐振方程、速度和加速度的表达式可分别得质点在此时的位移为

$$x \approx 0.104 \text{ m}$$

速度为

$$v \approx -0.188 \text{ m·s}^{-1}$$

加速度为

$$a \approx -1.03 \text{ m·s}^{-2}$$

此时刻旋转矢量的位置如图 4-15（b）所示。

例 4-10 一质点作简谐振动的振动曲线如图 4-16 所示，求质点的振动方程。

解 从图中可以直接看出质点振动的振幅为 $A = 2$ cm。

在 $t = 0$ 时，质点的位移 $x_0 = A/2$，质点的速度（曲线的斜率）为负值可知质点振动的初相为 $\varphi = \pi/3$。

在 $t = 2$ s 时，质点的位移 $x_0 = A/2$，而质点的速度为正值。从矢量图分析可知，

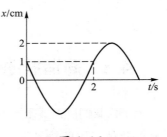

图 4-16

157

质点振动的相位应该为 $\varphi = 5\pi/3$（注意此处不能取 $\varphi = -\pi/3$，因为相位是随时间单调增加的）。在 $t = 0$ 到 $t = 2$ s 的过程中，相位从 $\varphi = \pi/3$ 变化到 $5\pi/3$，经历的时间为 $\Delta t = 2$ s，相位的改变为 $\Delta\varphi = 4\pi/3$。振动的角频率 ω，即相位变化的速率为

$$\omega = \frac{\Delta\varphi}{\Delta t} = \frac{2\pi}{3}$$

故质点的振动方程为

$$x = 0.02\cos\left(\frac{2\pi}{3}t + \frac{\pi}{3}\right)（\text{SI单位}）$$

例 4-11　一个沿 x 轴作简谐振动的弹簧振子，振幅为 A，周期为 T，其振动方程用余弦函数表示。如果 $t = 0$ 时质点的状态分别是：（1）$x_0 = -A$；（2）过平衡位置向 x 轴正方向运动；（3）过 $x = \dfrac{A}{2}$ 处向 x 轴负方向运动；（4）过 $x = -\dfrac{A}{\sqrt{2}}$ 处向 x 轴正方向运动。试求出相应的初相，并写出振动方程。

解　因为

$$x_0 = A\cos\varphi$$

$$v_0 = -\omega A\sin\varphi$$

将以上初始条件代入上式，使两式同时成立之值即该条件下的初相。故有

（1）
$$\varphi_1 = \pi, \quad x = A\cos\left(\frac{2\pi}{T}t + \pi\right)$$

（2）
$$\varphi_2 = \frac{3}{2}\pi, \quad x = A\cos\left(\frac{2\pi}{T}t + \frac{3}{2}\pi\right)$$

（3）
$$\varphi_3 = \frac{\pi}{3}, \quad x = A\cos\left(\frac{2\pi}{T}t + \frac{\pi}{3}\right)$$

（4）
$$\varphi_4 = \frac{5\pi}{4}, \quad x = A\cos\left(\frac{2\pi}{T}t + \frac{5}{4}\pi\right)$$

4.3　简谐振动的能量

下面我们以弹簧振子为例来讨论简谐振动的能量。实际上，任何一个作简谐振动的物体，如果受到的合外力 $F = -kx$，那么都相当于一个弹簧振子。不同的是，它们的 k 不是弹性系数，而是其他的由系统的力学性质决定的常量。

利用简谐振动方程及其速度方程，可得任意时刻一个弹簧振子的弹性势能和弹

性动能：

$$E_{\mathrm{p}} = \frac{1}{2}kx^2 = \frac{1}{2}kA^2\cos^2\left(\omega t + \varphi\right) \tag{4-28}$$

$$E_{\mathrm{k}} = \frac{1}{2}mv^2 = \frac{1}{2}m\omega^2 A^2\sin^2\left(\omega t + \varphi\right) \tag{4-29}$$

由 $\omega^2 = \dfrac{k}{m}$ 可得

$$E_{\mathrm{k}} = \frac{1}{2}kA^2\sin^2\left(\omega t + \varphi\right)$$

因此，弹簧振子的机械能为

$$E = E_{\mathrm{k}} + E_{\mathrm{p}} = \frac{1}{2}kA^2 \tag{4-30}$$

可见弹簧振子的机械能不随时间改变，即机械能守恒。这是由于无阻尼自由振动的弹簧振子是一个孤立系统，在振动过程中没有外力对它做功。图 4–17 给出了弹簧振子的动能、势能及机械能的变化曲线。

上面的结果还表明，弹簧振子的总能量和振幅的二次方成正比，这一点对其他的简谐振动系统也是正确的。这意味着振幅不仅描述简谐振动的运动范围，而且反映振动系统的能量。

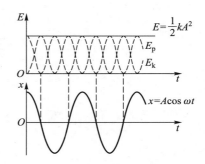

图 4–17　弹簧振子的能量

把动能和势能的表达式改写为

$$E_{\mathrm{p}} = \frac{1}{2}kA^2\cos^2\left(\omega t + \varphi\right) = \frac{1}{4}kA^2\left[1 + \cos 2\left(\omega t + \varphi\right)\right]$$

$$E_{\mathrm{k}} = \frac{1}{2}kA^2\sin^2\left(\omega t + \varphi\right) = \frac{1}{4}kA^2\left[1 - \cos 2\left(\omega t + \varphi\right)\right]$$

由上式可以看到，弹簧振子作简谐振动时的动能和势能都在谐振。它们的平衡位置在系统机械能一半处，即 $E/2 = \dfrac{1}{4}kA^2$ 处，能量的振幅亦为 $E/2 = \dfrac{1}{4}kA^2$。动能和势能谐振的频率均为位移振动频率的两倍，且振动的相位相反，因而满足机械能守恒。

例 4–12　质量为 10^{-2} kg 的小球与轻弹簧组成的系统，按 $x = 0.1\cos\left(8\pi t + \dfrac{2\pi}{3}\right)$ （SI 单位）的规律作简谐振动。（1）求振动的周期、振幅和初相及速度与加速度的最大值；（2）求最大的回复力、振动能量、平均动能和平均势能。并问在哪些位置上动能与势能相等？（3）求 $t_2 = 5$ s 与 $t_1 = 1$ s 两个时刻的相位差。

解 （1）设谐振动的标准方程为 $x = A\cos(\omega t + \varphi)$，则

$$A = 0.1 \text{ m}, \quad \omega = 8\pi \text{ rad} \cdot \text{s}^{-1}$$

所以

$$T = \frac{2\pi}{\omega} = \frac{1}{4}\text{s}, \quad \varphi = \frac{2\pi}{3}$$

故

$$|v_m| = \omega A = 0.8\pi \text{ m} \cdot \text{s}^{-1} \approx 2.51 \text{ m} \cdot \text{s}^{-1}$$

$$|a_m| = \omega^2 A \approx 63.2 \text{ m} \cdot \text{s}^{-2}$$

（2）
$$|F_m| = ma_m \approx 0.63 \text{ N}$$

$$E = \frac{1}{2}mv_m^2 \approx 3.15 \times 10^{-2} \text{ J}$$

$$\overline{E}_p = \overline{E}_k = \frac{1}{2}E \approx 1.58 \times 10^{-2} \text{ J}$$

当 $E_k = E_p$ 时，有 $E = 2E_p$，即

$$\frac{1}{2}kx^2 = \frac{1}{2}\left(\frac{1}{2}kA^2\right)$$

所以

$$x = \pm\frac{\sqrt{2}}{2}A = \pm\frac{\sqrt{2}}{20} \text{ m}$$

（3）
$$\Delta\varphi = \omega(t_2 - t_1) = 8\pi(5 - 1) = 32\pi$$

例 4-13 一弹簧振子的弹性系数为 k，质量为 m，沿 x 轴作简谐振动。刚开始时振子静止在平衡点 O。用恒定的外力 $F_{外} = ka$ 沿 x 轴正方向拉动振子到 $x = a$ 处放手，其中 a 为一正常量。以放手时作为时间零点，求振子的运动方程。

解 要得到振子的运动方程，需要确定它的三个特征量 A、ω 和 φ。

下面我们用功能关系来分析它的振幅。按功能原理，弹簧振子的能量等于外力做的功，故有

$$E = \frac{1}{2}kA^2 = F_{外}a = ka^2$$

由此式可解得振动的振幅为

$$A = \sqrt{2}a$$

放手时振子的位移 $x = a = A/\sqrt{2}$，且速度为正。由旋转矢量图知，此时振子的相位

为 $\varphi = -\dfrac{\pi}{4}$。

弹簧振子的运动方程为

$$x = \sqrt{2}a \cos\left(\sqrt{\dfrac{k}{m}}t - \dfrac{\pi}{4}\right)$$

例 4-14 一质量为 1.0×10^{-2} kg 的物体作简谐振动，振幅为 24 cm，周期为 4.0 s，当 $t = 0$ 时位移为 $+24$ cm。求：（1）$t = 0.5$ s 时，物体所在的位置及此时所受力的大小和方向；（2）物体由起始位置运动到 $x = 12$ cm 处所需的最短时间；（3）在 $x = 12$ cm 处物体的总能量。

解 由题已知

$$A = 2.4 \times 10^{-1}\ \text{m}, \quad T = 4.0\ \text{s}$$

所以

$$\omega = \dfrac{2\pi}{T} = 0.5\pi\ \text{rad} \cdot \text{s}^{-1}$$

又 $t = 0$ 时

$$x_0 = +A$$

所以

$$\varphi = 0$$

故振动方程为

$$x = 2.4 \times 10^{-1} \cos(0.5\pi t)\ （\text{SI 单位}）$$

（1）将 $t = 0.5$ s 代入得

$$x_{0.5} = 2.4 \times 10^{-1} \cos(0.5\pi \times 0.5)\ \text{m} \approx 0.17\ \text{m}$$

$$F = -ma = -m\omega^2 x$$

$$= -1.0 \times 10^{-2} \times \left(\dfrac{\pi}{2}\right)^2 \times 0.17\ \text{N} \approx -4.2 \times 10^{-3}\ \text{N}$$

方向指向坐标原点，即沿 x 轴负方向。

（2）由题知，$t = 0$ 时，$\varphi = 0$；$t = t$ 时，$x_0 = +\dfrac{A}{2}$，且 $v < 0$，故 $\varphi = \dfrac{\pi}{3}$。

所以

$$t = \dfrac{\Delta\varphi}{\omega} = \left(\dfrac{\pi}{3} \Big/ \dfrac{\pi}{2}\right)\text{s} = \dfrac{2}{3}\ \text{s}$$

（3）由于简谐振动中能量守恒，故在任一位置处或任一时刻系统的总能量均为

$$E = \frac{1}{2}kA^2 = \frac{1}{2}m\omega^2 A^2$$

$$= \frac{1}{2} \times 1.0 \times 10^{-2} \times \left(\frac{\pi}{2}\right)^2 \times 0.24^2 \text{ J}$$

$$\approx 7.1 \times 10^{-4} \text{ J}$$

例 4-15 有一轻弹簧，下面悬挂质量为 1 g 的物体时，伸长量为 4.9 cm。用这个弹簧和一个质量为 8 g 的小球构成弹簧振子，将小球由平衡位置向下拉开 1 cm 后，给予小球向上的初速度 $v_0 = 5 \text{ cm} \cdot \text{s}^{-1}$，求振动周期和振动表达式。

解 由题知

$$k = \frac{m_1 g}{x_1} = \frac{1.0 \times 10^{-3} \times 9.8}{4.9 \times 10^{-2}} \text{ N} \cdot \text{m}^{-1} = 0.2 \text{ N} \cdot \text{m}^{-1}$$

而 $t = 0$ 时，

$$x_0 = -1.0 \times 10^{-2} \text{ m}, \quad v_0 = 5.0 \times 10^{-2} \text{ m} \cdot \text{s}^{-1} \text{（设向上为正）}$$

又

$$\omega = \sqrt{\frac{k}{m}} = \sqrt{\frac{0.2}{8 \times 10^{-3}}} \text{ rad} \cdot \text{s}^{-1} = 5 \text{ rad} \cdot \text{s}^{-1}, \quad \text{即 } T = \frac{2\pi}{\omega} \approx 1.26 \text{ s}$$

所以

$$A = \sqrt{x_0^2 + \left(\frac{v_0}{\omega}\right)^2}$$

$$= \sqrt{\left(1.0 \times 10^{-2}\right)^2 + \left(\frac{5.0 \times 10^{-2}}{5}\right)^2} \text{ m}$$

$$= \sqrt{2} \times 10^{-2} \text{ m}$$

$$\tan\varphi = -\frac{v_0}{x_0\omega} = \frac{5.0 \times 10^{-2}}{1.0 \times 10^{-2} \times 5} = 1$$

即

$$\varphi = \frac{5\pi}{4}$$

所以

$$x = \sqrt{2} \times 10^{-2} \cos\left(5t + \frac{5}{4}\pi\right) \text{（SI单位）}$$

4.4 简谐振动的合成

4.4.1 同方向、同频率简谐振动的合成

振动的合成是运动叠加原理在振动中的表现。在实际问题中，振动的合成是经常发生的事情。例如，在剧烈震动的机房内，为了防止精密仪器被震坏，可以将仪器用软弹簧悬挂起来，如图 4-18 所示。这相当于一个弹簧振子悬挂在机房顶上，振子相对于地面的振动就是上述两个振动的合成。又如，当两列声波同时传到空间某一点时，该处质点的运动就是两个振动的合成。一般的振动合成问题比较复杂，下面我们先讨论振动方向和振动频率都相同的两个简谐振动的合成。

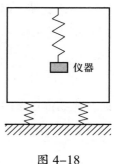

图 4-18

设两个振动都发生在 x 方向，振动的频率均为 ω，振动方程分别为

$$x_1 = A_1 \cos(\omega t + \varphi_1)$$
$$x_2 = A_2 \cos(\omega t + \varphi_2)$$

式中 A_1、A_2 和 φ_1、φ_2 分别为两个振动的振幅和初相。按运动叠加原理，在任意时刻合振动的位移为

$$x = x_1 + x_2$$

以上合成的计算可以用三角函数公式求得结果，但是利用振动的矢量图来分析，可以更直观、更简捷地得出结论。

如图 4-19 所示，A_1、A_2 分别表示简谐振动 x_1 和 x_2 的旋转矢量。如前所述，它们在 x 轴上投影的坐标即表示简谐振动 x_1 和 x_2。作 A_1、A_2 的合矢量 A，矢量 A

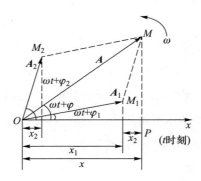

图 4-19 两个同频率的简谐振动合成的矢量图

的端点在 x 轴上投影的坐标是 $x = x_1 + x_2$，这正好是我们要求的合振动的位移。

为求解矢量 A 的端点在 x 轴上投影的坐标，我们首先分析 A 的变化规律。由于两个振动的角频率相同，即 A_1、A_2 以相同的角速度 ω 匀速旋转，所以在旋转过程中平行四边形的形状保持不变，因而合矢量 A 的长度保持不变，并以同一角速度 ω 匀速旋转。因此可以断定，合矢量 A 也是一个旋转矢量。矢量 A 的端点在 x 轴上的投影坐标可表示为

$$x = A\cos(\omega t + \varphi) \tag{4-31}$$

即合振动也是简谐振动。合振动的振幅等于合矢量 A 的长度；合振动的初相 φ 就是合矢量的初角位置。在上图的 $\triangle OMM_1$ 中用余弦定理可求得合振幅为

$$A = \sqrt{A_1^2 + A_2^2 + 2A_1 A_2 \cos \Delta\varphi} \tag{4-32}$$

式中

$$\Delta\varphi = \varphi_2 - \varphi_1$$

为两个同频率振动的相位差。由 $\triangle OMP$ 可以求得合振动的初相 φ：

$$\tan\varphi = \frac{A_1 \sin\varphi_1 + A_2 \sin\varphi_2}{A_1 \cos\varphi_1 + A_2 \cos\varphi_2} \tag{4-33}$$

φ 角的象限可以通过振动的矢量图直接判定。

对于两个振幅确定的分振动，合振幅随它们的相位差 $\Delta\varphi = \varphi_2 - \varphi_1$ 变化。特别是，如果两个分振动重合，即两个分振动的相位相同，$\Delta\varphi = 2k\pi$，$k = 0$，± 1，± 2，…，则得

$$A = \sqrt{A_1^2 + A_2^2 + 2A_1 A_2} = A_1 + A_2 \tag{4-34}$$

这时合振幅达到最大，此时称两个振动相互加强。

如果两个分振动的相位相反，$\Delta\varphi = (2k+1)\pi$，$k = 0$，$\pm 1$，$\pm 2$，…，则得

$$A = \sqrt{A_1^2 + A_2^2 - 2A_1 A_2} = |A_1 - A_2| \tag{4-35}$$

这时合振幅最小，此时称两个振动相互抵消。在实际问题中，还常常有 $A_1 = A_2$ 的情况，此时合振幅 $A = 0$，说明两个同幅反相的振动合成的结果将使质点保持静止状态。例如，在如图 4-18 所示的情况中，只要弹簧振子和机房两者的振动相位相反，振幅相近，仪器的合成振动的振幅就很小，即振动很微弱，从而可以防止仪器被震坏。

上面两式所给出的结果是很容易理解的。前者，两个分振动由于位移方向始终

相同，故始终互相加强，因此合振动的振幅最大；而后者，两个分振动由于位移方向始终相反，故始终互相削弱，因此合振动的振幅最小。

在一般情形下，相位差 $\varphi_2 - \varphi_1$ 可以是任意值，而合振动的振幅则介于 $A_1 + A_2$ 和 $|A_1 - A_2|$ 之间，即 $A_1 + A_2 \geqslant A \geqslant |A_1 - A_2|$。

由此可见，两个简谐振动的相位差对合振动起着重要的作用。

例 4-16 如图 4-20 所示，有一个质点参与两个简谐振动，其中第一个分振动为 $x_1 = 0.3\cos\omega t$，合振动为 $x = 0.4\sin\omega t$，求第二个分振动。（本题采用 SI 单位。）

解 把合振动改写为

$$x = 0.4\cos\left(\omega t - \frac{\pi}{2}\right)$$

由于图中的直角三角形 OPQ 正好满足"勾三股四弦五"的条件，于是可直接由勾股定理得到第二个分振动的振幅。其旋转矢量长度 $A_2 = 0.5$。亦可直接得到第二个分振动的初相，即旋转矢量 $\boldsymbol{A}_2$ 与 x 轴的夹角 $\varphi_2 = -90° - 37° = -127°$，故第二个分振动为

$$x = 0.5\cos(\omega t - 127°)$$

例 4-17 图 4-21 所示为两个同方向的简谐振动曲线。（1）求合振动的振幅；（2）求合振动的振动方程。

解 通过旋转矢量图 4-22 来求解最为简单。

先分析两个振动的状态。$\varphi_1 = \pi/2$，$\varphi_2 = -\pi/2$，两者处于反相状态。所以合振幅为

$$A = |A_2 - A_1|$$

当 $A_1 > A_2$ 时，$\varphi = \varphi_1$；$A_1 < A_2$ 时，$\varphi = \varphi_2$。所以本题中振动初相为

$$\varphi = \varphi_2 = -\pi/2$$

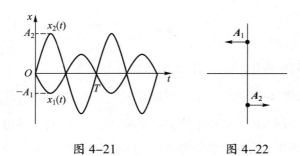

图 4-21　　　　图 4-22

因此，振动方程为

$$x = \left(A_2 - A_1\right)\cos\left(\frac{2\pi}{T}t - \frac{\pi}{2}\right)$$

例 4-18 如图 4-23 所示，两个同方向、同频率简谐振动的合振动振幅为 20 cm，与第一个振动的相位差为 $\frac{\pi}{6}$。若第一个振动的振幅为 $10\sqrt{3}$ cm，问：（1）第二个振动的振幅为多少？（2）两简谐振动的相位差为多少？

解 （1）由图知

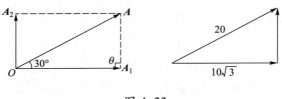

图 4-23

$$A_2^2 = A_1^2 + A^2 - 2A_1 A\cos 30°$$

于是有

$$A_2^2 = \left(0.173^2 + 0.2^2 - 2\times 0.173 \times 0.2 \times \frac{\sqrt{3}}{2}\right)\text{m}^2 = 0.01\,\text{m}^2$$

所以

$$A_2 = 0.1\ \text{m}$$

（2）设 $\angle AA_1O$ 为 θ，则

$$A^2 = A_1^2 + A_2^2 - 2A_1 A_2\cos\theta$$

得

$$\cos\theta = \frac{A_1^2 + A_2^2 - A^2}{2A_1 A_2} = \frac{0.173^2 + 0.1^2 - 0.2^2}{2\times 0.173 \times 0.1} = 0$$

因此

$$\theta = \pi/2$$

这说明 A_1 与 A_2 间夹角为 $\pi/2$，两振动的相位差为 $\pi/2$。

例 4-19 如图 4-24 所示，求简谐振动 $x = \sum\limits_{k=0}^{4} a\cos\left(\omega t + \frac{k\pi}{4}\right)$ 的合振动。

解 这是 5 个同方向、同频率的简谐振动的合振动。此处采用多边形求和的方法，从图中可以看出，合振动的振幅为

$$A = \left(1 + \sqrt{2}\right)a$$

合振动的初相为

$$\varphi = \frac{\pi}{2}$$

故合振动为

$$x = \left(1 + \sqrt{2}\right)a\cos\left(\omega t + \frac{\pi}{2}\right)$$

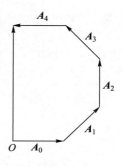

图 4-24

例 4-20 一质点同时参与两个在同一直线上的简谐振动，振动方程为

$$\begin{cases} x_1 = 0.4\cos\left(2t + \dfrac{\pi}{6}\right)(\text{SI单位}) \\[2mm] x_2 = 0.3\cos\left(2t - \dfrac{5}{6}\pi\right)(\text{SI单位}) \end{cases}$$

试求合振动的振幅和初相，并写出振动方程。

解 由于

$$\Delta\varphi = \frac{\pi}{6} - \left(-\frac{5}{6}\pi\right) = \pi$$

所以

$$A_{合} = \left|A_1 - A_2\right| = 0.1 \text{ m}$$

$$\tan\varphi = \frac{A_1\sin\varphi_1 + A_2\sin\varphi_2}{A_2\cos\varphi_1 + A_2\cos\varphi_2} = \frac{0.4 \times \sin\dfrac{\pi}{6} - 0.3\sin\dfrac{5\pi}{6}}{0.4\cos\dfrac{\pi}{6} + 0.3\cos\dfrac{5\pi}{6}} = \frac{\sqrt{3}}{3}$$

则

$$\varphi = \frac{\pi}{6}$$

其振动方程为

$$x = 0.1\cos\left(2t + \frac{\pi}{6}\right)(\text{SI单位})$$

例 4-21 已知两个同方向、同频率的简谐振动的振动方程分别为 $x_1 = 0.05\cos\left(10t + 0.75\pi\right)$（SI 单位），$x_2 = 0.06\cos\left(10t + 0.25\pi\right)$（SI 单位）。（1）求合振动的振幅和初相；（2）若有另一同方向、同频率的简谐振动 $x_3 = 0.07\cos\left(10t + \varphi_3\right)$（SI 单位），则 φ_3 为多少时，$x_1 + x_3$ 的振幅最大？ φ_3 为多少时，$x_2 + x_3$ 的振幅最小？

解 （1）由于

$$A = \sqrt{A_1^2 + A_2^2 + 2A_1A_2\cos\Delta\varphi}$$

则
$$A \approx 7.8 \times 10^{-2} \text{ m}$$

又由于
$$\tan \varphi = \frac{A_1 \sin \varphi_1 + A_2 \sin \varphi_2}{A_1 \cos \varphi_1 + A_2 \cos \varphi_2}$$

则
$$\varphi \approx 1.48 \text{ rad}$$

（2）当 $\varphi_3 = \varphi_1 + 2k\pi = 2k\pi + 0.75\pi$ 时，$x_1 + x_3$ 的振幅最大，其中 $k = 0, 1, 2, \cdots$。
当 $\varphi_3 = \varphi_2 + (2k+1)\pi = (2k+1)\pi + 0.25\pi$ 时，$x_2 + x_3$ 的振幅最小，其中 $k = 0, 1, 2, \cdots$。

4.4.2 同方向、相近频率简谐振动的合成

设两个振动都发生在 x 方向，振动的角频率分别为 ω_1、ω_2，设两分振动的振幅相同，且初相也相同，均为 φ。则两分振动的振动方程为

$$x_1 = A\cos(\omega_1 t + \varphi)$$
$$x_2 = A\cos(\omega_2 t + \varphi)$$

根据叠加原理，在任意时刻合振动的位移为

$$x = x_1 + x_2$$

即

$$x = A\cos(\omega_1 t + \varphi) + A\cos(\omega_2 t + \varphi)$$

可得合振动表达式为

$$x = 2A\cos\left(\frac{\omega_2 - \omega_1}{2}t\right)\cos\left(\frac{\omega_2 + \omega_1}{2}t + \varphi\right) \tag{4-36}$$

可见，合振动不是一个简谐振动。但若两分振动的频率接近，且满足 $\omega_1 + \omega_2 \gg |\omega_2 - \omega_1|$，我们就可将上式看作振幅按照 $\left|2A\cos\left(\frac{\omega_2 - \omega_1}{2}t\right)\right|$ 缓慢变化，频率等于 $\frac{\omega_2 + \omega_1}{2}$ 的准简谐振动。这种振幅时大时小的现象称作"拍"。合振幅每变化一个周期称为一拍，单位时间拍出现的次数叫拍频。由于振幅只能取正值，因此拍频应为调制频率的 2 倍。即

$$\omega_{\text{拍}} = |\omega_2 - \omega_1| \tag{4-37}$$

于是拍频为

$$\nu_{拍} = \left| \nu_2 - \nu_1 \right| \qquad (4-38)$$

图 4-25 表示形成拍的情形。前两幅图分别代表分振动（设其振幅 $A_1 = A_2$），第三幅图代表合振动。在任一时刻，合振动的位移在图上直接由分振动的位移相加而得到。从图中可以看出，合振动的振幅随时间而变化，并且这种变化时强时弱，显示出一定的周期性。因此，拍是一种周期性的准简谐振动。

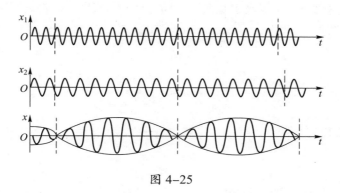

图 4-25

在声振动和电振动中，人们经常会碰到拍的现象。例如，超外差式无线电收音机，就是利用收音机本身振荡系统的固有频率和所接收的电磁波频率产生拍频的原理制成的。

4.4.3　方向垂直、同频率简谐振动的合成

当一个质点同时参与两个不同方向的简谐振动时，质点的位移是这两个振动的位移的矢量和。在一般情况下，质点在平面上作曲线运动，质点轨道的形状由两个振动的频率、振幅和相位决定。我们首先讨论相互垂直的同频率简谐振动的合成情况。

设质点同时参与两个相互垂直方向上的简谐振动，一个沿 y 轴方向，另一个沿 x 轴方向，并且两振动的频率相同。以质点的平衡位置为坐标原点，两振动方程分别为

$$x = A_1 \cos\left(\omega t + \varphi_1 \right)$$
$$y = A_2 \cos\left(\omega t + \varphi_2 \right)$$

将上述两个公式中的 t 消去可得

$$\frac{x^2}{A_1^2} + \frac{y^2}{A_2^2} - 2\frac{xy\cos\left(\varphi_2 - \varphi_1 \right)}{A_1 A_2} = \sin^2\left(\varphi_2 - \varphi_1 \right) \qquad (4-39)$$

（1）当 $\varphi_2 - \varphi_1 = 0$ 时，两个分振动相位相同，则

$$\left(\frac{x}{A_1} - \frac{y}{A_2}\right)^2 = 0$$

合振动轨道方程为

$$y = \frac{A_2}{A_1}x \qquad (4\text{-}40)$$

合振动的轨道为通过原点且在第一、第三象限内的直线，且斜率为两个分振动的振幅之比 $\dfrac{A_2}{A_1}$。这种情况下振动也是简谐振动，且与原来两个分振动频率相同，振幅为 $A = \sqrt{A_1^2 + A_2^2}$。

（2）当 $\varphi_2 - \varphi_1 = \pi$ 时，两个分振动相位相反，则

$$\left(\frac{x}{A_1} + \frac{y}{A_2}\right)^2 = 0$$

合振动轨道方程为

$$y = -\frac{A_2}{A_1}x \qquad (4\text{-}41)$$

合振动的轨道为通过原点且在第二、第四象限内的直线，且斜率为 $-\dfrac{A_2}{A_1}$。这种情况下振动也是简谐振动，且与原来两个分振动频率相同，振幅为 $A = \sqrt{A_1^2 + A_2^2}$。

（3）当 $\varphi_2 - \varphi_1 = \dfrac{\pi}{2}$ 时，y 方向的分振动比 x 方向的分振动超前 $\dfrac{\pi}{2}$，且合振动轨道方程为

$$\frac{x^2}{A_1^2} + \frac{y^2}{A_2^2} = 1 \qquad (4\text{-}42)$$

分振动方程可以改写为

$$x = A_1 \cos(\omega t + \varphi_1)$$

$$y = A_2 \cos\left(\omega t + \varphi_1 - \frac{\pi}{2}\right)$$

（4）当 $\varphi_2 - \varphi_1 = -\dfrac{\pi}{2}$ 时，x 方向的分振动比 y 方向的分振动超前 $\dfrac{\pi}{2}$，则合振动轨道方程为

$$\frac{x^2}{A_1^2} + \frac{y^2}{A_2^2} = 1 \qquad (4\text{-}43)$$

分振动方程可以改写为

$$x = A_1 \cos(\omega t + \varphi_1)$$

$$y = A_2 \cos\left(\omega t + \varphi_1 - \frac{\pi}{2}\right)$$

在（3）、（4）两种情形下，若分振幅相同，则合振动的轨道为一圆。图 4-26 分别给出了这四种运动的轨道图。

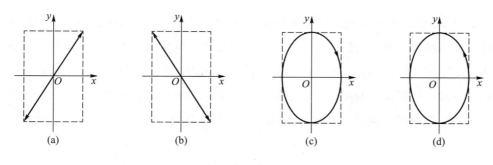

图 4-26

4.4.4　方向垂直、不同频率的两个简谐振动的合成

　　一般来说，两个相互垂直的、不同频率的简谐振动，由于它们的相位差不是定值，所以其合振动的轨道无法形成稳定的图案。如果两分振动的频率相差很小，则合振动的轨道将不断地按一定的顺序连续地重复变化。

　　按照两分振动的频率比，合振动的轨道为一封闭的稳定曲线，曲线的花样与分振动的频率、相位以及初相有关，其振动图形称为李萨如图形。图 4-27 列出了两分振动在不同频率、不同相位情况下合成的李萨如图形。

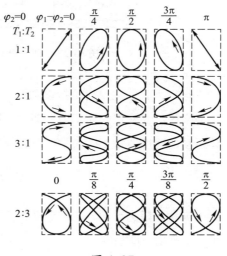

图 4-27

4.5　阻尼振动　受迫振动　共振

4.5.1　阻尼振动

　　前面所讨论的简谐振动是一种理想情况，它是等振幅振动。实际上，阻尼是无法避免的，例如前面讲过的弹簧振子，由于存在摩擦阻力，振动过程中系统要不断克服摩擦阻力做功而使能量逐渐衰减，如果没有能量补充，系统的机械能将逐渐损失，振幅将不断地减小。这种振幅随时间不断衰减的振动叫**阻尼振动**。

　　能量减少的方式通常有两种。一种是由于摩擦阻力的存在而减少。如图 4-28

所示的弹簧振子，由于周围空气等介质的阻力和支持面的摩擦力的作用，振动的机械能逐渐减少而转化为热能；另一种是由于振动系统引起邻近介质中各质元的振动，振动向外传播出去，使能量以波动形式向四周辐射，这虽然只是机械能的转移，但对振动系统本身来说，其能量也因不断输出而衰减。例如，音叉在振动时（图 4-29），不仅要克服空气阻力做功而消耗能量，同时还因辐射声波而损失能量。

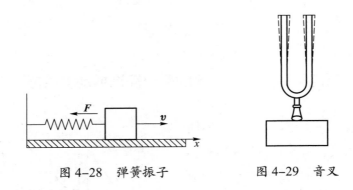

图 4-28　弹簧振子　　　　　　图 4-29　音叉

这里，我们主要讨论振动系统受摩擦阻力的情况。振动系统所受的摩擦阻力，一般来说，往往是介质（即振动物体周围的空气或液体等流体）的黏性阻力。当物体运动的速度非常小时，黏性阻力与速度成正比，于是有黏性阻力

$$F_{阻} = -\nu v \qquad (4-44)$$

式中 ν 称为阻力系数，它由振动物体的形状和介质的性质决定。式中的负号表示阻力与速度的方向相反。

根据牛顿第二定律，有

$$F_{阻} = -\nu v = -\nu \frac{\mathrm{d}x}{\mathrm{d}t}$$

即

$$m\frac{\mathrm{d}^2 x}{\mathrm{d}t^2} = -kx - \nu \frac{\mathrm{d}x}{\mathrm{d}t}$$

式中 m 为振动物体的质量，$\frac{\mathrm{d}x}{\mathrm{d}t} = v$；$k$、$\nu$ 是常量。若令 $\omega_0^2 = \frac{k}{m}$，$2\beta = \frac{\nu}{m}$，则上式可写成

$$\frac{\mathrm{d}^2 x}{\mathrm{d}t^2} + 2\beta \frac{\mathrm{d}x}{\mathrm{d}t} + \omega_0^2 x = 0 \qquad (4-45)$$

式中 ω_0 是系统的固有角频率，它是振动系统不受阻尼作用时的振动角频率，由系统本身的性质决定；β 称为阻尼系数，它与系统本身的质量和介质的阻力系数有关。

当 $\beta \ll \omega_0$ 时，这种情况称为弱阻尼。其方程的解是

$$x = A_0 \mathrm{e}^{-\beta t} \cos(\omega t + \varphi) \tag{4-46}$$

式中 $\omega = \sqrt{\omega_0^2 - \beta^2}$，$A_0$ 和 φ 是初始条件确定的两个积分常量。阻尼振动的位移随时间变化的曲线如图 4-30 所示（即图 4-31 中的曲线 a）。

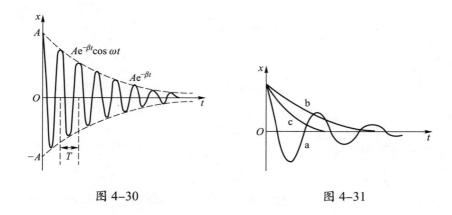

图 4-30   图 4-31

当振动系统作无阻尼振动时，系统有一定的周期，该周期是系统的固有周期，它完全由系统本身的性质决定。阻尼振动不是简谐振动，而且严格地讲，它也不是周期运动。但在阻尼不大时，阻尼振动可以近似看作周期性振动，其周期是

$$T = 2\pi / \omega = 2\pi / \sqrt{\omega_0^2 - \beta^2} > 2\pi / \omega_0 \tag{4-47}$$

可见阻尼振动的周期比系统的固有周期长，所以阻尼振动的周期由系统本身的性质和阻尼的大小共同决定。

当 $\beta = \omega_0$ 时，这种情况称为临界阻尼。其方程的解为

$$x = (c_1 + c_2 t) \mathrm{e}^{-\beta t} \tag{4-48}$$

此时，系统不作往复运动，而是较快地回到平衡位置并停下来，如图 4-31 中的曲线 c 所示。

当 $\beta > \omega_0$ 时，这种情况称为过阻尼。其方程的解为

$$x = c_1 \mathrm{e}^{-\left(\beta - \sqrt{\beta^2 - \omega_0^2}\right)t} + c_2 \mathrm{e}^{-\left(\beta + \sqrt{\beta^2 - \omega_0^2}\right)t} \tag{4-49}$$

这时系统不作往复运动，而是非常缓慢地回到平衡位置，如图 4-31 中的曲线 b 所示。

例 4-22　一单摆在空中作阻尼振动，某时刻振幅为 $A_0 = 3$ cm。经过 10 s 后，振幅变为 $A_1 = 1$ cm。问：由振幅为 A_0 时起，经多长时间振幅减为 $A_2 = 0.3$ cm？

解　根据阻尼振动的特征，$x = A_0 \mathrm{e}^{-\beta t} \cos(\omega t + \varphi)$，振幅为

$$A = A_0 \mathrm{e}^{-\beta t}$$

若 $A_0 = 3$ cm，经过 10 s 后，振幅变为 $A_1 = 1$ cm，可得

$$1 = 3\mathrm{e}^{-10\beta}$$

那么当振幅减为 $A_2 = 0.3$ cm，有

$$0.3 = 3\mathrm{e}^{-\beta t}$$

可求得

$$t \approx 21 \text{ s}$$

4.5.2 受迫振动

阻尼振动又称减幅振动。要使存在阻尼的振动系统维持等幅振动，必须给振动系统不断地补充能量，即施加持续的周期性外力作用。振动系统在周期性外力作用下发生的振动叫受迫振动，这个周期性外力叫驱动力。

为简单起见，设驱动力取如下形式：

$$F = F_0 \cos pt$$

式中 F_0 为驱动力振幅，p 为驱动力角频率，这种驱动力又称为谐和驱动力。

我们以弹簧振子为例讨论弱阻尼谐振子系统在谐和驱动力作用下的受迫振动，其动力学方程为

$$m\frac{\mathrm{d}^2 x}{\mathrm{d}t^2} = -kx - \nu\frac{\mathrm{d}x}{\mathrm{d}t} + F_0 \cos pt$$

令 $\omega_0^2 = \dfrac{k}{m}$，$2\beta = \dfrac{\nu}{m}$，$f_0 = \dfrac{F_0}{m}$，上式可写成

$$\frac{\mathrm{d}^2 x}{\mathrm{d}t^2} + 2\beta\frac{\mathrm{d}x}{\mathrm{d}t} + \omega_0^2 x = f_0 \cos pt$$

在 $\beta \ll \omega_0$ 的情况下，二阶非齐次线性微分方程的解为

$$x = A_0 \mathrm{e}^{-\beta t} \cos(\omega t + \varphi) + A\cos(pt + \phi) \tag{4-50}$$

在（4-50）式中，解的第一项是弱阻尼情况下的通解，含有阻尼常量的衰减振动部分，随着时间的推移，很快就会衰减为零，故称为衰减项。第二项是等幅的余弦振动，称为稳定项。

受迫振动开始时的情形很复杂。但经过较短时间的过渡状态后，（4-50）式中

第一项的阻尼振动部分实际上已衰减到可以忽略不计的程度，随后振动便过渡到一种稳定状态。

在稳定状态下，受迫振动成为一种周期性的等幅余弦振动，其振动表达式为

$$x = A\cos(pt + \phi) \qquad (4-51)$$

其中稳定受迫振动的角频率等于驱动力的角频率，而振幅和初相不仅取决于驱动力的幅度和角频率，还取决于系统的固有角频率及阻尼常量，它们和开始时的运动状态无关。这一点和简谐振动的情形不同，在简谐振动中，振幅和初相取决于初始条件。

将（4-51）式代入（4-50）式中，用待定系数法可确定稳定受迫振动的振幅为

$$A = \frac{f_0}{\sqrt{\left(\omega_0^2 - p^2\right)^2 + 4\beta^2 p^2}} \qquad (4-52)$$

初相为

$$\phi = \arctan \frac{-2\beta p}{\omega_0^2 - p^2} \qquad (4-53)$$

这说明，稳定受迫振动的振幅、初相与系统的初始条件无关，而与系统固有频率、阻尼系数及驱动力的角频率和振幅有关。

综上所述，当系统受驱动力作用而作受迫振动时，经过一段时间后，振动就达到稳定状态。而稳定状态下的受迫振动是一个由（4-51）式所表示的余弦振动，它的角频率就是驱动力的角频率，其振幅和初相分别由（4-52）式和（4-53）式决定。

现在，我们根据（4-52）式来讨论稳定状态下受迫振动的振幅与驱动力的角频率之间的关系。在不同的阻尼系数的情况下，这两者之间的关系可大致画出，如图 4-32 所示，图中 ω_0 为振动系统的固有角频率。当驱动力的角频率 $p \gg \omega_0$ 或 $p \ll \omega_0$ 时，受迫振动的振幅 A 较小；而当 p 与 ω_0 接近，即 $p \approx \omega_0$ 时，受迫振动的振幅 A 较大。

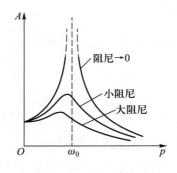

图 4-32　受迫振动

4.5.3　共振

共振是受迫振动的特殊情况，是一种重要的物理现象，分为位移共振和速度共振两种形式。

位移共振：当阻尼和驱动力的幅值不变时，受迫振动的位移振幅存在一个极大

值，这种存在振动位移极大值的现象称为位移共振。

对（4-52）式两端取导数并使 $dA/dp = 0$，得位移共振的角频率为

$$p_r = \sqrt{\omega_0^2 - 2\beta^2} \tag{4-54}$$

振幅为

$$A_{极大} = \frac{F}{2m\beta\sqrt{\omega_0^2 - \beta^2}} \tag{4-55}$$

初相为

$$\phi = \arctan\frac{-\sqrt{\omega_0^2 - 2\beta^2}}{\beta} \tag{4-56}$$

由以上三式可见，共振角频率、共振振幅以及共振时受迫振动与驱动力之间的相位差，都和系统本身的性质（由 ω_0 表征）及阻尼力（由 β 表征）有关。阻尼系数 β 越小，共振角频率 p_r 越接近受迫振动系统的固有角频率 ω_0，共振时振幅越大，共振现象表现得越明显。

速度共振：当阻尼和驱动力的幅值不变时，受迫振动的速度振幅也存在一个极大值，这种振动的速度振幅存在极大值的现象称为速度共振。

根据（4-51）式，振动的速度为

$$v = -pA\sin(pt + \phi) = -v_m\sin(pt + \phi) \tag{4-57}$$

式中

$$v_m = pA = \frac{pf_0}{\sqrt{(\omega_0^2 - p^2)^2 + 4\beta^2 p^2}} \tag{4-58}$$

对（4-58）式两端取导数并使 $dv_m/dp = 0$，得速度共振的角频率为

$$p_r = \omega_0$$

稳定受迫振动的形成和共振的发生，也可从功和能的观点加以阐明。我们知道，在受迫振动过程中，始终有外加的驱动力作用。通过驱动力对振动系统做功，外界与系统相互交换能量。由于驱动力是一种周期性外力，其大小和方向都随时间作周期性变化，所以在受迫振动的一个周期内，只有当驱动力方向与振动物体运动方向（即速度方向）一致时，驱动力才对系统做正功，外界向系统提供能量。振动开始时，系统获得的能量越来越多，振动越来越强烈，振幅 A 也越来越大，速度也因速度振幅 $A\omega$ 增大而随之增加。另一方面，由于阻尼力一般随速度的增加而增加，所以振动加强时，因阻尼而损耗的能量也要增多。当外力对系统所做的功恰好

补偿系统因阻尼而损耗的能量时，系统的机械能就保持不变，从此，系统的振动也就稳定下来，成为等幅振动。显然，如果撤去外加的驱动力，振动能量又将逐渐减小而振动成为阻尼振动。

若外加驱动力的角频率与系统的共振角频率相等，稳定受迫振动的振幅达到极大，就会发生共振。在这种情形下，如阻尼系数 β 很小，此时 $\phi \approx -\dfrac{\pi}{2}$，于是振动物体的速度为

$$v = \frac{\mathrm{d}x}{\mathrm{d}t} = -Ap\sin(pt+\phi) = Ap\cos\left(pt+\phi+\frac{\pi}{2}\right) \approx Ap\cos\left(pt-\frac{\pi}{2}+\frac{\pi}{2}\right) = Ap\cos(pt)$$

速度与驱动力的相位相同，或者说，两者步调一致。因此，驱动力的方向始终与振动物体的运动方向（即速度方向）相同，驱动力始终做正功，传输给系统的能量最多，系统积累的能量也就越来越多，导致振幅越来越大，最终使振幅达到极大值，这就是共振现象。

应当指出，在实际的振动系统中，β 不可能为零，所以总是存在能量的损耗，而且振动越强烈，损耗就越大。因此，当振幅增大到一定程度时，外界输给系统的能量全部损耗掉，这时振幅就不再增大。也就是说，β 越小，共振时所达到的振幅极大值就越大，但不会变为无限大。

受迫振动和共振现象在科学技术领域内有广泛的应用。由（4-52）式可知，受迫振动的振幅 A 取决于振动系统的固有角频率 ω_0、阻尼系数 β 以及驱动力的 f_0 和角频率 p。因此我们可以通过调整这些物理量的大小，去控制驱动力对振动系统的作用。

为了加强驱动力的作用而使受迫振动具有很大的振幅，应该使驱动力的角频率接近于系统固有角频率。例如，混凝土振捣器、选矿用的共振筛和调频收音机等，就是根据这一原理设计制造的。如果要削弱驱动力的作用而使受迫振动的振幅很小，就得改变驱动力的角频率，使它与固有角频率相差很大。例如，人在跳板上行走时，如果步伐的频率和跳板上下颤动的固有频率相接近，跳板就会上下剧烈振动，这可能导致跳板折断，所以人必须变慢步伐或用频率不定的步伐，使步伐的频率和跳板固有频率相差很远。火车过桥时要慢行，部队过桥时不能齐步行进，也是这个道理。

改变振动系统的固有角频率大小，也可以控制驱动力的作用。例如，各种机器的转动部分不可能都造得完全均衡，因此机器运转时要产生和转动同频率的周期性力。在机器（汽轮机、柴油机、发电机等）的转动角频率和基座的固有角频率接近时，将发生共振而损坏机器。为此需要加厚基座，改变其固有角频率，以避免共振。

此外，在驱动力的频率接近共振频率的情形下，增大或减小阻尼系数，可以显著地削弱或增大振动系统的振幅。例如，在建造地震区的建筑物时，除要考虑建筑物的固有频率外，还常常用加大阻尼的方法以削弱地震的作用。

共振现象是极为普遍的，在声、光、无线电、原子内部及工程技术中都常遇到。共振现象有有利的一面，例如许多仪器就是利用共振原理设计的：收音机利用电磁共振（电谐振）进行选台，一些乐器利用共振来提高音响效果，核磁共振被用来进行物质结构的研究以及医疗诊断等。共振现象也有不利的一面，例如共振时系统振幅过大会造成机器设备的损坏等。1940年，著名的美国塔科马海峡大桥断塌的部分原因就是阵阵大风引起了桥的共振，图4-33是该桥断裂前的振动形态，以及桥断后的惨状。

图4-33 塔科马海峡大桥共振断塌

*4.6 非线性振动

4.6.1 非线性振动概述

我们曾以弹簧振子为例讨论了简谐振动。弹簧振子的动力学特征是振子所受的回复力大小与位移大小成正比，方向总是指向平衡位置。实际上，只有当位移不大时，这种正比关系才成立。当位移较大时，尽管仍在弹性形变范围内，回复力与位移之间将呈现非线性关系，即

$$F = -k_1 x - k_2 x^2 - k_3 x^3 - \cdots \tag{4-59}$$

当 $k_2 = 0$，$k_3 \neq 0$ 时，回复力在平衡点两边是对称的；当 $k_3 > 0$ 时，回复力比线性关系所预期的值大；当 $k_3 < 0$ 时，回复力比线性关系所预期的值小。前者称为非线性"硬"簧，后者称非线性"软"簧（图4-34）。在这样的回复力作用下，振子的运动仍具周期性，振子可到达的空间区域仍对称地分布在平衡位置两侧，但振

动不是严格的简谐振动，而且周期（频率）也与无第三项时的线性振子不同。当 $k_3 = 0$，$k_2 \neq 0$ 时，回复力在平衡点两边不再对称。例如，若 $k_2 > 0$，则当 $x > 0$ 时，回复力比线性关系所预期的值大；当 $x < 0$ 时，回复力比线性关系所预期的值小（图 4-35）。在这样的回复力作用下，振子的运动范围不再对称地分布在平衡位置两侧，它的平衡位置将向一边偏移。

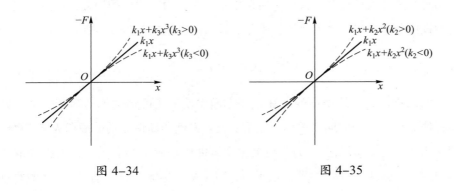

图 4-34　　　　　　　　　　图 4-35

在偏离线性关系的回复力作用下，振动系统的振动称为**非线性振动**。非线性振动不仅限于弹簧振子，在单摆和复摆中，当摆角较大时，它们的振动也是非线性的。实际上，在单摆和复摆中，仅在摆角很小时，系统所受的切向力或力矩才近似地与角位移成正比。在有些情况中，非线性力不仅是位移的（非线性）函数，还可以是速度的函数，在这个意义上，阻尼振动也是一种非线性振动。我们这里主要讨论与位移呈非线性关系的无阻尼非线性系统的振动。

4.6.2　微扰法

非线性振动方程的求解没有规范的方法。一般来说，除少数几个方程可严格求解外，其他只能借助于计算机按照所需的精度求数值解。当非线性项与线性项相比很小时，可用近似方法求解。所得的解尽管不甚精确，但已能反映非线性振动的主要特征。求解的近似方法很多，常用的一种是微扰法，也称逐次近似法。这种方法是将回复力中的非线性成分看作附加在线性成分上的一个微量（微扰），振子在这种作用下的运动是仅在线性力作用下的有微小偏离（微扰）的简谐振动。这种偏离既有对周期（频率）的偏离，又有对简谐振动的偏离。将这种偏离运动写成逐项减小的幂级数作为试解代入非线性运动方程，按所需精度略去高级小量，从而求得振子运动的解。

现以受对称非线性回复力作用的振子为例来介绍微扰法。振子的运动方程为

$$m \frac{\mathrm{d}^2 x}{\mathrm{d}t^2} = -k_1 x - k_3 x^3 \tag{4-60}$$

两边除以 m，得

$$\frac{\mathrm{d}^2 x}{\mathrm{d}t^2} + \omega_0^2 x = -\varepsilon x^3 \tag{4-61}$$

式中 $\omega_0^2 = k_1/m$，ω_0 是振子仅受线性回复力时的角频率。$\varepsilon = k_3/m$ 为一小量，它反映了回复力中非线性成分的大小。所谓小量，是指由它表示的回复力中的非线性成分比线性成分小得多。也就是说，若 x 的最大值（振幅）为 A，则应有

$$\left| \varepsilon A^2 \right| \ll \omega_0^2$$

上面已指出，非线性项的存在，一方面将使振子的运动偏离简谐振动，另一方面将使振子运动的周期（频率）发生变化。设此非简谐振动的周期为 T，对应的角频率为 $\omega = \dfrac{2\pi}{T}$，那么振子的非简谐振动可视作基频 ω 与各谐频简谐振动的合成（包含常数项）。由于非线性项正比于 x^3，对 x 是对称的，故运动对 $x = 0$ 的原点也是左右对称的，谐频中不会出现偶次谐频（包括常数项），因而谐频中最低项是三次的。如果我们对解的精度要求不高，可设试解为

$$x = A\cos \omega t + \eta A\cos^3 \omega t \tag{4-62}$$

式中 η 为比 1 小得多的量。将试解代入该方程时，方程右边 $\cos^3 \omega t$ 项不能忽略，而由三角恒等式

$$\cos^3 \omega t = \frac{3}{4} \cos \omega t + \frac{1}{4} \cos 3\omega t$$

方程右边将出现 $\cos 3\omega t$，方程左边也必须有对应的项，故 x 中必须有 $\cos 3\omega t$ 项。此外，只要适当选取初始条件，总可以使三次谐频振动与基频振动同时达到最大值，从而使试解的两项中都不包含初相。再有一点，试解中的 ω 不是 ω_0，因而 $A\cos \omega t$ 并不是仅受线性回复力的线性谐振子运动方程的解。这就是说，微扰不仅反映在试解的第二项上，也反映在基频的变化上。但 ω 与 ω_0 相差的也是一个小量，即

$$\omega = \omega_0 + \delta\omega_0 = (1 + \delta)\omega_0 \tag{4-63}$$

式中 $\delta \ll 1$。

以试解逐项代入（4–61）式中，并略去二级以上小量，分别得

$$x'' = -(1 + 2\delta)\omega_0^2 A\cos \omega t - 9(1 + 2\delta)\omega_0^2 A\cos 3\omega t$$
$$= -\omega_0^2 A\cos \omega t - 2\delta\omega_0^2 A\cos \omega t - 9\omega_0^2 \eta A\cos 3\omega t$$

$$\omega_0^2 x = \omega_0^2 A \cos \omega t + \omega_0^2 \eta A \cos 3\omega t$$

$$-\varepsilon x^3 = -\varepsilon (A \cos \omega t + \eta A \cos 3\omega t)^3 \approx -\varepsilon A^3 \cos^3 \omega t$$

$$= -\frac{3}{4} \varepsilon A^3 \cos \omega t - \frac{1}{4} \varepsilon A^3 \cos 3\omega t$$

于是有

$$-2\delta \omega_0^2 A \cos \omega t - 9\omega_0^2 \eta A \cos 3\omega t + \omega_0^2 \eta A \cos 3\omega t = -\frac{3}{4} \varepsilon A^3 \cos \omega t - \frac{1}{4} \varepsilon A^3 \cos 3\omega t$$

欲使上式对任意 t 均成立，等式两边 $\cos \omega t$ 和 $\cos 3\omega t$ 各项的系数应分别相等，故有

$$\delta = \frac{3\varepsilon A^2}{8\omega_0^2} \tag{4-64}$$

$$\eta = \frac{\varepsilon A^2}{32\omega_0^2} \tag{4-65}$$

所以角频率

$$\omega = \omega_0 + \frac{3\varepsilon A^2}{8\omega_0^2} \tag{4-66}$$

当 $\varepsilon > 0$ 时，ω 比 ω_0 大。这是可以理解的，因为此时对应的是非线性"硬"簧。而且振幅越大，频率越高，频率（基频）不再与振幅无关。

而三次谐频的振幅为

$$\eta A = \frac{\varepsilon A^3}{32\omega_0^2}$$

可以发现 η 也随振幅的增大而增大。

4.6.3　受迫振动

当一个非线性系统受到简谐驱动力作用时，其行为也将与线性系统很不相同。我们仍以受对称非线性回复力作用的振子为例来说明这种受迫振动的特征，设驱动力为 $F \cos \omega t$，则振子的运动方程为

$$mx'' = -k_1 x - k_3 x^3 + F \cos \omega t \tag{4-67}$$

或

$$x'' = -\omega_0^2 x - \varepsilon x^3 + F' \cos \omega t$$

其中 $\omega_0 = \sqrt{\dfrac{k_1}{m}}$ 为 $k_3 = 0$ 时系统的固有角频率；$\varepsilon = \dfrac{k_3}{m}$ 为一小量，它反映了非线性项的大小，$F' = F/m$。我们要寻求振子对驱动力的响应，这种响应必然是与驱动力

周期相同的周期运动。而且，既然非线性项比线性项小得多，那么此响应必然与非线性项不存在（即 $\varepsilon = 0$）时的响应相差不大。不难求出当 $\varepsilon = 0$ 时振子的响应为 $x = A_0 \cos \omega t$，式中

$$A_0 = \frac{F'}{\omega_0^2 - \omega^2} \tag{4-68}$$

因而振子的运动只能是角频率为 ω 的基频项及其谐频项之和，其中谐频项比基频项小得多，因而基频项的振幅也与 A_0 不完全相同。于是可设（4-67）式的解为

$$x = A \cos \omega t + \varepsilon u(t)$$

式中 $\varepsilon u(t)$ 为谐频项。ε 是小量，$\varepsilon u(t)$ 也是小量，代入（4-67）式中，略去二级以上小量，得

$$-\omega^2 A \cos \omega t + \varepsilon u''(t) = -\omega_0^2 A \cos \omega t - \varepsilon \omega_0^2 u(t) - \varepsilon A^3 \left(\frac{3}{4} \cos \omega t + \frac{1}{4} \cos 3\omega t\right) + F' \cos \omega t$$

由 $\cos \omega t$ 项系数相等，得

$$\left(\omega^2 - \omega_0^2\right) A - \frac{3}{4} \varepsilon A^3 + F' = 0$$

可得

$$\omega^2 = \omega_0^2 + \frac{3}{4} \varepsilon A^2 - \frac{F'}{A} \tag{4-69}$$

由此式即可决定振幅 A。当 $\varepsilon = 0$ 时，上式决定的 A 即（4-68）式中的 A_0。$u(t)$ 则满足

$$u''(t) + \omega_0^2 u(t) = -\frac{1}{4} A^3 \cos 3\omega t$$

此方程其实就是受驱动力 $-\frac{1}{4} A^3 \cos 3\omega t$ 作用的线性谐振子的运动方程，其特解为

$$u(t) = \frac{\frac{1}{4} A^3}{9\omega - \omega_0^2} \cos 3\omega t = \frac{A^3}{36\omega^2 - 4\omega_0^2} \cos 3\omega t$$

于是振子的运动方程为

$$x = A \cos \omega t + \frac{\varepsilon A^3}{36\omega^2 - 4\omega_0^2} \cos 3\omega t \tag{4-70}$$

与线性振子相比，非线性振子对简谐驱动力的响应有两个主要特征：

（1）响应中不仅有与驱动力同频率的基频项，而且有高次谐频项。这种频率响应的非线性效应还表现在当系统受两种不同频率的驱动力作用时，响应中不仅有这两个频率的振动，以及这两种频率的高次谐频的振动，而且还有这两种频率的和

频、差频振动，即所谓组合频率的振动。对非线性系统，叠加原理不再适用。人耳是这种效应的一个例子。人耳作为一种振动系统，具有非线性效应，因此当声源中有角频率为 ω_1 和 ω_2 的两种声音时，人耳不仅能听到这两种角频率的声音，还能听到 $\omega_1 + \omega_2$ 的声音。频率响应的非线性效应，在无线电技术和光学中有着广泛的应用。在无线电接收机中广泛使用的超外差电路，就是利用电子元件的非线性效应，得到机内振荡与外界信号的固定差频信号以提高放大效率的。某些光学介质在强光照射下也会产生非线性效应，从而得到与入射光频率不同的出射光。自激光问世后，这一光学变频效应已得到实际应用，并成为目前十分活跃的非线性光学的重要研究课题之一。

（2）受迫振动中基频项的振幅（从而谐频项的振幅）与 ω 呈现复杂的关系。由 ω 决定 A 的关系是一个三次方程。图 4-36 画出了 $|A|$ 与 ω^2 的关系曲线，其中图（b）是 $\varepsilon > 0$ 时的情形，图（c）是 $\varepsilon < 0$ 时的情形。作为对照，图（a）是 $\varepsilon = 0$ 时 $|A|$ 与 ω^2 的关系。图中 $\Delta\varphi$ 表示受迫振动落后于驱动力的相位，它只可能取 0 和 π 两个值。（a）、（b）、（c）三图中的虚线代表驱动力不存在时 $|A|$ 与 ω^2 的关系，也就是该非线性系统作自由振动时的基频与振幅的关系，令（4-69）式中 $F' = 0$，即得此关系：

$$\omega^2 = \omega_0^2 + \frac{3}{4}\varepsilon A^2$$

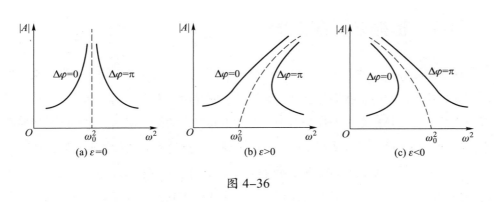

图 4-36

$|A|$ 与 ω^2 的关系有两个明显的特征。一是当 $\omega = \omega_0$ 时，即使没有阻尼，振幅也不趋向无限大。这一点可这样来理解：此时系统的固有角频率已不再是 ω_0，也不再只有一个，而是有许多个，而且随着振幅的增大，高次谐波项所占的比重越来越大，由外力提供的能量将分配在基频及一系列谐频上，因此当 $\omega = \omega_0$ 时振幅并不无限增大。另一个特征是当 ω 取某些值时，对应的 $|A|$ 不是只有一个，而是有三个。这表示，在这些频率的驱动力作用下，系统的响应有时是不稳定的，可以由一个 $|A|$ 值突然跳跃到另一个 $|A|$ 值。

当系统存在阻尼时，$|A|$ 与 ω^2 的关系曲线的顶部不再是开启的，而是封闭的，如图 4-37 所示，此时受迫振动与驱动力的相位差 $\Delta\varphi$ 也将是连续变化的，而且对某些 ω^2 值，$\Delta\varphi$ 也不是只有一个值，$\Delta\varphi$ 与 ω^2 的关系如图 4-38 所示。

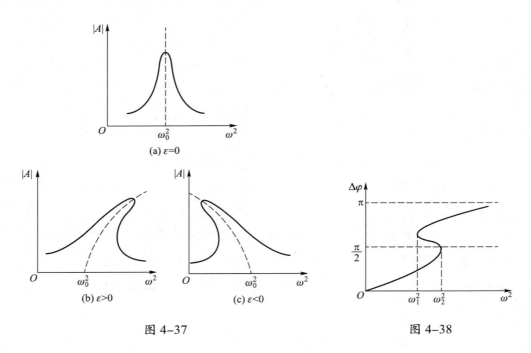

图 4-37

图 4-38

*4.7 谐振分析和频谱

在自然界和工程技术中，我们所遇到的振动大多不是简谐振动，而是复杂的振动。处理这类问题时，我们往往把复杂振动看成是由一系列不同频率的简谐振动组合而成的，也就是把复杂振动分解为一系列不同频率的简谐振动。这样的分解在数学上的依据是傅里叶级数或傅里叶积分的理论，因此这种方法称为傅里叶分析。

为了清楚地了解振动的分解，我们先看一个倍频简谐振动的例子。图 4-39 中两种虚线代表两分振动，频率之比为 3∶1，实线代表它们的合振动，图（a）、（b）、（c）分别表示三种不同的初相位差所对应的合振动。由图可知，三种不同情况，合振动各有不同形式，它们不再是简谐振动，但仍然是周期振动，而且振动的频率与分振动的最低频率（基频）相等。如果分振动不止两个，而且它们的振动频率是基频的整数倍（倍频），则它们的合振动仍然是周期振动，其频率等于基频。图 4-40 是频率比为 1∶3∶5∶… 的简谐振动，振动方程为

$$x(t) = A\left(\cos\omega t - \frac{1}{3}\cos 3\omega t + \frac{1}{5}\cos 5\omega t - \frac{1}{7}\cos 7\omega t + \cdots\right)$$

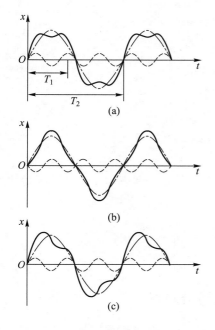

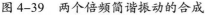

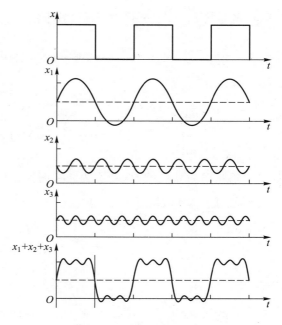

图 4-39　两个倍频简谐振动的合成　　　　图 4-40　"方形波"振动

在合成的振动曲线（图中只画出前面 3 项的振动）中，如果增加合成的项数，就可以得到"方形波"的振动。

既然一系列倍频简谐振动的合成是频率等于基频的周期振动，那么，与之相反，任一周期振动都可以分解为一系列简谐振动，各个分振动的频率都是原振动频率的整数倍，其中与原振动频率一致的分振动称为基频振动，其他的分振动则依照各自的频率相对于基频的倍数而相应地称为二次、三次……谐频振动。这种把一个复杂的周期振动分解为一系列简谐振动之和的方法，称为谐振分析。

傅里叶从理论上证明了上述结论。设有一个周期振动，周期为 T（相应的频率为 $\nu = \dfrac{1}{T}$，角频率为 $\omega = \dfrac{2\pi}{T}$），振动量 x 对时间的函数关系为 $x = x(t)$，该函数满足

$$x(t + T) = x(t)$$

按照傅里叶定理，周期函数可以表示为许多正弦函数与余弦函数之和，它们的频率都是 ν 的整数倍，即 $x(t)$ 可以展开成如下的傅里叶级数：

$$x(t) = \frac{a_0}{2} + \sum_{n=1}^{\infty}\left(a_n \cos n\omega t + b_n \sin n\omega t\right)$$

或

$$x(t) = A_0 + \sum_{n=1}^{\infty} A_n \cos\left(n\omega t + \varphi_n\right)$$

式中各系数 a_0、a_n、b_n 可由下述公式求出：

$$a_0 = \frac{2}{T} \int_{t_0}^{t_0+T} x(t) \, \mathrm{d}t$$

$$a_n = \frac{2}{T} \int_{t_0}^{t_0+T} x(t) \cos n\omega t \, \mathrm{d}t$$

$$b_n = \frac{2}{T} \int_{t_0}^{t_0+T} x(t) \sin n\omega t \, \mathrm{d}t$$

式中角频率为 $n\omega$ 的分振动称为 n 次谐频振动。A_n 和 φ_n 分别表示 n 次谐频振动的振幅和初相，其数值可由 a_n 和 b_n 求得。

$$A_n = \sqrt{a_n^2 + b_n^2}$$

$$\varphi_n = \arctan \frac{a_n}{b_n}$$

式中常数项 $A_0 = \dfrac{a_0}{2}$ 表示 $x(t)$ 在一个周期内的平均值。

下面举例说明傅里叶分析的基本方法。设半波整流后的电压如图 4-41 所示，在一个周期内它可表示为

$$U(t) = \begin{cases} U_m \sin \omega t & 0 \leqslant t \leqslant \dfrac{T}{2} \\ 0 & \dfrac{T}{2} < t \leqslant T \end{cases}$$

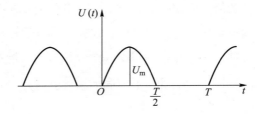

图 4-41　半波整流后的电压

于是有

$$U(t) = \frac{U_m}{\pi} + \frac{U_m}{2} \sin \omega t - \frac{2U_m}{\pi} \sum_{n=1}^{\infty} \frac{\cos 2n\omega t}{(2n)^2 - 1}$$

为了显示实际振动中所包含的各个简谐振动的振动情况（振幅、相位），我们常用图形把它们表示出来。若用横坐标表示各个谐频振动的频率，纵坐标表示对应的振幅，就得到谐频振动的振幅分布图，称之为振动的频谱。不同的周期振动具

有不同的频谱,周期振动的各谐振成分的频率都是基频的整数倍,所以频谱是分立谱。图 4-42 画出了锯齿形和方波形振动的频谱。

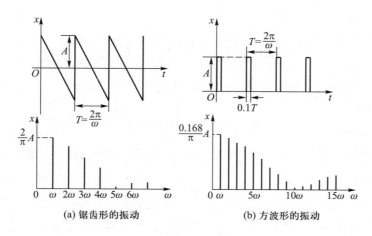

(a) 锯齿形的振动   (b) 方波形的振动

图 4-42   几种常见的周期振动的频谱

不同乐器演奏出的同一音调的音色各不相同,就是由于各种乐器所包含的谐频振动的振幅不同所致。图 4-43 表示小提琴和钢琴同时演奏基频为 440 Hz(A 调)的波形与声谱。

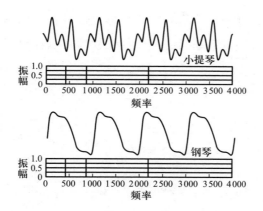

图 4-43   小提琴与钢琴的波形与声谱

频谱只表示各谐频振动的振幅,而不能表示其相位,两者合在一起才构成完整的频谱。因为大量实际问题中我们只需要知道振幅频谱,所以完整的频谱用得较少。

非周期性振动也可以分解为一系列的简谐振动。因为非周期性振动可以看成周期 $T \to \infty$ 或基频 $\omega \to 0$ 的周期振动,所以分解得到的一系列简谐振动的频率是连续分布的。相应的频谱不再是分立谱,而是密集的连续谱。图 4-44 给出了一种

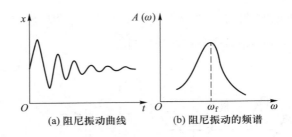

图 4-44 阻尼振动（非周期性振动）的振动曲线及其频谱

阻尼振动的振动曲线及其频谱，由于阻尼振动可以近似看成振幅衰减的简谐振动，所以其频谱在对应简谐振动的角频率 ω_f 处出现峰值。阻尼越大，频谱曲线越平坦；阻尼越小，频谱曲线越尖锐。

谐振分析和频谱分析对实际应用和理论研究都是十分重要的方法。对振动信号进行频谱分析有助于了解测试对象的动态特性，从而对其性能作出评价，或者诊断造成有害振动的原因，为防止振动破坏提供依据。振动的频谱分析也是分析无线电波和光波的基础，例如在无线电和电视技术中为了增强或消除某些频率的振动，就必须知道振动的频率分布信息。录音室里高级组合音响工作时跳动的光柱也是一种频谱显示。光学中，人们也常常把包含各种频率的复色光分解成一系列具有单一频率的单色光，然后进行处理。

近年来，配备有电子计算机的专用仪器相继问世，如频率分析仪、快速傅里叶变换处理机、信号处理机等，使用这类仪器可以在很短的时间内完成频谱分析。

思 考 题

4-1 试说明下列运动是不是简谐振动：（1）小球在地面上作的完全弹性的上下运动；（2）小球在半径很大的凹球面底部作的小幅度的摆动。

4-2 简谐振动的速度和加速度在什么情况下是同号的？在什么情况下是异号的？加速度为正值时，振动质点的速率是否一定在增加？反之，加速度为负值时，振动质点的速率是否一定在减少？

4-3 试分析下列表述的正确性并阐述原因：（1）若物体受到一个总是指向平衡位置的合力的作用，则物体必然作振动，但不一定是简谐振动；（2）简谐振动的过程是能量守恒的过程，凡是能量守恒的过程都是简谐振动的过程。

4-4 用两种方法使弹性振子作简谐振动。

方法一：使其从平衡位置压缩 Δl，由静止开始释放；

方法二：使其从平衡位置压缩 $2\Delta l$，由静止开始释放。

试问两次振动的周期是否相同？总能量是否相同？

4-5 作简谐振动的振子，处于何处时：（1）振动动能最大？（2）振动动能最小？（3）振动势能最大？（4）振动势能最小？

4-6 单摆摆长增加一倍，其周期如何变化？其振动频率如何变化？

4-7 一个物体同时参与两个同方向、同频率的简谐振动，问：（1）什么条件下合振幅最大？（2）什么条件下合振幅最小？

4-8 如何增加共振？如何减小共振？

习　题

4-1 一质点沿 x 轴作简谐振动，其角频率 $\omega = 10 \text{ rad} \cdot \text{s}^{-1}$。试分别写出下列两种状态下的振动方程：（1）初始位移 $x_0 = 7.5$ cm，初始速度 $v_0 = 75.0 \text{ cm} \cdot \text{s}^{-1}$；（2）初始位移 $x_0 = 7.5$ cm，初始速度 $v_0 = -75.0 \text{ cm} \cdot \text{s}^{-1}$。

4-2 一质量 $m = 0.25$ kg 的物体，在弹性回复力作用下沿 x 轴运动，弹簧的弹性系数 $k = 25 \text{ N} \cdot \text{m}^{-1}$。（1）求振动的周期和角频率；（2）若振幅 $A = 15$ cm，初始时刻位移 $x_0 = 7.5$ cm，物体沿 x 轴负方向运动，求其振动方程。

4-3 有一轻弹簧，下面悬挂质量为 1.0 kg 的物体时，伸长量为 0.49 m。用这个弹簧和一个质量为 5 kg 的小球构成弹簧振子，将小球由平衡位置向下拉开 1.0×10^{-2} m 后，给予其向上的初速度 $v_0 = 4.0 \times 10^{-2} \text{ m} \cdot \text{s}^{-1}$，求振动周期和振动表达式。

4-4 习题 4-4 图为两个简谐振动的 $x-t$ 曲线，试分别写出其振动方程。

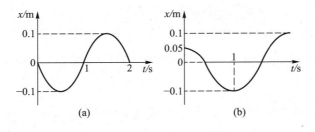

习题 4-4 图

4-5 一物体作简谐振动，其速度最大值 $v_m = 3 \times 10^{-2} \text{ m} \cdot \text{s}^{-1}$，振幅 $A = 2 \times 10^{-2}$ m，初始时刻物体过平衡位置向 x 轴负方向运动。求：（1）振动周期；（2）最大加速度的大小；（3）振动方程。

4-6　若简谐振动方程为 $x = 0.10\sin(\pi t + 0.25\pi)$（SI 单位），求：（1）振幅、频率、角频率、周期和初相；（2）$t = 2$ s 时的位移、速度和加速度。

4-7　有一弹簧，当其下端挂一质量为 m 的物体时，伸长量为 x_0。若使物体上下振动，且规定向下为正方向。（1）当 $t = 0$ 时，物体在平衡位置上方 $2x_0$ 处，由静止开始向下运动，求运动方程；（2）当 $t = 0$ 时，物体在平衡位置并以 v_0 的速度向下运动，求运动方程。

4-8　原长为 0.5 m 的弹簧，上端固定，下端挂一质量为 0.1 kg 的物体，当物体静止时，弹簧长为 0.6 m。现将物体上推，使弹簧缩回到原长，然后放手，以放手时开始计时，取竖直向下为正方向，写出振动表达式。（g 取 9.8 m·s^{-2}。）

4-9　有一单摆，摆长 $l = 1.0$ m，小球质量 $m = 10$ g。$t = 0$ 时，小球正好经过 $\theta = -0.06$ rad 处，并以角速度 $\omega = 0.2$ rad·s^{-1} 向平衡位置运动。设小球的运动可看作简谐振动，（1）试求角频率、频率、周期；（2）用余弦函数形式写出小球的振动表达式。（g 取 9.8 m·s^{-2}。）

4-10　一弹性谐振子周期为 4 s，振幅为 0.20 m。$t = 0$ 时，振子位于 $x_0 = -0.14$ m 处向 x 轴负方向运动。（1）求振动方程；（2）问振子处于何处时，其振动动能与势能的比例为 1:2？（3）振子从初始位置运行至平衡位置所需的最短时间。

4-11　一质点沿 x 轴作简谐振动，振幅为 0.12 m，周期为 2 s。当 $t = 0$ 时，其位移为 0.06 m，且向 x 轴负方向运动。（1）求振动表达式；（2）求 $t = 0.5$ s 时，质点的位置、速度和加速度；（3）如果在某时刻质点位于 $x = -0.06$ m 处，且向 x 轴正方向运动，求质点从该位置回到平衡位置所需要的时间。

4-12　一质点同时参与两个同方向、同频率的简谐振动，振动方程分别为 $x_1 = 0.6\cos\left(4t + \dfrac{\pi}{6}\right)$（SI单位），　$x_2 = 0.8\cos\left(4t + \dfrac{2\pi}{3}\right)$（SI 单位）。求合振动方程。

4-13　当简谐振动的位移为振幅的一半时，其动能和势能各占总能量的多少？物体在什么位置时其动能和势能各占总能量的一半？

4-14　一质点同时参与两个同方向的简谐振动，振动方程分别为 $x_1 = 0.08 \cdot \cos\left(2\pi t + \dfrac{\pi}{4}\right)$（SI单位）和 $x_2 = 0.08\cos\left(2\pi t - \dfrac{\pi}{4}\right)$（SI单位）。求合振动的振幅与初相。

4-15　一摆在空中作阻尼振动，某时刻振幅为 $A_0 = 3$ cm，经过 $t_1 = 10$ s 后，振幅变为 $A_1 = 1$ cm。问：由振幅为 A_0 时起，经多长时间其振幅减为 $A_2 = 0.3$ cm？

4-16　某弹簧振子在真空中自由振动的周期为 T_0，现将该弹簧振子浸入水中，由于水的阻尼作用，经过每个周期振幅降为原来的 90%，求弹簧振子在水中的振动周期 T。

惠更斯

Christiaan Huygens

Chapter 5

第 5 章
机械波

谈到波，人们就会联想起水面，无论是浩瀚大海的汹涌波涛，还是一泓秋水的碧波涟漪，都给人留下深刻的印象。波，这种既壮观又浪漫的运动形式不仅出现于水面，也弥漫于整个宇宙。所有的辐射，无论声、光还是电磁，都和波联系在一起，甚至粒子也有波的性质。波输运能量、传播信息，研究波动过程是物理学的重要课题。

让我们回到海边，观望叠起的波浪。波浪冲刷海岸，带来了能量也带来了动量。但是，拍岸惊涛消散以后，海水并没有很大程度的整体移动，它只是传播了某种效应。这是波动的一个根本特点。波源发出的振动依靠弹性介质，沿所有可能的方向，以一定的速度，由近及远，渡越空间，向介质的其他区域传播，但介质本身并无迁移。这就是以有限波速在介质中传播的机械波。

固体、液体、气体都是可变形的连续介质。从宏观上看，连续介质的每个质元都和它周围的质元之间存在着相互作用。介质中某个质元离开它的平衡位置时，由于形变（包括长变、体变、切变等），邻近质元将对它产生一个回复作用，因此这个质元可以在平衡位置附近振动。同时相互作用也将迫使周围质元在各自的平衡位置附近振动。振动就这样在弹性介质中传播出去，机械波是振动在弹性介质中传播时所发生的现象。声波就是机械波，波动过程的经典认识首先来自对机械波行为的研究。

我们先看看振动与波动的区别与联系。

振动是针对一个质点、一个质元，准确地说是对一个集中参数系统的运动而言的，是指某个物理量随时间的周期性变化。单纯的振动问题只具有单一的时间周期性，无须考虑振动量在空间的分布。振动方程仅仅是时间的一元函数，从振动过程中抽象出的数学规律是常微分方程。

如果系统是一根张紧的弦线或一根弹性杆，质量沿长度分布，受到扰动时各个质元运动步调不一致，也就是说，所有质元不是整齐划一地随时间变化，振动状态存在着空间分布问题，那么要了解系统的运动就必须对所有质元的运动状态作出描述。从集中参数系统到分布参数系统，自由度由一个、两个跃升至无穷多个。机械波是弹性介质中所有质元振动状态的集体表现，是振动状态的时空分布。波动的一般意义是波场，波场是扰动量的时空分布，行波是振动状态在空间沿一定方向传播形成的波场。行波具有以下特点：沿着振动传播方向，质元振动相位逐点落后，滞后的时间取决于两点距离以及扰动在介质中传播的速度（波速）。波源的振动将从行波的"上游"向"下游"传播出去。在均匀介质中，波源振动的时间周期性，必然导致在传播方向上质元振动相位分布的空间周期性，振动状态相同的质元沿传播方向以确定的空间周期（波长）分布于波场。

波动的描述，就是波场的描述，是对所有质元（以它的平衡位置作为标志）振动状态（相位）的描述。波场往往具有时间与空间的双重周期性，描写波场的波函数是以时间坐标与空间坐标为自变量的多元函数。从分布参数系统动力学分析中抽象出来的反映波动过程的数学规律称为波动方程，是偏微分方程。

振动状态在介质中的传播过程叫作**波动**。振动状态的传播伴随着能量的传播，波动也是能量的传播过程。机械振动在弹性连续介质中的传播过程叫作**机械波**，变化的电磁场在空间的传播过程叫作**电磁波**。波动是一种普遍而重要的运动形式，机械波、电磁波、物质波的本质虽然各不相同，但它们却有着共同的规律。

波是振动状态的传播，也就是振动相位的传播，波不同于其他运动形式，它能产生衍射现象和干涉现象。本章以机械波为例，讨论波的运动规律。

5.1 机械波的形成和传播

5.1.1 机械波产生的条件

物体在介质中振动会产生波。投石在水面上激起圆形水波，振动音叉在空气中激起声波，将闹钟置于玻璃罩内，缓缓抽出空气，滴答之声逐渐减弱乃至消失。用无弹性的隔音材料将闹钟包裹起来，滴答之声也难以听见。这说明机械波的产生有两个条件：一是有作机械振动的物体，谓之**波源**；二是有**连续的介质**。

如果波动中使介质各部分振动的回复力是弹性力，则称之为**弹性波**。如声波即弹性波，机械波不一定是弹性波。水面波的回复力是质元所受的重力和表面张力，它们都不是弹性力。我们只讨论弹性波。

我们介绍一下机械波在连续弹性介质中的传播机理。所谓**连续弹性介质**，就是组成这种介质的质元是连续分布的（即介质内部不存在空隙或间断点），质元之间彼此由弹性力相联系。固体、液体或气体都可视为连续弹性介质，比如一条绳子中各个质元彼此间存在弹性联系，如果用手去上下抖动绳子的一端，那么振动就会依靠绳子中各个质元之间的弹性联系沿着绳子传播出去。

在连续弹性介质的内部，各个质元间有弹性力，因此，如果介质中有一个质元A离开了平衡位置，那么介质中各个质元间就会因为形变而产生等值反向的弹性力。质元A受到它周围质元弹性力的作用，回到平衡位置，因而产生振动；根据牛顿第三定律，A周围的质元同时受到A的弹性力作用，它们离开平衡位置；当它们离开平衡位置时，它们自己周围的其他质元又对它们施加弹性力，要使它们回到平衡位置，因而也要产生振动。所以介质中一个质元的振动会引起近邻质元的振动，而近邻质元的振动又会引起较远质元的振动。这样，振动就由近及远地向各个方向以一定的速度传播出去，形成了波。

5.1.2　横波和纵波

应当注意，波所传播的只是振动状态，而介质中各个质元仅在它们各自的平衡位置附近振动，并不随着振动的传播而移动。

在波传播过程中，质点的振动方向和波的传播方向不一定相同。按质点振动方向与波动传播方向之间的关系可把波分为横波和纵波两类。质点的振动方向与波动的传播方向相垂直的波称为**横波**，例如在绳子上传播的波；质点的振动方向和波的传播方向相平行的波称为**纵波**，例如在空气中传播的声波。横波和纵波是自然界中存在的最简单的波，其他如水面波、地震波等，情况就比较复杂。

图 5–1 是横波在一根弦线上传播的示意图。将弦线分成许多可视为质点的小段，质点之间以弹性力相联系。设 $t = 0$ 时，质点都在各自的平衡位置，此时质点 1 在外界作用下由平衡位置向上运动。由于弹性力的作用，质点 1 带动质点 2 向上运动，继而质点 2 又带动质点 3 向上运动……于是各质点就先后上下振动起来。图 5–1 中画出了不同时刻各质点的振动状态。设波源的振动周期为 T。由图可知，$t = T/4$ 时，质点 1 的初始振动状态传到了质点 4；$t = T/2$ 时，质点 1 的初始振动状态传到了质点 7，$t = T$ 时，质点 1 完成了自己的一次全振动，其初始振动状态传

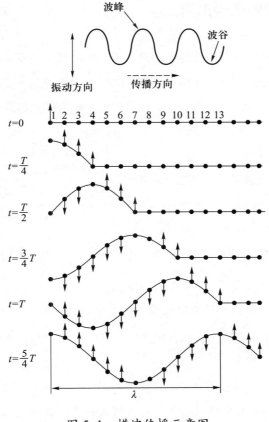

图 5-1　横波传播示意图

到了质点 13。此时，质点 1 至质点 13 之间各质点偏离各自平衡位置的矢端曲线就构成了一个完整的波形。在以后的过程中，每经过一个周期，就向右传出一个完整波形。**可见沿着波的传播方向向前看去，前面各质点的振动相位都依次落后于波源的振动相位。**

横波是通过介质的切向形变所产生的切向弹性力来实现的。只有固体才能产生切向形变，因而横波只能在固体中传播。

图 5-2 是纵波在一根弹簧中传播的示意图。纵波在弹性介质中传播，是通过介质的拉伸（膨胀）和压缩形变所产生的纵向弹性力来实现的。固体、液体、气体都能产生这种形变，因此都能传播纵波。

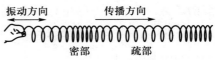

图 5-2　纵波传播示意图

综上所述，机械波向外传播的是波形、相位和能量。

195

*5.1.3 物体的弹性形变

固体、液体和气体在受到外力作用时，不仅运动状态会发生改变，而且其形状和体积也会发生改变，这种改变称为**形变**。如果外力不超过一定限度，则在外力撤去后，物体的形状和体积完全恢复原状，这种形变称为**弹性形变**，这个外力限度称为**弹性限度**。形变有以下几种形式：

（1）长变

如图 5-3 所示，在棒的两端沿轴向作用一对大小相等、方向相反的外力时，其长度将发生变化，这种形变称为长变。若棒长由 l 变为 $l + \Delta l$，其中伸长量 Δl 的正负（伸长或缩短）由外力方向决定，而 $\dfrac{\Delta l}{l}$ 表示棒

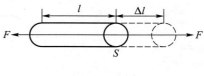

图 5-3　长变

长的相对改变，我们称其为**长变的应变**。若我们设棒的横截面积为 S，则 $\dfrac{F}{S}$ 称为**长变的应力**。根据胡克定律，在弹性限度内，长变的应力与长变的应变成正比，即

$$\frac{F}{S} = E\frac{\Delta l}{l} \tag{5-1}$$

式中比例系数 E 只与材料的性质有关，称为**弹性模量**，其定义为

$$E = \frac{\dfrac{F}{S}}{\dfrac{\Delta l}{l}} \tag{5-2}$$

（2）切变

如图 5-4 所示，在一块材料的两个相对面上各施加一个与平面平行、大小相等、方向相反的外力时，材料将发生图 5-4 中所示的形变，即相对面发生相对滑动，这种形变称为**切变**。设施力的面积为 S，则 $\dfrac{F}{S}$ 称为**切变的应力**，两个施力的相对面相互错开的角

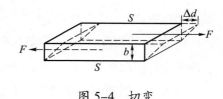

图 5-4　切变

度 $\varphi = \arctan\dfrac{\Delta d}{b}$ 称为**切变的应变**。根据胡克定律，在弹性限度内，切变的应力和切变的应变成正比，即

$$\frac{F}{S} = G\varphi \tag{5-3}$$

式中 G 是比例系数，只与材料的性质有关，称为**切变模量**，其定义为

$$G = \frac{\frac{F}{S}}{\varphi} \tag{5-4}$$

常见材料的弹性模量与切变模量见表 5-1。

表 5-1　常见材料的弹性模量与切变模量

材料	钢	锻铁	铜	铝
$E/(\text{N} \cdot \text{m}^{-2})$	2.0×10^{11}	1.9×10^{11}	1.1×10^{11}	7×10^{10}
$G/(\text{N} \cdot \text{m}^{-2})$	8×10^{10}	7×10^{10}	4×10^{10}	2.4×10^{10}

（3）体变

　　当物体（固体、液体或气体）周围所受压强改变时，其体积也会发生改变，这种形变称为体变或容变。如图 5-5 所示，设物体所受的压强由 p 变为 $p + \Delta p$，相应的物体的体积由 V 变为 $V + \Delta V$，显然，ΔV 与 Δp 的符号恒相反。$\frac{\Delta V}{V}$ 表示体积的相对变化，称为**体变的应变**。实验表明，在弹性限度内，压强的改变与体变的应变成正比，即

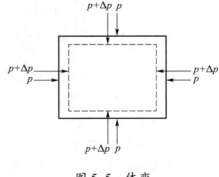

图 5-5　体变

$$\Delta p = -K \frac{\Delta V}{V} \tag{5-5}$$

式中比例系数 K 只与材料的性质有关，称为**体积模量**，其定义为

$$K = -\frac{\Delta p}{\frac{\Delta V}{V}} \tag{5-6}$$

5.1.4　波线与波面

　　当波源在介质中振动时，介质中质元之间的相互作用引起波源周围各质元在自己的平衡位置附近相继投入振动。这样，振动将向各方向传播出去，我们形象地把波的传播方向称为**波线**，把某一时刻振动传播到的各点所组成的曲面称为**波前**或**波阵面**（简称波面），而把传播过程中振动相位相同的各点所组成的曲面称为波面，亦称为同相面。在任何时刻都只能有一个确定的波前；而在任何时刻，对于振动相位相同的各点所组成的波面，其数目却是任意多的。由于波前上各点同时开始振动，

各点的相位必然是相同的，所以波前是波面的特例，也就是最前面的那个波面。

若波源的大小和形状与波的传播距离相比较可以忽略不计，则我们可以把它当作点波源。在各向同性的介质中，振动在各个方向上的传播速度大小是相同的，因此，振动从点波源出发，在各向同性介质中向各个方向传播出去后，其波前和波面都是以点波源为中心的球面。若点波源在无限远处，则在一定范围的局部区域内，波面和波前的形状都近似为平面。

我们可按波前的形状将波分类，例如，波前为球面的波称为球面波［图 5-6（a）］；波前为平面的波称为平面波［图 5-6（b）］。

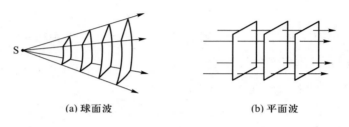

(a) 球面波　　　　　　　　(b) 平面波

图 5-6

在各向同性的介质中，波线恒与波面垂直。因此，在球面波的情况下，波线从点波源出发，沿径向呈辐射状；在平面波的情况下，波线是与波前垂直的平行直线。传播到地球表面的太阳光线可以看作平行的波线（即把太阳当作位于无限远处的点波源）；远处传来的声波可以看作平面波。

5.1.5　简谐波及其描述

一般来说，波动中各质点的振动是复杂的。最简单、最基本的波是由简谐振动产生的波，称之为**简谐波**。

1. 波速 u

波速是振动状态或振动相位的传播速度，又称**相速**，用 u 来表示，它在数值上等于振动状态在单位时间内传播的距离。振动状态的传播是通过介质中质点间的弹性力来实现的。弹性越强传播越快，惯性越大传播越慢。波速完全取决于介质的弹性和惯性，即取决于介质的弹性模量和密度。

有必要指出，波在介质中的传播速度与介质中质点的振动速度是完全不同的两个概念。质点的振动速度是变化的；而对一定的波，波速是恒定不变的，如真空中电磁波的传播速度 $c \approx 3.0 \times 10^8 \text{ m} \cdot \text{s}^{-1}$，与电磁波的频率、振幅无关，声波在空气中的传播速度 $u \approx 340 \text{ m} \cdot \text{s}^{-1}$，与声波的频率、振幅也无关。

2. 波动周期 T 和波动频率 ν

波动过程也具有时间上的周期性。**波动周期**是指一个完整波形通过介质中某固定点所需的时间，用 T 表示。周期的倒数叫作频率，**波动频率**在数值上等于单位时间内通过介质中某固定点完整波的数目，用 ν 表示。由于波源每完成一次全振动，就有一个完整的波形发送出去，所以当波源相对于介质静止时，**波动周期即波源的振动周期，波动频率即波源的振动频率**。波动周期 T 与波动频率 ν 之间亦有

$$T = \frac{2\pi}{\omega} = \frac{1}{\nu} \tag{5-7}$$

3. 波长 λ

波长是一个周期内波在介质内传播的路程，用 λ 表示，也可理解为一个完整波形的长度。以横波为例，波长是相邻两波峰之间的距离，或相邻两波谷之间的距离。相距为一个波长的两点振动状态相同，相位差为 2π。显然，波长与波速、周期和频率的关系为

$$\lambda = uT = \frac{u}{\nu} \tag{5-8}$$

此式不仅适用于机械波，也适用于电磁波。

由于机械波的波速仅由介质的力学性质决定，所以不同频率的波在同一介质中传播时具有相同的波速，而同一频率的波在不同介质中传播时其波长不同。

5.2 平面简谐波的波动方程

在介质中行进着的波称为**行波**，行波具有输送能量和动量的重要特性。波面是平面的简谐波称为**平面简谐波**。对平面简谐波来说，同一波面上任何质点的振动都相同，因此某一波线上各质点的振动情况代表着整个平面波的情况。本章只讨论平面简谐波。

5.2.1 平面简谐波的波动方程

介质中任意质点的位移随时间的变化关系叫**波动方程**。下面讨论平面简谐波在无吸收均匀介质中传播的波动方程。这样的平面波各质点的频率和振幅都相同，因此波源的位置并不重要。

设 x 轴为波线，质点的平衡位置用 x 表示，质点的位移用 y 表示。如图 5-7 所

示，在 $x = 0$ 处的振动方程为 $y = A\cos(\omega t + \varphi)$。

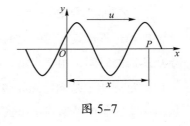

图 5-7

先求平面简谐波沿 x 轴正方向传播的波动方程。在波线 x 轴上任取一点 P，P 到原点 O 的距离是 x，P 的起振时间比 O 点落后 $\dfrac{x}{u}$，相位落后 $\omega\dfrac{x}{u}$，即 O 点的相位传到 P 点所需的时间是 $\Delta t = \dfrac{x}{u}$，t 时刻 P 点的相位与 $\left(t - \dfrac{x}{u}\right)$ 时刻 O 点的相位相同。由此可得 P 点的振动方程为

$$y = A\cos\left[\omega\left(t - \frac{x}{u}\right) + \varphi\right] \tag{5-9}$$

因 P 点的坐标 x 是任意的，所以（5-9）式即沿 x 轴正向传播的平面简谐波的波动方程。

若波动是沿 x 轴负方向传播的，则易得其波动方程为

$$y = A\cos\left[\omega\left(t + \frac{x}{u}\right) + \varphi\right] \tag{5-10}$$

将 $\omega = 2\pi\nu = \dfrac{2\pi}{T}$，$u = \dfrac{\lambda}{T} = \dfrac{\omega}{2\pi}\lambda$ 代入（5-9）式、（5-10）式，可得到如下常用波动方程表达式：

$$y = A\cos\left[2\pi\left(\frac{t}{T} \mp \frac{x}{\lambda}\right) + \varphi\right] \tag{5-11}$$

$$y = A\cos\left[2\pi\left(\nu t \mp \frac{x}{\lambda}\right) + \varphi\right] \tag{5-12}$$

$$y = A\cos\left[\frac{2\pi}{\lambda}(ut \mp x) + \varphi\right] = A\cos\left[k(ut \mp x) + \varphi\right] \tag{5-13}$$

式中 $k = \dfrac{2\pi}{\lambda}$，称为**波矢**，它在数值上等于在 2π 长度内所具有的完整波的数目。

5.2.2 波动方程的物理意义

为了进一步理解波动方程的物理意义，现作如下讨论：

（1）当 x 一定时，位移 y 仅为 t 的函数。此时，波动方程表示距原点 x 处的给定点在各不同时刻 t 的位移，即波动方程变为该给定点的振动方程。以位移 y 为纵坐标，时间 t 为横坐标，可得给定点的 y-t 曲线，如图 5-8 所示，此为该点的振动曲线。

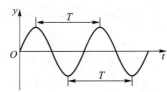

图 5-8　波线上给定点的振动曲线

设原点的振动初相为零，对定点 x 由波动方程可得其初相为 $\mp\dfrac{\omega x}{u}$ 或 $\mp kx$（正向传播为负号，负向传播为正号）。由此可知，对正向传播波，$x>0$ 的点的相位滞后于原点，$x<0$ 的点的相位超前于原点；对负向传播波则结论相反。

（2）当 t 一定时（即某时刻），y 仅为 x 的函数。这时波动方程表示在给定时刻沿波线方向上各质点的位移的空间分布情况，即给定时刻的波形。它可通俗地说成某时刻质点空间位移的集体照。以位移 y 为纵坐标，质点平衡位置 x 为横坐标，可得给定时刻的各质点的位移分布曲线，也称**波形图**，如图 5-9 所示。

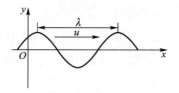

图 5-9　给定时刻的波形图

设 $t=t_0$，由波动方程可得

$$y = A\cos\left[\omega\left(t_0 \mp \frac{x}{u}\right) + \varphi\right] \tag{5-14}$$

（5-14）式称为 t_0 时刻的**波形方程**。

若在同一条波线上有坐标不同的两点 1 与 2，其坐标分别为 x_1、x_2，则可通过（5-14）式求得它们间的相位差：

$$\Delta\varphi = \varphi_2 - \varphi_1 = \mp\frac{2\pi}{\lambda}\left(x_2 - x_1\right) = \mp\frac{2\pi}{\lambda}\Delta x \tag{5-15}$$

或

$$\Delta\varphi = \mp k\Delta x \tag{5-16}$$

其中正向传播波取负号，负向传播波取正号。

（3）当 x 和 t 都变化时，波动方程就表达了所有质点位移随时间变化的整体情况，图 5-10 分别画出了 t 时刻和 $t+\Delta t$ 时刻的两个波形图，从而描述出波动在 Δt 时间内传播了 Δx 距离的情况。换言之，波在 t 时刻 x 处的相位，经过 Δt 时间已传到了 $x+\Delta x$ 处了。

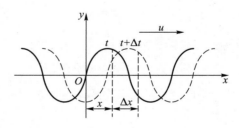

图 5-10　波形的传播

由（5-13）式可得

$$\frac{2\pi}{\lambda}(ut - x) = \frac{2\pi}{\lambda}\left[u\left(t + \Delta t\right) - \left(x + \Delta x\right)\right] \tag{5-17}$$

由此式可解得

$$\Delta x = u\Delta t$$

这就告诉我们，波的传播是相位的传播，也是振动这种运动形式的传播，或称为波形的传播，波速 u 正是相位或波形向前传播的速度。总之，当 x 和 t 都变化时，波动方程就描述了波的传播过程，这就是我们把这种波称为行波的原因。

例 5-1 已知波动方程为 $y = 0.1\cos\dfrac{\pi}{10}(25t - x)$（SI 单位），求：（1）振幅、波长、周期、波速；（2）距原点 8 m 和 10 m 两处质点振动的相位差；（3）波线上各质点在时间间隔 0.2 s 内的相位差。

解 （1）（用比较系数法）将已知方程改写为

$$y = 0.1\cos\left[\frac{25}{10}\pi\left(t - \frac{x}{25}\right)\right]\text{（SI 单位）}$$

将它与波动方程标准形式 $y = A\cos\left[\omega\left(t - \dfrac{x}{u}\right) + \varphi\right]$ 比较可得

$$A = 0.1\,\text{m}, \ \omega = \frac{25}{10}\pi\,\text{rad} \cdot \text{s}^{-1} = 2.5\,\pi\,\text{rad} \cdot \text{s}^{-1}, \ u = 25\,\text{m} \cdot \text{s}^{-1}, \ \varphi = 0$$

所以

$$T = \frac{2\pi}{\omega} = 0.8\,\text{s}, \quad \lambda = uT = 20\,\text{m}$$

（2）由同一波线上同一时刻两点间相位差公式可得

$$\Delta\varphi = -\frac{2\pi}{\lambda}(x_2 - x_1) = -\frac{\pi}{5}$$

（3）对于波线上的定点，其运动形式为简谐振动，由简谐振动特性可知在一个周期内其相位改变 2π，由此得

$$\frac{2\pi}{T} = \frac{\Delta\varphi}{\Delta t}$$

则

$$\Delta\varphi = \frac{2\pi}{T}\Delta t = \frac{\pi}{2}$$

5.2.3 平面简谐波的微分方程

将平面简谐波的波动方程（5-9）式分别对 t 和 x 求二阶偏导数，有

$$\frac{\partial^2 y}{\partial t^2} = -A\omega^2\cos\left[\omega\left(t - \frac{x}{u}\right) + \varphi\right]$$

$$\frac{\partial^2 y}{\partial x^2} = -A\frac{\omega^2}{u^2}\cos\left[\omega\left(t - \frac{x}{u}\right) + \varphi\right]$$

比较上面两式可得

$$\frac{\partial^2 y}{\partial x^2} = \frac{1}{u^2}\frac{\partial^2 y}{\partial t^2} \tag{5-18}$$

这是一个二阶线性偏微分方程。可以证明，此方程对以波速 u 沿 x 轴传播的任何平面波都适用（由方程不含 A、ω 和 φ 也可推知这一点），故称为**平面波波动微分方程**。它不仅适用于机械波，也适用于电磁波，它是平面波波动方程的普遍形式。

例 5-2 一连续纵波沿 x 轴正方向传播，频率为 25 Hz，波线上相邻密集部分中心之距离为 24 cm，某质点最大位移为 3 cm。原点取在波源处，且 $t = 0$ 时，波源位于平衡位置沿 y 轴的正方向运动。求：（1）波源振动方程；（2）波动方程；（3）$t = 1$ s 时波形方程；（4）$x = 0.24$ m 处质点振动方程；（5）$x_1 = 0.12$ m 与 $x_2 = 0.36$ m 处质点振动的相位差。

解 （1）设波源振动方程为 $y_0 = A\cos(\omega t + \varphi)$，由题意可知

$$A = 0.03 \text{ m}, \quad \omega = 2\pi\nu = 50\pi \text{ rad} \cdot \text{s}^{-1}$$

由旋转矢量法可知

$$\varphi = -\frac{\pi}{2}$$

则

$$y = 0.03\cos\left(50\pi t - \frac{\pi}{2}\right) \text{（SI 单位）}$$

（2）波动方程为

$$y = 0.03\cos\left(50\pi t - \frac{\pi}{2} - \frac{2\pi}{\lambda}x\right) \text{（SI 单位）}$$

式中 $\lambda = 0.24$ m，则

$$y = 0.03\cos\left(50\pi t - \frac{25\pi}{3}x - \frac{\pi}{2}\right) \text{（SI 单位）}$$

（3）$t = 1$ s 时波形方程为

$$y = 0.03\cos\left(\frac{99}{2}\pi - \frac{25}{3}\pi x\right) \text{（SI 单位）}$$

（4）$x = 0.24$ m 处质点振动方程为

$$y = 0.03\cos\left(50\pi t - 2\pi - \frac{\pi}{2}\right) = 0.03\cos\left(50\pi t - \frac{5\pi}{2}\right) \text{（SI 单位）}$$

（5）所求相位差为

$$\Delta\varphi = -2\pi\frac{x_2 - x_1}{\lambda} = -2\pi\frac{0.36 - 0.12}{0.24} = -2\pi$$

x_1 处质点相位超前。

例 5-3　一平面波在介质中以波速 $u = 20$ m·s^{-1} 沿直线传播，已知在传播路径上某点 A 的振动方程为 $y_A = 3\cos 4\pi t$（SI 单位），如图 5-11 所示。（1）若以 A 点为坐标原点，写出波动方程，并求出 C、D 两点的振动方程；（2）若以 B 点为坐标原点，写出波动方程，并求出 C、D 两点的振动方程。

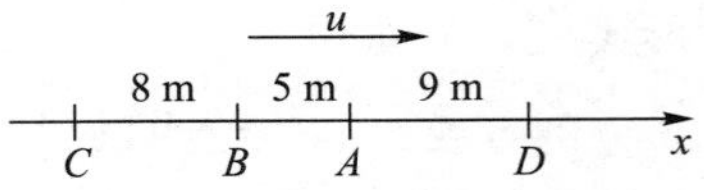

图 5-11

解　由 A 点振动方程可知 $A = 3$ m，$\omega = 4\pi$ rad·s^{-1}，$\varphi_A = 0$。
则

$$T = \frac{2\pi}{\omega} = 0.5\,\text{s},\quad \lambda = uT = 10\,\text{m}$$

（1）以 A 为坐标原点，则波动方程可由 A 点振动方程直接得出。

$$y = 3\cos 4\pi\left(t - \frac{x}{20}\right) = 3\cos\left(4\pi t - \frac{\pi}{5}x\right)\quad（\text{SI 单位}）$$

此时 C 点坐标为 $x_C = -13$ m，D 点坐标为 $x_D = 9$ m，将其代入波动方程可分别得到 C、D 点振动方程为

$$y_C = 3\cos\left(4\pi t - \frac{\pi}{5}x_C\right) = 3\cos\left(4\pi t + \frac{13}{5}\pi\right)\quad（\text{SI 单位}）$$

$$y_D = 3\cos\left(4\pi t - \frac{\pi}{5}x_D\right) = 3\cos\left(4\pi t - \frac{9}{5}\pi\right)\quad（\text{SI 单位}）$$

（2）设以 B 点为坐标原点的波动方程为

$$y = A\cos\left[\omega\left(t - \frac{x}{u}\right) + \varphi\right] = 3\cos\left[4\pi\left(t - \frac{x}{20}\right) + \varphi\right] = 3\cos\left(4\pi t - \frac{\pi}{5}x + \varphi\right)\quad（\text{SI 单位}）$$

此时将 A 点坐标 $x_A = 5$ m 代入波动方程，可得 A 点振动方程为

$$y_A = 3\cos\left(4\pi t - \frac{\pi}{5}x_A + \varphi\right) = 3\cos\left(4\pi t - \pi + \varphi\right)\quad（\text{SI 单位}）$$

与已知的 A 点振动方程相比较，得 $\varphi = \pi$，所以以 B 点为坐标原点的波动方程为

$$y = 3\cos\left(4\pi t - \frac{\pi}{5}x + \pi\right)\quad（\text{SI 单位}）$$

此时 C、D 点的坐标分别为 $x_C = -8$ m，$x_D = 14$ m，分别代入上式可得 C、D 点的

振动方程为

$$y_C = 3\cos\left(4\pi t + \frac{13}{5}\pi\right) \quad (\text{SI 单位})$$

$$y_D = 3\cos\left(4\pi t - \frac{9}{5}\pi\right) \quad (\text{SI 单位})$$

例 5-4　如图 5-12 所示，已知 $t = 0$ 时的波形曲线为 I，波沿 x 轴正方向传播，在 $t = 0.5\ \text{s}$ 时波形变为曲线 II。已知波的周期 $T > 1\ \text{s}$，试根据图示条件求波动方程和 P 点的振动方程。（已知 $A = 0.01\ \text{m}$。）

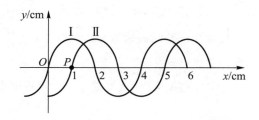

图 5-12

解　由已知条件得

$$\lambda = 0.04\ \text{m}, \quad u = \frac{0.01}{0.5}\ \text{m} \cdot \text{s}^{-1}$$

$$T = \frac{\lambda}{u} = 2\ \text{s}, \quad \omega = \frac{2\pi}{T} = \pi\ \text{rad} \cdot \text{s}^{-1}$$

设坐标原点振动方程为

$$y_0(t) = A\cos(\omega t + \varphi)$$

由旋转矢量法得

$$\varphi = \frac{\pi}{2}$$

O 点振动方程为

$$y_0(t) = 0.01\cos\left(\pi t + \frac{\pi}{2}\right) \quad (\text{SI 单位})$$

波动方程为

$$y(x,\ t) = 0.01\cos\left[\pi\left(t - \frac{x}{0.02}\right) + \frac{\pi}{2}\right] \quad (\text{SI 单位})$$

将 P 点的位置坐标代入波函数得 P 点的振动方程为

$$y_P(t) = 0.01\cos\pi t \quad (\text{SI 单位})$$

例 5-5　已知波源在原点的一列平面简谐波的波动方程为 $y = A\cos(Bt - Cx)$，其中 A、B、C 为正值常量。求：（1）波的振幅、频率、波长、波速与周期；（2）传播方向上距离波源为 l 处一点的振动方程；（3）任一时刻，在波的传播方向上相距 d 的两点的相位差。

解 （1）已知平面简谐波的波动方程为

$$y = A\cos(Bt - Cx) \quad (x \geqslant 0)$$

将上式与波动方程的标准形式

$$y = A\cos\left(2\pi\nu t - 2\pi\frac{x}{\lambda}\right)$$

比较可知，波的振幅为 A，频率为 $\nu = \dfrac{B}{2\pi}$，波长为 $\lambda = \dfrac{2\pi}{C}$，波速为 $u = \lambda\nu = \dfrac{B}{C}$，周期为 $T = \dfrac{1}{\nu} = \dfrac{2\pi}{B}$。

（2）将 $x = l$ 代入波动方程即可得该点的振动方程为

$$y = A\cos(Bt - Cl)$$

（3）因任一时刻 t 同一波线上两点之间的相位差为

$$\Delta\varphi = -\frac{2\pi}{\lambda}(x_2 - x_1)$$

将 $x_2 - x_1 = d$ 及 $\lambda = \dfrac{2\pi}{C}$ 代入上式，即得

$$\Delta\varphi = -Cd$$

例 5-6 一平面简谐波沿 x 轴正方向传播，振幅为 2 cm，频率为 50 Hz，波速为 200 m·s^{-1}。在 $t = 0$ 时，$x = 0$ 处的质点正在平衡位置向 y 轴正方向运动。求：$x = 4$ m 处质点的振动方程和该点在 $t = 2$ s 时的振动速度。

解 $A = 0.02$ m，$\varphi = -\dfrac{\pi}{2}$，$\omega = 2\pi\nu = 100\pi$ rad·s^{-1}。
所以波动方程为

$$y = 0.02\cos\left[100\pi\left(t - \frac{x}{200}\right) - \frac{\pi}{2}\right] \quad (\text{SI 单位})$$

将 $x = 4$ m 代入波动方程，得到该点振动方程为

$$y_4 = 0.02\cos\left(100\pi t - \frac{5}{2}\pi\right) \quad (\text{SI 单位})$$

该点振动速度方程为

$$v = \frac{\mathrm{d}y_4}{\mathrm{d}t} = -2\pi\sin\left(100\pi t - \frac{5}{2}\pi\right) \quad (\text{SI 单位})$$

将 $t = 2$ s 代入得

$$v_2 = 2\pi \text{ m·s}^{-1} \approx 6.28 \text{ m·s}^{-1}$$

例 5-7 一列机械波沿 x 轴正方向传播, $t = 0$ 时的波形如图 5-13（a）所示，已知波速为 $10\,\mathrm{m \cdot s^{-1}}$，波长为 $2\,\mathrm{m}$，求：（1）波动方程；（2）P 点的振动方程；（3）P 点的坐标；（4）P 点回到平衡位置所需的最短时间。

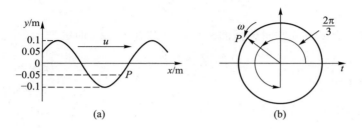

图 5-13

解 由图 5-13（a）可知 $A = 0.1\,\mathrm{m}$，$t = 0$ 时，$y_0 = \dfrac{A}{2}$，$v_0 < 0$，所以 $\varphi = \dfrac{\pi}{3}$。由题知 $\lambda = 2\,\mathrm{m}$，$u = 10\,\mathrm{m \cdot s^{-1}}$，则

$$\nu = \frac{u}{\lambda} = \frac{10}{2}\,\mathrm{Hz} = 5\,\mathrm{Hz}$$

则

$$\omega = 2\pi\nu = 10\pi\,\mathrm{rad \cdot s^{-1}}$$

（1）波动方程为

$$y = 0.1\cos\left[10\pi\left(t - \frac{x}{10}\right) + \frac{\pi}{3}\right] \quad （\mathrm{SI}\ 单位）$$

（2）由图可知，$t = 0$ 时，$y_P = -\dfrac{A}{2}$，$v_P < 0$，所以 $\varphi_P = \dfrac{-4\pi}{3}$（$P$ 点的相位应落后于原点，故取负值）。则 P 点振动方程为

$$y_P = 0.1\cos\left(10\pi t - \frac{4}{3}\pi\right) \quad （\mathrm{SI}\ 单位）$$

（3）因为

$$\left[10\pi\left(t - \frac{x}{10}\right) + \frac{\pi}{3}\right]\bigg|_{t=0} = -\frac{4}{3}\pi$$

解得

$$x = \frac{5}{3}\,\mathrm{m} \approx 1.67\,\mathrm{m}$$

（4）根据（2）的结果可作出旋转矢量图如图 5-13（b）所示，由 P 点回到平衡位置应经历的相位为

$$\Delta\varphi = \frac{\pi}{3} + \frac{\pi}{2} = \frac{5}{6}\pi$$

则所需的最短时间为

$$\Delta t = \frac{\Delta\varphi}{\omega} = \frac{5\pi/6}{10\pi}\,\text{s} = \frac{1}{12}\,\text{s}$$

例 5-8 沿 x 轴负方向传播的平面简谐波在 $t = 2$ s 时的波形如图 5-14 所示，设波速 $u = 0.5\ \text{m}\cdot\text{s}^{-1}$。求原点 O 的振动方程及平面简谐波的波动方程。

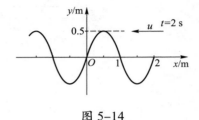

图 5-14

解 由图知 $A = 0.5\ \text{m}$, $\lambda = 2\ \text{m}$。因为 $u = \frac{\lambda}{T}$，所以

$$T = \frac{\lambda}{u} = \frac{2}{0.5}\,\text{s} = 4\,\text{s}$$

$t = 2$ s 时 O 点过平衡位置向 y 轴正方向运动，该时刻 O 点相位为 $\varphi_2 = \frac{3\pi}{2}$。

因为

$$\omega = \frac{\Delta\varphi}{\Delta t} = \frac{2\pi}{T}$$

所以

$$\Delta\varphi = \varphi_2 - \varphi = 2\pi \times \frac{\Delta t}{T} = \pi$$

$$\varphi = \varphi_2 - \pi = \frac{\pi}{2}$$

原点 O 的振动方程为

$$y_O = 0.5\cos\left(\frac{1}{2}\pi t + \frac{\pi}{2}\right)\quad（\text{SI 单位}）$$

平面简谐波的波动方程为

$$y = 0.5\cos\left[2\pi\left(\frac{t}{4} + \frac{x}{2}\right) + \frac{\pi}{2}\right]\quad（\text{SI 单位}）$$

5.3　波的能量

5.3.1　波的能量和能量密度

波在介质中传播时，波所到达的各点都要发生振动，因而具有动能；同时介质要发生形变，因而具有弹性势能。波的能量就是这些动能和势能之和。在波的传播过程中，介质一层接着一层地振动，从而使能量逐层地传播出去，如水波。波动的传播过程也就是能量的传播过程，这是波动的基本特征之一。

波动能量与谐振能量有明显的区别。谐振能量是对一个孤立的振动系统而言的，其与外界没有能量的交换，只有自身动能和势能之间的相互转化，总的机械能是守恒的。而波动不是一个孤立的振动系统，每一质点都要与周围介质发生能量的交换，随着波的传播，每一质点都在不断地从前面介质吸收能量，同时不断地向后面介质释放能量，因而说某个质点的机械能守恒是没有意义的。简谐振动的动能与势能是不同步的，二者相位差为 $\pi/2$，这是由动能和势能相互转化的机理决定的。波动中每一质点的动能和势能同步而且相等，原因在于波动中的势能不取决于质点离开平衡位置的位移，而取决于介质的相对形变。质点到达最大位移处时，动能为零，毗邻质点也近乎到达最大位移处，相对形变为零，因而势能也为零。质点通过平衡位置时动能最大，其一侧的毗邻质点向上产生正位移，其另一侧的毗邻质点向下产生负位移，相对形变最大，因而势能也最大。

下面我们以介质中任一体积元 dV 为例来讨论波动能量。

设有一平面简谐波在密度为 ρ 的弹性介质中沿 x 轴正方向传播，其波动方程为

$$y = A\cos\left[\omega\left(t - \frac{x}{u}\right) + \varphi\right]$$

在坐标为 x 处取一体积元 dV，其质量为 $dm = \rho dV$，该体积元可视为质点，当波动传播到该体积元时，其振动速度为

$$v = \frac{\partial y}{\partial t} = -A\omega\sin\left[\omega\left(t - \frac{x}{u}\right) + \varphi\right]$$

则该体积元的动能为

$$dE_{k} = \frac{1}{2}(dm)v^2 = \frac{1}{2}\rho dV A^2 \omega^2 \sin^2\left[\omega\left(t - \frac{x}{u}\right) + \varphi\right] \qquad (5\text{–}19)$$

同时，可以证明（证明略）该体积元因形变而具有的弹性势能为

$$dE_{p} = \frac{1}{2}\rho dV A^2 \omega^2 \sin^2\left[\omega\left(t - \frac{x}{u}\right) + \varphi\right] \qquad (5\text{–}20)$$

于是该体积元总的波动能量为

$$dE = dE_{k} + dE_{p} = \rho dV A^2 \omega^2 \sin^2\left[\omega\left(t - \frac{x}{u}\right) + \varphi\right] \qquad (5\text{–}21)$$

上三式说明，在波动中，任一质元的势能、动能、总能量都作周期性变化，都需要用相位来描述，能量传播的速度都是波速 u。对任一体积元来说，它不同时刻所具有的能量不同，它不断地从前一质元接收能量，同时又不断地向后一质元传递能量，每个质元都周期性地重复这个过程，能量就随着波动的进行而传播出去。所

以，波动的过程也就是能量的传播过程。

单位体积介质内的能量，称为波的**能量密度**，用 w 表示，由（5-21）式可知

$$w = \frac{\mathrm{d}E}{\mathrm{d}V} = \rho A^2 \omega^2 \sin^2 \left[\omega \left(t - \frac{x}{u} \right) + \varphi \right] \qquad （5-22）$$

由此可知波的能量密度 w 也随时间作周期性的变化，实际应用中常取其平均值。能量密度 w 在一个周期内的平均值称为**平均能量密度**，用 $\overline{w}$ 表示，对平面简谐波有

$$\overline{w} = \frac{1}{T} \int_0^T w \mathrm{d}t = \frac{1}{T} \int_0^T \rho A^2 \omega^2 \sin^2 \left[\omega \left(t - \frac{x}{u} \right) + \varphi \right] \mathrm{d}t = \frac{1}{2} \rho A^2 \omega^2 \qquad （5-23）$$

上式指出，平均能量密度与波动振幅的二次方、角频率的二次方及介质密度成正比。它适用于各种弹性波。

5.3.2 波的能流和能流密度

为了描述波动过程中能量的传播，还需引入能流和能流密度的概念。

单位时间内通过介质中某一面积的能量称为能流。在介质内取垂直于波速 u 的面积 ΔS，如图 5-15 所示，因为单位时间内通过 ΔS 的能量等于体积 $u\Delta S$ 中的能量，因此，通过面积 ΔS 的能流为

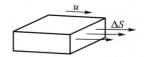

图 5-15 通过 ΔS 面积的平均能流

$$p = wu\Delta S = u\Delta S \rho A^2 \omega^2 \sin^2 \left[\omega \left(t - \frac{x}{u} \right) + \varphi \right] \qquad （5-24）$$

而一个周期内能流的平均值，即**平均能流**，其表达式为

$$\overline{p} = \overline{w} u \Delta S \qquad （5-25）$$

显然，平均能流 $\overline{p}$ 与截面积 ΔS 有关。通过与波动传播方向垂直的单位面积的平均能流，称为**平均能流密度**或波的强度，简称**波强**，用 I 表示，则有

$$I = \frac{\overline{p}}{\Delta S} = \overline{w} u \qquad （5-26）$$

能流密度是一个矢量，在各向同性介质中，其方向与波速方向相同，其矢量表达式为

$$\boldsymbol{I} = \overline{w} \boldsymbol{u}$$

简谐波的波强的大小为

$$I = \frac{1}{2} \rho A^2 \omega^2 u \qquad （5-27）$$

在 SI 中，波强的单位是瓦特每平方米（W·m⁻²）。波强的物理意义还可解释为通过与波动传播方向垂直的单位面积的功率，对于声波和光波，分别称之为**声强**和**光强**。

由于波的强度与振幅有关，所以当平面简谐波在介质中传播时，若介质是均匀的，而且不吸收波的能量，则其振幅 A 将保持不变。但是，对于球面波来说，情况就不同了。如图 5-16 所示，假设在均匀介质中有一个点波源 O，其振荡形式向各个方向传播，形成球面波，与此同时其能量也从波源向外传播。若距波源 r_1 处的能流密度为 I_1，距波源 r_2 处的能流密度为 I_2，我们以波源 O 为中心，作半径为 r_1 与 r_2 的两个同心球形波面 Ⅰ 和 Ⅱ，如图 5-16 所示，如果在介质内波的能量没有损失，则在单位时间内分别穿过这两个波面的总平均能量 $4\pi r_1^2 I_1$ 和 $4\pi r_2^2 I_2$ 应该相等，即

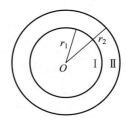

图 5-16

$$4\pi r_1^2 I_1 = 4\pi r_2^2 I_2 \tag{5-28}$$

设 A_1 和 A_2 分别为这两个球面波的振幅，则由（5-27）式，得

$$\left(4\pi r_1^2\right)\left(\frac{1}{2}\rho A_1^2 \omega^2 u\right) = \left(4\pi r_2^2\right)\left(\frac{1}{2}\rho A_2^2 \omega^2 u\right)$$

由此得

$$\frac{A_1}{A_2} = \frac{r_2}{r_1} \tag{5-29}$$

即在球面波传播过程中，介质中各处质点的振幅与该处到波源的距离成反比。若已知距波源单位距离处质元的振幅是 A_0，即 $r_1 = 1$，$A_1 = A_0$，则由上式有 $\frac{A_0}{A} = \frac{r}{1}$，从而可得距波源 r 处任一质元的振幅为 $A = \frac{A_0}{r}$，并可列出如下球面波的表达式：

$$y = \frac{A_0}{r}\cos\left[\omega\left(t_0 \mp \frac{x}{u}\right) + \varphi\right] \tag{5-30}$$

这里，由于 r 是变量，故球面波振幅 $\frac{A_0}{r}$ 不是常量。

由（5-28）式得

$$\frac{I_1}{I_2} = \frac{r_2^2}{r_1^2} \tag{5-31}$$

这就是说，从点波源发出的球面波，在各处的能流密度与该处到波源的距离的二次方成反比，这个规律在声学中就是声强与距离的二次方成反比；在光学中就是光强与距离的二次方成反比。

例 5-9 一简谐空气波，沿直径为 0.14 m 的圆柱形管传播，相邻同相面相位差为 2π，波的强度为 $9 \times 10^{-3} \, W \cdot m^{-2}$，频率为 300 Hz，波速为 $300 \, m \cdot s^{-1}$。求：（1）波的平均能量密度和最大能量密度；（2）每两个相邻同相面间的波中含有的能量。

解 （1）因为

$$I = \overline{w} u$$

所以

$$\overline{w} = \frac{I}{u} = \frac{9 \times 10^{-3}}{300} \, J \cdot m^{-3} = 3 \times 10^{-5} \, J \cdot m^{-3}$$

因为能量密度为

$$w = \rho \omega^2 A^2 \sin^2 \omega \left(t - \frac{x}{u} \right)$$

所以

$$w_{max} = \rho \omega^2 A^2 = 2\overline{w} = 2 \times 3 \times 10^{-5} \, J \cdot m^{-3} = 6 \times 10^{-5} \, J \cdot m^{-3}$$

（2）相邻同相面间的波中含有的能量为

$$\Delta W = \overline{w} V = \overline{w} S \lambda$$

$$= \overline{w} \pi \left(\frac{d}{2} \right)^2 \frac{u}{\nu} = 3 \times 10^{-5} \times 3.14 \times \left(\frac{0.14}{2} \right)^2 \times \frac{300}{300} \, J \approx 4.62 \times 10^{-7} \, J$$

*5.3.3 波的吸收

（5-31）式的规律是在介质中能量没有损失的条件下得到的。实际上，由于介质的内摩擦力作用，介质内各个质元在振动过程中，总有一部分能量转化为热；而且由于实际介质的不均匀性，一部分能量发生散射（即传播方向发生改变）。总之，在波的传播过程中，能量是有损耗的，波的振幅是要衰减的，这种能量损耗的现象称为**波的吸收**。波的吸收使波在传播过程中振幅不断减小，实验得出，对于平面波而言，振幅的减少（$-dA$）正比于波通过的距离 dx，也正比于此处波的振幅 A，即

$$-dA = \alpha A dx \tag{5-32}$$

式中的比例常量 α 称为**介质对波的吸收系数**，α 与介质特性、波的频率等有关。

对（5-32）式积分后，可得

$$A = A_0 e^{-\alpha x} \tag{5-33}$$

式中，A_0 和 A 分别为 $x = 0$ 和 $x = x$ 处的振幅，上式表明波以指数函数的规律衰减，

这种关系是所有平面波共有的性质。由于波的强度 I 与振幅的二次方成正比，故

$$I = I_0 e^{-2\alpha x} \tag{5-34}$$

式中的 I_0 与 I 分别为 $x = 0$ 和 $x = x$ 处的波强。

*5.3.4　声波、超声波和次声波

1. 声波

在弹性介质中传播的机械纵波，一般统称为声波。其中频率在 20～20 000 Hz 范围内的，能够引起人的听觉，就是常说的声波；频率低于 20 Hz 的称为**次声波**，频率高于 20 000 Hz 的称为**超声波**。从波动的基本特性看，次声波和超声波与能够引起听觉的声波并没有什么本质上的区别。

声波的能流密度称为**声强**。从给定的声源发出的声波在介质中传播时，它的声强与振幅的二次方成正比。因此，声波的声强越大，声波的振幅也就越大，声音就越响。过强的声音可以震耳欲聋，因此声强是描述声音强弱的一个物理量。引起人的听觉的声波，不仅有频率范围，而且有声强范围。对于每个给定频率的可闻声波，声强都有上下两个极限，低于下限的声强不能引起听觉，高于上限的声强也不能引起听觉，声强太大只能引起痛觉。引起正常人的听觉的最高声强为 10 W·m^{-2}，最低声强为 10^{-12} W·m^{-2}。通常把这一最低声强作为测定声强的标准，用 I_0 表示。由于高低声强相差悬殊（达 10^{13}），所以常用对数标度作为声强级的量度，用 I_L 表示，即

$$I_L = \lg \frac{I}{I_0} \tag{5-35}$$

其单位为贝尔（Bel），这个单位太大，人们常常用贝尔的十分之一，即分贝（dB）为单位，此时声强级公式为

$$I_L = 10\lg \frac{I}{I_0} (\text{dB}) \tag{5-36}$$

还要说明一下，仅有声强并不能完全反映人耳对声音响度的感觉。人耳对声音响度的主观感觉由声强级和频率共同决定。例如，同为 50 dB 声强级的声音，当频率为 1 000 Hz 时，人耳听起来相当响，而当频率为 50 Hz 时，人耳还听不见。单个频率或者由少数几个谐频合成的声波，如果强度不太大，那么听起来就是悦耳的音乐。不同频率和不同强度的声波无规律地组合在一起，听起来便是噪声，噪声在城市中已经成为污染环境的重要因素。日常生活中的噪声，如汽车喇叭的鸣叫声、

过高的音乐声、物件的撞击声以及各种汽笛和机器发动机的叫嚣声，是严重损伤听力和影响人体健康的原因。为此，减轻和消除噪声已成为目前环境保护必须考虑的重要问题。表 5-2 列出了一些日常生活中的声强和声强级。

表 5-2　一些日常生活中的声强和声强级

示例	声强 /(W·m^{-2})	声强级 /dB	响度
听觉阈	10^{-12}	0	
风吹树叶	10^{-10}	20	轻
通常谈话	10^{-6}	60	正常
闹市车声	10^{-5}	70	响
摇滚乐	1	120	震耳
喷气式飞机起飞	10^3	150	
地震（里氏七级，距震中 5 km）	4×10^4	166	
聚焦超声波	10^9	210	

2. 超声波

超声波的主要特点是频率高（可达 10^9 Hz），因而波长也就短。此外，超声波还具有一些其他特性，在科学研究和生产中应用极为广泛。

下面结合超声波的特点简单介绍一些典型应用。

（1）在检测中的应用

超声波具有波长短的特点，其衍射现象不明显，因而具有良好的定向传播特点。声强与频率的二次方成正比，超声波的频率高，因此其功率也大。此外，超声波的穿透本领也很强，在不透明的固体中能穿透几十米的厚度。根据以上特性，可以用超声波测量海洋的深度，研究海底的地形，发现暗礁和浅滩，确定潜艇、沉船和鱼群的位置等。

在工业上超声波可以用来探测工件内部的缺陷（如气泡、裂缝、砂眼等）。使用超声波探伤仪进行探伤时，在工件表面涂上油或水，使探头与工件表面接触良好。若探头发出的超声波遇到工件内的缺陷，则超声波会反射回来，被探头接收，通过探头上晶片的振动变成电振荡并显示在荧光屏上。若工件内没有缺陷，则荧光屏上只有发射脉冲和返回脉冲。若工件内有缺陷，则缺陷把部分超声波反射回来，在发射和返回脉冲之间出现缺陷反射脉冲。根据缺陷反射脉冲的间隔，可以估算出缺陷的位置。

与超声波探伤原理类似，医学上用的"B 超"就是利用超声波来显示人体内脏病变图像的。

（2）在加工处理和医学治疗中的应用

超声波在液体中会引起空化作用。这是因为超声波的频率高、功率大，可以引起液体的疏密变化，使液体时而受压、时而受拉。由于液体承受拉力的能力是很差的，所以在较强的拉力作用下，液体就会断裂（特别是在有杂质和气泡的地方），产生一些近似真空的小空穴。在液体压缩过程中，空穴内的压强会达到大气压的几万倍，空穴被压发生崩溃，伴随着压强的巨大突变，会产生局部高温。此外，在小空穴形成的过程中，由于摩擦产生正、负电荷，还会引起放电、发光等现象。超声波的这种作用，称为**空化作用**。利用它能把水银捣碎成小颗粒，使其和水均匀地融合在一起成为乳浊液；在医药上可利用它制成各种药剂；在食品工业上可利用它制成许许多多的调味汁；在建筑业上则可利用它制成水泥乳浊液等。

超声波的高频强烈振荡还可以用来清洁空气、洗涤毛织品上的油污、清洗蒸汽锅炉中的水垢和钟表轴承及精密复杂金属部件上的污垢，以及制成超声波烙铁、焊接铝质物件等。

超声波用于医学已经有许多年的历史，应用面广泛。近年来有人报道了用超声波治疗偏瘫、面神经麻痹、小儿麻痹后遗症、乳腺癌、乳腺增生、血肿等疾病，都有一定的疗效。

3. 超声电子学

由于超声波的频率与一般无线电波的频率接近，且声音信号又很容易转换成电信号，所以可以利用超声元件制作频率在 $10^7 \sim 10^9$ Hz 范围内的延迟线、振荡器、谐振器、带通滤波器等器件。超声波还被广泛用于电视、通信、雷达等方面。用声波代替电磁波的优越之处在于声波在介质中的传播速度比电磁波在介质中的传播速度小 5 个数量级，例如用超声波延迟时间就比用电磁波延迟时间方便得多。

例 5–10 水中超声波波速 $u = 1.5 \times 10^3$ m·s^{-1}，频率 $\nu = 5 \times 10^5$ Hz，质点振动振幅 $A = 1.0 \times 10^{-5}$ m，求此超声波的波强 I。

解 水的密度 $\rho = 1.0 \times 10^3$ kg·m^{-3}，则

$$I = \frac{1}{2}\rho A^2 \omega^2 u = \frac{1}{2}\rho A^2 (2\pi\nu)^2 u$$

$$= \frac{1}{2} \times 1.0 \times 10^3 \times (1.0 \times 10^{-5})^2 \times (2\pi \times 5 \times 10^5)^2 \times 1.5 \times 10^3 \text{ W·m}^{-2}$$

$$\approx 7.40 \times 10^8 \text{ W·m}^{-2}$$

可见，振幅很小的超声波却可产生很高的波强。

4. 次声波

次声波又称亚声波，一般指频率在$10^{-4} \sim 20$ Hz范围内的机械波。在火山爆发、地震、陨石落地、大气湍流、雷暴、磁暴等自然活动中都会有次声波产生。次声波的频率低，衰减极小，它在大气中传播几百米后，吸收还不到万分之几分贝。因此次声波已经成为研究地球、海洋、大气等大规模运动的有力工具。对次声波的产生、传播、接收和应用等方面的研究，已经形成现代声学的一个新的分支，这就是次声学。

次声波还会对生物产生影响。某些频率的强次声波能引起人的疲劳和痛苦，甚至导致失明。有报道说，海洋上发生的过强次声波会使海员惊恐万状，痛苦异常，仓促离船，最终导致海员失踪。

5.4 惠更斯原理 波的叠加和干涉

5.4.1 惠更斯原理

波在各向同性的均匀介质中传播时，波面形状保持不变，即平面波的波面始终是平面，球面波的波面始终是球面，波线始终是射线，波的传播方向不变。但当遇到障碍物时，波面要改变形状，波的传播方向也要发生变化。如图5-17所示，无论入射波面的形状如何，通过小孔后的波面都是以小孔为中心的半圆面。我们还知道，波在各向同性的均匀介质中传播，各质点的振动频率相同，在任意相等的时间内波所传播的路程也相同。这样，若知道某一时刻的波前，用几何作图法就可求出下一时刻的波前。

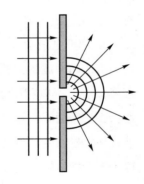

图5-17 障碍物上的小孔成为新波源

荷兰物理学家惠更斯观察和研究了这类现象，于1690年提出了惠更斯原理：**某时刻介质中任意波面上的各点，都可看作发射子波的波源。其后任意时刻，这些子波在前进方向的包络面就是新的波面。**

惠更斯原理不仅适用于机械波，也适用于电磁波。而且不论波动经历的介质是均匀的还是非均匀的，是各向同性的还是各向异性的，只要知道了某一时刻的波面，就可以根据这一原理，利用几何作图法来确定以后任一时刻的波面，进而确定波的传播方向。此外，根据惠更斯原理，还可以简单地说明波在传播过程中发生的反射和折射等现象。

　　下面以平面波和球面波为例，说明惠更斯原理的应用。如图 5–18（a）所示，点波源 O 在各向同性的均匀介质中以波速 u 发出球面波，已知在 t 时刻的波面是半径为 R_1 的球面 S_1，根据惠更斯原理，S_1 上的每一点均发出球面子波，经 Δt 时间后形成半径为 $r = u\Delta t$ 的子波波面，这些子波的包络面 S_2 就成为 $t + \Delta t$ 时刻的新波面。图 5–18（b）是平面波的传播情况。

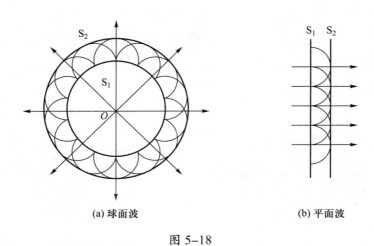

(a) 球面波　　　　　　　　(b) 平面波

图 5–18

5.4.2　波的衍射

　　波的衍射在声学和光学中非常重要。波在向前传播过程中遇到障碍物时，波线发生弯曲并绕过障碍物边缘的现象，称为波的**衍射**（或**绕射**）现象。有时，两人隔着墙壁谈话，也能各自听到对方的声音，这就是由声波的衍射所引起的。当声波射到墙壁而通过门缝或窗口时，波线发生弯曲而绕到墙壁后面，引起墙壁后边的介质（空气）质元振动，从而使隔壁（即墙壁后方的区域）的人能接收到对方的声波。

　　利用惠更斯原理能够定性地解释波的衍射现象。当波到达障碍物的边缘时，这些地方将发出子波，许多子波所形成的包络面是新的波前，它不再保持原来波前的形状，即波线发生了弯曲，从而使障碍物后边的介质质元发生振动。如图 5–19（a）所示，一列水面波在前进途中遇到平行于波面的障碍物 AB，AB 上有一宽缝，缝的宽度 d 大于波长 λ。按惠更斯原理，可把经过缝时的波前上各点作为发射子波的波源，画出子波的波前，再作这些波前的包络面，就得到通过缝后的波前。除与缝宽相等的中部的波前仍保持为平面（在图中用一系列平行直线表示）、波线保持为平行线束外，两侧的波前不再是平面而是曲面（在图中用一系列曲线表示），波线

217

也发生了偏折，并绕到了障碍物的后面，这说明水波的一部分能够绕过缝的边缘前进。如果传播的是声波，那么我们在此曲面任一点处，都可听到声音；如果传播的是光波，在该处就可接收到光线。若没有衍射现象，则波将沿直线方向传播，即波线经过缝隙时不会偏折，那么在该处将什么都感受不到。

如果缝很狭窄，宽度小于或接近于波长 λ，则水面波经过狭缝后的波前是圆形的［图 5-19（b）］。当水波抵达障碍物 AB 时，大部分的波将被障碍物所反射，但在狭缝处的波前就成了发射子波的波源，由于缝很狭窄，所以水面处的缝口本身可以近似当作一条直线，从而线上各点都可看作振动中心，各自发射出半圆形子波。这些子波共同形成的波前显然是半圆柱形的。这样，也就自然不需要考虑许多子波叠加而形成包络面的问题了。

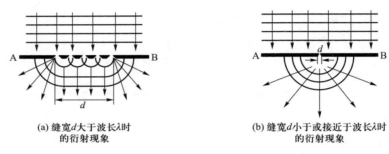

(a) 缝宽 d 大于波长 λ 时的衍射现象   (b) 缝宽 d 小于或接近于波长 λ 时的衍射现象

图 5-19　波的衍射

一般来说，任何一种波（声波、光波等）都会产生衍射现象。因此衍射现象是波在传播过程中所独具的特征之一。如果障碍物的孔口（或缝）的宽度或障碍物本身的线度远大于波长 λ，则可以认为波将沿直线传播，衍射现象不显著。实验证明，衍射现象的明显程度，取决于孔（或缝）的宽度 d 和波长 λ 的比值 d/λ，d 越小、λ 越大，则衍射现象越明显。声波的波长较大，有几米，因此衍射较明显。而波长较短的波（如超声波、光波等），衍射现象就不明显，其传播呈现出明显的方向性，即按直线作定向传播。

在技术上凡需要定向传播信号，就必须利用波长较短的波。例如，用雷达探测物体和测定物体的远近时，需要把雷达发出的信号（电磁波）对准物体的方向发射出去，电磁波从该物体上反射回来后，被雷达所接收，这就需采用波长数量级为几厘米或几毫米的电磁波（即微波）。利用超声波探测鱼群或材料内部的缺陷，主要也是由于超声波的波长较短（约几毫米），它的方向性较好。但在有些情形下，例如，广播电台播送节目时，发射出去的电磁波并不要求定向传播，通常采用波长为几十米到几百米的电磁波（即无线电波）。这样，在传播途中即使遇到较大的障碍物，无线电波也能绕过它而达到任何角度，使得无线电收音机不论放在哪里，都能接收到电台的广播。

5.4.3 波的反射和折射

当波动从一种介质传播到另一种介质的分界面时，传播方向会发生改变，其中一部分反射回原介质，成为反射波；另一部分进入第二种介质，成为折射波，这种现象称为**波的反射与折射现象**。我们通常把入射波、反射波和折射波的波线分别称为**入射线、反射线**和**折射线**。相应地，它们与分界面法线之间的夹角分别称为**入射角、反射角**和**折射角**。实验表明，反射与折射现象分别遵循反射定律与折射定律：

反射定律 反射线、入射线和界面法线在同一平面内，且反射角 i' 恒等于入射角 i，即 $i' = i$。

折射定律 折射线、入射线和界面法线在同一平面内，且入射角 i 的正弦与折射角 γ 的正弦之比等于第一种介质中波速与第二种介质中波速之比，即 $\dfrac{\sin i}{\sin \gamma} = \dfrac{u_1}{u_2}$。

下面我们用惠更斯原理来解释波的反射与折射定律。

如图 5-20（a）所示，设一平面波以波速 u、入射角 i 入射到两种介质的界面上。根据惠更斯原理，入射波到达分界面上的各点，都可以作为子波的波源。在时刻 t 入射波 I 的波前为 $AA_1A_2A_3$（为简单起见，我们令 $AA_1 = A_1A_2 = A_2A_3$），此后，A_1、A_2 各点，将先后到达 B_1、B_2 各点。在时刻 $t + \Delta t$，点 A_3 到达点 B_3，于是在图 5-20（b）中，我们可作出界面上各点子波在此时刻的包络。由于波速 u 未变，所以在时刻 $t + \Delta t$，由 A、B_1、B_2 各点所发射的子波与纸面的交线，分别是半径为 d、$2d/3$ 和 $d/3$ 的圆弧（$d = u\Delta t$）。显然，这些圆弧的包络是通过点 B_3 的直线 B_3B。作波前的垂直线，即得反射线 L。由图 5-20（b）可以看出，入射线、反射线和界面法线都在同一平面内。根据几何关系，可知 $i' = i$，即反射角等于入射角。

我们同样可以用惠更斯原理证明波的折射定律。与上面讨论反射定律类似，仍采用作图法先求出折射波的波前，再定出折射线的方向，如图 5-21 所示。但必须

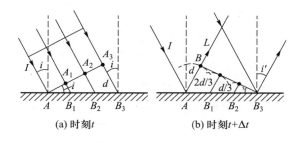

(a) 时刻 t	(b) 时刻 $t + \Delta t$

图 5-20　用惠更斯原理证明波的反射定律

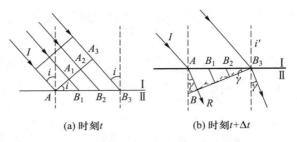

(a) 时刻t (b) 时刻$t+\Delta t$

图 5-21　用惠更斯原理证明波的折射定律

注意，波在不同介质中传播的速度是不同的。设 u_1 和 u_2 分别是波在两种介质中的波速，则在同一时间 Δt 内，波在两种介质中通过的距离分别为 $A_3B_3 = u_1\Delta t$ 和 $AB = u_2\Delta t$，因此，$A_3B_3/AB = u_1/u_2$。从图 5-21 中可以看出，折射线、入射线和界面法线在同一平面内。$\angle A_3AB_3 = i$，$\angle BB_3A = \gamma$，且 $A_3B_3 = AB_3\sin i$，$AB = AB_3\sin \gamma$。因此有

$$\frac{\sin i}{\sin \gamma} = \frac{A_3B_3}{AB} = \frac{u_1}{u_2}$$

结论与实验结果完全相同。

5.4.4　波的叠加原理

实验证明，几列波在同一介质中传播时，不论相遇与否，它们都保持自己原有的特性传播，并不受其他波的影响，质点的位移等于各波单独存在时在该点引起的位移的矢量和，这称为**波的叠加原理**或波传播的**独立性原理**。

波传播的独立性可以从许多现象中感知到，人们可以同时听见几个人讲话；同一空间能同时容纳若干个电台发射的电磁波，而各不影响；各种场可以同时占据空间的同一位置；等等。与此形成对比的是，几种实物不能同时存在于空间的同一位置。这都反映了波传播的独立性，图 5-22 是波的独立传播的示意图。

波的叠加与振动的叠加是不完全相同的。振动的叠加仅发生在单一质点上，而波的叠加则发生在两列波相遇范围内的许多质元上，这就构成了波的叠加所特有的现象，如波的干涉现象。此外，正如任何复杂的振动可以分解为不同频率的许多简谐振动一样，任何复杂的波也都可以分解为频率或波长不同的许多平面简谐波。

需要注意的是，波的叠加原理只对线性波动微分方程成立。由爆炸或高速飞行器产生的冲击波，是一种非线性波动，此时波的叠加原理失效。

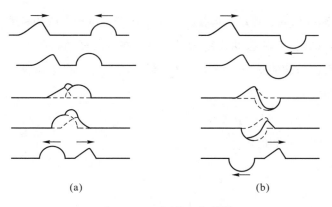

图 5-22　波的独立传播

5.4.5　波的干涉

上面讲述的波的叠加，发生在频率、相位、振动方向可以完全不同的同类波动之间，而频率不同的波动的合成既复杂又不稳定，没有实际意义。但当满足下列条件的两列波在介质中相遇时，则可形成一种稳定的叠加图样，即出现所谓的干涉现象。如果在水池中用两个同相位的点波源产生圆形波，就可在水面上看到这两个圆形波产生的水波干涉现象，如图 5-23 所示。由图中可以看出，有些地方水面起伏得很厉害（图中亮处），说明这些地方的振动是加强的；而有些地方水面只有微弱的起伏，甚至平静不动（图中暗处），说明这些地方的振动是减弱的，甚至是完全抵消的。在这两列波的相遇区域内，振动的强弱是按一定的规律分布的。

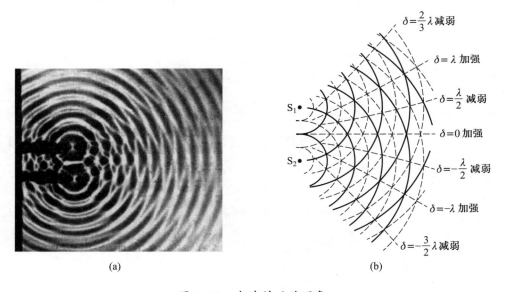

图 5-23　水波的干涉现象

若两列波频率相同、振动方向相同、在相遇点相位相同或相位差恒定，则在合成波场中会出现某些点的振动始终加强，另一些点的振动始终减弱（甚至完全抵消），这种现象称为波的干涉。满足上述条件的波源称为**相干波源**，相干波源发出的波称为**相干波**。

现以两列相干波为例，定量地分析干涉现象。设有两个相干波源 S_1 和 S_2，如图 5–24 所示，两波源的振动方程分别为

$$\begin{aligned} y_1 &= A_1\cos(\omega t + \varphi_1) \\ y_2 &= A_2\cos(\omega t + \varphi_2) \end{aligned} \tag{5–37}$$

式中 ω 为角频率，A_1、A_2 为两波源的振幅，φ_1、φ_2 分别为两波源的振动初相。

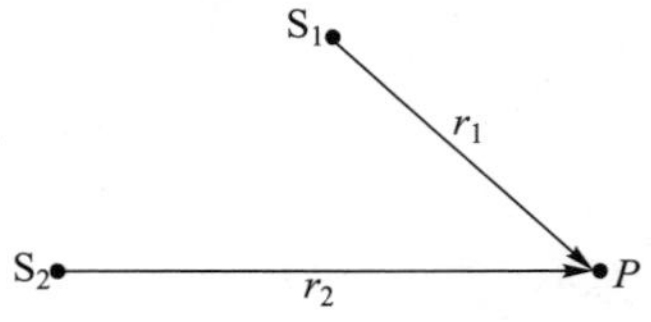

图 5–24　两列相干波的叠加

设由这两个波源发出的两列波在同一介质中传播后相遇，先分析相遇区域中任意一点 P 的振动合成结果。

设这两列波各自单独传播到 P 点时，在 P 点引起的振动方程分别为

$$y_1 = A_1\cos\left(\omega t - \frac{2\pi r_1}{\lambda} + \varphi_1\right)$$

$$y_2 = A_2\cos\left(\omega t - \frac{2\pi r_2}{\lambda} + \varphi_2\right)$$

上两式表明，点 P 同时参与两个同方向、同频率的简谐振动，那么 P 点的合振动亦应为简谐振动，设合振动的运动方程为

$$y = y_1 + y_2 = A\cos(\omega t + \varphi) \tag{5–38}$$

式中 φ 为 P 点合振动的初相，即

$$\tan\varphi = \frac{A_1\sin\left(\varphi_1 - \frac{2\pi r_1}{\lambda}\right) + A_2\sin\left(\varphi_2 - \frac{2\pi r_2}{\lambda}\right)}{A_1\cos\left(\varphi_1 - \frac{2\pi r_1}{\lambda}\right) + A_2\cos\left(\varphi_2 - \frac{2\pi r_2}{\lambda}\right)} \tag{5–39}$$

而 A 为 P 点合振动的振幅，即

$$A^2 = A_1^2 + A_2^2 + 2A_1A_2\cos\Delta\varphi \tag{5–40}$$

式中 $\Delta\varphi$ 是 P 点处两个分振动的相位差，有

$$\Delta\varphi = (\varphi_2 - \varphi_1) - 2\pi\frac{r_2 - r_1}{\lambda} \tag{5–41}$$

$\varphi_2 - \varphi_1$ 是两个相干波源的相位差，为一常量；$r_2 - r_1$ 是两个波源发出的波传到 P 点的几何路程差，称为**波程差**；$2\pi \dfrac{r_2 - r_1}{\lambda}$ 是两列波之间因波程差而产生的相位差，对于任意一点 P，它也是常量。因此，两列相干波在空间任意一定点所引起的两个分振动的相位差 $\Delta\varphi$ 也是恒定的，因而合振幅 A 也是一定的。但对于空间不同的点，因波程差不同，故相位差不同，因而不同点有不同的、恒定的合振幅。所以，在两列波相遇的区域会呈现出振幅分布不均匀而又相对稳定的干涉图样。

下面对其加以讨论。

满足

$$\Delta\varphi = (\varphi_2 - \varphi_1) - 2\pi \frac{r_2 - r_1}{\lambda} = \pm 2k\pi \quad (k = 0, 1, 2, \cdots) \tag{5-42}$$

的空间各点，$A = A_1 + A_2 = A_{\max}$，合振幅最大，振动始终加强，称其为**相干加强**。

满足

$$\Delta\varphi = (\varphi_2 - \varphi_1) - 2\pi \frac{r_2 - r_1}{\lambda} = \pm(2k+1)\pi \quad (k = 0, 1, 2, \cdots) \tag{5-43}$$

的空间各点，$A = |A_1 - A_2| = A_{\min}$，合振幅最小，振动始终减弱，称其为**相干减弱**。

进一步地，当 $\varphi_1 = \varphi_2$，即两相干波源的振动初相相同时，上述干涉加强或减弱的条件简化为

$$\delta = r_2 - r_1 = \pm 2k\frac{\lambda}{2} \quad (k = 0, 1, 2, \cdots) \quad \text{相干加强} \tag{5-44}$$

$$\delta = r_2 - r_1 = \pm(2k+1)\frac{\lambda}{2} \quad (k = 0, 1, 2, \cdots) \quad \text{相干减弱} \tag{5-45}$$

以上两式表明，当两波源同相位时，在相干区域内，波程差是半波长偶数倍的各点，其振幅最大；波程差是半波长奇数倍的各点，其振幅最小。

干涉现象是波动所独有的现象，对于光学、声学都非常重要，并且具有非常广泛的实际应用，对近代物理学的发展也起着重大作用。

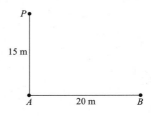

图 5-25　两列波传到点 P 的干涉

例 5-11　如图 5-25 所示，A、B 两点为同一介质中两相干波源。其振幅皆为 0.05 m 且不随距离发生变化，频率皆为 100 Hz，但当点 A 为波峰时，点 B 恰为波谷。设波速为 10 m·s^{-1}，试求由 A、B 两点发出的两列波传到点 P 时的干涉结果。

解　由图可知，$AP = 15$ m，$AB = 20$ m，故 $BP = \sqrt{AP^2 + AB^2} = \sqrt{15^2 + 20^2}$ m $= 25$ m。又已知 $\nu = 100$ Hz，$u = 10$ m·s^{-1}，因此

$$\lambda = \frac{u}{\nu} = \frac{10}{100}\,\text{m} = 0.10\,\text{m}$$

设 A 的相位超前于 B 的相位，则 $\varphi_B - \varphi_A = -\pi$。根据相位差公式（5-41）有

$$\Delta\varphi = (\varphi_B - \varphi_A) - 2\pi\frac{BP-AP}{\lambda} = -\pi - 2\pi\frac{25-15}{0.10} = -201\pi$$

其满足相干减弱条件公式（5-45），因此 P 点振动为相干减弱，由于 A、B 两点的振幅相同且不随距离发生变化，所以 P 点的振幅为 0，即 P 点不发生振动。

例 5-12 A、B 为同一介质中两相干波源，振幅相等，频率为 100 Hz，B 为波峰时，A 恰为波谷。若 A、B 相距 30 m，波速为 400 m·s^{-1}。求 A、B 连线上因干涉而静止的各点的位置。

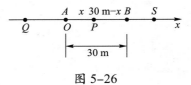

图 5-26

解 如图 5-26 所示取坐标轴。

$$\lambda = \frac{u}{\nu} = \frac{400}{100}\,\text{m} = 4\,\text{m}$$

（1）在 A、B 之间情况。取任一点 P，两波在此引起的振动相位差为

$$\Delta\varphi = (\varphi_B - \varphi_A) - 2\pi\frac{BP-AP}{\lambda}$$

$$= \pi - 2\pi\frac{(30-x)-x}{\lambda}$$

$$= \pi - (15-x)\pi$$

$$= -14\pi + \pi x \quad (\text{SI 单位})$$

当 $\Delta\varphi = (2k+1)\pi$（$k = 0, \pm1, \pm2, \cdots$）时，坐标为 x 的质点由于干涉而静止（两振幅相同），即

$$-14\pi + \pi x = (2k+1)\pi \quad (\text{SI 单位})$$

则

$$x = (2k+15)\,\text{m} \quad (k = 0, \pm1, \pm2, \cdots, \pm7)$$

（2）在 A 点左侧情况。对任一点 Q，两波在 Q 点引起的振动相位差为

$$\Delta\varphi = (\varphi_B - \varphi_A) - 2\pi\frac{BQ-AQ}{\lambda} = \pi - 2\pi\frac{30}{4} = -14\pi$$

可见，A 点外侧均为干涉加强，无静止点。

（3）在 B 点右侧情况。对任一点 S，两波在 S 点引起的振动相位差为

$$\Delta \varphi = \left(\varphi_B - \varphi_A \right) - 2\pi \frac{BS - AS}{\lambda} = \pi - 2\pi \frac{-30}{4} = 16\pi$$

可见，在 B 点右侧不存在因干涉而静止的点。

例 5-13 如图 5-27 所示，设 B 点发出的平面横波沿 BP 方向传播，它在 B 点的振动方程为 $y_1 = 2 \times 10^{-3} \cos 2\pi t$；$C$ 点发出的平面横波沿 CP 方向传播，它在 C 点的振动方程为 $y_2 = 2 \times 10^{-3} \cos \left(2\pi t + \pi \right)$，本题中 y_1、y_2 以 m 为单位，t 以 s 为单位。设 $BP = 0.4$ m，$CP = 0.5$ m，波速 $u = 0.2$ m·s^{-1}，求：（1）这两列波传到 P 点时的相位差；（2）当这两列波的振动方向相同时，P 处合振动的振幅；（3）当这两列波的振动方向互相垂直时，P 处合振动的振幅。

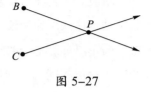

图 5-27

解 （1）

$$\Delta \varphi = \left(\varphi_2 - \varphi_1 \right) - \frac{2\pi}{\lambda} \left(CP - BP \right)$$

$$= \pi - \frac{\omega}{u} \left(CP - BP \right)$$

$$= \pi - \frac{2\pi}{0.2} \left(0.5 - 0.4 \right) = 0$$

（2）P 点是相长干涉，且振动方向相同，所以合振幅为

$$A_P = A_1 + A_2 = 4 \times 10^{-3} \text{ m}$$

（3）若两振动方向垂直，又两振动相位差为 0，则合振动轨道是通过二、四象限的直线，所以合振幅为

$$A_P = \sqrt{A_1^2 + A_2^2} = \sqrt{2} A_1 = 2\sqrt{2} \times 10^{-3} \text{ m} \approx 2.83 \times 10^{-3} \text{ m}$$

5.5 驻波

5.5.1 驻波方程

振动方向相同、频率相同、相位差恒定、振幅相同而传播方向相反的两列波叠加形成**驻波**。驻波是一种特殊的相干波。先看一个驻波的演示实验，弦线的一端固定在音叉上，另一端系在砝码上使弦线拉紧，如图 5-28 所示。当音叉振动起来之后，弦线产生一个从左向右传播的波，波传到 B 点被反射产生一个自右向左传播

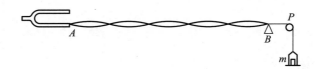

图 5-28　驻波演示实验示意图

的反射波。入射波与反射波叠加形成驻波，从波形图中可以看到，弦线上有些点固定不动，这些点称为**波节**。有些点振幅最大，这些点称为**波腹**。相邻两波节或波腹之间的距离都是半个波长。在频闪仪照射下还可看到，两波节之间各点的振动方向相同（相位相同），同时到达最大位移处，又同时通过平衡位置；波节两侧的振动方向相反（相位相反）。

现根据波的叠加原理推导驻波方程。设沿 x 轴正、负方向传播的两列波的波动方程分别为

$$y_1 = A\cos\left(\omega t - \frac{2\pi}{\lambda}x\right), \quad y_2 = A\cos\left(\omega t + \frac{2\pi}{\lambda}x\right)$$

合成波的方程为

$$y = y_1 + y_2 = A\cos\left(\omega t - \frac{2\pi}{\lambda}x\right) + A\cos\left(\omega t + \frac{2\pi}{\lambda}x\right) = \left(2A\cos\frac{2\pi}{\lambda}x\right)\cos\omega t \quad （5-46）$$

这就是驻波方程。其中 $\cos\omega t$ 表示简谐振动，而 $\left|2A\cos\dfrac{2\pi}{\lambda}x\right|$ 即简谐振动的振幅。式中 x 与 t 被分割在两个余弦函数中，这说明此函数不满足行波方程，因此它不是行波，只表示各质点都在作与原频率相同的简谐振动，但各质点的振幅随位置的不同而变化。图 5-29 画出了不同时刻的入射波、反射波和合成波的波形图。

5.5.2　驻波的特点

1. 波腹与波节　驻波振幅分布特点

由图 5-29 可以看出，波线上有些点始终不动（振幅为零），称为**波节**；而有些点的振幅始终具有极大值，称为**波腹**。

由驻波方程可知，对应于使 $\left|\cos\dfrac{2\pi}{\lambda}x\right| = 0$，即 $\dfrac{2\pi x}{\lambda} = (2k+1)\dfrac{\pi}{2}$ 的各点为波节的位置，因此波节的坐标为

$$x = (2k+1)\frac{\lambda}{4} \quad (k = 0,\ \pm 1,\ \pm 2,\ \cdots) \quad （5-47）$$

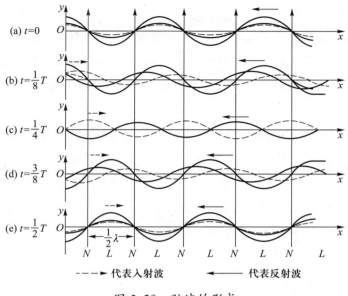

(a) $t=0$

(b) $t=\dfrac{1}{8}T$

(c) $t=\dfrac{1}{4}T$

(d) $t=\dfrac{3}{8}T$

(e) $t=\dfrac{1}{2}T$

$\dfrac{1}{2}\lambda$

N L N L N L N L N L N L

- - - - 代表入射波　　　←—— 代表反射波

图 5-29　驻波的形成

同理，使 $\left|\cos\dfrac{2\pi}{\lambda}x\right|=1$，即 $\dfrac{2\pi x}{\lambda}=k\pi$ 的各点为波腹的位置，因此波腹的坐标为

$$x=k\dfrac{\lambda}{2} \quad (k=0,\pm1,\pm2,\cdots) \tag{5-48}$$

由（5-47）、（5-48）两式可以看出，相邻的两个波节或两个波腹之间的距离都是 $\lambda/2$，而相邻的波节、波腹之间的距离为 $\lambda/4$。

需要指出的是，（5-47）、（5-48）两式给出的波节与波腹位置的结论并不具有普遍性，这是因为它们是从特例中导出的。

介于波节、波腹之间的各点其振幅则随坐标按 $\left|2A\cos\dfrac{2\pi}{\lambda}x\right|$ 的规律变化。

2. 驻波相位的分布特点

由驻波方程（5-46）式可以看出，驻波中各点的相位与 $\cos 2\pi\dfrac{x}{\lambda}$ 的正负有关，凡是使 $\cos 2\pi\dfrac{x}{\lambda}$ 为正的各点的相位均为 $2\pi\nu t$，凡是使 $\cos 2\pi\dfrac{x}{\lambda}$ 为负的各点的相位均为 $2\pi\nu t+\pi$。而在波节两边的点，$\cos 2\pi\dfrac{x}{\lambda}$ 具有相反的符号，因此波节两边的点相位相反；在相邻两波节之间，$\cos 2\pi\dfrac{x}{\lambda}$ 具有相同的符号，因此相邻两波节的各点具有相同的相位。也就是说，相邻两波节之间的点沿相同的方向同时达到最大值，又沿相同的方向同时达到平衡位置；而波节两边的点总是沿相反的方向同时到达最大值，又沿相反的方向同时达到平衡位置，如图 5-29 所示。由此可见，驻波作分段振动，而各段又进行着同步振动。每时每刻驻波都有一定的波形，但它既不左移也不右移，各点均以确定的振幅在各自的平衡位置附近振动，因此称此种波为驻波。

3. 驻波能量

因驻波可以看作是由同振动方向、同振动频率、同振幅而传播方向相反的两列波叠加产生的，所以可以简单推得两列波的能流密度大小相等但符号相反，驻波的总能流为零，因此在驻波中没有能量的传播，也没有相位的传播，驻波是一种特殊形式的波动。

例 5–14 两列波在一根很长的细绳上传播，它们的波动方程分别为

$$y_1 = 0.06\cos(\pi x - 4\pi t) \ (\text{SI 单位}), \quad y_2 = 0.06\cos(\pi x + 4\pi t) \ (\text{SI 单位})$$

（1）试证明绳子将作驻波振动，并求波节、波腹的位置；（2）波腹处的振幅有多大？ $x = 1.2$ m 处的振幅有多大？

解 （1）它们的合成波为

$$y = 0.06\cos(\pi x - 4\pi t) + 0.06\cos(\pi x + 4\pi t)$$
$$= (0.12\cos\pi x)\cos 4\pi t \quad (\text{SI 单位})$$

上式出现了变量的分离，符合驻波方程特征，故绳子在作驻波振动。

令 $\pi x = k\pi$，则 $x = k$（$k = 0, \pm 1, \pm 2, \cdots$），此即波腹的位置；

令 $\pi x = (2k+1)\dfrac{\pi}{2}$，则 $x = (2k+1)\dfrac{1}{2}$（$k = 0, \pm 1, \pm 2, \cdots$），此即波节的位置。

（2）波腹处振幅最大，即 0.12 m；$x = 1.2$ m 处的振幅由下式决定，即

$$A_{\text{驻}} = \left| 0.12\cos(\pi \times 1.2) \right| \text{ m} \approx 0.097 \text{ m}$$

5.5.3 半波损失

现在我们把注意力集中在两种介质的界面处。实验发现，在界面处有时形成波节，有时形成波腹，那么规律是什么呢？

理论和实验都表明，这一切取决于界面两边介质的**波阻**。

设介质的密度为 ρ，波速为 u，我们定义 ρu 为介质的**波阻**，波阻较大的介质称为**波密介质**，波阻较小的介质称为**波疏介质**。实验表明：波从波疏介质入射而从波密介质上反射时，界面处形成波节；波从波密介质入射而从波疏介质上反射时，界面处形成波腹。

如果在界面处形成波节，则说明反射处反射波与入射波的相位始终相反，或者说反射波与入射波相位差为 π，相当于损失了半个波，这称为**半波损失**。从上面的讨论可知，半波损失产生的条件是：波从波疏介质传到波密介质的界面上反射时，

反射波有半波损失；对于机械波，还必须是正入射。

如果在界面处形成波腹，则说明反射处反射波与入射波的相位始终相同，反射波没有半波损失。波从波密介质传到波疏介质的界面上，反射时反射波没有半波损失。

5.6　多普勒效应　冲击波

由于波源或观察者相对于介质的运动使观测频率与波源频率不同的现象，称为**多普勒效应**。当火车鸣笛急驰而过时，在铁道附近的人会听到火车驶来时笛声音调高昂，这说明人耳所接收的声波的频率较高；而当火车离去时则笛声音调低沉，这说明人耳所接收的声波的频率较低。实际上火车鸣笛的音调（频率）并没改变，但人耳听到的笛声的音调（频率）却发生了变化。这就是由声波多普勒效应引起的现象。

为简单起见，设波源或观察者的运动方向均在波线方向上，同时规定：波源相对于介质的速度 v_S 以指向观察者为正方向；观察者相对于介质的速度 v_B 以指向波源为正方向；而波在介质中的传播速度 u 沿波线方向，即背离波源的方向为 u 的正方向。对在某一介质中传播的弹性波，其速度 u 是常量，而与波源及观察者的运动无关。v_S、v_B 相对波源的这种运动，通常称为纵向运动。

这里有必要再强调说明以下几个关于频率的概念：

（1）波源的频率 ν_S，指波源在单位时间发出的完整波的个数；

（2）观察者接收到的频率 ν_B，指观测者在单位时内接收到的完整波的个数；

（3）波的频率 ν，指单位时间内，通过介质某点的完整波的个数，它满足 $\nu = \dfrac{u}{\lambda}$ 的关系。

只有当波源、观察者相对介质静止时，才有 $\nu = \nu_S = \nu_B$；当波源或观察者相对波源有纵向运动时，ν_B 将发生变化。因此，多普勒效应针对下面三种情况。

5.6.1　波源不动，观察者相对介质运动（$v_S = 0, v_B \neq 0$）

设观察者向着波源运动，即 $v_B > 0$，则波相对于观察者的速度为 $u' = u + v_B$。在不涉及相对论效应时，有 $\lambda' = \lambda$，所以单位时间内，观察者收到的完整波形的数目，也就是观察者实际接收到的波的频率为

$$\nu'_B = \frac{u'}{\lambda} = \frac{u + v_B}{uT} = \frac{u + v_B}{u}\nu = \left(1 + \frac{v_B}{u}\right)\nu > \nu \qquad （5\text{--}49）$$

上式表明，当波源不动，观察者向着波源运动时，观察者测得的波的频率变为原来的 $\left(1+\dfrac{v_B}{u}\right)$ 倍，即 $\nu'_B > \nu$；反之，当观察者远离波源时，观察者测得的波的频率变为原来的 $\left(1-\dfrac{v_B}{u}\right)$，即 $\nu'_B < \nu$。

5.6.2　观察者不动，波源相对介质运动（ $v_S \neq 0, v_B = 0$ ）

如图 5-30 所示，假设波源向着观察者运动（ $v_S > 0$ ）。因为波在介质中的传播速度 u 只取决于介质的性质，而与波源与介质的相对运动无关，是一个常量，所以在一个周期内，波源发出的波向前传播了一个波长的距离 $\lambda = uT$，而在此时间间隔内波源运动了 $v_S T$ 的距离，波源从 S 点运动到 S' 点，结果使一个完整的波形被压缩到 $S'O$ 之间，这相当于波长减小为 $\lambda' = \lambda - v_S T$。因此，单位时间内，观察者接收到的完整波形的数目，也就是观察者实际接收到的波的频率为

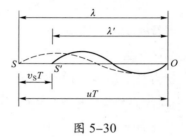

图 5-30

$$\nu' = \frac{u}{\lambda'} = \frac{u}{\lambda - v_S T} = \frac{u}{uT - v_S T} = \frac{u}{u - v_S}\nu > \nu \qquad （5-50）$$

上式表明：当波源向着观察者运动时，观察者接收到的频率比波源的振动频率高；反之，当波源远离观察者时，观察者接收到的频率比波源的振动频率低（此时 v_S 应取负值）。

5.6.3　波源与观察者相对介质同时运动（ $v_S \neq 0,\ v_B \neq 0$ ）

根据上面 5.6.1 和 5.6.2 的讨论可知，当观察者相对于介质以 v_B 运动时，对观察者而言，相当于波的速度为 $u' = u + v_B$；而波源相对于介质以 v_S 运动时，相当于波长变为 $\lambda' = \lambda - v_S T$。综合这两个结果，则波源与观察者同时相对介质运动时，观察者接收到的波的频率为

$$\nu' = \frac{u'}{\lambda'} = \frac{u + v_B}{\lambda - v_S T} = \frac{u + v_B}{uT - v_S T} = \frac{u + v_B}{u - v_S}\nu \qquad （5-51）$$

综上所述，当波源与观察者接近时，观察者接收到的波的频率大于波源的振动频率；而当波源与观察者远离时，观察者接收到的波的频率小于波源的振动频率。

多普勒效应是一切波动过程的共同特征，因此多普勒效应在许多领域中都有着重要的应用。

例 5-15　一固定的超声波源发出频率为 100 kHz 的超声波。一汽车向超声波源迎面驶来，在超声波源处可接收到从汽车反射回来的超声波，从测频装置中测出为 110 kHz，设空气中的声速为 330 m·s^{-1}，试计算汽车的行驶速度。

解　汽车相对于空气以速度 v_S 接近超声波源。从超声波源发出的超声波到达汽车时，汽车是运动的接收器。超声波从汽车上反射时，汽车又是以 v_S 运动的声源，因此在固定装置中接收到的反射波频率由（5-51）式可知，为

$$\nu' = \frac{u + v_B}{u - v_S}\nu$$

解得

$$v_S = \frac{\nu' - \nu}{\nu' + \nu}u = \frac{110 - 100}{110 + 100} \times 330 \ \text{m·s}^{-1} \approx 15.7 \ \text{m·s}^{-1}$$

*5.6.4　冲击波

如果波源向着观察者运动的速度大于波速（即 $v_S > u$），那么（5-51）式将失去意义。实际上，在这种情况下，急速运动的波源前方是不可能有任何波动产生的，所有的波前将被挤压而聚集在一个圆锥面上，如图 5-31 所示，在这个圆锥面上，由于波的能量被高度集中，所以容易造成巨大的破坏，因此这种波动称为**冲击波**或**激波**。冲击波的圆锥形包络面也称为**马赫锥**，其半顶角 α（马赫角）由下式决定：

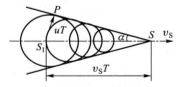

图 5-31　冲击波的产生

$$\sin \alpha = \frac{u}{v_S} \tag{5-52}$$

在波速 u 一定时，随着 v_S 的增大，马赫角将越来越小，马赫锥将越来越尖锐。若这个冲击波是声波，则当运动物体通过之后我们才能听到其声。如在超音速战斗机飞过我们头上后我们才能听到剧烈的轰鸣声。

当带电粒子在介质中以超过介质中光速（小于真空中光速 c）的速度运动时，就会激发锥形的电磁辐射，这种辐射称为切连科夫辐射。

*5.7 色散 波包 群速度

5.7.1 色散

若不同频率的波在同一介质中传播时波速相同，则这种介质叫**无色散介质**。但在有些介质中，波的传播速度与频率有关，即不同频率的波在同一介质中传播时波速不同，这种介质叫**色散介质**。例如深水域里的水面波，其波速 $u = \sqrt{\dfrac{g\lambda}{2\pi}}$，即波速与波长或频率有关，这时的水介质即色散介质，相应的水面波称为色散波。

5.7.2 波包

与振动的叠加类似，在无色散的介质中，几个频率相同、振动方向相同的简谐波叠加后，合成波仍然是简谐波。但是，即使在无色散的介质中，不同频率的简谐波叠加后合成的波也不再是简谐波，而是比较复杂的复合波，在复合波中波列的振幅随质元位置 x 时大时小地变化，表现为一团一团地移动，故称之为**波群**或**波包**，如图 5-32 所示。

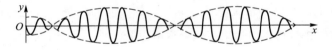

图 5-32 波包

5.7.3 群速度

如果两列频率相近的简谐波在介质中叠加，就会形成如图 5-32 所示的波包。在图中可以看出，合成波显现为一个波包一个波包地向前传播。图中的包络线（即虚线）是波包的形状。这时在介质中有两个传播速度，一个是简谐波的传播速度，即相速度；另一个是波包的传播速度，称为**群速度**。在无色散介质中，群速度与相速度相等，而在色散介质中，这两种速度不相等。

波是传递信息的重要手段，但只有复合波才能传递信息。理想的简谐波在无限长的时间内始终以同一振幅和不变的频率传播，所以不能携带任何信息。而复合波中信息传递的速度就是波包的移动速度，即信息是以群速度传播的。

*5.8 非线性波 孤波

非线性波就是由非线性方程所描述的波。和所有非线性现象一样，非线性波也不遵从叠加原理。非线性波的传播速度不仅与介质的性质有关，还与质点的振动状态有关。

5.8.1 非线性效应对波动的影响

我们认为介质是理想的弹性介质，即认为介质中的回复力始终是线性的，得到的介质波的动力学方程就是线性的。线性方程的解就是线性波，这种波在介质中的传播只与介质的性质有关，而与介质内各处质点振动的振幅、速度无关。

但是，实际介质都具有非线性因素。不过在振幅较小时，非线性项很小，它的影响可以忽略，这时的波动方程可以用线性波动方程近似。但在振幅较大时，介质中的非线性项就不能忽略了，这时的波动方程就是非线性的了。其实，一般地讨论非线性波动方程的解析解几乎是不可能的。因此，我们只能粗略地介绍一下非线性因素对波动的影响。

非线性效应最突出的影响就是导致波动叠加原理的失效。例如，同时平行向前传播的两个频率的声波，因为非线性效应会出现组合频率的声波。计入非线性效应，结果使得介质中各点的波速不尽相同，这时波速不仅与介质有关，还与介质中各个质点的位移有关，即位移大处的波速与位移小处的波速不同，位移为正处的波速与位移为负处的波速不同。介质中各点的波速不同又导致波形在传播中发生畸变，例如原来的正弦波，由于非线性因素，在传播一段距离后可能变成非正弦波，也就是说，由原来单一频率的波变成了含有各个高次频率的复合波。

5.8.2 孤波

如果介质既是色散的，又是非线性的，那么在色散效应和非线性效应的共同作用下可能出现的一种特殊的波，称为**孤波**，又称**孤立波**。

最早发现孤波的是英国的造船工程师斯科特·罗素。1834 年 4 月，他正骑着马沿运河行走，发现河内一只船突然停止时，它的前方水面形成了一个光滑而且轮廓清晰的孤立波峰沿河道向前推行，孤波高度为一英尺到一英尺半，长约三十英尺，前进速度为八至九英里每小时，在传播过程中孤波形状保持不变，速度不减，直到河道转弯处才消失。他后来在浅水中做实验也激起了这种孤波。

（1 英尺 =0.304 8 米，1 英里 =1 609.34 米。）

1895 年，数学家科特维格与德佛里斯导出了有名的浅水波的 KdV 方程，才使孤波得到稳定解。

$$\frac{\partial y}{\partial t} - 6y\frac{\partial y}{\partial x} + \frac{\partial^3 y}{\partial x^3} = 0 \tag{5--53}$$

（5–53）式为浅水波的动力学方程，其中的第二项为非线性项，这种非线性作用使得波包的能量重新分配，从而使频率扩展，坐标空间收缩，使波包前沿不断变陡，达到某个临界点时开始破碎，这正是海滩上向海岸滚滚而来的水波最终会破碎的原因。方程的第三项为色散项，它导致波包的群速度与波长有关，使波包逐渐展平展宽，能量逐渐弥散，最后消失。

由此可见，非线性效应和色散效应都是使波包形成的原因，但两者的作用正好相反，只有波包具有稳定的形状和速度，两种效应正好相互抵消时，才能形成以恒定速度传播的稳定的波包，这就是孤波。所以，孤波是色散效应和非线性效应达到平衡时的产物。

近年来，在各种不同学科领域中，都出现了类似孤波的运动形态。大至宇宙中的涡旋星云，小到微观的基本粒子，它们在一定程度上都有孤波的性质。例如，激光在介质中的自聚焦和在光纤中的传播，等离子体中的声波和电磁波，流体中的涡旋，晶体中的错位，超导中的磁通量，等等。另外，孤波在技术上也得到了应用，例如光纤孤子通信已成为世界各国研究的热门课题。

思 考 题

5–1　试阐述振动与波动的异同之处。

5–2　试分析振动速度与波动速度的区别。

5–3　试分析横波与纵波的差异。

5–4　波动传播了什么？

5–5　通过振动图像求解相位与通过波动图像求解相位的差异是什么？对于同一波形图像，波的传播方向不同对同一点的相位求解有何影响？

5–6　为什么简谐振动的机械能守恒而简谐波任意一点的动能与势能相等？

5–7　产生干涉的条件是什么？

5–8　在何种情况下出现半波损失？半波损失出现在反射波还是折射波？

5–9　在多普勒效应中观察到的频率何时升高？何时降低？

习　　题

5-1　已知一平面波沿 x 轴正方向传播，距坐标原点 x_1 处的 P 点的振动表达式为 $y = A\cos(\omega t + \varphi)$，波速为 u。（1）求平面波的波动表达式；（2）若波沿 x 轴负方向传播，波动表达式又如何？

5-2　频率为 100 Hz，波速为 300 $\mathrm{m \cdot s^{-1}}$ 的平面简谐波，波线上两点振动的相位差为 $\dfrac{\pi}{3}$，求此两点的距离。

5-3　某质点作简谐振动，周期为 2 s，振幅为 0.06 m，开始计时（$t = 0$）时质点恰好处在 $A/2$ 处且向 x 轴负方向运动，求：（1）质点的振动方程；（2）振动以速度 $u = 2\ \mathrm{m \cdot s^{-1}}$ 沿 x 轴正方向传播时，形成的平面简谐波的波动方程；（3）该波的波长。

5-4　已知一波的波动方程为 $y = 5 \times 10^{-2}\sin(10\pi t + 0.6x)$（SI 单位）。（1）求波长、频率、波速及传播方向；（2）说明 $x = 0$ 时波动方程的意义。

5-5　如习题 5-5 图所示为一平面简谐波在 $t = 0$ 时刻的波形图，求：（1）该波的波动表达式；（2）P 处质点的振动方程。

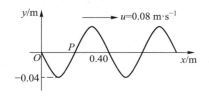

习题 5-5 图

5-6　有一沿 x 轴正方向传播的平面波，其波速为 $u = 1\ \mathrm{m \cdot s^{-1}}$，波长为 $\lambda = 0.04$ m，振幅为 $A = 0.03$ m。若以坐标原点恰在平衡位置而向正方向运动时作为开始时刻，（1）试求此平面波的波动方程；（2）求与波源相距 $x = 0.01$ m 处质点的振动方程，并问该点初相是多少？

5-7　一列平面余弦波沿 x 轴正方向传播，波速为 5 $\mathrm{m \cdot s^{-1}}$，波长为 2 m，原点处质点振动曲线如习题 5-7 图所示。（1）求波动方程；（2）作出 $t = 0$ 时的波形图及距离波源 0.5 m 处质点的振动曲线。

5-8　一平面简谐波以波速 $u = 10\ \mathrm{m \cdot s^{-1}}$ 沿 x 轴正方向传播，波长为 2 m，$t = 0$ 时的波形如习题 5-8 图所示。试求：（1）波动表达式；（2）P 点的振动表达式；（3）P 点的坐标；（4）P 点回到平衡位置的最短时间。

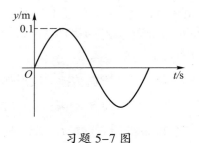

习题 5-7 图

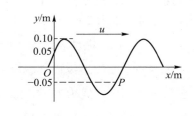

习题 5-8 图

5-9 已知平面波波源的振动表达式为 $y_0 = 6.0 \times 10^{-2} \sin \frac{\pi}{2} t$（SI 单位），该波向 x 轴正方向传播。求距波源 5 m 处质点的振动方程和该质点与波源的相位差。设波速为 2 m·s^{-1}。

5-10   如习题 5-10 图所示为平面简谐波在 $t = 0$ 时的波形图，设此简谐波的频率为 50 Hz，且此时图中质点 P 的运动方向向上。求：（1）O 点的振动方程；（2）该波的波动方程；（3）距原点 10 m 处质点的运动方程和初相。

5-11   一平面简谐波沿 x 轴正方向传播，如习题 5-11 图所示，波速为 20 m·s^{-1}，在传播路径的 A 点处，质点振动方程为 $y = 0.03\cos 4\pi t$（SI 单位），试以 A、B、C 为原点，分别求波动方程。

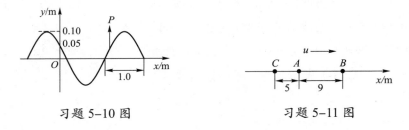

习题 5-10 图   习题 5-11 图

5-12   已知一平面波沿 x 轴负方向传播，距坐标原点 x_1 处的 P 点的振动表达式为 $y = A\cos(\omega t + \varphi)$，波速为 u。（1）求平面波的波动方程；（2）若波沿 x 轴正方向传播，波动方程又如何？

5-13   如习题 5-13 图所示，左图表示 $t = 0$ 时刻的波形，右图表示原点处质点的振动曲线，求波的波动方程，并画出 $x = 2$ m 处质点的振动曲线。

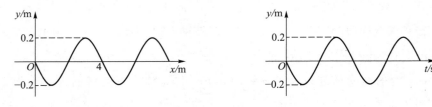

习题 5-13 图

5-14   已知一沿 x 轴正方向传播的平面余弦波，$t = \frac{1}{3}$ s 时的波形如习题 5-14 图所示，且周期 T 为 2 s。（1）写出 O 点的振动表达式；（2）写出该波的波动表达式；（3）写出 A 点的振动表达式；（4）写出 A 点离 O 点的距离。

5-15   一平面简谐波以波速 $u = 0.08$ m·s^{-1} 沿 x 轴负方向传播。波形如习题 5-15 图所示，图中实线为 $t = 1.25$ s 时的波形。试写出：（1）波动表达式；（2）距原点 0.20 m 处的质点的振动方程；（3）距原点 0.20 m 处的质点在 $t = 2.5$ s 时的位移和振动速度。

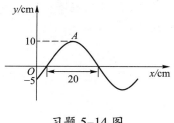

习题 5-14 图

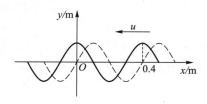

习题 5-15 图

5-16 一平面简谐波以波速 $u = 0.8$ m·s^{-1} 沿 x 轴负方向传播，已知原点的振动曲线如习题 5-16 图所示。试写出：（1）原点的振动表达式；（2）波动表达式；（3）同一时刻相距 1 m 的两点之间的相位差。

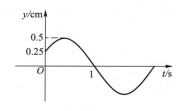

习题 5-16 图

5-17 一平面余弦波，沿直径为 14 cm 的圆柱形管传播，波的强度为 18.0×10^{-3} J·m^{-2}·s^{-1}，频率为 300 Hz，波速为 300 m·s^{-1}。（1）求波的平均能量密度和最大能量密度；（2）问两个相邻同相面之间有多少波的能量？

5-18 如习题 5-18 图所示，S_1 和 S_2 为两相干波源，振幅均为 A_1，相距 $\lambda/4$，S_1 较 S_2 相位超前 $\pi/2$，求：（1）S_1 外侧各点的合振幅和强度；（2）S_2 外侧各点的合振幅和强度。

$$S_1 \qquad S_2$$

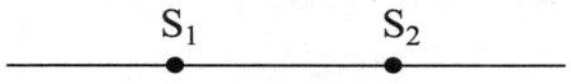

习题 5-18 图

5-19 一驻波方程为 $y = 0.02\cos 20x\cos 750t$（SI 单位），求：（1）形成此驻波的两列行波的振幅和波速；（2）相邻两波节间的距离。

5-20 两列火车分别以 72 km·h^{-1} 和 54 km·h^{-1} 的速度相向而行，第一列火车发出一个 600 Hz 的汽笛声，声速为 340 m·s^{-1}，问第二列火车上的观察者听到的该声音的频率在相遇前和相遇后分别是多少？

5-21 一固定波源在海水中发射频率为 ν 的超声波，超声波射在一艘运动的潜艇上反射回来，反射波与入射波的频率差为 $\Delta\nu$，潜艇的运动速度 v 远小于海水中的声速 u，试证明潜艇运动的速度为 $v = \dfrac{u}{2\nu}\Delta\nu$。

5-22 一个观测者在铁路边，看到一列火车从远处开来，他测得远处传来的火车汽笛声的频率为 650 Hz，当火车从身旁驶过而远离他时，他测得的汽笛声频率降低为 540 Hz，求火车行驶的速度。已知空气中的声速为 330 m·s^{-1}。

5-23 弦线上的驻波方程为 $y = A\cos\left(\dfrac{2\pi}{\lambda}x + \dfrac{\pi}{2}\right)\cos\omega t$，设弦线的质量线密度为 ρ。（1）分别指出振动势能和动能总是为零的各点位置。（2）计算 $0 \sim \dfrac{\lambda}{2}$ 半个波段内的振动势能、动能和总能量。

马赫

Ernst Mach

Part 3

第 3 部分
热学

与温度有关的一类自然现象称为热现象。热现象的基本规律是热学研究的主要内容。

热学系统是由极大数量的微观粒子所组成的宏观体系，热现象是宏观行为，是大量微观粒子无序热运动的整体表现。

业已形成的热学存在殊途同归的两大理论体系——热力学和统计物理学。热力学和统计物理学的出发点和研究方法迥然不同。热力学是不涉及物质微观结构的宏观理论，是人们从大量热现象中归纳概括出来的唯象科学。热力学明确建立了温度、热量、内能、熵等基本概念，并以此为基础表述了热现象所遵循的基本法则。热力学的研究方法无须开始于任何假设，它以客观的实验事实为出发点，经过严格的演绎推理，寻找体系的热性质及过程变化的规律。因此，热力学推论是热力学基本原理的逻辑结果，它们具有同样的普遍性和可靠性。然而，热力学理论有其局限性，它只能建立热力学量之间的关系，不能给出关于物质系统的具体知识。

统计物理学是关于热现象的微观理论。它以物质由极大数量的微观粒子组成作为出发点。统计物理学提出微观粒子和物质结构的简化模型，对粒子之间的相互作用作出相应的假设，把系统的宏观性质作为微观粒子热运动的整体表现，把宏观量作为相关微观量的统计平均值。也就是说，统计物理学从系统的微观运动图像出发，推导系统的宏观性质。统计物理学成功地得到了许多物质系统的具体知识，并且解释了宏观性质的涨落现象。由于支配微观粒子行为的规律不是牛顿力学，而是量子力学，所以统计物理学是在不断修正自己前提的过程中取得发展的。

对于同一研究对象，热力学和统计物理学给出结果的一致性，表明了用不同方法描述热运动规律的两大理论体系的正确性。

热学的这两种研究方法是相辅相成的：具有高度普遍性和可靠性的热力学理论可以检验统计物理学对物质微观结构所采用模型的准确程度，而深入微观描述的统计方法又揭示了宏观现象的本质。

本部分将宏观理论——热力学基础和微观理论——气体动理论穿插阐述，以期对热现象形成统一的认识。

第 6 章
气体动理论

在气体、液体、固体中，气体的性质较为简单。气体动理论是研究物质热运动性质和规律的早期微观统计理论，曾称为气体分子运动论。和力学相比，气体动理论研究的对象为大量的分子、原子等粒子，它用统计平均的方法，得出大量粒子热运动所遵循的统计规律，揭示了气体的压强、温度、内能等宏观量的微观本质，并给出了它们与相应的微观量统计平均值之间的关系。

6.1　平衡态　气体的状态参量　理想气体物态方程

6.1.1　平衡态

热学把大量微观粒子组成的宏观物体作为研究对象，我们把这样的研究对象称为**热力学系统**，简称**系统**，而把系统以外的物质称为**外界**或**系统所处的环境**。例如，我们把一个气缸内的气体作为研究对象，则该气体即我们研究的系统，而气缸周围的物质就是环境或外界，气缸壁可看作系统和环境的边界。一个热力学系统的热现象规律，不仅和系统本身有关，也和系统所处的环境有关。一般来说，系统和环境之间既有能量交换（如热量的传递），又有物质交换（如粒子的扩散）。按照系统和环境的交换特点，人们通常把系统分为孤立系统、封闭系统和开放系统。其中，**孤立系统**是与环境既没有物质交换，也没有能量交换的理想系统；**封闭系统**与环境有能量交换，但没有物质交换；**开放系统**和环境既有能量交换，又有物质交换。

通常来说，热力学系统中大量的粒子不停地作无规则的热运动，它们的速度、位置和能量可能随时在变化着，但在适当条件下，有些宏观性质（如温度、体积、压强等）是可以稳定不变的。

例如，使两个温度不同的铜棒与外界隔热并互相接触，热的铜棒渐渐变凉，而冷的铜棒渐渐变热，一段时间后，两根铜棒处处达到均匀稳定的温度。再看另外一个例子：将一个铜棒的一端插入沸腾的水中，另一端插入冰水混合物中，经过一段时间后，铜棒的冷热程度虽然随位置不同逐渐由热变冷，但各处的冷热程度不随时间而变化。

以上两个系统所处的状态均称为**稳定态**，但它们仍存在区别：前一个系统处在平衡态，而后一个系统处在非平衡态。我们规定：

在不受外界影响的条件下，系统的宏观性质不随时间改变的状态称为平衡态。

由于气体中有热运动存在，所以气体的平衡态是动态平衡，即气体分子的热运动是永不停息的。通过气体分子的热运动和相互碰撞，气体在宏观上表现为性质不随时间变化的平衡态。

平衡态是一个理想模型，现实世界中很难找到一个不受外界影响的系统。

6.1.2　气体的状态参量

我们以含有大量粒子的热力学系统作为研究对象，并从宏观上来描述和研究系统的状态或热学现象时，可以不考虑系统中每个粒子的情况，而使用一些宏观的物理量来描述系统的状态，这些物理量称为**状态参量**。因为处于平衡态的系统不再发生宏观性质的变化，所以状态参量只用于描述平衡态。一般来说，为了详尽地描述物体的状态，我们常用几何参量、力学参量、化学参量和电磁参量来描述系统的状态。

对一定量的气体（气体质量 m、摩尔质量 M 确定），我们常用气体的体积 V、气体的压强 p 和气体的温度 T（或 t）三个状态参量来描述处于平衡态的系统。

1. 体积

体积是气体所能达到的全部空间，而非气体全部分子的体积和。由于气体分子间作用力很小，气体分子彼此间距离很大，运动中又频繁受到容器壁和其他分子的碰撞，所以气体分子将在整个空间到处运动，可以占据它所能到达的全部空间。实际上，气体所占的体积即容器容积。气体体积的国际单位制单位为立方米（m^3），有时也用升（L）作为单位。它们的换算关系为

$$1 \text{ m}^3 = 10^3 \text{ L}$$

2. 压强

压强在数值上等于大量气体分子碰撞容器壁时对单位面积容器壁的作用力。由于气体分子在容器内不断运动，经常碰撞容器壁，所以大量气体分子撞击容器壁的宏观效果就是对容器壁产生压力，且压力方向垂直于容器壁。设总压力为 F，容器壁的总面积为 S，则气体压强为

$$p = \frac{F}{S}$$

压强的国际单位制单位是帕斯卡，简称帕（Pa），过去也用大气压（atm）作单位。它们的换算关系为

$$1 \text{ atm} \approx 1.013\ 25 \times 10^5 \text{ Pa}$$

3. 温度

温度是表示物体冷热程度的物理量。冷热是人们对自然界的一种体验，对物质世界的直接感觉。但是如果单凭人的感觉，认为热的系统温度高，冷的系统温度低，这不但不能定量表示出系统的温度，有时还会得出错误的结论。因此，要定量表示出系统的温度，必须给温度下一个严格而科学的定义。温度概念的建立需以热平衡为基础，并且为了说明温度的测量标准和测量方法，我们还需要引入热力学第零定律。

假设有 A、B 两个系统，它们各自处在一个平衡态。现使 A、B 两系统相互接触，让两系统之间发生传热。一般来说，两个系统的状态都会发生变化。经过一段时间后，两个系统的状态不再发生变化时，它们就处在一个新的共同的平衡态。此时，即使把两系统分开，它们将仍然保持这个平衡态。

再考虑由 A、B、C 表示的三个系统（图 6-1），把 A、B 分隔开，并让它们分别与 C 接触。若物体 A、B 都分别与 C 达到热平衡，那么 A、B 互相接触后状态将不再发生变化，即 A、B 之间也达到了热平衡。

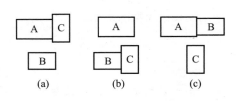

图 6-1　热力学第零定律

实验结果表明：**如果两个热力学系统中的每一个都与第三个热力学系统处于热平衡，则它们彼此也必定处于热平衡。**这一结论称为"热力学第零定律"。

热力学第零定律告诉我们，处在相互热平衡状态的系统必定拥有一个共同的宏

观物理性质。若两个系统的这一共同性质相同，则当两系统热接触时，系统之间将不会有热传递，即两系统彼此处于热平衡状态；若两个系统的这一共同性质不相同，则两系统热接触时就会有热传递，彼此的热平衡状态就会发生变化。这个宏观的物理性质就称为系统的温度。也就是说，温度是决定一个系统是否与其他系统处于热平衡的宏观性质。A、B 两系统热接触时，如果彼此处于热平衡状态，则说明两系统温度相同；如果发生 A 到 B 的热传导，则说明 A 的温度比 B 的高；反之，则说明 B 的温度比 A 的高。而且，一切互为热平衡状态的系统具有相同的温度。

实验表明，当几个系统作为一个整体处于热平衡状态时，若将它们分离开，在没有其他影响的情况下，各个系统的热平衡状态不会发生变化。这说明各个系统在热平衡状态时的温度仅取决于系统本身内部的热运动状态。实际上，从微观上来讲，温度表征物体内大量分子热运动的剧烈程度。分子运动越快，物体越热，即温度越高；分子运动越慢，物体越冷，即温度越低。值得注意的是，少数几个分子甚至一个分子构成的系统，由于达不到统计的数量要求，是没有温度的意义的。

同时，热力学第零定律也给出了温度的比较和测量方法：我们可以使用一个带有数值的"标尺"来与其他物体接触，达到热平衡后，"标尺"上的数值就反映出待测物体所处的热平衡状态的性质，也就是物体的温度。这个"标尺"就是温标。温标规定了温度的零点和测量温度的基本单位。目前国际上用得较多的温标有摄氏温标（℃）、华氏温标（℉）和热力学温标（K）。

摄氏温标是常用温标，是用液体（酒精或水银）作测温物质，用液柱高度随温度变化作测温特性的温标。它规定：在标准大气压（1 atm）下，冰水混合物的温度为 0 ℃，水的沸点为 100 ℃，中间划分为 100 等份，每等份为 1 ℃。摄氏温标确定的温度用符号 t 表示。

华氏温标则规定：在标准大气压下，冰的熔点为 32 ℉，水的沸点为 212 ℉，中间有 180 等份，每等份为 1 ℉（1 华氏度）。华氏温标确定的温度用符号 t_F 表示，华氏度和摄氏度的换算关系为

$$\frac{t_F}{°F} = \frac{9}{5}\frac{t}{°C} + 32$$

热力学温标又称开尔文温标，它与测温物质的性质无关，因而是一种基本的科学的温标。热力学温标是用一种理想气体来确立的，它的零点称为绝对零度。热力学温标确定的温度用符号 T 表示，热力学温度和摄氏度的换算关系为

$$\frac{T}{K} = \frac{t}{°C} + 273.15$$

近似计算时，也可取为

$$\frac{T}{\mathrm{K}} = \frac{t}{{}^\circ\mathrm{C}} + 273$$

如果宇宙空间存在一个像月球那样的天体，它距离最近的恒星也有若干光年，假设这个"月球"表面的初始温度是 300 K，那么它一方面由于向外辐射而不断失去热量，另一方面从遥远的恒星辐射中获得热量。但是，从远处恒星到达的辐射很少，不可能补偿它本身因辐射而失去的热量。于是这个"月球"的表面温度将下降。它向外的辐射功率将随着表面温度的下降而减弱。当这个"月球"表面的温度达到因自身辐射失去的热量与它吸收辐射得到的热量相平衡时，它的表面温度趋于稳定。

实际上，我们的月球离开恒星并不太远，它与太阳的距离还不到 1.5 亿公里。假定我们的月球仍然处在现在的位置上，但它永远只有一面向着太阳，那么，这一面将不断地吸收太阳的辐射，直到这一面的温度大大超过水的沸点。只有在很高的温度下，月球本身辐射的热量才会和来自太阳的巨大辐射热相平衡。由于月球本身导热性能很差，来自太阳的热量透过月球自身的速率非常慢，所以，月球背着太阳的那一面几乎不会获得热量。这一面就将处于"宇宙空间的低温"状态。

然而，由于月球的自转（月球的自转周期为 27 天 7 时 43 分），其表面的各个部分在一个自转周期中平均只能从太阳那里得到相当于 14 天的辐射热。在只能获得部分时间太阳辐射的情况下，月球上只有个别地表的温度勉强达到水的沸点。但是在漫漫长夜中，任何时候地表温度也不会低于 120 K（从地球上的标准来说，这个温度是相当低的），因为温度尚未下降到比这更低的温度的时候，太阳就又升上来了。

这与地球上的情况大不相同。因为地球上有大气和海洋，与岩石相比，海洋能更有效地吸收热量，而且散热的速率也慢得多，它起到一个保温垫的作用。晒太阳的时候，它的温度上升得不会像陆地那样快，没有太阳的时候，它的温度也不会像陆地那样迅速下降。又因地球的自转比月球快得多，所以地球上大多数地方白天与黑夜的交替只经历十几个小时。同时，地球大气的风和海洋的洋流也会将热量从向阳的一面送到背阴的一面，从热带传递到两极。正因如此，尽管地球和月球离太阳的距离大致相等，地球所经受的温度变化范围却比月球小得多。

人如果到达月球的背阴地带，处于比地球上南极还要低的地表温度条件下，情况会不会很严重呢？在地球上，即使穿着绝热服，我们身体的热量也会相当快地发散到大气中去，大气的流动会把我们的体热迅速带走。在月球上，情况就大不相同了。在那里，一个身穿保温宇航服和宇航靴的人，几乎一点也不会失去身体的热量。因为在月球上，体热既不会靠传导传到体外，也没有风通过对流把它带到周围空间。人如同一个被放置在真空中的物体，只有极少的红外辐射向外散发热量。在这种情况下，冷却将是一个十分缓慢的过程。何况人的身体会不断地产生热量，所以人会感觉到太热，而不会感到太冷。

6.1.3 理想气体物态方程

实验表明，当系统处于热平衡状态时，描写该状态的各个状态参量之间存在一定的函数关系，我们把**热平衡状态下，各个状态参量之间的关系式叫系统的物态方程**。物态方程的具体形式是由实验来确定的。比如实验测定，在压强不太大（与大气压相比）、温度不太低（与室温相比）的条件下，各种气体都遵守三大实验定律：玻意耳定律，查理定律和盖吕萨克定律。并且我们定义：**在任何情况下都能严格遵从上述三个实验定律的气体称为理想气体。**

三大实验定律描述如下。

玻意耳定律：一定质量 m 的某种气体，在热力学温度 T 不变的情况下，压强 p 与体积 V 成反比，即 $pV = C$（m 与 T 不变）。

查理定律：一定质量 m 的某种气体，当其体积 V 一定时，它的压强 p 与热力学温度 T 成正比，即 $\dfrac{p}{T} = C$（m 与 V 不变）。

盖吕萨克定律：一定质量 m 的某种气体，当其压强 p 一定时，它的体积 V 与热力学温度 T 成正比，即 $\dfrac{V}{T} = C$（m 与 p 不变）。

由气体的三个实验定律得到一定质量的理想气体物态方程为

$$pV = \frac{m}{M}RT = \nu RT \tag{6-1}$$

（6-1）式中 $\nu = \dfrac{m}{M}$，称为物质的量，单位为摩尔，记为 mol；p、V、T 为理想气体在某一平衡态下的三个状态参量。m 为气体的质量，M 为气体的摩尔质量，R 为摩尔气体常量。在国际单位制中，

$$R = 8.31 \text{ J} \cdot \text{mol}^{-1} \cdot \text{K}^{-1}$$

在常温常压下，实际气体都可近似地当作理想气体来处理。压强越低，温度越高，这种近似的准确度越高。

在现代工程技术和科学研究中，人们经常需要处理高压或低温条件下的气体问题，因此，在应用理想气体物态方程时，必须考虑真实气体的特征并予以必要的修正。

6.2　物质的微观模型　统计规律性

热力学系统是由大量分子、原子等微观粒子组成的，要想推导出系统的宏观状态参量（如压强、温度等）与这些微观粒子运动的关系，我们应首先明确平衡态下理想气体分子的模型和性质。

6.2.1　分子的线度和分子力

1. 分子的线度

虽然人们用肉眼不能直接观察到气体、液体和固体这些物质的内部结构，但借助于近代的实验仪器和实验方法，人们还是能观察到气体、液体和固体这些物质是由大量的分子所组成的。实验表明，任何一种物质每 1 mol 所含有的分子（或原子）数目均相等，**阿伏伽德罗常量**（用符号 N_A 表示）在数值上等于这个数，有

$$N_A = 6.022\ 140\ 76 \times 10^{23}\ \text{mol}^{-1}$$

可见，气体、液体和固体内分子的数目是很多的。通常情况下，单位体积内分子的数目也是多得惊人。我们把单位体积内的分子数叫作**分子数密度**，用符号 n 表示。例如，实验可测得，在通常温度和压强下，氮的分子数密度 $n \approx 2.47 \times 10^{19}\ \text{cm}^{-3}$，水的分子数密度 $n \approx 3.3 \times 10^{22}\ \text{cm}^{-3}$，铜的分子数密度 $n \approx 7.3 \times 10^{22}\ \text{cm}^{-3}$。

我们知道，分子有单原子分子（如 He）、双原子分子（如 O_2）、多原子分子（如 CO_2、CH_4），甚至还有千万个原子构成的高分子（如聚丙烯）。因此，不同结构的分子，其尺度是不一样的。下面以氧分子为例进行讨论。

实验表明，在标准状态下，气体分子间的距离约为分子直径的 10 倍。于是在标准状态下，气体中，每个氧分子占有的体积 V 约为氧分子本身体积的 1 000 倍。换句话说，在标准状态下，容器中的气体分子可以看成大小略去不计的质点。应该指出，随着气体压强的增加，分子间的距离要变小，但在不太大的压强下，每个分子占有的体积仍比分子本身的大小要大得多。

2. 分子力

固体和液体的分子之所以会聚集在一起而不分散开，是因为分子之间有相互吸引力。例如，切削一块金属或锯开一段木材时都必须用力，要使钢材发生形变也需要用力。这都说明物体各部分之间存在着相互吸引力。分子之间不仅表现有吸引力，而且也表现有排斥力，液体和固体都很难压缩，就说明分子之间有排斥力，阻止它们相互靠拢。

图 6-2 为分子力 F 与分子间距离 r 的关系曲线。从图上可以看出，当分子之间的距离 $r < r_0$（r_0 约为 10^{-10} m）时，分子力主要表现为斥力，并且随 r 的减小，斥力急剧增加。当 $r = r_0$ 时，分子力为零。当 $r > r_0$ 时，分子力主要表现为引力。r 继续增大到大于 10^{-9} m 时，分子间的作用力就可以忽略不计了。可见，分子力的作用范围是极小的，分子力属短程力。气体在低压情况下，其分子之间的作用力可以不考虑。

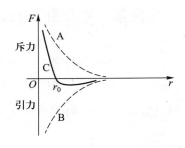

图 6-2　F-r 关系曲线

6.2.2　分子热运动的无序性及统计规律性

由前面叙述可知，一切宏观物体都是由大量分子组成的，分子之间有作用力，同时大量实验事实还表明，这些分子都在不停地作无规则的热运动。

布朗运动是表现分子作无规则热运动的典型例子。在显微镜下观察悬浮在水中的藤黄粉、花粉微粒，或在无风情况下观察空气中的烟粒、尘埃时，人们都会看到悬浮微粒不停地作无规则运动，这就是布朗运动。作布朗运动的粒子非常微小，其直径为 10^{-7}~10^{-5} m，其周围气体或液体分子不停地作无规则的运动，不断撞击微粒。因为悬浮的微粒足够小，所以它们受到的来自各个方向的气体或液体分子的撞击作用是不平衡的。在某一瞬间，微粒在某个方向受到的撞击作用强，致使微粒向其他方向运动。这样，就引起了微粒的无规则的布朗运动。

应当指出，物质内的分子在分子力的作用下欲使分子聚集在一起，形成有序排列，而分子的热运动则要使分子尽量分开。这样一来，物质内的分子究竟是聚集还是散开，起决定作用的就是它所处环境的温度和压强。环境的差异导致物质形成气、液、固以及等离子态等不同的集合体。

由于分子数目巨大，故分子在热运动中发生的相互碰撞是极其频繁的。对气体来说，在通常温度和压强下，一个分子在 1 s 的时间里大约要经历 10^9 次碰撞。在这样频繁的碰撞下，分子的速度不断变化，导致分子间的能量频繁进行交换，从而使气体内各部分分子的平均速率趋于相同，气体内各部分的温度、压强趋于相等，从而达到平衡态。所以说，无序性是气体分子热运动的基本特征。

从牛顿力学的观点来看，虽然每个气体分子的运动都是遵从牛顿运动定律的，但由于分子间极其频繁而又无法预测的碰撞所导致的分子运动的无序性，使得气体分子在某一时刻位于容器中哪一位置、具有什么速度都有一定的偶然性。这是不是说分子的运动状态就无规律性可言了呢？我们仔细考察一下就可以发现，气体处于平衡态时，不管个别分子的运动状态具有何种偶然性，大量分子的整体表现却是有规律的。例如大量气体分子在平衡态时，容器中各处的温度、密度、压强都是均匀分布的。就像我们向空中抛掷一枚硬币，硬币落下后，哪面朝上是偶然的，但如果扔的次数足够多（想象一下分子数目的数量级），就会发现正面朝上和背面朝上的次数差不多是一样的。这表明，在大量的偶然、无序的分子运动中，包含着一种规律性。这种规律性来自大量偶然事件的集合，故称为**统计规律性**。统计规律性是对大量气体分子整体而言的。总之，在研究气体分子的行为时，应作到牛顿力学的决定性和统计力学的概率性的统一，缺一不可。

本章所讨论的气体的压强公式和温度公式、能量均分定理、麦克斯韦速率分布律、玻耳兹曼能量分布律等都是大量气体分子统计规律性的表现。

除了决定性现象和偶然性现象外，还有另一种现象——混沌现象。发生混沌现象的系统的运动规律虽然可以通过微分方程来描述，但事物发展的后果并不可预测。因为描述其运动规律的方程是非线性方程，系统在某一时刻的状态，对初值非常敏感。初始条件的微小变化，会带来大相径庭的计算结果，而且随时间呈指数增加。由于任何数据都会有误差，即使确定的初始条件也不可避免，因此对混沌现象作出的长期预言必然是不准确的。混沌系统不一定是复杂系统，两个大质量的星体和一个小质量的星体就组成一个混沌系统。虽然可以用牛顿运动定律写出这一系统的动力学方程，但却无法预言各星体的运动。计算机的计算表明，各星体的运动是不稳定的，它们的行踪变化莫测。如果计及各行星之间的引力，太阳系也是混沌系统。太阳系中各行星轨道不是一成不变的，用牛顿运动定律推算数百万年后太阳系中各行星的轨道，其结果是完全荒谬的。

美国麻省理工学院的气象学家在形容非线性方程的解对初值的依赖关系时，曾对长期预言的不可靠性作出一个比喻：一只蝴蝶在巴西扇动翅膀会在得克萨斯州引起龙卷风吗？后来，人们把初值对混沌系统的影响称为蝴蝶效应。蝴蝶效应并不是使可预言性让位给纯粹的随机性。混沌现象之所以不能对事物的未来状态进行预言，不是因为不能掌握影响系统变化的一切因素和全部条件，而是由于运动系统的初值不能精确确定。

对于非混沌系统，如果两次计算使用的初值相近，那么计算结果虽不重复，但也相近。对于混沌系统，由于"蝴蝶效应"和不能以无限的精度给出初值，所以使得预测混沌系统的长期行为毫无意义。但这并不说明非线性复杂系统的行为是完全无序而不可预测的。它的状态差异尽管很大，但在许多情况下会落在一个称为奇异吸引子的范围内。奇异吸引子在状态空间中形成一个有结构图形的低维空间，奇异吸引子在状态空间的维数是判断一个系统行为无序程度的变量。

混沌系统还有一个特点，就是运动规律极其复杂，貌似随机。从表面上看，它的行为是无规则的，但本质上，它是有序的，是一种决定性的运动，尽管有无序的、变化无常的表现形式。因此，有人说混沌现象是决定性的偶然性，是装扮成无序的有序，混沌系统是"一只披着狼皮的羊"。

混沌现象的发现和非线性科学的创立，为人类观察世界打开了一扇新的窗户。非线性科学是关于体系总体本质的一门新科学，它更着眼于总体、过程和演化。因此，透过这扇窗户，人们看到的将是与牛顿和爱因斯坦描绘的决定性的、简单和谐的模式不同的，一个演化的、开放的、复杂的世界，一幅更接近真实的世界图景。这方面的研究还有大量的工作要做。关于决定性与随机性、有序与无序、质变与量变、简单性与复杂性、统一性与多样性、局部与整体、有限与无限等重要的哲学概念与范畴，都将因非线性科学的进展而丰富和深化。

6.3 理想气体的压强公式

我们知道，容器中气体分子的数目是很多的。虽然每个分子的尺寸和质量都很小，但分子在容器中还是要占有一定体积的。此外，分子除与容器壁碰撞时受到力的作用外，分子间还有相互作用力，而且这些相互作用力是十分复杂的。可以认为气体中每个分子都遵守经典力学定律，那么要完整地描述大量分子所组成系统的行为，就必须同时建立和求解这些分子所遵循的力学方程。由于方程的数量如此之多，而且分子间相互作用力又如此之复杂，所以同时建立和求解这么多的方程显然是不现实和不可能的，而且也无助于说明大量分子集体的宏观性质。然而，大量分子作热运动时具有一种有别于力学规律的统计规律性。因此我们可以用统计的方法求出与大量分子热运动有关的一些物理量的平均值，如平均能量、平均速度、平均碰撞频率等，从而就能对与大量气体分子热运动相联系的宏观现象作出微观解释。理想气体的压强公式是我们应用统计方法讨论的第一个问题。

6.3.1 理想气体的微观模型

从气体动理论来看，理想气体是一种最简单的气体，我们可以建立一个理想气体的分子模型：

（1）分子本身的大小与分子间平均距离相比可以忽略不计，分子间的平均距离很大，分子可以看成质点。

（2）除碰撞的瞬间外，分子间的相互作用力可忽略不计。因此在两次碰撞之间，分子的运动可当作匀速直线运动。

（3）气体分子间的碰撞以及气体分子与器壁间的碰撞可看作完全弹性碰撞。

综上所述，理想气体的分子模型是弹性的、自由运动的质点。

下面我们以理想气体微观模型为对象，运用牛顿运动定律，采取求平均值的统计方法来导出理想气体的压强公式。

6.3.2　理想气体的压强公式

压强是如何产生的？

如果自然界在进化时让我们的耳朵不是像今天这样迟钝，而是灵敏到可以听到每一个分子对耳鼓膜的撞击声，那么我们可能会不断地听到大气分子对耳鼓膜的轰鸣声。大量气体分子的撞击形成了对耳鼓膜的压强，有时我们可以真实地感觉到这一压强的存在。

如图 6-3 所示，我们找到一个简单的长方形的容器，并建立坐标轴。容器三边长分别为 l_x、l_y、l_z。容器里面充满了气体分子，大量分子运动时撞击容器壁就形成了对容器壁的压强。我们设容器内的分子数密度为 n，每个分子的质量为 m_0。

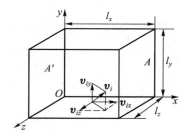

图 6-3　压强公式的推导

现在，我们从容器内的所有气体分子当中挑出一个分子 i，假设我们可以跟踪它，那我们就来计算一下这个分子对容器壁的撞击力度，最后再计算所有粒子对容器壁的压强。假设某时，此分子的速度为 v，对三个坐标轴的投影分别是 v_{ix}、v_{iy}、v_{iz}。

我们前面也说过，每个气体分子的运动是随机的，不同分子速度的方向、大小都不相同，但大量粒子的平均速度就有统计规律性。我们知道，平衡态的气体，各部分的密度都是相同的，也就是说，容器内的气体单位体积内的分子数是相同的。因此我们可以推断，平衡态的气体，其大量分子沿各个方向运动的机会是均等的，分子速度在各个方向的分量的平均值也应该是相等的。否则，如果沿某个方向运动的分子较多，则该方向的分子数密度就要比其他方向大。

我们把所有分子的速度都向直角坐标系投影后，由于分子速度沿六个方向（包含三个坐标轴的正方向和负方向）速度的平均值相同，所以我们得到大量分子沿坐

标轴的速度分量的平均值为

$$\overline{v}_x = \overline{v}_y = \overline{v}_z = 0$$

大量分子沿坐标轴的速度分量平均值为 0，那么速度分量二次方的平均值是否也为 0 呢？答案当然是否定的，因为相反两个方向的速度分量取二次方后，它们的和是沿一个方向速度分量二次方值的二倍。因此我们得到速度分量二次方的平均值之间的关系为

$$\overline{v_x^2} = \overline{v_y^2} = \overline{v_z^2}$$

且大量分子的速度二次方的平均值为

$$\overline{v^2} = \overline{v_x^2} + \overline{v_y^2} + \overline{v_z^2}$$

因此我们有

$$\overline{v_x^2} = \overline{v_y^2} = \overline{v_z^2} = \frac{1}{3}\overline{v^2} \qquad (6\text{--}2)$$

现在我们再回头来研究速度为 v 的那个粒子，当它在运动中撞到与 x 轴垂直的 A 面时，由于碰撞是完全弹性的，所以它沿 x 轴方向的速度分量由 v_{ix} 变成 $-v_{ix}$。所以，碰撞过程中，A 面给该分子的冲量为

$$\Delta I_x = m_0 \left(-v_{ix}\right) - m_0 v_{ix} = -2 m_0 v_{ix}$$

由牛顿第三定律可知，每次碰撞该分子给 A 面容器壁的冲量即 $2m_0 v_{ix}$。

该分子与 A 面碰撞后被弹回，继续作匀速直线运动，运动过程中与其他分子相碰时都是弹性碰撞。由于所有分子质量相同，碰撞时速度交换，所以我们可继续跟踪同样速度同样质量的分子。因此，我们可以等效地看成该分子直接沿 x 轴反向飞到 A' 面，并被 A' 面弹回，继续飞向 A 面。前后两次碰撞 A 面的时间间隔为 $\Delta t = 2l_x / v_{ix}$。单位时间内，该分子和 A 面碰撞的次数为 $1/\Delta t = v_{ix}/2l_x$，并且每次碰撞都给 A 面 $2m_0 v_{ix}$ 的冲量。因此，单位时间内，该分子给 A 面的总冲量，也就是对 A 面的平均作用力为

$$\overline{F}_{ix} = 2m_0 v_{ix} \frac{v_{ix}}{2l_x}$$

所有分子对 A 面的平均作用力即每个分子对 A 面的平均作用力的总和，有

$$\sum \overline{F}_{ix} = \frac{m_0}{l_x} \sum v_{ix}^2 = \frac{m_0}{l_x} N \overline{v_x^2}$$

式中 N 表示容器内所有分子的数目，用分子数密度 n 可以表示成 $N = nV$。

由压强定义得

$$p = \frac{\sum \overline{F_{ix}}}{l_y l_z} = \frac{m_0}{l_x l_y l_z} N \overline{v_x^2} = \frac{m_0}{V} N \overline{v_x^2} = m_0 n \overline{v_x^2}$$

由公式（6–2）我们得到 $\overline{v_x^2} = \frac{1}{3} \overline{v^2}$，代入上式，最终我们得到理想气体的压强公式为

$$p = \frac{1}{3} m_0 n \overline{v^2} \qquad\qquad (6\text{--}3)$$

我们新引入一个物理量 $\overline{\varepsilon_t}$，用它来表示分子的平均平动动能，有

$$\overline{\varepsilon_t} = \frac{1}{2} m_0 \overline{v^2}$$

因此，理想气体的压强公式也可以表示为

$$p = \frac{2}{3} n \overline{\varepsilon_t} \qquad\qquad (6\text{--}4)$$

（6–3）式和（6–4）式都可称为**理想气体的压强公式**，它们表明理想气体的压强正比于分子数密度 n 和分子平均平动动能 $\overline{\varepsilon_t}$（即正比于分子速度平方的平均值 $\overline{v^2}$）。分子数密度越大、平均平动动能越大，压强就越大。如果是多种理想气体混合，其压强就为各组成部分的分压强之和。

6.4　理想气体分子的平均平动动能与温度的关系

6.4.1　温度公式

我们前面讲过，温度是表示物体冷热程度的宏观物理量，而从微观上来讲，温度又表示物体内大量分子热运动的剧烈程度。下面，我们将借助理想气体的压强公式来推导温度和气体分子微观物理量之间的关系。

有质量为 m 的理想气体，其体积为 V，总分子数目为 N，摩尔质量为 M，我们根据（6–1）式，写出它的理想气体物态方程：

$$pV = \frac{m}{M} RT = \nu RT$$

改写一下，可以得到

$$p = \frac{m}{MV}RT \tag{6-5}$$

使用阿伏伽德罗常量 N_A 和气体分子质量 m_0，我们可以把气体的总质量和摩尔质量写为

$$m = Nm_0$$

$$M = N_Am_0$$

代入改写后的理想气体物态方程（6-5）式，有

$$p = \frac{Nm_0}{N_Am_0V}RT = \frac{N}{N_AV}RT = n\frac{R}{N_A}T \tag{6-6}$$

$n = \frac{N}{V}$ 是气体的分子数密度，取 $\frac{R}{N_A} = k$，k 称为玻耳兹曼常量，是统计物理学中常用的一个量，它的取值为

$$k = 1.380\ 649 \times 10^{-23}\ \text{J} \cdot \text{K}^{-1}$$

于是（6-6）式可写成

$$p = nkT \tag{6-7}$$

把上式与理想气体的压强公式 $p = \frac{2}{3}n\bar{\varepsilon}_t$ 作比较，可得

$$\frac{2}{3}n\bar{\varepsilon}_t = nkT$$

即

$$\bar{\varepsilon}_t = \frac{3}{2}kT \tag{6-8}$$

这就是理想气体分子的平均平动动能与温度的关系式，称为**温度公式**或**能量公式**。如同压强公式一样，它也是气体动理论的基本公式之一。由（6-8）式可见，处于平衡态的理想气体，其分子的平均平动动能与气体的温度成正比。气体的温度越高，分子的平均平动动能越大；而分子平均平动动能越大，就说明分子热运动的程度越剧烈。因此，我们可以说温度是表征大量分子热运动剧烈程度的宏观物理量，它是大量分子热运动的集体表现。如同压强一样，温度也是一个统计量。对于个别分子，说它有多少温度是没有意义的。

6.4.2　气体分子的方均根速率

根据理想气体分子的平均平动动能与温度的关系（6-8）式，我们可以求出一定温度下，某种气体分子速度二次方的平均值。把这个平均值开方，得到的速率称为**气体分子的方均根速率**。

由

$$\bar{\varepsilon}_t = \frac{1}{2} m_0 \overline{v^2} = \frac{3}{2} kT$$

得到

$$\overline{v^2} = \frac{3}{m_0} kT$$

方均根速率为

$$\sqrt{\overline{v^2}} = \sqrt{\frac{3kT}{m_0}} \tag{6-9}$$

又根据玻耳兹曼常量的定义

$$k = \frac{R}{N_A}$$

方均根速率还可写成

$$\sqrt{\overline{v^2}} = \sqrt{\frac{3kT}{m_0}} = \sqrt{\frac{3RT}{m_0 N_A}} = \sqrt{\frac{3RT}{M}} \tag{6-10}$$

由公式（6-10）可以看出，同一温度下，气体分子的摩尔质量越大，方均根速率就越小。值得注意的是，温度相同时，气体分子的方均根速率虽然不相等，但是各种气体分子的平均平动动能相同。

例 6-1　已知容积为 2×10^{-3} m³ 的容器里有 1 mol 处于平衡态的理想气体，当气体温度为 27 ℃时，试求理想气体的压强与其分子的平均平动动能。

解　根据理想气体物态方程 $pV = \nu RT$，有

$$p = \frac{\nu RT}{V} = \frac{1 \times 8.31 \times (273 + 27)}{2 \times 10^{-3}} \text{Pa} \approx 1.25 \times 10^6 \text{ Pa}$$

又根据温度和理想气体分子平均平动动能之间的关系，有

$$\bar{\varepsilon}_t = \frac{3}{2} kT = \frac{3}{2} \times 1.38 \times 10^{-23} \times (273 + 27) \text{ J} = 6.21 \times 10^{-21} \text{ J}$$

另外，此题也可以先计算出容器内气体的分子数密度 $n = \dfrac{\nu N_A}{V}$，再用压强公式 $p = \dfrac{2}{3} n \bar{\varepsilon}_t$ 计算气体压强。

例 6–2　试求 0 ℃时，处于平衡态的氢气和氧气分子的平均平动动能和方均根速率。

解　平衡态下的理想气体的分子平均平动动能只与温度有关，因此，氢气和氧气分子的平均平动动能均为

$$\bar{\varepsilon}_{\mathrm{t}} = \frac{3}{2}kT = \frac{3}{2} \times 1.38 \times 10^{-23} \times (273 + 0) \ \mathrm{J} \approx 5.65 \times 10^{-21} \ \mathrm{J}$$

氢气的摩尔质量 $M = 2 \times 10^{-3} \ \mathrm{kg \cdot mol^{-1}}$，所以氢气分子的方均根速率为

$$\sqrt{\overline{v_{\mathrm{H}_2}^2}} = \sqrt{\frac{3RT}{M}} = \sqrt{\frac{3 \times 8.31 \times 273}{2 \times 10^{-3}}} \ \mathrm{m \cdot s^{-1}} \approx 1845 \ \mathrm{m \cdot s^{-1}}$$

氧气的摩尔质量 $M = 32 \times 10^{-3} \ \mathrm{kg \cdot mol^{-1}}$，所以氧气分子的方均根速率为

$$\sqrt{\overline{v_{\mathrm{O}_2}^2}} = \sqrt{\frac{3RT}{M}} = \sqrt{\frac{3 \times 8.31 \times 273}{32 \times 10^{-3}}} \ \mathrm{m \cdot s^{-1}} \approx 461 \ \mathrm{m \cdot s^{-1}}$$

例 6–3　有一水银气压计，当水银柱为 0.76 m 高时，管顶离水银柱液面 0.12 m，管的截面积为 $2.0 \times 10^{-4} \ \mathrm{m^2}$，当有少量氦气（He）混入水银管内顶部时，水银柱高度下降 0.6 m，此时温度为 27 ℃，试问有多少质量的氦气在管顶（氦气的摩尔质量为 0.004 kg·mol⁻¹）？

解　由理想气体物态方程 $pV = \dfrac{m}{M}RT$ 得

$$m = M\frac{pV}{RT}$$

已知汞的密度为 $\rho_{\mathrm{Hg}} = 1.35 \times 10^4 \ \mathrm{kg \cdot m^{-3}}$，所以氦气的压强 $p = \rho_{\mathrm{Hg}}gh, g = 9.8 \ \mathrm{m \cdot s^{-2}}$ 为重力加速度，$h = (0.76 - 0.60) \ \mathrm{m}$；而氦气的体积 $V = (0.88 - 0.60) \times 2.0 \times 10^{-4} \ \mathrm{m^3} = 0.56 \times 10^{-4} \ \mathrm{m^3}$，$R = 8.31 \ \mathrm{J \cdot mol^{-1} \cdot K^{-1}}$。所以

$$m = 0.004 \times \frac{1.35 \times 9.8 \times (0.76 - 0.60) \times 10^4 \times 0.56 \times 10^{-4}}{8.31 \times (273 + 27)} \ \mathrm{kg}$$

$$\approx 1.90 \times 10^{-6} \ \mathrm{kg}$$

6.5　能量均分定理　理想气体的内能

我们在前面的学习中，把理想气体分子视为质点，只考虑它的平动。实际上，除了单原子气体分子可视为质点外，由两个或两个以上的原子组成的气体分子结构就比较复杂了，除了有平动外，还有转动、分子内原子的振动等。分子热

运动的能量应该把这些运动的能量都包括在内。为了说明分子无规则热运动的能量所遵从的统计规律，我们首先需要考虑分子的结构，因此，我们将引入分子的自由度概念。

6.5.1　自由度

我们在前面的章节学过，完全确定一个物体在空间的位置所需要的独立坐标数目，叫作这个物体的自由度。下面，我们来讨论一下气体分子的自由度。

气体分子按照结构，可分为：单原子分子 [图 6-4 (a)]，如氦、氖、氩等；双原子分子 [图 6-4 (b)]，如氢、氧、氮等；多原子分子 [图 6-4 (c)]，如水蒸气、甲烷等。若分子内原子间的相对位置保持不变，则这种分子称为**刚性分子**，否则称为**非刚性分子**。我们只讨论刚性分子的自由度。

单原子气体分子可视为质点，在空间自由运动的质点有 3 个平动自由度，所以单原子气体分子的自由度是 3。

刚性双原子气体分子，因为分子间的相对距离不变，可视为有固定距离的两个质点组成的刚体。其质心位置需要用 3 个独立坐标确定，因此具有 3 个平动自由度。此外还需要两个方位角确定两个质点绕质心转动的角度，如图 6-5 所示。而由于两个原子均视为质点，故绕它们连线的转动不存在，所以刚性双原子气体分子除了平动自由度外，还需要加上 2 个转动自由度。刚性双原子气体分子一共有 5 个自由度。

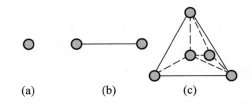

(a)　　　　(b)　　　　(c)

图 6-4　单原子分子、双原子分子和多原子分子

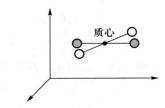

图 6-5　刚性双原子分子的自由度

刚性多原子气体分子，可视为由几个质点组成的有固定结构的刚体。同刚性双原子气体分子一样，确定其质心位置需要用 3 个平动自由度，确定过质心的转轴位置需要用 2 个转动自由度。此外，刚性多原子气体分子还要增加一个绕该转轴转动的自由度，如图 6-6 所示。因此，刚性多原子气体分子一共有 6 个自由度。

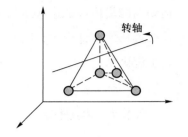

图 6-6　刚性多原子气体分子的自由度

6.5.2　能量均分定理

在前面的学习中，我们知道理想气体在平衡态下，分子的平均平动动能为

$$\overline{\varepsilon}_t = \frac{1}{2} m_0 \overline{v^2} = \frac{3}{2} kT$$

我们在推导压强公式时，曾得出气体分子速度分量的二次方平均值为

$$\overline{v_x^2} = \overline{v_y^2} = \overline{v_z^2} = \frac{1}{3} \overline{v^2}$$

因此，气体分子的平均平动动能又可写为

$$\overline{\varepsilon}_t = \frac{1}{2} m_0 \overline{v^2} = \frac{1}{2} m_0 \left(\overline{v_x^2} + \overline{v_y^2} + \overline{v_z^2} \right) = \frac{3}{2} kT$$

可得出

$$\frac{1}{2} m_0 \overline{v_x^2} = \frac{1}{2} m_0 \overline{v_y^2} = \frac{1}{2} m_0 \overline{v_z^2} = \frac{1}{2} kT$$

也就是说，在平衡态下，理想气体分子平动的每一个独立的速度二次方项所对应的平均平动动能均为 $\frac{1}{2} kT$。然而，我们刚刚分析过，在刚性双原子分子乃至多原子分子中，分子不仅有平动，而且还有转动。那么，与每一个独立的速度二次方项所对应的平均能量是多少呢？

玻耳兹曼假设：**气体处于平衡态时，分子任何一个自由度的平均能量都相等，均为 $\frac{1}{2} kT$。这就是能量按自由度均分定理，简称能量均分定理。**能量均分定理指出，无论是平动、转动还是振动，每一个独立的速度二次方项或每一个独立的坐标二次方项所对应的平均能量均相等，都等于 $\frac{1}{2} kT$。这是因为气体分子间不间断地碰撞，在达到平衡态后，任何一种运动所占的比率都是相同的，各种运动在其每个自由度上的运动机会也是相等的。所以，分子的每个转动自由度也和每个平动自由度一样，分配有相等的平均动能。这一结论也适用于液体和固体，在统计物理学中可以得到理论上的证明。

由能量均分定理，我们可以很方便地求出各种分子的平均动能。对自由度为 i 的分子，其平均动能为 $\overline{\varepsilon} = \dfrac{i}{2}kT$。

能量均分定理本质上是关于热运动动能的统计规律，是对大量分子统计平均所得的结果。对于一个粒子而言，它的动能随时间而变，并不等于 $\dfrac{i}{2}kT$，且各种形式的动能（平动动能、转动动能或振动动能）也不按照自由度均分。只有对于大量作无规则碰撞的分子，由于碰撞过程中分子的能量可以互相传递，一种动能可以转化为另外一种动能，一个自由度上的动能可以转移为另外一个自由度上的动能，所以统计平均的结果使得能量按自由度均分。

6.5.3 理想气体的内能

一个热力学系统的内能是所有粒子的动能和所有粒子相互作用产生的势能的总和。但是对理想气体而言，因分子之间距离较远，我们认为气体分子间无相互作用势能。因此，理想气体的内能只等于所有分子的动能之和。这里，我们所说的分子的动能是指分子热运动的平均平动动能和转动动能，不包括系统作宏观整体运动的机械能。举例来说，如果把装有理想气体的某个容器放在地面上静止，选地面作参考系和势能零点，则机械能等于零。但容器内部的气体分子却在永远运动并相互作用着，其内能不等于零。

设某种理想气体自由度为 i，共有 N 个气体分子，则其内能为

$$E = N\overline{\varepsilon} = N\left(\frac{i}{2}kT\right)$$

若已知气体的物质的量为 ν，则内能公式变为

$$E = \nu N_{\mathrm{A}}\left(\frac{i}{2}kT\right) = \frac{i}{2}\nu RT = \frac{i}{2}\frac{m}{M}RT \tag{6-11}$$

可见，对给定理想气体，其内能仅与温度有关，而与压强、体积无关。因此，我们可以把理想气体的内能看成温度的单值函数。当理想气体由一个平衡态经过一系列变化后变到另外一个平衡态时，其温度改变了 ΔT，则该气体内能变化为

$$\Delta E = \frac{i}{2}\frac{m}{M}R\Delta T$$

可见，一定量的理想气体在状态变化过程中，其内能的改变量只与初态和末态的温度差有关，而与变化的中间过程无关。

要注意的是，理想气体的内能之所以只是温度的函数，是因为忽略了分子相互

作用势能。分子之间的相互作用势能显然与分子间距有关，从而与系统的体积有关，所以对非理想气体，内能除了与温度有关以外，还与体积有关，内能是状态参量的函数，即 $E = E(T, V)$。

例 6-4 1 mol 氢气，在温度为 27 ℃时，它的分子平均平动动能、分子平均转动动能和内能各是多少？

解 氢气分子可看作刚性双原子分子，其自由度为 5，其中平动自由度为 3，转动自由度为 2。

根据能量均分定理，氢气分子的平均平动动能为

$$\overline{\varepsilon}_t = \frac{3}{2}kT = \frac{3}{2} \times 1.38 \times 10^{-23} \times (273 + 27) \text{ J} = 6.21 \times 10^{-21} \text{ J}$$

其平均转动动能为

$$\overline{\varepsilon}_r = \frac{2}{2}kT = 1.38 \times 10^{-23} \times (273 + 27) \text{ J} = 4.14 \times 10^{-21} \text{ J}$$

气体内能为

$$E = \frac{5}{2}\nu RT = \frac{5}{2} \times 8.31 \times (273 + 27) \text{ J} \approx 6.23 \times 10^3 \text{ J}$$

注意：分子的平均平动动能和平均转动动能只与温度有关，而内能则是系统内分子动能的总和，还与物质的量 ν 有关。

例 6-5 如果氢气和氦气的物质的量和温度相同，则下列各量是否相等，为什么？
（1）分子的平均平动动能；（2）分子的平均动能；（3）内能。

解 （1）相等，分子的平均平动动能都为 $\frac{3}{2}kT$。

（2）不相等，因为氢气分子的平均动能为 $\frac{5}{2}kT$，氦气分子的平均动能为 $\frac{3}{2}kT$。

（3）不相等，因为氢气的内能为 $\nu\frac{5}{2}RT$，氦气的内能为 $\nu\frac{3}{2}RT$。

6.6 麦克斯韦速率分布律

我们讨论大量气体分子平均平动动能时，求得了气体分子的方均根速率 $\sqrt{\overline{v^2}}$，对于温度确定的某种理想气体，方均根速率是一个固定值。但这并不意味着这种气体的所有分子速率方根都等于方均根速率。我们知道，方均根速率只是对大量气体分子速率的一种统计平均值，而这些气体分子是以各种速率沿各个方向运动着的，并且由于碰撞频繁，每一个分子的速率也在不停地改变。因此，要预言某一时刻某一个气体分子的速率是不可能的。然而对于大量处于平衡态的气体分子而言，它们

的速率分布却遵从一定的统计规律。

为了明确我们将要用到的统计方法，我们首先来简单学习一下概率分布函数。

6.6.1　概率分布函数

我们前面曾经提过一个简单的应用概率统计的例子：把硬币向空中抛去，当硬币落地时，可能是正面朝上，也可能是背面朝上。如果我们只做简单的几次或几十次实验，我们无法说出哪面朝上的次数多。但如果我们进行的实验次数非常多，则正面和背面朝上的次数基本相等。

如果我们想进行复杂一点的实验，则可以使用伽耳顿板，这是一种用于演示大量偶然事件的统计规律的实验仪器。

伽耳顿板装置图如图 6–7 所示，一个容器由上至下被分成粒子储存室、钉阵和狭槽三部分。其中粒子储存室位于腔的上部，钉阵位于腔的中部，由铁钉组成，钉阵下方有狭槽。实验时，用按钮控制粒子储存室下方活门的开关，如果我们只让上方落下几个粒子（小球、红豆等），粒子经过钉阵的碰撞后，落到哪个狭槽里是偶然的。但如果我们完全打开活门，让大量粒子下落，则每个狭槽内的粒子数和总的粒子数之间的比值将服从一定的规律，图 6–7 下方就是大量粒子分布的情况。这显示了大量的偶然事件存在着一种必然的规律——统计规律。

我们取横坐标 x 表示狭槽的水平位置，纵坐标 h 为狭槽内积累粒子的高度。这样，就可得到粒子按狭槽分布的一个直方图，如图 6–8 上图所示。我们把纵坐标

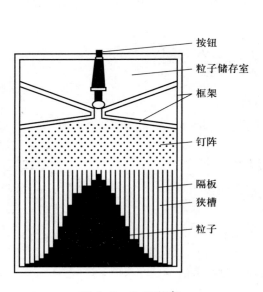

图 6–7　伽耳顿板

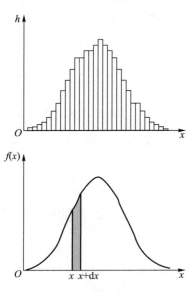

图 6–8　分布函数曲线

换成落入单位长度的狭槽内的粒子占所有粒子的比例 $f(x)$ $[\,0<f(x)<1\,]$，且如果狭槽足够窄，使其宽度 $\Delta x \to 0$，我们就得到一个粒子按坐标分布的概率曲线——概率分布函数曲线，如图 6–8 下图所示。

根据概率分布函数和概率分布函数曲线，我们可以知道位于 $x{\sim}x+dx$ 区域的粒子数目 dN 为

$$dN = Nf(x)dx$$

式中 N 为全部粒子的数目。

因为落入各个狭槽的全部粒子的数目为粒子总数 N，所以概率分布函数要满足的归一化条件为

$$\int_{-\infty}^{+\infty} f(x)dx = 1$$

6.6.2　速率分布函数

现在我们来看粒子的速率分布。如果某个系统内有 N 个粒子，其中速率在 $v{\sim}v+\Delta v$ 范围内的粒子数有 ΔN 个，那么，速率 v 附近 Δv 区间内分布的粒子数占总分子数的比值 $\dfrac{\Delta N}{N}$ 既和速率 v 有关，又和速率区间 Δv 有关，区间 Δv 越大，比值 $\dfrac{\Delta N}{N}$ 就越大。如果取 $\Delta v \to 0$，则比值 $\dfrac{\Delta N}{N\Delta v}$ 的极限只和速率 v 有关，变成了 v 的连续函数，我们把这个函数用 $f(v)$ 表示，$f(v)$ 叫作粒子的**速率分布函数**：

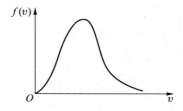

图 6–9　速率分布函数曲线

$$f(v) = \lim_{\Delta v \to 0} \frac{\Delta N}{N\Delta v} = \frac{1}{N} \lim_{\Delta v \to 0} \frac{\Delta N}{\Delta v} = \frac{1}{N} \frac{dN}{dv}$$

图 6–9 为某一系统内粒子的速率分布函数曲线。

按照分布函数的定义，我们可以写出粒子速率在 $v{\sim}v+dv$ 范围内的概率为

$$\frac{dN}{N} = f(v)dv \tag{6–12}$$

速率在 $v{\sim}v+dv$ 范围内的总粒子数为

$$dN = Nf(v)dv \tag{6–13}$$

速率分布函数同样满足归一化条件（注意速率没有负值）：

$$\int_0^{+\infty} f(v)\mathrm{d}v = 1 \qquad (6\text{-}14)$$

从图 6-9 上看，归一化条件就是函数曲线与横轴所夹面积为 1。

我们在前面学习过方均根速率这一与粒子速率相关的平均值，在引入速率分布函数后，我们可以用分布函数来表示跟速率有关的平均值。

首先我们求一下 N 个粒子的平均速率，按照平均值定义，有

$$\overline{v} = \frac{1}{N}\sum_{i=1}^{N} v_i \qquad (6\text{-}15)$$

已知粒子的速率分布函数 $f(v)$，按照速率分布函数的定义，速率分布在 $v \sim v + \mathrm{d}v$ 范围内的粒子数为 $\mathrm{d}N = Nf(v)\mathrm{d}v$，这些粒子的速率为 v，因此，速率分布在 $v \sim v + \mathrm{d}v$ 范围内的总的粒子速率为 $v\mathrm{d}N = vNf(v)\mathrm{d}v$。

用积分可以算出全部分子（理论上速率分布为 $0 \sim \infty$）的总的速率和为

$$\sum_{i=1}^{N} v_i = \int_0^{\infty} v\mathrm{d}N = \int_0^{\infty} vNf(v)\mathrm{d}v$$

代入（6-15）式，则分子的平均速率为

$$\overline{v} = \frac{\int_0^{\infty} vNf(v)\mathrm{d}v}{N} = \int_0^{\infty} vf(v)\mathrm{d}v \qquad (6\text{-}16)$$

同理，可求得这些分子速率二次方的平均值为

$$\overline{v^2} = \int_0^{\infty} v^2 f(v)\mathrm{d}v \qquad (6\text{-}17)$$

如此类推，求任意一个与速率有关的微观量 $g(v)$ 的平均值，可用下面公式表示：

$$\overline{g(v)} = \int_0^{\infty} g(v)f(v)\mathrm{d}v \qquad (6\text{-}18)$$

例 6-6　设系统内有 N 个粒子，其速率分布函数曲线如图 6-10 所示。（1）已知 v_0，求常量 C；（2）写出速率分布函数用 v_0 的表达式；（3）求粒子的平均速率；（4）求速率分布在 $0.5v_0 \sim v_0$ 之间的粒子数；（5）求速率分布在 $0.5v_0 \sim v_0$ 之间的粒子的平均速率。

解　（1）按照归一化条件，速率分布函数曲线与横轴所夹的面积为 1，有

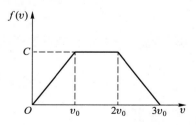

图 6-10　粒子的速率分布函数曲线

$$2v_0 C = 1$$

$$C = \frac{1}{2v_0}$$

（2）如图所示，速率分布函数为

$$f(v) = \begin{cases} \left(\dfrac{C}{v_0}\right)v & (0 \leqslant v < v_0) \\ C & (v_0 \leqslant v \leqslant 2v_0) \\ \left(-\dfrac{C}{v_0}\right)(v - 3v_0) & (2v_0 < v \leqslant 3v_0) \end{cases}$$

代入常量 C，得

$$f(v) = \begin{cases} \left(\dfrac{1}{2v_0^2}\right)v & (0 \leqslant v < v_0) \\ \dfrac{1}{2v_0} & (v_0 \leqslant v \leqslant 2v_0) \\ \left(-\dfrac{1}{2v_0^2}\right)(v - 3v_0) & (2v_0 < v \leqslant 3v_0) \end{cases}$$

（3）粒子的平均速率为

$$\bar{v} = \int_0^{3v_0} vf(v)\mathrm{d}v = \int_0^{v_0} v \frac{v}{2v_0^2}\mathrm{d}v + \int_{v_0}^{2v_0} v\frac{1}{2v_0}\mathrm{d}v + \int_{2v_0}^{3v_0} v\frac{-(v-3v_0)}{2v_0^2}\mathrm{d}v = \frac{3v_0}{2}$$

（4）速率分布在 $v \sim v + \mathrm{d}v$ 范围内的粒子数为

$$\mathrm{d}N = Nf(v)\mathrm{d}v$$

可得，速率分布在 $0.5v_0 \sim v_0$ 之间的粒子数为

$$\Delta N = \int_{0.5v_0}^{v_0} \mathrm{d}N = N\left(\int_{0.5v_0}^{v_0} \frac{v}{2v_0^2}\mathrm{d}v\right) = \frac{3}{16}N$$

（5）我们已经在（4）中求出速率分布在 $0.5v_0 \sim v_0$ 之间的粒子数 ΔN，下面我们先来求这些粒子的总的速率和。

速率分布在 $v \sim v + \mathrm{d}v$ 范围内的粒子的速率和为

$$v\mathrm{d}N = Nvf(v)\mathrm{d}v$$

则 $0.5v_0 \sim v_0$ 之间粒子总的速率和为

$$\sum v = \int_{0.5v_0}^{v_0} vNf(v)\mathrm{d}v = \frac{7v_0 N}{48}$$

平均速率为

$$\bar{v} = \frac{\sum v}{\Delta N} = \frac{7}{9}v_0$$

例 6–7 速率分布函数 $f(v)$ 的物理意义是什么？试说明下列各量的物理意义

（n 为分子数密度，N 为系统总分子数）。

（1）$f(v)\mathrm{d}v$；   （2）$nf(v)\mathrm{d}v$；   （3）$Nf(v)\mathrm{d}v$；

（4）$\int_0^v f(v)\mathrm{d}v$；   （5）$\int_0^\infty f(v)\mathrm{d}v$；   （6）$\int_{v_1}^{v_2} Nf(v)\mathrm{d}v$。

解 $f(v)$ 表示一定质量的气体，在温度为 T 的平衡态时，分布在速率 v 附近单位速率区间内的分子数占总分子数的百分比。

（1）$f(v)\mathrm{d}v$：表示分布在速率 v 附近，速率区间 $\mathrm{d}v$ 内的分子数占总分子数的百分比；

（2）$nf(v)\mathrm{d}v$：表示分布在速率 v 附近，速率区间 $\mathrm{d}v$ 内的分子数密度；

（3）$Nf(v)\mathrm{d}v$：表示分布在速率 v 附近，速率区间 $\mathrm{d}v$ 内的分子数；

（4）$\int_0^v f(v)\mathrm{d}v$：表示速率分布在 $0\sim v$ 区间内的分子数占总分子数的百分比；

（5）$\int_0^\infty f(v)\mathrm{d}v$：表示速率分布在 $0\sim\infty$ 区间内所有分子的数目，其与总分子数的比值是 1；

（6）$\int_{v_1}^{v_2} Nf(v)\mathrm{d}v$：表示速率分布在 $v_1\sim v_2$ 区间内的分子数。

6.6.3　麦克斯韦速率分布律

设容器中有 N 个理想气体分子，当气体处于温度为 T 的平衡态时，分子速率分布是有规律的。1859 年，麦克斯韦用统计方法导出了处于热平衡态中的气体分子的分布规律，这个规律就叫**麦克斯韦速率分布律**。其表达式如下：

$$\frac{\mathrm{d}N}{N} = 4\pi\left(\frac{m_0}{2\pi kT}\right)^{\frac{3}{2}} \mathrm{e}^{-\frac{m_0 v^2}{2kT}} v^2 \mathrm{d}v \qquad (6\text{--}19)$$

其分布函数为

$$f(v) = 4\pi\left(\frac{m_0}{2\pi kT}\right)^{\frac{3}{2}} \mathrm{e}^{-\frac{m_0 v^2}{2kT}} v^2 \qquad (6\text{--}20)$$

麦克斯韦速率分布律的正确性已为各种实验所证明。1920 年，斯特恩首先利用银原子束进行了实验，验证了这一分布律。1930 年到 1933 年间，我国学者葛正权使用铋蒸气源做实验，也验证了这一分布律。下面，我们就介绍一下葛正权实验的原理。

图 6-11 是实验装置的示意图。图中左端是一个储有铋蒸气的金属容器，在

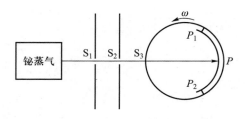

图 6-11　葛正权实验装置示意图

器壁上开一狭缝，使铋分子能从容器中逸出。当狭缝很小时，少量分子的逸出不致破坏容器内铋蒸气的平衡态。为了获得窄束分子射线，在铋分子射出后的路径上放置两个狭缝 S_1、S_2。图中右端是一个可绕中心轴线（垂直于纸面）旋转的空心圆筒，筒壁上开一狭缝 S_3。全部装置都放于真空容器内。

如果圆筒不转动，则 S_1、S_2、S_3 在同一直线上时，铋分子穿过狭缝进入圆筒，并沉积在贴于圆筒内壁的弯曲玻璃片的 P_1P_2 之间某处 P（该处显然与 S_1、S_2、S_3 在一条直线上）。如果圆筒以一定的角速度旋转，则铋分子在由 S_3 到达玻璃片的这段时间内，由于圆筒转过了某个角度而沉积在玻璃片另外一处。设圆筒的直径 D 为已知，则速率为 v 的铋分子从 S_3 到达玻璃片需要走的时间为 $t = \dfrac{D}{v}$。若圆筒转动的角速度为 ω，则该分子所到的位置相对 P 点转过的弧长为 $l = \left(\dfrac{D}{2}\right)\omega t$，因此，相距 P 点弧长为 l 处沉积的分子对应的速率为

$$v = \frac{D^2 \omega}{2l}$$

由此可见，玻璃片不同位置对应分子的不同速率。

在圆筒以恒定角速度旋转较长一段时间后，取下玻璃片，并用测微光度计测出不同位置处铋层的厚度。从铋层厚度与位置的关系中能得到铋分子数按速率的分布规律。实验所得结果与麦克斯韦速率分布律相符，从而验证了麦克斯韦速率分布律。

利用麦克斯韦速率分布律，我们可以求出平衡态理想气体的三个特征速率。

（1）最概然速率

最概然速率是麦克斯韦速率分布函数取极大值时对应的速率，用符号 v_p 表示。最概然速率表示系统中在该速率附近的单位速率间隔内的分子数占总分子数的百分比是最大的。

按照函数定义，最概然速率处分布函数对速率的一阶导数为 0，即

$$\left.\frac{\mathrm{d}f(v)}{\mathrm{d}v}\right|_{v_p} = 0$$

解此方程，可得

$$v_p = \sqrt{\frac{2kT}{m_0}} = \sqrt{\frac{2RT}{M}} \approx 1.41\sqrt{\frac{RT}{M}} \tag{6-21}$$

从（6-21）式可以看出，气体分子的最概然速率与温度的二次方根成正比，与气体摩尔质量的二次方根成反比。温度越小，气体摩尔质量越大，最概然速率就越小，v_p 向原点移动。但由于分布函数曲线与横轴所夹面积不变，因此分布函数曲线高度增加，曲线宽度变窄，整个曲线变陡。

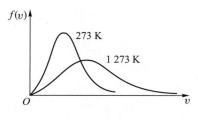

(a) 同种气体不同温度下的麦克斯韦
速率分布曲线

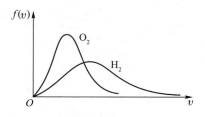

(b) 同一温度下不同气体的麦克斯韦
速率分布曲线

图 6-12

图 6-12 两幅图分别是同种气体不同温度下，以及同一温度下不同气体的麦克斯韦速率分布曲线。

（2）平均速率

由平均速率公式（6-16）得

$$\overline{v} = \int_0^\infty v f(v) \mathrm{d}v = \sqrt{\frac{8kT}{\pi m_0}} = \sqrt{\frac{8RT}{\pi M}} \approx 1.60\sqrt{\frac{RT}{M}} \tag{6-22}$$

（3）方均根速率

根据（6-17）式求得气体分子速率二次方的平均值为

$$\overline{v^2} = \int_0^\infty v^2 f(v) \mathrm{d}v = \frac{3kT}{m_0}$$

开方即得方均根速率为

$$\sqrt{\overline{v^2}} = \sqrt{\frac{3kT}{m_0}} = \sqrt{\frac{3RT}{M}} \approx 1.73\sqrt{\frac{RT}{M}} \tag{6-23}$$

与我们前面推导的（6-10）式比较，可见两种推导过程得到的结果是一样的。

同一气体某温度下三种速率的关系如图 6-13 所示。

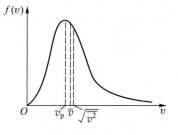

图 6-13 三种速率

例 6-8 试求理想气体分子速率分布在 $v_p \sim v_p + 0.01 v_p$ 区间的分子数占总分子数的百分比。

解 理想气体平衡时麦克斯韦速率分布函数为

$$f(v) = 4\pi \left(\frac{m_0}{2\pi kT}\right)^{\frac{3}{2}} \mathrm{e}^{-\frac{m_0 v^2}{2kT}} v^2$$

其最概然速率 v_p 为

$$v_p = \sqrt{\frac{2kT}{m_0}}$$

即

$$\frac{m_0}{kT} = \frac{2}{v_p^2}$$

把上式代入速率分布函数，有

$$f(v) = 4\pi \left(\frac{2}{2\pi v_p^2}\right)^{\frac{3}{2}} e^{-\frac{2v_p^2}{2v_p^2}} v_p^2$$

$$= \frac{4}{\sqrt{\pi}} \frac{1}{v_p} e^{-1}$$

设有 dN 个理想气体分子速率分布在 $v_p \sim v_p + 0.01v_p$ 区间，它们占总分子数的百分比为

$$\frac{dN}{N} = \int f(v) dv = f(v) \Delta v$$

因为分子的速率间隔非常小，所以上式可用乘积代替积分，间隔 $\Delta v = 0.01 v_p$，有

$$\frac{dN}{N} = \frac{4}{\sqrt{\pi}} \frac{1}{v_p} e^{-1} \times 0.01 v_p = \frac{4}{\sqrt{\pi}} \frac{0.01}{e} \approx 0.83\%$$

*6.6.4 麦克斯韦速度分布函数

前面我们讨论理想气体在平衡态下分子的速率分布情况时，没有考虑速度方向。如果我们想知道气体分子的速度分布情况，则需要用到麦克斯韦速度分布函数 $f(v_x, v_y, v_z)$。下面我们用已知的麦克斯韦速率分布函数简要推导一下麦克斯韦速度分布函数。

设理想气体分子速率分布在 $v \sim v + dv$ 区间的分子数为 dN，则由麦克斯韦速率分布函数得

$$dN = Nf(v)dv$$

式中 N 为分子的总数。dv 是速率 v 附近的一个微小间隔，因此，速率分布在 $v \sim v + dv$ 区间的分子数占总分子数的百分比 $\frac{dN}{N}$ 即图 6-14（a）中的阴影部分的面积。

对于速度分布函数 $f(v_x, v_y, v_z)$ 而言，其速度大小在 $v \sim v + dv$ 内的分子数也是 dN，dv 是速度大小 v 的一个微小增量。我们以 v_x、v_y、v_z 建立坐标，$f(v_x, v_y, v_z)$ 是且只是它们的函数，速度的增量则是以 v 为半径、dv 为厚度的一个薄球壳，即图 6-14（b）中的阴影部分。

因此，速度大小在 $v \sim v + dv$ 内的分子数占总分子数的百分比为

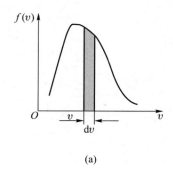

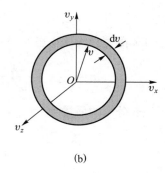

(a)

(b)

图 6-14　速度分布函数的推导

$$\frac{\mathrm{d}N}{N} = f\left(v_x, v_y, v_z\right) \cdot 4\pi\, v^2 \mathrm{d}v$$

$$\mathrm{d}N = N f\left(v_x, v_y, v_z\right) \cdot 4\pi\, v^2 \mathrm{d}v$$

把上式和用麦克斯韦速率分布函数求出的 $\mathrm{d}N$ 相比较，有

$$N f\left(v_x, v_y, v_z\right) \cdot 4\pi\, v^2 \mathrm{d}v = N f(v) \mathrm{d}v$$

即

$$f\left(v_x, v_y, v_z\right) \cdot 4\pi\, v^2 = f(v)$$

所以，麦克斯韦速度分布函数为

$$f\left(v_x,\ v_y,\ v_z\right) = \left(\frac{m_0}{2\pi kT}\right)^{\frac{3}{2}} \mathrm{e}^{-\frac{m_0 v^2}{2kT}} \tag{6-24}$$

麦克斯韦速度分布函数揭示了理想气体分子的速度分布规律，也叫麦克斯韦速度分布律。

例 6-9　试计算理想气体分子热运动速率介于 $v_\mathrm{p} - v_\mathrm{p} \cdot 100^{-1}$ 与 $v_\mathrm{p} + v_\mathrm{p} \cdot 100^{-1}$ 之间的分子数占总分子数的百分比。

解　令 $u = \dfrac{v}{v_\mathrm{p}}$，则麦克斯韦速率分布函数可表示为

$$\frac{\mathrm{d}N}{N} = \frac{4}{\sqrt{\pi}} u^2 \mathrm{e}^{-u^2} \mathrm{d}u$$

因为 $u = 1$，$\Delta u = 0.02$，由 $\dfrac{\Delta N}{N} = \dfrac{4}{\sqrt{\pi}} u^2 \mathrm{e}^{-u^2} \Delta u$，得

$$\frac{\Delta N}{N} = \frac{4}{\sqrt{\pi}} \times 1 \times \mathrm{e}^{-1} \times 0.02 \approx 1.66\%$$

例 6-10　容器中储有氧气，其压强为 $p = 1.013 \times 10^4\,\mathrm{Pa}$（即约为 1 atm），温度为 27 ℃，求：（1）氧气的分子数密度 n；（2）氧气分子的质量 m_0；（3）气体密度 ρ；（4）分子间的平均距离 $\bar{h}$；（5）平均速率 $\bar{v}$；（6）方均根速率 $\sqrt{\overline{v^2}}$；（7）分子的平

均动能 $\bar{\varepsilon}$。

解 （1）由理想气体物态方程 $p = nkT$ 得

$$n = \frac{p}{kT} = \frac{1.013 \times 10^4}{1.38 \times 10^{-23} \times 300} \text{ m}^{-3} \approx 2.45 \times 10^{24} \text{ m}^{-3}$$

（2）氧气分子的质量为

$$m_0 = \frac{M}{N_A} = \frac{0.032}{6.02 \times 10^{23}} \text{ kg} \approx 5.32 \times 10^{-26} \text{ kg}$$

（3）由理想气体物态方程 $pV = \dfrac{m}{M} RT$ 得

$$\rho = \frac{Mp}{RT} = \frac{0.032 \times 1.013 \times 10^4}{8.31 \times 300} \text{ kg} \cdot \text{m}^{-3} \approx 0.13 \text{ kg} \cdot \text{m}^{-3}$$

（4）分子间的平均距离可近似计算为

$$\bar{h} = \frac{1}{\sqrt[3]{n}} = \frac{1}{\sqrt[3]{2.45 \times 10^{24}}} \text{ m} \approx 7.42 \times 10^{-9} \text{ m}$$

（5）平均速率为

$$\bar{v} \approx 1.60 \sqrt{\frac{RT}{M}} = 1.60 \sqrt{\frac{8.31 \times 300}{0.032}} \text{ m} \cdot \text{s}^{-1} \approx 446.59 \text{ m} \cdot \text{s}^{-1}$$

（6）方均根速率为

$$\sqrt{\overline{v^2}} \approx 1.73 \sqrt{\frac{RT}{M}} \approx 482.87 \text{ m} \cdot \text{s}^{-1}$$

（7）分子的平均动能为

$$\bar{\varepsilon} = \frac{5}{2} kT = \frac{5}{2} \times 1.38 \times 10^{-23} \times 300 \text{ J} \approx 1.04 \times 10^{-20} \text{ J}$$

例 6–11　1 mol 氢气，在温度为 27 ℃时，它的平动动能、转动动能和内能各是多少?

解　理想气体的内能：

$$E = \nu \frac{i}{2} RT$$

平动动能：

$$t = 3, \quad E_t = \frac{3}{2} \times 8.31 \times 300 \text{ J} = 3\,739.5 \text{ J}$$

转动动能：

$$r = 2, \quad E_r = \frac{2}{2} \times 8.31 \times 300 \text{ J} = 2\,493 \text{ J}$$

内能：

$$i = 5, \quad E = \frac{5}{2} \times 8.31 \times 300 \text{ J} = 6\,232.5 \text{ J}$$

例 6-12 一瓶氧气、一瓶氢气，等压、等温，氧气体积是氢气的 2 倍，求：（1）氧气和氢气分子的数密度之比；（2）氧气和氢气分子的平均速率之比。

解 （1）因为 $p = nkT$，所以有

$$\frac{n_{O_2}}{n_{H_2}} = 1$$

（2）由平均速率公式

$$\overline{v} \approx 1.60\sqrt{\frac{RT}{M}}$$

有

$$\frac{\overline{v}_{O_2}}{\overline{v}_{H_2}} = \sqrt{\frac{M_{H_2}}{M_{O_2}}} = \frac{1}{4}$$

*6.6.5 涨落现象

正如我们前面提到的，麦克斯韦速率分布律是一种统计规律，就如我们前面所学过的伽耳顿板实验一样，只要落下的粒子足够多，我们就能得到粒子在不同狭槽内堆积高度的分布曲线。不过如果我们进行多次实验，那么即使每次实验都使用同样多的粒子，我们仍会发现结果有微小的差异。实际上，我们用统计规律得到的分子热运动的统计平均值，一般来说都会和实际观测到的数值有所偏差。

系统处于热力学平衡态时，作为统计平均值的宏观物理量（如能量、压强、分子数密度）在其平均值附近有微小变动的现象叫作**涨落现象**，又称起伏。

大气中分子的热运动使宏观小体积内的分子数时多时少，分子数密度的这种涨落引起折射率的偏离，导致日光散射，这是天空呈蓝色的原因之一。我们前面提到的布朗运动也是一种涨落现象，按照统计规律，同一时间内碰到微粒的水分子应该是各向平衡的，对微粒的合力应为零，不改变微粒的运动，而实际上我们看到的却是微粒不停地作无规则的运动。在电流计或其他仪器中，用细丝悬挂的反射镜受到周围气体分子的无规则碰撞，撞击的不均衡即力矩的涨落，导致反射镜随机地运动，使仪器的灵敏度受到限制。在电路和电子元件中，由于电子的无规则运动而产生的微弱的方向与大小不断变化的涨落电流，会引起仪器的噪声，使测量精度受到限制。

涨落是大量微观粒子的一种统计平均行为，是大量微观粒子（如分子、原子、电子等）无规则热运动的结果。涨落的相对值通常很小，但涨落在有些现象中仍可观察到，并且可能有很重要的影响。

*6.7 玻耳兹曼能量分布函数

6.7.1 玻耳兹曼能量分布函数

我们来看一下麦克斯韦速度分布函数的表达式（6-24）：

$$f\left(v_x,\ v_y,\ v_z\right) = \left(\frac{m_0}{2\pi kT}\right)^{\frac{3}{2}} e^{-\frac{m_0 v^2}{2kT}}$$

其 e 的指数部分 $-\dfrac{m_0 v^2}{2kT}$ 中，$-\dfrac{m_0 v^2}{2}$ 是气体分子的平动动能，我们可以用平动动能的符号 ε_t，把（6-24）式改写成气体分子按平动动能分布的函数：

$$f\left(v_x,\ v_y,\ v_z\right) = \left(\frac{m_0}{2\pi kT}\right)^{\frac{3}{2}} e^{-\varepsilon_t/kT}$$

麦克斯韦的公式中之所以只含有分子的平动动能，是因为该公式只考虑分子不受外力影响的情形。玻耳兹曼把麦克斯韦分布律推广到分子在保守力场（如引力场、重力场等）中运动的情形。分子在保守力场中，将具有保守势能。需要注意的是这个势能是保守力场这个"环境"给分子的，而不是分子之间作用力的势能（理想气体不考虑分子间的相互作用）。分子在力场中的总能量为平动动能和势能之和，为

$$\varepsilon = \varepsilon_t + \varepsilon_p$$

一般来说，势能和分子在保守力场中的位置有关，也就是 ε_p 是坐标 x、y、z 的函数。所以此时我们考虑粒子的分布规律时，不仅要把它的速度限定在 $v_x \sim v_x + \mathrm{d}v_x$，$v_y \sim v_y + \mathrm{d}v_y$，$v_z \sim v_z + \mathrm{d}v_z$ 的区间内，坐标也要限定在 $x \sim x + \mathrm{d}x$，$y \sim y + \mathrm{d}y$，$z \sim z + \mathrm{d}z$ 的区间内，在满足条件的速度区间和坐标区间内的分子数为

$$\mathrm{d}N = n_0 \left(\frac{m_0}{2\pi kT}\right)^{\frac{3}{2}} e^{-\left(\varepsilon_t + \varepsilon_p\right)/kT} \mathrm{d}v_x \mathrm{d}v_y \mathrm{d}v_z \mathrm{d}x \mathrm{d}y \mathrm{d}z \qquad （6-25）$$

式中 n_0 代表势能 ε_p 为零处单位体积内分子的总数，包括各种速度的分子数。注意 e 指数项上的能量是分子的平动动能和势能之和。公式（6-25）称为**玻耳兹曼分子能量分布定律**，简称**玻耳兹曼分布律**。如果将公式（6-25）对分子所有可能的速度积分，则可得到 $x \sim x + \mathrm{d}x$，$y \sim y + \mathrm{d}y$，$z \sim z + \mathrm{d}z$ 区间内的具有各种速度的分子数 $\mathrm{d}N'$ 为

$$\mathrm{d}N' = n_0 e^{-\varepsilon_p/kT} \mathrm{d}x \mathrm{d}y \mathrm{d}z \qquad （6-26）$$

积分时需用到麦克斯韦分布律满足的归一化条件：

$$\int_{-\infty}^{\infty} \left(\frac{m_0}{2\pi kT}\right)^{\frac{3}{2}} e^{-\varepsilon_t/kT} \, \mathrm{d}v_x \mathrm{d}v_y \mathrm{d}v_z = 1$$

由此，我们得到分布在 $x \sim x + \mathrm{d}x$，$y \sim y + \mathrm{d}y$，$z \sim z + \mathrm{d}z$ 区间的单位体积内的分子数为

$$n = n_0 e^{-\varepsilon_p/kT} \tag{6-27}$$

这是玻耳兹曼分布律常见的空间分布形式，它显示了分子按势能的分布规律。

玻耳兹曼分布律是一个普遍的规律，它对任何物质的微粒在任何保守力场中运动的情形都成立。从该分布律中可以看出，在等宽的区间内，能量大的粒子数小于能量小的粒子数，即粒子优先占据能量小的状态，这是玻耳兹曼分布律的一个重要推论。

6.7.2　重力场中粒子按高度的分布

在重力场中的气体分子具有重力势能，我们用玻耳兹曼分布律来确定它们的分布规律。

我们取坐标轴 z 竖直向上，取地面 $z = 0$ 处势能为零，且此处的分子数密度为 n_0，则分布在某高度 $z = h$ 处的气体分子具有势能

$$\varepsilon_p = m_0 g h$$

代入玻耳兹曼分布律（6-27）式，可求得分子数密度为

$$n = n_0 e^{-m_0 gh/kT} \tag{6-28}$$

由（6-28）式可以看出，重力场中气体分子数密度随高度增加按指数减小，且分子质量越大，分子数密度减小得越快。这是因为分子质量越大，分子所受重力的作用就越明显。

我们还可以根据（6-28）式求出气体压强随高度的变化，根据压强公式 $p = nkT$ 可以得出

$$\begin{aligned} p &= n_0 e^{-m_0 gh/kT} kT \\ &= p_0 e^{-m_0 gh/kT} \\ &= p_0 e^{-Mgh/RT} \end{aligned} \tag{6-29}$$

式中 $p_0 = n_0 kT$，表示 $z = 0$ 处的气体压强。

利用（6-29）式可近似地估算不同高度的大气压强。但由于大气温度上下不均匀，气体没有达到平衡，所以公式（6-29）只适合计算高度相差不大的范围内

的压强变化。在登山时，我们也可以使用这个公式计算高度，得

$$h = \frac{RT}{Mg} \ln \frac{p_0}{p}$$

（6-30）

6.8　分子平均碰撞频率和平均自由程

我们前面计算过氢气分子和氧气分子的方均根速率。我们可以估算出，室温下，气体分子平均以几百米每秒的速率运动着。那么我们可以想象一下这个速率的意义：如果在室内打开一瓶香水，1 s 后，几百米外的人就应该会闻到香气。可实际上，即使是距离香水很近的人都需要一段时间后才会闻到香气。真实的气体扩散之所以如此缓慢，是因为气体分子从一处运动到另外一处时，将不断和其他分子相碰撞，这使得它所走的路径变成迂回的曲线。而气体分子扩散的快慢程度，就取决于它们碰撞的频率。

不同粒子不同时间段碰撞的次数是变化的，但大量分子间的相互碰撞情况就可以用统计规律计算了。我们把 1 s 内，一个分子与其他分子碰撞的平均次数称为分子的**平均碰撞频率**，用符号 $\bar{Z}$ 表示。而把一个分子与其他分子相继两次碰撞之间经过的直线路程称为**自由程**。对个别分子而言，自由程时长时短，但大量分子的自由程具有确定的统计规律。大量分子自由程的平均值称为**平均自由程**，用符号 $\bar{\lambda}$ 表示。平均自由程和平均碰撞频率之间存在着简单的关系：我们假设一个分子运动了一段时间 t，该时间内它碰撞的次数是 $\bar{Z}t$，而所走过的路程用分子的平均速率表示成 $\bar{v}t$。平均自由程 $\bar{\lambda}$ 定义为相继两次碰撞之间分子走过的平均距离，即

$$\bar{\lambda} = \frac{\bar{v}t}{\bar{Z}t} = \frac{\bar{v}}{\bar{Z}}$$

平均自由程 $\bar{\lambda}$ 和平均碰撞频率 $\bar{Z}$ 都是由气体的性质和状态决定的，下面我们来简单推导一下它们的公式。

由于现在我们要研究分子间的碰撞，两个碰撞分子间距离很近，我们就不能再把分子看成质点了，而是把分子看成体积相同的小球，小球的直径为 d，碰撞时，两个分子中心的距离就是 d。这里的 d 不是真实分子的直径，而是两个分子间发生相互碰撞时中心相距的最短的距离。实际的分子既非球体，也无确定半径，当分子间距离极近时，斥力相当大，以致彼此改变方向而散开（"碰撞"）。我们把 d 叫作**分子的有效直径**，如图 6-15 所示。

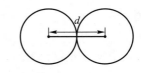

图 6-15　分子的有效直径

我们现在来跟踪一个分子，看它经过一段时间 t 后，跟多少个分子发生碰撞。我们需要假设只有这个分子运动，而其他分子静止，这样分子运动的速率 v 就是相对其他分子的速率。之后，我们把这个分子运动时，其分子中心所走的路径画出来，如图 6-16 所示，这是一条

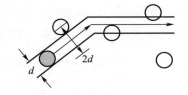

图 6-16　分子碰撞次数的计算

长为 vt 的曲线。以曲线为轴心，这个分子划过的空间是一段横截面积相同的"圆筒"，该筒体积为 $\pi d^2 vt / 4$。我们发现，如果有分子与我们跟踪的分子相碰撞，则它必须有一部分或全部都在这个圆筒中，这样，这些分子所构成的体积是同样长度、但截面直径变成 $2d$ 的圆筒，其体积为 $\pi d^2 vt$。

现在我们来计算这个圆筒里包含多少个分子，设该气体的分子数密度为 n，则圆筒里一共有

$$N = n\pi d^2 vt$$

个分子，也就是说，经过时间 t，我们所跟踪的分子将与 N 个分子碰撞，平均碰撞频率为

$$\bar{Z} = \frac{N}{t} = \frac{n\pi d^2 vt}{t} = n\pi d^2 v$$

我们可以通过麦克斯韦分布律证明分子的相对速率和平均速率之间的关系为

$$v = \sqrt{2}\,\bar{v}$$

所以，气体分子的平均碰撞频率为

$$\bar{Z} = \sqrt{2}n\pi d^2 \bar{v} \tag{6-31}$$

而分子的平均自由程则为

$$\bar{\lambda} = \frac{1}{\sqrt{2}\pi d^2 n} \tag{6-32}$$

我们把压强公式（6-7）代入上面方程，得到

$$\bar{\lambda} = \frac{kT}{\sqrt{2}\pi d^2 p}$$

可见，某种气体的平均自由程与其温度成正比，与压强成反比。温度不变时，气体压强越大，单位体积内分子数越多，分子平均碰撞频率就越大，而平均自由程就越小。

例 6-13 一真空管的真空度约为 1.38×10^{-3} Pa（即 1.0×10^{-5} mmHg），试求在 27 ℃ 时气体的分子数密度及分子的平均自由程（设分子的有效直径 $d = 3 \times 10^{-10}$ m）。

解 由理想气体物态方程 $p = nkT$ 得

$$n = \frac{p}{kT} = \frac{1.38 \times 10^{-3}}{1.38 \times 10^{-23} \times 300} \text{ m}^{-3} \approx 3.33 \times 10^{17} \text{ m}^{-3}$$

由平均自由程公式 $\bar{\lambda} = \dfrac{1}{\sqrt{2} \pi d^2 n}$ 得

$$\bar{\lambda} = \frac{1}{\sqrt{2} \pi \times 9 \times 10^{-20} \times 3.33 \times 10^{17}} \text{ m} \approx 7.5 \text{ m}$$

*6.9 气体输运现象

前面我们研究的是处于平衡态的理想气体的性质，但在许多实际问题中，热力学系统都处于非平衡态。非平衡态的气体各部分因流速、温度、密度不同，会引起动量、能量、质量传递或交换的现象。这些现象分别称为**黏性（或内摩擦）**、**热传导**、**扩散现象**，统称为**气体输运现象**。在孤立系统中，通过动量、能量、质量的传递，系统各部分之间的宏观相对运动、温度差异、密度差异逐渐消失，系统由非平衡态过渡到平衡态。

黏性、热传导、扩散遵循各自的实验规律，形式类似，具有共同的特点。这些实验规律分别称为**牛顿黏性定律、傅里叶热传导定律、菲克扩散定律**。

6.9.1 牛顿黏性定律

在我们的周围，存在着各种各样的摩擦现象。潺潺的流水里，甚至连能自由流动的空气里也存在着摩擦。在空气中，我们可以把气体分成速度不同的层面，在相邻的两层气体之间的接触面上，就会形成一对阻碍两个气层相对运动的力，我们把这个力叫作**黏性力**，这种气体内的类似于摩擦的性质就称为气体的**黏性**。

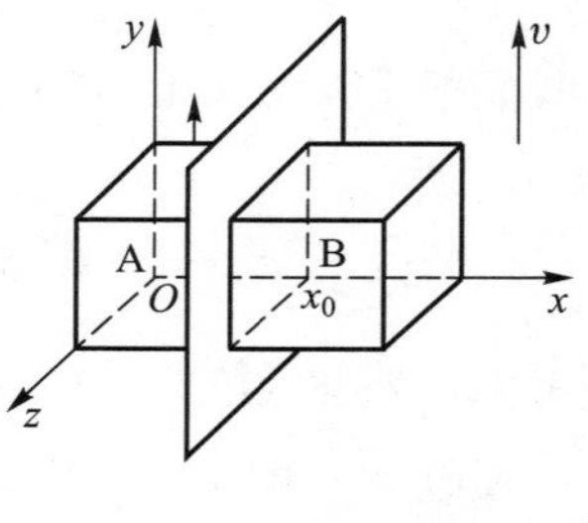

我们考虑一个简单情况，流速只是一维坐标的函数。如图 6-17 所示，设气体沿 y 轴正方向流动，流速随坐标 x 增加，现在，我们在 $x = x_0$ 处垂直于 x 轴作一个两层气体间的截面，则 A 层气体将给 B 层气体一个沿 y 轴负方向的力，而 B 层气体则给 A 层气

图 6-17 黏性力公式的推导

体一个等值反向的力。根据实验结果，我们发现两层气体间作用力大小 F 与所取的截面大小 ΔS 以及截面处气体运动的速度梯度 $\left(\dfrac{\mathrm{d}v}{\mathrm{d}x}\right)_{x=x_0}$ 有关，关系为

$$F = \eta\left(\frac{\mathrm{d}v}{\mathrm{d}x}\right)_{x=x_0}\Delta S \tag{6-33}$$

（6-33）式即**牛顿黏性定律**。式中 η 为气体的黏度，它与气体的性质和状态有关。

我们还可以这样说明黏性现象的基本规律：黏性力使得某层气体流速下降，也就是使得该层内的分子的定向动量降低。从微观上讲，正是由于两层气体接触面附近的分子频繁碰撞进行动量交换，使定向动量大的分子动量变小，定向动量小的分子动量变大，才产生黏性现象，因此，气体黏性现象就是气体内定向动量输运的结果。

气体的黏性主要是由分子间的动量交换引起的，温度升高，动量交换加剧，因此气体的黏性随温度升高而增大。而对于液体而言，黏性则是液体分子间的动量交换和内聚力作用的结果。液体温度升高时黏性减小，这是因为液体分子间的内聚力随温度升高而减小，而动量交换对液体的黏性影响不大。

6.9.2　傅里叶热传导定律

如果气体内各部分的温度不同，则会有热量从气体的一部分传到另一部分，这个现象叫**热传导现象**。热传导的实质是由于大量气体分子热运动时互相撞击，在气体内部发生能量迁移，而使能量从高温部分传至低温部分。因此，热传导在固体、液体、气体中都存在。

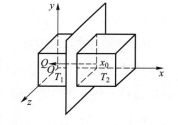

图 6-18　热传导公式的推导

我们考虑温度是一维坐标的函数的情况。如图 6-18 所示，设气体温度随坐标 x 增加，x 方向上的温度变化率用温度梯度 $\dfrac{\mathrm{d}T}{\mathrm{d}x}$ 表示。现在，我们在 $x = x_0$ 处垂直于 x 轴作一个面积为 ΔS 的截面。实验证明，从温度较高的一侧有热量穿过截面传递到温度较低的一侧。设传递的总热量为 ΔQ，则单位时间内，传递的热量为

$$\frac{\Delta Q}{\Delta t} = -\kappa\left(\frac{\mathrm{d}T}{\mathrm{d}x}\right)_{x=x_0}\Delta S \tag{6-34}$$

（6-34）式即**傅里叶热传导定律**。式中 κ 为气体的热导率，公式中的负号表示热量沿温度减小的方向输运。

6.9.3　菲克扩散定律

我们来看一个实验，图 6-19 中的容器里充满氧气，中间的隔板把上下两部分氧气分开，两部分气体密度不同。抽掉隔板后，气体分子开始扩散，理论上最后容器内气体达到平衡态。扩散是由于粒子的热运动而产生的质量迁移现象，主要是由于密度差引起的。在扩散过程中，气体分子从密度较大的区域移向密度较小的区域，经过一段时间的掺和，

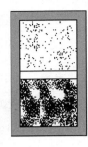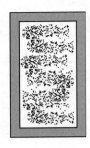

图 6-19　气体的扩散现象

密度分布趋向均匀。在扩散过程中，迁移的分子不是单一方向的，只是从密度大的区域向密度小的区域迁移的分子数，多于从密度小的区域向密度大的区域迁移的分子数。

扩散的基本规律在形式上与黏性规律和热传导规律相似，设气体密度随坐标 x 增加，x 方向上的密度变化率用密度梯度 $\dfrac{\mathrm{d}\rho}{\mathrm{d}x}$ 表示。在 $x = x_0$ 处垂直于 x 轴作一个面积为 ΔS 的截面，实验证明，单位时间内，从密度较高的一侧传到密度较低的一侧的气体质量为

$$\frac{\Delta m}{\Delta t} = -D \left(\frac{\mathrm{d}\rho}{\mathrm{d}x} \right)_{x=x_0} \Delta S \tag{6-35}$$

（6-35）式即**菲克扩散定律**。式中 D 为气体的扩散系数，公式中的负号意义同前。

扩散现象是气体分子的内迁移现象，从微观上分析，是大量气体分子作无规则热运动时，分子之间发生相互碰撞的结果。由于不同空间区域的分子密度分布不均匀，所以分子发生碰撞的情况也不同。这种碰撞迫使密度大的区域的分子向密度小的区域转移，最后达到均匀的密度分布。

黏性、热传导、扩散遵循各自的实验规律，但形式类似，具有共同的特点。当气体各层流速、温度、密度不同时，相邻层互施切向作用力（流速较小层加速，流速较大层减速）、传递热量（高温层放热，低温层吸热）、迁移质量（质量从高密度层向低密度层迁移），相邻层之间单位时间内经单位面积传递的动量、热量、质量分别与流速的空间变化率、温度梯度、密度梯度成正比，比例系数分别是黏度、热导率、扩散系数。

气体输运现象来源于分子间的碰撞，与气体分子的平均自由程密切相关。气体动理论揭示了输运现象的微观本质，并导出了输运系数与相应的微观量平均值的联系（我们这里不再给出输运系数的表达式），从而说明了它们与温度、压强的关系。

在实际问题中，各种输运过程往往同时存在，交叉影响。输运现象不仅在气体中，在液体、固体、等离子体中也会发生。

*6.10　真实气体　范德瓦耳斯方程

我们在 6.3.1 节讲过理想气体分子的模型：我们把理想气体分子看成质点，并且不考虑气体分子之间除碰撞外的其他作用。一般来说，在压强不太大、温度不太低的条件下，各种气体都可看作理想气体，它们的行为都可以用理想气体物态方程（6-1）式描述。但如果是压强比较大、温度比较低的气体，气体的行为与理想气体就有较大的差异，物态方程（6-1）式必须进行修正。

1873 年，荷兰物理学家范德瓦耳斯对理想气体的两条基本假定作出修正，分别考虑了气体分子所占的体积和分子间引力对容器壁压强的影响，得到了描述真实气体行为的范德瓦耳斯方程。

6.10.1　分子体积的修正

我们把理想气体分子看成质点，每个气体分子所能到达的空间就是气体所在的容器容积 V。从理想气体压强公式（6-7）中我们可以看出：在低压高温环境下，气体的分子数密度比较小，气体分子彼此间隔很大，每个分子是可以看成质点的；而在高压低温环境下，由于气体分子数密度增加，单位体积内分子的数目变大，分子间距离缩短了（图 6-20），因此在高压低温环境下分子就不能看成质点，而应该看成具有一定体积的小球。

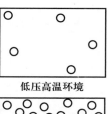

低压高温环境

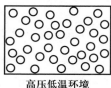

高压低温环境

图 6-20　不同环境下的气体分子模型

如图 6-21 所示，如果我们把气体分子看成直径为 d 的小球，则任意两个分子中心所能靠近的最小距离就是 d。我们以一个分子的中心为圆心，d 为半径作一个球，其他任何分子中心都不能进入这个球。这样，我们就可以说这个分子占据了一定的空间。因为每个分子都要占据一定的空间，所以气体分子所能达到的空间就是容器体积 V 减去分子所占有的体积，我们把 1 mol 分子所占有的体积用符号 b 来表示。下面我们简单估算一下 b 的大小。

我们从图 6-21 看出，两个分子间的最短距离就是分子的直径 d。现在我们考虑一个简单模型：容器内只有两个分子，我们跟踪其中一个分子，把这个分子看成质

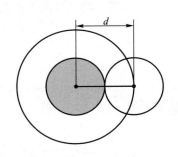

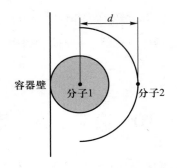

图 6-21　气体分子占有的体积　　　　图 6-22　靠近容器壁的气体分子

点，把另外一个分子看成不动的半径为 d 的刚性球，那么，我们跟踪的这个分子所能到达的空间就是容器总容积减去刚性球的体积：$V - \frac{4}{3}\pi d^3$。

但是实际上，这个不动的分子只有面对运动分子的一面才是半径为 d 的球形区域，如图 6-22 所示，我们可以让这个刚性球靠近容器壁，或者其他分子表面（容器内还有其他分子的情况），这个分子还是半径为 $\frac{d}{2}$ 的刚性球。因此，对于我们跟踪的分子来说，它所不能到达的空间是半径为 d 的球形区域的一半，即 $\frac{1}{2} \times \frac{4}{3}\pi d^3$。因此对于 1 mol 的气体分子，它们所占据的空间即

$$b = N_A \times \frac{1}{2} \times \frac{4}{3}\pi d^3$$

考虑到一般气体分子的有效直径的数量级为 10^{-10} m，所以我们可以取 $d = 10^{-10}$ m。可估算出

$$b = N_A \times \frac{1}{2} \times \frac{4}{3}\pi d^3 \approx 10^{-5}\,\text{m}^3$$

1 mol 标准状态下的气体所占体积约为 22.4×10^{-3} m³，b 的值和总体积比起来微不足道。但如果压强增大到 100 倍，假设玻意耳定律仍然适用，那么气体总体积缩小为 22.4×10^{-5} m³，这个时候我们就有必要考虑 b 的值了。

对于总质量为 m、摩尔质量为 M 的气体，其分子所能到达的空间应为

$$V - \frac{m}{M}b$$

6.10.2　分子引力的修正

我们在 6.2.1 节中讲过，分子间的引力随分子距离的增大而急剧减小，当两个分子间距离超过一定数值后，引力因过于微弱可以忽略，我们把这个距离写作

R。如图 6-23 所示，我们以一个分子中心为圆心，只有进入其半径为 R 的球形区域内的其他分子才会对该分子产生引力的作用。因为平衡态下的气体可看作气体分子是均匀分布的，所以一般来说，进入球形区域内的分子相对于球心是对称的，所以它们的引力合力为零。但对于容器壁附近的气体分子，以分子为中心的球形区域一半在容器内，一半在容器外，因此进入该区域的气体分子对该分子的总引力方向垂直于容器壁指向容器内（这里我们没有考虑容器壁分子对气体分子的引力，后面我们会对这个问题加以解释）。当运动的气体分子靠近容器壁时，从受到指向容器内的引力作用开始到与容器壁碰撞，指向外的动量不断减小，碰撞时动量的改变也比不考虑引力时小，对容器壁碰撞的平均压力降低，施加于容器壁的实际压强应比理论计算的小，即

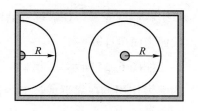

图 6-23　分子间引力
引起的内压强

$$p = \frac{m}{M}\frac{RT}{V - \frac{m}{M}b} - \Delta p$$

此处已经考虑了气体分子体积的修正。

　　我们可以想象，进入引力作用区域的分子数越多，它们的合引力就越大。所以与容器壁碰撞的分子所受向内的引力应与分子数密度 n 成正比，同时单位时间内碰撞容器壁的分子数也与 n 也成正比，所以

$$\Delta p \propto n^2$$

n 与气体的物质的量成正比，又与气体的体积成反比，所以我们可以把压强修正 Δp 写成

$$\Delta p = \frac{m^2}{M^2}\frac{a}{V^2}$$

修正系数 a 由气体的性质决定。

　　在前面的讨论中，我们没有考虑容器壁分子对气体分子的引力。下面我们简单地说明一下这个问题。

　　表面上看，固态容器壁的分子密度应该比气体的分子密度大得多。当气体分子靠近容器壁时，气体分子应受到容器壁分子的引力而使气体分子向外的动量增加，气体分子撞击容器壁时给容器壁的冲量增大，但我们并未考虑这种情况。要解决这个问题，我们还应该注意到，虽然容器壁分子在吸引气体分子，但是气体分子同样

吸引容器壁分子，在靠近容器壁的过程中，气体分子将给容器壁一个向内的冲量。我们来简单计算一下。

如图 6-24 所示，设气体分子和容器壁距离为 L 时，它开始受到容器壁分子的引力作用，在靠近或远离容器壁的过程中，气体分子通过 L 的时间为 Δt，受到容器壁的平均作用力为 $\overline{F}$，方向向外。而同时气体分子给容器壁的平均作用力 $\overline{F}' = \overline{F}$，方向向内。气体分子从进入区域 L 到与容器壁碰撞时，它受到的容器壁分子给它的冲量为 $\overline{F}\Delta t$，这使得气体分子动量增加，碰撞后动量增加 $2\overline{F}\Delta t$，因此，它多给了容器壁一个向外的 $2\overline{F}\Delta t$ 冲量。但气体分子在接近和远离容器壁的过程中，它对容器壁分子的引力 $\overline{F}'$ 使容器壁多了两个向内的冲量 $\overline{F}'\Delta t$。这两个冲量大小相等，方向相反，正好抵消。所以我们不考虑容器壁分子对气体分子的引力作用。

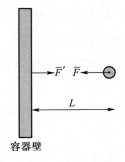

图 6-24　容器壁分子对气体分子的作用

6.10.3　范德瓦耳斯方程

考虑到分子体积修正和引力修正，我们可以写出范德瓦耳斯方程：

$$\left(p + \frac{m^2}{M^2}\frac{a}{V^2} \right)\left(V - \frac{m}{M}b \right) = \frac{m}{M}RT \tag{6-36}$$

范德瓦耳斯方程比理想气体物态方程更接近真实气体的行为，但它仍然是近似方程，一般来说，它适用于压强不是很高（5 MPa 以下）、温度不是太低的真实气体。除了范德瓦耳斯方程外，还有许多描述真实气体行为的近似方程，但它们都不如范德瓦耳斯方程简单、使用方便。范德瓦耳斯方程中出现的两个修正量可以通过实验测得，表 6-1 是一些气体的范德瓦耳斯常量实验值。

表 6-1　一些气体的范德瓦耳斯常量

气体	$a / (10^{-6}\ \text{atm} \cdot \text{m}^6 \cdot \text{mol}^{-2})$	$b / (10^{-6}\ \text{m}^3 \cdot \text{mol}^{-1})$
氢（H_2）	0.244	27
氦（He）	0.034	24
氮（N_2）	1.39	39
氧（O_2）	1.36	32
氩（Ar）	1.34	32
水蒸气（H_2O）	5.46	30

思　考　题

6-1　气体在平衡态时有何特征？平衡态与稳定态有什么不同？气体的平衡态与力学中所指的平衡有什么不同？

6-2　在推导理想气体的压强公式的过程中，什么地方用到了理想气体的分子模型？什么地方用到了平衡态的概念？什么地方用到了统计平均的概念？压强的微观统计意义是什么？

6-3　叙述下列各式的物理意义：

（1）$\frac{1}{2}kT$；（2）$\frac{3}{2}kT$；（3）$\frac{i}{2}kT$；（4）$\frac{i}{2}RT$；（5）$\frac{m}{M}\frac{i}{2}RT$；（6）$\frac{m}{M}\frac{i}{2}R(T_2-T_1)$。

6-4　两种理想气体分子数分别为 N_A 和 N_B，某一温度下，速率分布函数分别为 $f_A(v)$ 和 $f_B(v)$，问此温度下两种理想气体组成的系统的速率分布函数如何？

习　　题

6-1　一束分子垂直射向真空室中的一平板，设分子束的定向速度大小为 v，分子数密度为 n，分子的质量为 m_0，求分子与平板碰撞产生的压强。

6-2　一球形容器，直径为 $2R$，内盛理想气体，分子数密度为 n，每个分子的质量为 m_0。（1）若某分子速率为 v_i，与器壁法向成 θ 角射向器壁进行完全弹性碰撞，问该分子在连续两次碰撞间运动了多长的距离？（2）该分子每秒撞击容器多少次？（3）每一次给予器壁的冲量是多大？（4）由上述结果导出气体的压强公式。

6-3　一容积为 10 L 的容器内有 1 mol CO_2 气体，其方均根速率为 1 440 km·h^{-1}，求 CO_2 气体的压强。（CO_2 的摩尔质量为 44×10^{-3} kg·mol^{-1}。）

6-4　在实验室中能够获得的最佳真空度大约相当于 1.013×10^{-9} Pa，试问在室温（273 K）下在这样的"真空"中每立方厘米内有多少个分子？

6-5　已知气体密度为 1 kg·m^{-3}，压强为 1.013×10^5 Pa。（1）求气体分子的方均根速率；（2）设气体为氧气，求其温度。

6-6　对于体积为 10^{-3} m^3、压强为 1.013×10^5 Pa 的气体，其所有分子的平均平动动能的总和是多少？

6-7　一容器内储有氧气，其压强为 $p=1.013\times10^5$ Pa，温度为 $t=27$ ℃。（1）求单位体积内的分子数；（2）求氧气的密度；（3）求氧气分子的质量；（4）求分子间的平均距离；（5）求分子的平均平动动能；（6）若容器是边长为 0.30 m 的立方体，当一个分子下降的高度等于容器的边长时，问其重力势能改变多少？并将重力势能的改变量与其平均平动动能作比较。

6-8 在什么温度时，气体分子的平均平动动能等于一个电子由静止通过 1 V 电势差的加速作用所得到的动能（即 1 eV 的能量）？

6-9 对于 1 mol 氢气，在温度 27 ℃时，问：（1）其具有多少平动动能？（2）其具有多少转动动能？（3）温度每升高 1 ℃时其增加的总动能是多少？

6-10 对于 1 mol 单原子分子理想气体和 1 mol 双原子分子理想气体，温度升高 1 ℃时，其内能各增加多少？1 g 氧气和 1 g 氢气温度升高 1 ℃时，其内能各增加多少？

6-11 计算：（1）氧气分子在 0 ℃时的平均平动动能和平均转动动能；（2）在此温度下，4 g 氧气的内能。

6-12 40 个粒子的速率分布情况如下表所示（速率单位为 m·s⁻¹）：

速率区间	100以下	100~200	>200~300	>300~400	>400~500	>500~600	>600~700	>700~800	>800~900	900以上
粒子数	1	4	6	8	6	5	4	3	2	1

若以各区间的中值速率标志处于该区间内的粒子速率，试求这 40 个粒子的平均速率 $\bar{v}$、方均根速率 $\sqrt{\overline{v^2}}$ 和最概然速率 v_p，并计算 v_p 所在区间的粒子数占总粒子数的百分比。

6-13 根据上题所给分布情况，若以 200 m·s⁻¹ 为间隔重新统计，列出分布情况表，计算出相应的 $\bar{v}$、$\sqrt{\overline{v^2}}$ 和 v_p，以及 v_p 所在区间的粒子数占总粒子数的百分比，并与上题结果进行比较。

6-14 有 N 个假想的气体分子，其速率分布如习题 6-14 图所示。（1）用 N 和 v_0 表示出 a 的值；（2）求最概然速率 v_p；（3）以 v_0 为间隔等分出三个速率区间，求各区间中分子数占总分子数的百分比。

*6-15 在速率区间 $v_1 \sim v_2$ 内麦克斯韦速率分布曲线下的面积等于分布在此区

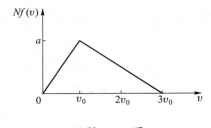

习题 6-14 图

间内的分子数占总分子数的百分比。应用式 $\dfrac{\Delta N}{N} = f(v)\Delta v$ 和麦克斯韦速率分布函数，求在速率区间 $v_\text{p}\sim 1.01v_\text{p}$ 内的分子数占总分子数的百分比。

*6-16 应用公式 $\overline{v^2} = \displaystyle\int_0^\infty f(v)v^2\mathrm{d}v$、麦克斯韦速率分布函数以及积分公式

$$\int_0^\infty v^3 \mathrm{e}^{-bv^2}\mathrm{d}v = \frac{1}{2b}$$

求 $\overline{v^2}$ 的值。

*6-17 试由麦克斯韦速率分布律推出相应的平动动能分布律，求出最概然能量 E_p，并问它是否就等于 $\dfrac{1}{2}mv_\text{p}^2$？

6-18 飞机起飞前机舱中的压强计指示为 1.013×10^5 Pa，温度为 27 ℃。起飞后压强计指示为 8.10×10^4 Pa，温度仍为 27 ℃。试计算飞机此时距地面的高度。

6-19 设地球大气是等温的，温度为 17 ℃，海平面上的气压为 $p = 1.0\times 10^5$ Pa，已知某地的海拔高度为 $h = 2\,000$ m，空气的摩尔质量为 $M = 29\times 10^{-3}$ kg·mol^{-1}，求该地的气压。

6-20 在某一粒子加速器中，质子在 1.333×10^4 Pa 的压强和 273 K 的温度的真空室内沿圆形轨道运动。（1）估计在此压强下每立方厘米内的气体分子数；（2）如果分子有效直径为 2.0×10^{-8} cm，则在此条件下气体分子的平均自由程为多大？

6-21 设电子管内温度为 300 K，如果要管内分子的平均自由程大于 10 cm，则应将它抽到多大的压强？（分子有效直径约为 3.0×10^{-8} cm。）

6-22 计算：（1）在标准状态下，一个氮气分子在 1 s 内与其他分子的平均碰撞次数；（2）一容积为 4 L 的容器，储有标准状态下的氮气，求 1 s 内氮气分子间的总碰撞次数。（氮气分子的有效直径为 3.76×10^{-8} cm。）

6-23 假设氦气分子的有效直径为 10^{-10} m，压强为 1.013×10^5 Pa，温度为 300 K。（1）计算氦气分子的平均自由程 $\overline{\lambda}$ 和飞行一个平均自由程所需要的时间 τ；（2）如果有一个带元电荷的氦离子在垂直于电场的方向上运动，电场强度为 10^4 V·m^{-1}，试计算氦离子在电场中飞行 τ 时间内沿电场方向移动的距离 s 及 s 与 $\overline{\lambda}$ 的比值；（3）计算气体分子热运动的平均速率与氦离子在电场方向的平均速率的比值；（4）计算气体分子热运动的平均平动动能与氦离子在电场中飞行一个 $\overline{\lambda}$ 的距离所获得的能量，并求它们的比值。

*6-24 用范德瓦耳斯方程计算压强为 1.013×10^8 Pa、体积为 0.050 L 的 1 mol 氧气的温度。如果用理想气体物态方程计算，将引起怎样的相对误差？设氧气的范德瓦耳斯常量为 $a = 1.378\times 10^5$ Pa·L^2·mol^{-2}，$b = 0.031\,8$ L·mol^{-1}。

*6-25 在 27 ℃时，2 mol 氮气的体积为 0.1 L，分别用范德瓦耳斯方程及理想气体物态方程计算其压强，并比较结果。

*6-26 实验测得 0 ℃时氧气的黏度为 1.92×10^{-4} g·cm^{-1}·s^{-1}，试用它来求标准状态下氧气分子的平均自由程和有效直径。

*6-27 实验测得 0 ℃时氮气的热导率为 23.7×10^{-3} W·m^{-1}·K^{-1}，摩尔定容热容为 20.9 J·mol^{-1}·K^{-1}，试由此计算氮气分子的有效直径。

汤姆孙（开尔文）

William Thomson

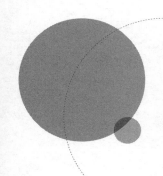

Chapter 7

第 7 章
热力学基础

热力学是研究物质热现象与热运动规律的一门学科，它的观点和采用的方法与气体动理论中的观点和方法很不相同。在热力学中，人们并不考虑物质的微观结构和过程，而是以观测和实验事实作根据，从能量观点出发，分析研究热力学系统状态变化中有关热功转化的关系和条件。在现代社会中，人们越来越注意能量的转化方案和能源的利用效率，其中涉及的范围极广的技术问题，都可以用热力学的方法进行研究，其实用价值很高。

经验告诉我们，有一类现象，其中物体的状态或物理性质的变化，总是与物体冷热程度变化密切相关，例如，物体的热胀冷缩，固液气各种状态的相互转换，软钢经加热迅速冷却会提高其硬度等。

人们对热现象的认识，经历了漫长的岁月。18 世纪以后，不少人认为物体中含有一种能从高温物体流向低温物体的"热质"，而把温度看成物体中含有热质多少的量度。后来人们发现这种看法与实际不符。例如，它不能解释为什么通过摩擦而并未注入什么"热质"，却可以提高两个互相摩擦物体的温度等。直到物体的分子结构学说建立以后，人们才逐渐意识到热现象是物体中分子热运动的表现。19 世纪中期以后，为了改进热机的设计，提高热机的效率，人们对当时用作热机的工作物质——气体的性质进行了广泛的研究，气体动理论就是围绕气体性质的研究发展起来的。大家知道，任何物体都是由大量微观粒子（分子、原子等）组成的，我们通常把描写这些微观粒子特征的物理量（如质量、速度、能量等）称为微观量，而把描写宏观物体特性的物理量（如压强、温度、体积、内能等）称为宏观量。显然，宏观量都是可以由实验观测的物理量。从微观上看来，物体内部的微观粒子都在永不停息地作无规则热运动。就物体中单个粒子来说，由于受到其他粒子的复杂的作用，其运动状态瞬息万变，显得杂乱无章而具有很大的偶然性。但在总体上，大量粒子的热运动却遵循着确定的规律，这种大量偶然事件的总体所具有的规律性称为统计规律性。由于热现象是大量微观粒子热运动的集体表现，所以它服从统计规律，描写物体的宏观量与描写其中粒子的微观量之间，也存在着必然的联系。正是基于这些特点，热运动才成为区别于其他运动形式的一种基本运动形式。

热学中包含两种不同的理论。由宏观实验总结归纳的有关热现象的规律，构成热学的宏观理论，称为热力学。从分子、原子等微观粒子的运动和它们之间的相互作用出发，研究热现象的规律，则构成热学的微观理论，称为统计物理学。虽然两者的研究对象都是热现象，但是它们的研究方法却是截然不同的。热力学是根据由自然界大量现象的观察和实验中总结出来的几个基本定律，用逻辑推理的方法去研究宏观物体热性质的，并不追究其微观本质。统计物理学则是从物质的微观结构出发，依据粒子运动所遵守的力学规律，对大量粒子的总体应用统计方法去研究热现象的规律和本质的。因为热力学中的基本定律是从大量实际观测中总结出来的，所以其具有高度的可靠性和普遍性。但是由于热力学不考虑物质的微观结构，因而就不能对宏观热现象的规律给出其微观本质的解释，这一点正是热力学理论的局限性和缺点所在。统计物理学则正好弥补了热力学的缺陷，它可以从微观上更好地揭示热现象的本质，给出宏观规律的微观解释，从而使人们更深刻地认识热力学理论的意义。至于统计物理学结论的正确性，则需要热力学来检验和证实。这样，在对热现象的研究上，两种理论起着相辅相成的作用。

热力学和统计物理学理论，在历史上对第一次工业革命起过有力的推动作用，在现代工程技术问题中也获得了越来越广泛的应用。此外，这些理论本身，也是近代物理学中非常活跃的研究领域。

7.1 准静态过程 功和热量

7.1.1 准静态过程

在热力学中，由大量微观粒子（分子、原子等）组成的宏观物体通常称为热力学系统，简称为系统。而把与热力学系统相互作用的外部环境称为外界。在一般情况下，系统与外界之间存在能量交换，如做功和热传递。

当热力学系统的状态随时间发生变化时，我们称系统经历了一个**热力学过程**。

假定系统从某一平衡态开始变化，状态的变化必然会使原来的平衡态受到破坏，系统需要经过一定的时间才能达到新的平衡态。如果在过程进行的每一时刻系统均处于平衡态，则称系统经历了一个**准静态过程**。

这一过程显然是一种理想的热力学过程。实际发生的过程往往进行得较快，在新的平衡态达到之前系统又继续了下一步的变化，系统经历了一系列非平衡态，这样的过程称为**非静态过程**。

准静态过程可以认为是系统状态几乎不变的过程，是"无限缓慢"进行的。因此，当实际的热力学系统持续的过程很慢、时间很长时，可以近似地将其当作一个准静态过程。

在 p–V 图上，一个点代表一个平衡态，一条连续曲线代表一个准静态过程。图 7–1 中点 I 和点 II 分别代表两个平衡态，从点 I 到点 II 的曲线代表准静态过程，箭头表示过程进行的方向。表示这条曲线的方程称为**过程方程**。

7.1.2　准静态过程的功

我们以气缸为例来研究准静态过程的功。

如图 7–2 所示，设气缸中气体的压强为 p，活塞面积为 S，活塞与气缸壁的摩擦不计。当气缸内的气体发生微小膨胀时，系统对外界做的功为

$$\mathrm{d}A = F\mathrm{d}l = pS\mathrm{d}l = p\mathrm{d}V$$

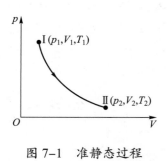

图 7–1　准静态过程

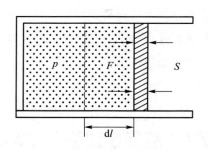

图 7–2　气体膨胀过程

若系统的体积由 V_1 变化到 V_2，则系统对外界做的功为

$$A = \int_{V_1}^{V_2} p\mathrm{d}V \tag{7–1}$$

由此，我们可以总结出：当热力学系统的体积发生改变时，系统会对外界做功。其元功的表达式为

$$dA = pdV$$

如图 7–3 所示，系统对外界所做的功在数值上等于 p–V 图上过程曲线与横轴所围的面积。当气体膨胀时，系统对外界做正功；当气体被压缩时，系统对外界做负功，即外界对系统做正功。需要注意的是，功与过程紧密相关，在热力学系统中，即便系统的初始状态和终末状态保持不变，两者之间不同的进行过程也会有不同的功。

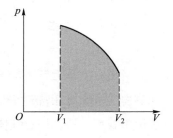

图 7–3　功的示意图

焦耳通过实验发现，若使热力学系统与外界保持绝热，则对系统做功会导致系统的温度升高，其效果与对此系统加热产生的效果是一样的。

例 7–1　已知 1 mol 的某种实际气体，在一定温度下，其压强随体积变化的函数关系为

$$p = \frac{c}{V-b} - \frac{a}{V^2}$$

式中 a、b、c 均为常量。试求该气体经一准静态过程，体积由 V_1 膨胀为 V_2 时，气体对外界所做的功。

解　由准静态过程中功的计算式（7–1）得

$$A = \int_{V_1}^{V_2} pdV = \int_{V_1}^{V_2} \left(\frac{c}{V-b} - \frac{a}{V^2} \right) dV = \int_{V_1}^{V_2} \frac{c}{V-b} dV - \int_{V_1}^{V_2} \frac{a}{V^2} dV$$

$$= c \ln \frac{V_2 - b}{V_1 - b} + a \left(\frac{1}{V_2} - \frac{1}{V_1} \right)$$

7.1.3　热量

热力学系统之间的相互作用除了做功还包括热传递。我们把系统与外界之间由于存在温度差而传递的能量叫**热量**。当两个温度不同的物体相互接触时，热量会从高温物体传递给低温物体，从而导致低温物体的温度升高，高温物体的温度降低。

在国际单位制中，热量的单位与功的单位相同，均为焦耳（J）。应当明确的是，热量传递的多少与其传递方式有关。所以热量与功一样都是与热力学过程有关的物理量，焦耳通过实验发现热传递和做功都可以使物体的温度升高（热功当量）。

7.2 内能　热力学第一定律

7.2.1 内能

当热力学系统与外界进行热量交换时，通常会伴随着系统温度的变化。这说明在热力学系统与外界进行相互作用时，内能也是参与作用的物理量之一。从气体动理论中我们知道，理想气体的内能是温度的单值函数，即 $E = \dfrac{m}{M}\dfrac{i}{2}RT$。而对于实际的气体，由于压强较大，气体的内能还应包括气体分子间的势能。所以，一般而言，实际气体的内能是温度 T 和体积 V 的函数，即 $E = E(T, V)$。

实践表明，要改变一个热力学系统的内能有两种方式：一是外界对系统做功；二是向系统传递热量。例如，一杯水，可通过加热，即热传递的方法升高温度；也可通过搅拌做功的方法使水升高到同一温度。两种方式虽然不同，但都能使水的内能增加。这表明做功和热传递对内能的改变有等效性。

需要强调的是，内能 E 与功和热量不同，它是一个状态函数。即内能的变化量 ΔE 只依赖于初始状态和终末状态，而与具体的进行过程无关。内能的国际单位制单位为焦耳（J）。

7.2.2 热力学第一定律

从前面的分析中我们可以看到，无论是做功还是热传递都可以改变热力学系统的内能。功、热量及内能三者之间的具体关系是热力学第一定律所阐述的内容。

对于某个热力学系统，当给系统加热时，一般来讲系统的温度会升高，体积会膨胀。若将温度变化为零和体积变化为零视为温度升高和体积膨胀的特殊情况，则有

$$\mathrm{d}Q = \mathrm{d}E + \mathrm{d}A \tag{7-2}$$

式中 $\mathrm{d}Q$ 表示系统吸收或放出的热量，$\mathrm{d}E$ 表示系统升高或降低的内能，$\mathrm{d}A$ 表示系统对外界所做的功。本书规定：系统从外界吸收热量时，$\mathrm{d}Q > 0$，反之 $\mathrm{d}Q < 0$；系统温度升高时，$\mathrm{d}E > 0$，反之 $\mathrm{d}E < 0$；系统体积膨胀对外做功时，$\mathrm{d}A > 0$，反之 $\mathrm{d}A < 0$。公式（7-2）说明，当热力学系统从外界吸收热量时，系统的内能会增加，并且系统对外界做功。反过来，若外界对系统做功（系统对外界做负功）且系统的内能降低，则系统对外界释放热量。

与公式（7-2）对应的积分式为

$$\Delta Q = \Delta E + \int_{V_1}^{V_2} p\,\mathrm{d}V \qquad\qquad (7\text{-}3)$$

公式（7-3）为**热力学第一定律**的数学表达式。

由热力学第一定律可知，要使系统对外界做功，可以消耗系统的内能，也可以从外界吸收热量，或者两者兼而有之。在历史上，有人试图制造一种永动机，这类机器不需要外界输送能量，自身也不需要消耗能量，却能对外界做功。这类永动机称为第一类永动机。第一类永动机明显违背了热力学第一定律，因此热力学第一定律又可表述为：**不可能制造出第一类永动机。**

例 7-2 （1）把 0.30 kg 的水在大气压下用电热器加热，使其温度从 10 ℃ 缓慢地升高到 25 ℃，水的比热容为 4 180 J·kg⁻¹·K⁻¹，计算水内能的变化；（2）如果把 0.30 kg、10 ℃的水，装在与外界绝热的保温瓶内，用力摇荡此瓶，使水的温度也升高到 25 ℃，设始末态的压强均为大气压，计算水内能的变化及外界对水所做的功。

解 （1）在加热的过程中，水吸收的热量为

$$Q = cm(T_2 - T_1) = 4\,180 \times 0.30 \times (298 - 283)\ \text{J} \approx 18.8\ \text{kJ}$$

由于水的体积变化很小，可以忽略，所以此过程中

$$A = 0$$

从热力学第一定律得

$$E_2 - E_1 = Q - A = 18.8\ \text{kJ}$$

（2）由于水的始末状态相同，因此，内能的变化也相同，即

$$E_2 - E_1 = 18.8\ \text{kJ}$$

在此过程中，水与外界是绝热的，$Q = 0$，由热力学第一定律得

$$A = Q - (E_2 - E_1) = -(E_2 - E_1) = -18.8\ \text{kJ}$$

功为负值，意味着过程中外界对水做了功。

7.3 理想气体的等容过程和等压过程 摩尔热容

7.3.1 等容过程 摩尔定容热容

在等容过程中，理想气体的体积始终保持不变，有 $dV = 0$，则等容过程方程可以表示为 $V = C$（常量）或 $\dfrac{p}{T} = C$（常量）。由此可知系统对外界所做的元功 $dA = 0$。

根据 $dQ = dE + dA$，有 $dQ = dE$，两端积分得

$$\Delta Q = E_2 - E_1$$

根据摩尔定容热容 $C_{V,m}$ 与内能的关系

$$dE = \nu C_{V,m} dT$$

可得

$$\Delta Q = \nu C_{V,m}\left(T_2 - T_1\right) \tag{7-4}$$

式中 $C_{V,m} = \dfrac{iR}{2}$ 称为摩尔定容热容。

摩尔定容热容定义为：在等容过程中，1 mol 理想气体温度每升高 1 K 所吸收的热量。据此定义，摩尔定容热容的计算式为

$$C_{V,m} = \left(\lim_{\Delta T \to 0} \frac{\Delta Q}{\Delta T}\right)_V = \left(\frac{dQ}{dT}\right)_V$$

在等容过程中，若已知摩尔定容热容，则根据公式（7-4）计算热量是较为方便的方法。

7.3.2 等压过程 摩尔定压热容

在等压过程中，气体压强始终保持不变，有 $dp = 0$，则等压过程方程可以表示为 $p = C$（常量）或 $\dfrac{V}{T} = C$（常量）。

根据热力学第一定律，有

$$\Delta Q = \Delta E + A$$

式中，等压过程的功为

$$A = \int_{V_1}^{V_2} p\mathrm{d}V = p\int_{V_1}^{V_2} \mathrm{d}V = p(V_2 - V_1) = \nu R(T_2 - T_1)$$

内能的变化量为

$$\Delta E = \nu \frac{iR}{2}(T_2 - T_1)$$

则

$$\Delta Q = \Delta E + A = \nu R\left(\frac{i}{2} + 1\right)(T_2 - T_1) = \nu C_{p,\mathrm{m}}(T_2 - T_1) \qquad （7-5）$$

$C_{p,\mathrm{m}}$ 为摩尔定压热容，且

$$C_{p,\mathrm{m}} = C_{V,\mathrm{m}} + R = \frac{iR}{2} + R$$

摩尔定压热容定义为：在等压过程中，1 mol 理想气体温度每升高 1 K 所吸收的热量。据此定义，摩尔定压热容的计算式为

$$C_{p,\mathrm{m}} = \left(\lim_{\Delta T \to 0} \frac{\Delta Q}{\Delta T}\right)_p = \left(\frac{\mathrm{d}Q}{\mathrm{d}T}\right)_p$$

在等压过程中，若摩尔定压热容已知，则根据公式（7-5）计算热量较为方便。

例 7-3 水蒸气的摩尔定压热容 $C_{p,\mathrm{m}} = 36.2\ \mathrm{J \cdot mol^{-1} \cdot K^{-1}}$，将 1.50 kg 温度为 100 ℃ 的水蒸气，在标准大气压下缓慢加热，使其温度上升到 400 ℃。试求此过程中水蒸气吸收的热量、对外所做的功和内能的改变量。（水蒸气的摩尔质量 $M = 18 \times 10^{-3}\ \mathrm{kg \cdot mol^{-1}}$。）

解 由于在标准大气压下加热，所以这是一个等压过程。把水蒸气看成理想气体，注意到其物质的量 $\nu = \dfrac{m}{M}$，上升的温度为 $T_2 - T_1 = 300$ K，则过程中吸收的热量为

$$\Delta Q = \nu C_{p,\mathrm{m}}(T_2 - T_1) = \frac{m}{M}C_{p,\mathrm{m}}(T_2 - T_1)$$

$$= \frac{1.50}{18 \times 10^{-3}} \times 36.2 \times 300\ \mathrm{J} = 9.05 \times 10^5\ \mathrm{J}$$

所做的功为

$$A = \nu R(T_2 - T_1) = \frac{m}{M}R(T_2 - T_1)$$

$$= \frac{1.50}{18 \times 10^{-3}} \times 8.31 \times 300\ \mathrm{J} \approx 2.08 \times 10^5\ \mathrm{J}$$

内能增量为

$$\Delta E = E_2 - E_1 = \Delta Q - A = (9.05 \times 10^5 - 2.08 \times 10^5)\ \mathrm{J}$$

$$= 6.97 \times 10^5\ \mathrm{J}$$

例 7-4 1 mol 单原子分子理想气体从 300 K 加热到 350 K，问在下列两过程中系统吸收了多少热量？增加了多少内能？对外做了多少功？（1）体积保持不变；（2）压强保持不变。

解 （1）对于等容过程，由热力学第一定律得

$$Q = \Delta E$$

系统吸收的热量为

$$Q = \Delta E = \nu C_{V,m}\left(T_2 - T_1\right) = \nu \frac{i}{2}R\left(T_2 - T_1\right)$$

$$= \frac{3}{2} \times 8.31 \times (350 - 300)\,\mathrm{J} = 623.25\,\mathrm{J}$$

系统对外做的功为

$$A = 0$$

（2）对于等压过程，系统吸收的热量为

$$Q = \nu C_{p,m}\left(T_2 - T_1\right) = \nu \frac{i+2}{2}R\left(T_2 - T_1\right)$$

$$= \frac{5}{2} \times 8.31 \times (350 - 300)\,\mathrm{J} = 1\,038.75\,\mathrm{J}$$

系统增加的内能为

$$\Delta E = \nu C_{V,m}\left(T_2 - T_1\right)$$

$$= \frac{3}{2} \times 8.31 \times (350 - 300)\,\mathrm{J} = 623.25\,\mathrm{J}$$

系统对外做的功为

$$A = Q - \Delta E = (1\,038.75 - 623.25)\,\mathrm{J} = 415.5\,\mathrm{J}$$

7.4 理想气体的等温过程和绝热过程

7.4.1 等温过程

在等温过程中，系统温度始终保持不变，有 $\mathrm{d}T = 0$，则等温过程方程为 $pV = C$（常量）。由于内能是温度的单值函数且内能为状态函数，与具体的热力学过程无关，所以有 $\mathrm{d}E = 0$。根据热力学第一定律，$\mathrm{d}Q = \mathrm{d}E + \mathrm{d}A$，有 $\mathrm{d}Q = \mathrm{d}A = p\mathrm{d}V$。当系统的体积从 V_1 变化到 V_2 时，系统吸收的热量为

$$\Delta Q = \int_{V_1}^{V_2} p\,\mathrm{d}V = \int_{V_1}^{V_2} \frac{\nu RT}{V}\,\mathrm{d}V = \nu RT \ln\frac{V_2}{V_1} \qquad (7-6)$$

根据等温过程的特点及理想气体物态方程，$p_1 V_1 = p_2 V_2$，上式也可写为

$$\Delta Q = \nu RT \ln\frac{p_1}{p_2} \qquad (7-7)$$

例 7-5 已知一定量的单原子分子理想气体经历如图 7-4 所示的过程。试问：在全部过程中，（1）$A = ?$（2）$Q = ?$（3）$\Delta E = ?$

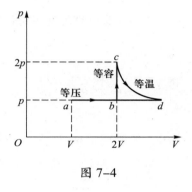

图 7-4

解（1）$A = A_{ab} + A_{bc} + A_{cd}$

$$A_{ab} = p(V_b - V_a) = pV$$

$$A_{bc} = 0$$

$$A_{cd} = \frac{m}{M}RT_c \ln\frac{V_d}{V_c} = p_c V_c \ln\frac{p_c}{p_d} = 4pV\ln 2$$

所以有

$$A = pV + 4pV\ln 2$$

（2）$\qquad Q = Q_{ab} + Q_{bc} + Q_{cd}$

$$Q_{ab} = \frac{m}{M}\cdot\frac{i+2}{2}R(T_b - T_a) = \frac{i+2}{2}(p_b V_b - p_a V_a) = \frac{5}{2}pV$$

$$Q_{bc} = E_c - E_b = \frac{m}{M}\cdot\frac{i}{2}R(T_c - T_b) = \frac{i}{2}(p_c V_c - p_b V_b) = \frac{3}{2}\cdot 2pV = 3pV$$

$$Q_{cd} = A_{cd} = 4pV\ln 2$$

所以有

$$Q = \frac{11}{2}pV + 4pV\ln 2$$

（3）方法一：$\Delta E = Q - A = \frac{11}{2}pV + 4pV\ln 2 - (pV + 4pV\ln 2)$

$$= \frac{9}{2}pV\,(利用热力学第一定律计算)$$

方法二：$\Delta E = E_d - E_a = \frac{m}{M}\frac{i}{2}R(T_d - T_a) = \frac{i}{2}(p_d V_d - p_a V_a)$

$$= \frac{3}{2}(p_c V_c - p_a V_a) = \frac{9}{2}pV\,(利用内能公式计算)$$

注意：A、Q 为过程量，E 为状态量。

7.4.2 绝热过程

在绝热过程中，系统与外界没有热量交换，则 $dQ = 0$。

根据热力学第一定律，$dE + dA = 0$。因此有 $dE = -dA$，即

$$\nu C_{V,m} dT = -p dV \qquad (7\text{-}8)$$

另外，根据理想气体物态方程 $pV = \nu RT$，等式两端微分得

$$p dV + V dp = \nu R dT$$

将（7-8）式代入上式得

$$p dV + V dp = -\frac{Rp dV}{C_{V,m}}$$

则可以得到

$$(C_{V,m} + R) p dV + C_{V,m} V dp = 0$$

即

$$\frac{C_{p,m}}{C_{V,m}} p dV + V dp = 0$$

或

$$\gamma p dV + V dp = 0$$

式中 $\gamma = \dfrac{C_{p,m}}{C_{V,m}}$。上式两端除以 pV 有 $\dfrac{\gamma dV}{V} + \dfrac{dp}{p} = 0$，等式两端积分后得

$$pV^{\gamma} = C（常量） \qquad (7\text{-}9)$$

公式（7-9）为理想气体的绝热过程方程。

根据理想气体物态方程，绝热过程方程还可以表示为

$$TV^{\gamma-1} = C（常量）$$

$$T^{-\gamma} p^{\gamma-1} = C（常量）$$

7.4.3 绝热线和等温线

绝热过程方程 $pV^{\gamma} = C_1$ 在图 7-5 中画出，如图中实线所示，此曲线称为**绝热线**。虚线表示同一气体的等温线，A 为二曲线交点。从图中可看出，绝热线比等温线陡一些，这可作如下解释。

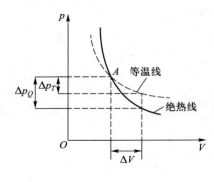

图 7-5

298

（1）数学解释

等温：
$$pV = C$$
$$p\mathrm{d}V + V\mathrm{d}p = 0$$

即
$$\left(\frac{\mathrm{d}p}{\mathrm{d}V}\right)_T = -\frac{p}{V} \quad (A\text{ 点切线斜率})$$

绝热：
$$pV^\gamma = C_1$$
$$\gamma pV^{\gamma-1}\mathrm{d}V + V^\gamma\mathrm{d}p = 0$$

即
$$\left(\frac{\mathrm{d}p}{\mathrm{d}V}\right)_Q = -\gamma\frac{p}{V} \quad (A\text{ 点切线斜率})$$

由于
$$\gamma = \frac{i+2}{i} > 1$$

所以
$$\left|\left(\frac{\mathrm{d}p}{\mathrm{d}V}\right)_Q\right| > \left|\left(\frac{\mathrm{d}p}{\mathrm{d}V}\right)_T\right|$$

故绝热线要陡些。

（2）物理解释

假设气体从 A 点开始体积增加 ΔV，由 $pV = C$ 及 $pV^\gamma = C_1$ 可知，在此情况下，p 都减小（无论是等温过程还是绝热过程）。由 $p = \frac{m}{M}RT \cdot \frac{1}{V}$ 可知，气体等温膨胀时，引起 p 减小的只有 V 的增加这个因素；气体绝热膨胀时，由于 $\Delta T < 0$，所以引起 p 减小的因素除了 V 的增加外，还有 T 的减小，所以 ΔV 相同时，绝热过程中 p 下降得快。

例 7-6 1 mol 双原子分子理想气体（刚性），从状态 $A(p_1$、$V_1)$ 沿直线出发到达状态 $B(p_2$、$V_2)$，如图 7-6 所示。试问：（1）$\Delta E = $ ？（2）$A = $ ？（3）$Q = $ ？

解 此题为非等值过程。

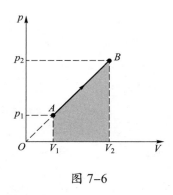

图 7-6

（1）
$$\Delta E = \frac{i}{2}R(T_B - T_A) = \frac{i}{2}(p_B V_B - p_A V_A)$$
$$= \frac{5}{2}(p_B V_B - p_A V_A) = \frac{5}{2}(p_2 V_2 - p_1 V_1)$$

（2）$A = $ 阴影面积 $= \frac{1}{2}(p_1 + p_2)(V_2 - V_1)$

或
$$A = \frac{1}{2}p_2V_2 - \frac{1}{2}p_1V_1 = \frac{1}{2}(p_2V_2 - p_1V_1)$$

（3）
$$Q = \Delta E + A = \frac{5}{2}(p_BV_B - p_AV_A) + \frac{1}{2}(p_1 + p_2)(V_2 - V_1)$$
$$= \frac{5}{2}(p_2V_2 - p_1V_1) + \frac{1}{2}(p_2V_2 - p_1V_1) = 3(p_2V_2 - p_1V_1)$$

例 7-7　一定量的理想气体，由平衡态 A 变化到平衡态 B，如图 7-7 所示，问系统内能如何变化？

解　在全过程中是否做正功，是否吸热或放热都无法确定，因为 A、Q 是过程量，与具体过程有关。但是可知 $T_B > T_A$，所以 $E_B > E_A$。故系统内能增大。

例 7-8　试讨论理想气体在图 7-8 中 Ⅰ、Ⅲ 两个过程中是吸热还是放热？已知 Ⅱ 为绝热过程。

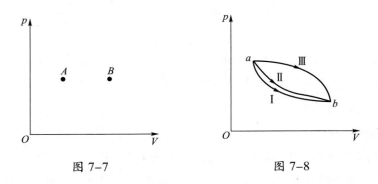

图 7-7　　　　　　　　图 7-8

解　由图 7-8 可知
$$0 = (E_b - E_a) + A_{\mathrm{II}}　（由于 A_{\mathrm{II}} > 0，所以 E_b - E_a < 0）$$
$$Q_{\mathrm{I}} = (E_b - E_a) + A_{\mathrm{I}}$$
$$Q_{\mathrm{III}} = (E_b - E_a) + A_{\mathrm{III}}$$

由于
$$A_{\mathrm{I}} < A_{\mathrm{II}}$$
$$A_{\mathrm{III}} > A_{\mathrm{II}}$$

所以
$$Q_{\mathrm{I}} < 0，放热$$

$$Q_{\mathrm{III}} > 0，吸热（若从 b \to a，则有 Q_{\mathrm{I}} > 0，Q_{\mathrm{III}} < 0）$$

例 7-9　如图 7-9 所示，1 mol 单原子分子理想气体，经过一准静态过程 $a \to b \to c$，ab、bc 均为直线段。试问：（1）$a \to b$ 及 $b \to c$ 过程中，ΔE、A、$Q = ?$

（2）$a \to b \to c$ 过程中温度最高状态 d 为何种情况？

（3）$b \to c$ 过程中是否均吸收热量？

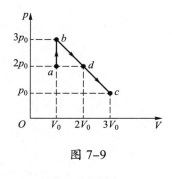

图 7-9

解 （1）$a \to b$（等容过程）：

$$\begin{cases} \Delta E_{ab} = \dfrac{i}{2} R(T_b - T_a) = \dfrac{3}{2}(p_b V_b - p_a V_a) = \dfrac{3}{2} p_0 V_0 \\[2mm] A_{ab} = 0 \\[2mm] Q_{ab} = \Delta E_{ab} = \dfrac{3}{2} p_0 V_0 \end{cases}$$

$b \to c$（非等值过程）：

$$\begin{cases} \Delta E_{bc} = \dfrac{i}{2} R(T_c - T_b) = \dfrac{3}{2}(p_c V_c - p_b V_b) = 0 \\[2mm] A_{bc} = 梯形面积 = \dfrac{1}{2}(p_0 + 3p_0)(3V_0 - V_0) = 4 p_0 V_0 \\[2mm] Q_{bc} = A_{bc} = 4 p_0 V_0 \end{cases}$$

（2）由等温线的位置可知，在 $a \to b$ 过程中，温度递增，则最高温度状态一定在 $b \to c$ 过程中。

$$T = \frac{1}{R} pV$$

$b \to c$ 段方程为

$$p = -\frac{p_0}{V_0} V + 4 p_0$$

$$T = -\frac{1}{R} \frac{p_0}{V_0} V^2 + \frac{4 p_0}{R} V$$

$T = T_{\max}$ 时，只有

$$\frac{\mathrm{d}T}{\mathrm{d}V} = -\frac{2 p_0}{R V_0} V + \frac{4 p_0}{R} = 0$$

即 $V_d = 2V_0$（此时 $T < 0$，所以有极大值），可知温度最高状态为（$2p_0$，$2V_0$）。（也可用 $E = \dfrac{i}{2} pV$ 求 $E_{\max}$ 对应的状态，此状态即 d 态，因为理想气体内能是 T 的单调增加函数。）

（3）在 $b \to d$ 过程中，因为 $\dfrac{\mathrm{d}T}{\mathrm{d}V} > 0$（或用等温线位置判断），所以 $\mathrm{d}T > 0$，由此可知 $\mathrm{d}E > 0$。又因为 $\mathrm{d}A > 0$，所以 $\mathrm{d}Q = \mathrm{d}E + \mathrm{d}A > 0$，即在 $b \to d$ 过程中的每一微小过程中气体均吸热。在 $d \to c$ 过程中，

$$Q_{dc} = \Delta E_{dc} + A_{dc} = \frac{i}{2}R(T_c - T_d) + \frac{1}{2}(p_0 + 2p_0)(3V_0 - 2V_0)$$

$$= \frac{3}{2}(p_c T_c - p_d V_d) + \frac{3}{2}p_0 V_0 = 0$$

因为 $b \to c$ 不是绝热过程（p、V 关系式不是 $pV^\gamma = C$），所以此过程中吸热与放热之和为 0。可见 $d \to c$ 过程中有放热存在，故 $b \to c$ 过程中不均是吸热。

讨论：（1）$Q = 0$ 并不能说明过程是绝热过程，绝热过程的特征是 $\mathrm{d}Q = 0$；

（2）$Q > 0$ 不一定是吸热过程（即 $\mathrm{d}Q > 0$ 的过程）。

例 7-10 0.01 m³ 氮气在温度为 300 K 时，由 0.1 MPa（即约 1 atm）压缩到 10 MPa。试分别求氮气经（1）等温及（2）绝热压缩后的体积、温度及对外所做的功。

解 （1）等温压缩：

$$T_1 = T_2 = 300 \text{ K}$$

由 $p_1 V_1 = p_2 V_2$，求得体积为

$$V_2 = \frac{p_1 V_1}{p_2} = \frac{0.1}{10} \times 0.01 \text{ m}^3 = 1 \times 10^{-4} \text{ m}^3$$

对外所做的功为

$$A = \nu R T_1 \ln \frac{V_2}{V_1} = p_1 V_1 \ln \frac{p_1}{p_2}$$

$$= 1 \times 10^5 \times 0.01 \times \ln 0.01 \text{ J}$$

$$\approx -4.61 \times 10^3 \text{ J}$$

（2）绝热压缩：

$$C_{V,\mathrm{m}} = \frac{5}{2}R, \quad \gamma = \frac{7}{5}$$

由绝热过程方程 $p_1 V_1^\gamma = p_2 V_2^\gamma$，得 $V_2 = \left(\dfrac{p_1 V_1^\gamma}{p_2}\right)^{\frac{1}{\gamma}}$，则

$$V_2 = \left(\frac{p_1 V_1^\gamma}{p_2}\right)^{\frac{1}{\gamma}} = \left(\frac{p_1}{p_2}\right)^{\frac{1}{\gamma}} V_1$$

$$= \left(\frac{1}{100}\right)^{\frac{1}{1.4}} \times 0.01 \text{ m}^3 \approx 3.73 \times 10^{-4} \text{ m}^3$$

由绝热过程方程 $T_1^\gamma p_1^{\gamma-1} = T_2^\gamma p_2^{\gamma-1}$，得

$$T_2^\gamma = \frac{T_1^\gamma p_2^{\gamma-1}}{p_1^{\gamma-1}} = 300^{1.4} \times 100^{0.4} \text{ K}$$

故
$$T_2 \approx 1\ 118.3\ \text{K}$$

由热力学第一定律 $Q = \Delta E + A$，$Q = 0$，有
$$A = -\frac{m}{M} C_{V,\text{m}}\left(T_2 - T_1\right)$$

$$pV = \frac{m}{M}RT, \quad A = -\frac{p_1 V_1}{R T_1}\frac{5}{2}R\left(T_2 - T_1\right)$$

则对外所做的功为
$$A = -\frac{1 \times 10^5 \times 0.01}{300} \times \frac{5}{2} \times \left(1\ 118.3 - 300\right)\text{J} \approx -6.819 \times 10^3\ \text{J}$$

7.4.4　多方过程

气体的许多过程，既不是等值过程，也不是绝热过程，其压强和体积满足如下关系：
$$pV^n = C$$

n 称为多方指数，这类过程称为**多方过程**。

多方过程对外所做的功为
$$A = \int_{V_1}^{V_2} p\,\text{d}V = \int_{V_1}^{V_2} \frac{p_1 V_1^n}{V^n}\,\text{d}V = \frac{p_1 V_1 - p_2 V_2}{n-1}$$

对 1 mol 气体，有
$$\text{d}Q = \text{d}E + p\text{d}V, \quad \text{d}E = C_{V,\text{m}}\text{d}T$$

利用多方过程方程和物态方程有
$$\text{d}A = -\frac{R\text{d}T}{n-1}$$

$$\text{d}Q = C_{V,\text{m}}\text{d}T - \frac{R\text{d}T}{n-1}$$

定义 $C_{\text{m}} = \dfrac{\text{d}Q}{\text{d}T}$ 为多方过程的摩尔热容，则
$$C_{\text{m}} = C_{V,\text{m}} - \frac{R}{n-1} = \frac{n-\gamma}{(n-1)(\gamma-1)}R$$

7.5 循环过程 卡诺循环

在生产技术上人们需要将热与功之间的转化持续下去，这就需要利用循环过程。一个热力学系统从某一状态出发，在经历一系列变化后又回到出发时状态的整个过程称为**循环过程**。循环工作的物质系统叫**工作物质**，简称**工质**。

现考虑以理想气体为工质的循环过程。如图7-10 所示，由于理想气体内能是温度的单值函数，因此工质经历一个循环过程后回到初始状态时内能没有改变。所以 $\Delta E = 0$ 是循环过程的重要特征。

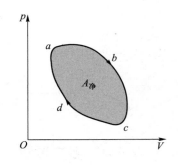

图 7-10　循环过程

在 $p - V$ 图上，循环过程为一闭合曲线。如果循环的进行方向是沿顺时针方向，则称之为**正循环**；如果循环的进行方向是沿逆时针方向，则称之为**逆循环**。

对于正循环，在过程 abc 中，工质膨胀对外做功。根据功的计算公式，其值应为曲线 abc 与 V 轴所围面积。在 cda 过程中，系统对外界做负功，其值等于曲线 cda 与 V 轴所围面积。因此，在一次正循环中，系统对外界所做的净功 $A_净$ 等于循环过程中全部功的代数和，也就是其值等于闭合曲线 $abcda$ 所包围的面积。

设在整个循环过程中系统吸收的热量为 Q_1，向外界放出的热量为 Q_2，则系统从外界吸收的净热量为 $Q_1 - Q_2 = \Delta Q$。由于经过一次循环后系统的内能变化量 $\Delta E = 0$，所以根据热力学第一定律，有 $Q_1 - Q_2 = A_净$。这表明，在正循环中，系统从外界吸收热量 Q_1 后，将其中一部分转化为对外界所做的功 $A_净$，其余热量 Q_2 释放给外界。可见，正循环是一种通过工质使热量不断转化为功的循环。

7.5.1 热机循环过程及效率

工作于正循环过程的机器称为热机。那么热机应该是追求消耗尽可能少的能量而尽可能多做功。故热机的效率定义为经过一次循环后系统对外界所做的功与从高温热源吸收的热量之比，即

$$\eta = \frac{A_净}{Q_1} \qquad (7-10)$$

或表示为

$$\eta = \frac{Q_1 - Q_2}{Q_1} = 1 - \frac{Q_2}{Q_1}$$

热机的效率不超过 1。

在逆循环过程中，系统从低温热源吸收热量 Q_2，向高温热源释放热量 Q_1，经过一次循环回到初始状态。由于系统的内能并未发生变化，因此外界对系统所做的净功 $A_净 = Q_1 - Q_2$。在 $p-V$ 图上，净功在数值上等于闭合曲线所围的面积。

工作于逆循环过程的机器称为制冷机。那么制冷机应该是追求外界做尽可能少的功而尽可能多地从低温热源吸收热量。故制冷机的制冷系数定义为经过一次循环后系统从低温热源吸收的热量与外界对系统所做的功之比，即

$$\omega = \frac{Q_2}{A_净} \qquad\qquad （7-11）$$

或表示为

$$\omega = \frac{Q_2}{Q_1 - Q_2}$$

制冷机的制冷系数可以大于 1，也可小于 1。

7.5.2　卡诺循环

1824 年，法国工程师卡诺（N. L. Carnot）为研究热机的效率提出了一种理想的循环过程，这一循环过程由两条绝热线和两条等温线构成，称为**卡诺循环**。如图 7-11 所示，工作物质的状态从 a 点出发，经过等温膨胀后到达 b 点。此过程系统从外界吸收热量 Q_1，并对外做功且系统内能保持不变；从 b 到 c 为绝热膨胀过程，系统对外做功并减少内能；由 c 到 d 为等温压缩过程，系统被外界做功的同时向低温热源释放热量 Q_2；最后由 d 到 a 为绝热压缩过程，系统被外界做功且内能增加。

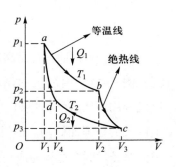

图 7-11　卡诺循环

下面计算卡诺循环的效率。

$a \rightarrow b$：系统吸收的热量等于其对外界做的功，得

$$Q_1 = \nu R T_1 \ln \frac{V_2}{V_1}$$

$c \rightarrow d$：系统被外界所做的功等于其向外界释放的热量，得

$$Q_2 = \nu R T_2 \ln \frac{V_3}{V_4}$$

考虑到 V_2、V_3 在同一条绝热线上、V_1，V_4 在同一条绝热线上。根据绝热过程方程 $pV^\gamma = C$，有

$$p_1 V_1^\gamma = \nu R T_1 V_1^{\gamma-1} = C, \quad p_4 V_4^\gamma = \nu R T_2 V_4^{\gamma-1} = C$$

则有

$$\frac{V_1^{\gamma-1}}{V_4^{\gamma-1}} = \frac{T_2}{T_1}$$

同理有

$$\frac{V_2^{\gamma-1}}{V_3^{\gamma-1}} = \frac{T_2}{T_1}$$

由此可以推出

$$\frac{V_1}{V_4} = \frac{V_2}{V_3}$$

卡诺循环的效率为

$$\eta = 1 - \frac{Q_2}{Q_1} = 1 - \frac{\nu R T_2 \ln \dfrac{V_3}{V_4}}{\nu R T_1 \ln \dfrac{V_2}{V_1}} = 1 - \frac{T_2}{T_1} \tag{7-12}$$

同理，卡诺逆循环的制冷系数为

$$\omega = \frac{Q_2}{Q_1 - Q_2} = \frac{T_2}{T_1 - T_2} \tag{7-13}$$

因此，可以通过提高高温热源的温度或降低低温热源的温度来提高热机的效率。

例 7-11 内燃机的循环之一，奥托循环。内燃机利用液体或气体燃料，直接在气缸中燃烧，产生巨大的压强而做功。内燃机的种类很多，我们只举活塞经过四个过程完成一个循环，以图 7-12 所示的四冲程汽油内燃机（奥托循环）为例，说明整个循环中各个分过程的特征，并计算这一循环的效率。

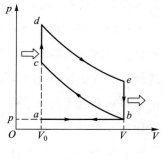

图 7-12

解 奥托循环的四个分过程如下：

（1）吸入燃料过程

气缸开始吸入汽油蒸气及助燃空气，此时压强约等于 1.0×10^5 Pa，这是个等压过程（图中过程 ab）。

（2）压缩过程

活塞自右向左移动，将已吸入气缸内的混合气体加以压缩，使之体积减小，温度升高，压强增大。由于压缩较快，气缸散热较慢，所以此过程可看成一绝热过程（图

中过程 bc）。

（3）爆炸、做功过程

在上述高温压缩气体中，用电火花或其他方式引起气体燃烧爆炸，气体压强随之骤增，由于爆炸时间短促，活塞在这一瞬间移动的距离极小，所以这近似是个等容过程（图中过程 cd）。这一巨大的压强把活塞向右推动而做功，同时压强也随着气体的膨胀而降低，爆炸后的做功过程可看成一绝热过程（图中过程 de）。

（4）排气过程

开放排气口，使气体压强突然降为大气压强，这过程近似于一个等容过程（图中过程 eb），然后再由飞轮的惯性带动活塞，使之从右向左移动，排出废气，这是个等压过程（图中过程 ba）。

气体主要在循环的等容过程 cd 中吸热（相当于在爆炸中产生的热），而在等容过程 eb 中放热（相当于随废气而排出的热），设气体的质量为 m，摩尔质量为 M，摩尔定容热容为 $C_{V,m}$，则在等容过程 cd 中，气体吸取的热量 Q_1 为

$$Q_1 = \frac{m}{M} C_{V,m} \left(T_d - T_c \right)$$

而在等容过程 eb 中放出的热量应为

$$Q_2 = \frac{m}{M} C_{V,m} \left(T_e - T_b \right)$$

所以这个循环的效率应为

$$\eta = 1 - \frac{Q_2}{Q_1} = 1 - \frac{T_e - T_b}{T_d - T_c}$$

把气体看作理想气体，从绝热过程 de 及 bc 可得如下关系：

$$V^{\gamma-1} T_e = V_0^{\gamma-1} T_d$$

$$V^{\gamma-1} T_b = V_0^{\gamma-1} T_c$$

两式相减得

$$V^{\gamma-1} \left(T_e - T_b \right) = V_0^{\gamma-1} \left(T_d - T_c \right)$$

$$\frac{T_e - T_b}{T_d - T_c} = \left(\frac{V_0}{V} \right)^{\gamma-1}$$

$$\eta = 1 - \frac{1}{\left(\dfrac{V}{V_0} \right)^{\gamma-1}} = 1 - \frac{1}{r^{\gamma-1}}$$

式中 $r = \dfrac{V}{V_0}$ 叫作压缩比。

计算表明，压缩比越大，效率越高。汽油内燃机的压缩比不能大于 7，否则汽油蒸气与空气的混合气体在尚未压缩至 c 点时温度已高到足以引起混合气体燃烧了。当 $r = 7$，$\gamma = 1.4$ 时，$\eta = 1 - \dfrac{1}{7^{0.4}} \approx 54\%$，实际上汽油机的效率只有 25% 左右。

例 7-12 一卡诺可逆热机工作在温度分别为 127 ℃ 和 27 ℃ 的两个热源之间，在一次循环中工作物质从高温热源吸热 600 J，那么系统对外做的功为多少？

解 由卡诺循环效率有

$$\eta_{\text{卡}} = \frac{A}{Q_1} = 1 - \frac{T_2}{T_1}$$

进而可得

$$A = Q_1\left(1 - \frac{T_2}{T_1}\right) = 600 \times \left(1 - \frac{300}{400}\right)\text{J} = 150\ \text{J}$$

例 7-13 某理想气体分别进行了如图 7-13 所示的两个卡诺循环：Ⅰ $(abcda)$ 和 Ⅱ $(a'b'c'd'a')$，且两条循环曲线所围面积相等，设循环 Ⅰ 的效率为 η，每次循环在高温热源处吸收的热量为 Q，循环 Ⅱ 的效率为 η'，每次循环在高温热源处吸收的热量为 Q'，则 η 与 η' 的关系如何？Q 与 Q' 的关系又如何？

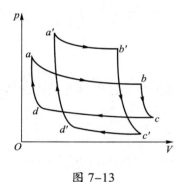

图 7-13

解 卡诺循环效率为

$$\eta = 1 - \frac{T_2}{T_1}, \quad \eta' = 1 - \frac{T_2'}{T_1'}$$

因为

$$T_2' < T_2, \quad T_1' > T_1$$

所以

$$\eta' = 1 - \frac{T_2'}{T_1'} > \eta$$

又因效率为

$$\eta = \frac{A}{Q}, \quad \eta' = \frac{A'}{Q'}$$

且有

$$A = A' \ (\text{循环曲线所围面积相等})$$

$$\eta < \eta'$$

所以

$$Q > Q'$$

例7-14 一定量的双原子分子理想气体（刚性），作如图7-14所示的循环，求循环效率。

解 本题可用两种方法求解。

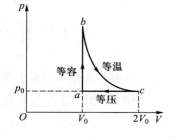

图 7-14

方法一：

$$A = A_{ab} + A_{bc} + A_{ca}$$

$$A_{ab} = 0$$

$$A_{bc} = \frac{m}{M}RT_c \ln\frac{V_c}{V_b} = p_c V_c \ln\frac{V_c}{V_b} = 2p_0 V_0 \ln 2$$

$$A_{ca} = -p_0 V_0$$

所以

$$A = p_0 V_0 (2\ln 2 - 1)$$

$$Q_1 = Q_{ab} + Q_{bc}$$

$$Q_{ab} = E_b - E_a = \frac{m}{M}\frac{i}{2}R(T_b - T_a) = \frac{i}{2}(p_b V_b - p_a V_a) = \frac{i}{2}(p_c V_c - p_a V_a)$$

因为

$$\frac{p_b}{p_a} = \frac{T_b}{T_a} = \frac{T_c}{T_a} \ 及 \ \frac{V_c}{V_a} = \frac{T_c}{T_a}$$

所以

$$p_b = \frac{V_c}{V_a}p_a = 2p_a = 2p_0$$

有

$$Q_{ab} = \frac{5}{2}p_0 V_0$$

$$Q_{bc} = A_{bc} = 2p_0 V_0 \ln 2$$

所以

$$Q_1 = p_0 V_0 (2\ln 2 + 2.5)$$

$$\eta = \frac{A}{Q_1} = \frac{2\ln 2 - 1}{2\ln 2 + 2.5} \approx 9.9\%$$

方法二：

$$Q_2 = |Q_{cb}|$$

$$Q_{cb} = \frac{m}{M}\frac{i+2}{2}R(T_b - T_c) = \frac{i+2}{2}(p_a V_a - p_c V_c) = -\frac{7}{2}p_0 V_0$$

所以

$$Q_2 = \frac{7}{2} p_0 V_0$$

$$\eta = 1 - \frac{Q_2}{Q_1} = 1 - \frac{\frac{7}{2} p_0 V_0}{p_0 V_0 (2\ln 2 + 2.5)} = \frac{2\ln 2 - 1}{2\ln 2 + 2.5} \approx 9.9\%$$

注意：此循环不是卡诺循环，$\eta_卡 = 1 - \dfrac{T_2}{T_1}$ 不成立。

例 7-15 设有一以理想气体为工质的热机循环，如图 7-15 所示。试证其循环效率为

$$\eta = 1 - \gamma \frac{\dfrac{V_1}{V_2} - 1}{\dfrac{p_1}{p_2} - 1}$$

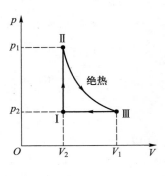

图 7-15

解 对于等容过程，其吸收的热量为

$$Q_1' = \nu C_{V,\mathrm{m}} (T_{\mathrm{II}} - T_{\mathrm{I}})$$

得

$$Q_1 = Q_1' = C_{V,\mathrm{m}} \left(\frac{p_1 V_2}{R} - \frac{p_2 V_2}{R} \right)$$

对于绝热过程，

$$Q_3' = 0$$

对于等压压缩过程，其放出的热量为

$$Q_2' = \nu C_{p,\mathrm{m}} (T_{\mathrm{I}} - T_{\mathrm{III}})$$

则

$$Q_2 = |Q_2'| = -\nu C_{p,\mathrm{m}} (T_{\mathrm{I}} - T_{\mathrm{III}})$$

$$= C_{p,\mathrm{m}} \left(\frac{p_2 V_1}{R} - \frac{p_2 V_2}{R} \right)$$

其循环效率为

$$\eta = 1 - \frac{Q_2}{Q_1}$$

$$\eta = 1 - \frac{Q_2}{Q_1} = 1 - \frac{C_{p,\mathrm{m}} (p_2 V_1 - p_2 V_2)}{C_{V,\mathrm{m}} (p_1 V_2 - p_2 V_2)}$$

$$\eta = 1 - \gamma \frac{\dfrac{V_1}{V_2} - 1}{\dfrac{p_1}{p_2} - 1}$$

例 7-16 一卡诺热机在温度分别为 1 000 K 和 300 K 的两热源之间工作。（1）求热机效率；（2）若低温热源温度不变，要使热机效率提高到 80%，则高温热源温度需提高多少？（3）若高温热源温度不变，要使热机效率提高到 80%，则低温热源温度需降低多少？

解 （1）卡诺热机效率为

$$\eta = 1 - \frac{T_2}{T_1}$$

$$= 1 - \frac{300}{1\,000} = 70\%$$

（2）低温热源温度不变时，若

$$\eta = 1 - \frac{300 \text{ K}}{T_1} = 80\%$$

要求 $T_1 = 1\,500$ K，则高温热源温度需提高 500 K。

（3）高温热源温度不变时，若

$$\eta = 1 - \frac{T_2}{1\,000 \text{ K}} = 80\%$$

要求 $T_2 = 200$ K，则低温热源温度需降低 100 K。

例 7-17 如图 7-16 所示是一理想气体所经历的循环过程，其中 AB 和 CD 为等压过程，BC 和 DA 为绝热过程，已知 B 态和 C 态的温度分别为 T_2 和 T_3。（1）求此循环效率；（2）这是卡诺循环吗？

解 （1）此热机效率为

$$\eta = 1 - \frac{Q_2}{Q_1}$$

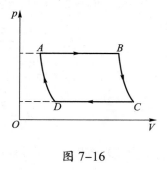

图 7-16

AB 为等压过程，其吸收的热量为

$$Q_1 = \frac{m}{M} C_{p,\text{m}} \left(T_B - T_A \right)$$

CD 为等压过程，其放出的热量为

$$Q_2 = \frac{m}{M} C_{p,\text{m}} \left(T_C - T_D \right)$$

$$\frac{Q_2}{Q_1} = \frac{T_C - T_D}{T_B - T_A} = \frac{T_C \left(1 - T_D / T_C \right)}{T_B \left(1 - T_A / T_B \right)}$$

根据绝热过程方程可得，对于 DA 绝热过程，有

$$p_A^{\gamma-1} T_A^{-\gamma} = p_D^{\gamma-1} T_D^{-\gamma}$$

311

对于 BC 绝热过程, 有

$$p_B^{\gamma-1} T_B^{-\gamma} = p_C^{\gamma-1} T_C^{-\gamma}$$

又因为

$$p_A = p_B, \quad p_C = p_D, \quad \frac{T_D}{T_C} = \frac{T_A}{T_B}$$

则有

$$\eta = 1 - \frac{T_C}{T_B} = 1 - \frac{T_3}{T_2}$$

（2）不是卡诺循环, 因为系统不是工作在两个恒定的热源之间。

例 7-18 （1）用一卡诺循环的制冷机从 7 ℃的热源中提取 1 000 J 的热量传向 27 ℃的热源, 问需要做多少功? 从 -173 ℃向 27 ℃呢? （2）一可逆的卡诺机, 作热机使用时, 如果工作的两热源的温度差越大, 则对于做功就越有利。当它作制冷机使用时, 如果两热源的温度差越大, 那么对于制冷是否也越有利? 为什么?

解 （1）对于卡诺循环的制冷机, 有

$$\omega = \frac{Q_2}{A_{\text{净}}} = \frac{T_2}{T_1 - T_2}$$

从 7 ℃→ 27 ℃时, 需做的功为

$$A_1 = \frac{T_1 - T_2}{T_2} Q_2 = \frac{300 - 280}{280} \times 1\,000\,\text{J} \approx 71.4\,\text{J}$$

从 -173 ℃→ 27 ℃时, 需做的功为

$$A_2 = \frac{T_1 - T_2}{T_2} Q_2 = \frac{300 - 100}{100} \times 1\,000\,\text{J} = 2\,000\,\text{J}$$

（2）从上面计算可看到, 当高温热源温度一定时, 低温热源温度越低, 温度差越大, 提取同样的热量, 所需做的功就越多, 这对制冷是不利的。

7.6 热力学第二定律

我们从热力学第一定律知道, 热力学过程应满足能量守恒定律。但大量事实表明, 很多满足能量守恒定律的过程却不一定能发生。许多热力学过程具有自发的方向性。例如, 两个不同温度的物体相互接触时, 热量总是从高温物体传给低温物体, 这就是热传导过程; 相反的过程是热量自动地从低温物体传给高温物体, 但

是这样的过程我们从没看见过。在焦耳实验中，重物下降带动轮桨克服水的摩擦力做功，此功转化为热使水温度变高，这就是摩擦生热过程；相反的过程是水自动冷却而把重物提起来，但是我们从来没看见过这样的过程。一瓶香水，打开盖后，其分子由于热运动要跳到外边，在瓶附近的人可以闻到香水的气味，这就是分子的扩散过程；相反的过程是香水分子自动地再回到瓶中，但是，这样的过程也是谁也没见过。有一容器被隔板分为 A、B 两部分，起初 A 部分有气体，B 部分为真空，抽掉隔板后气体就充满了整个容器，这就是气体的自由膨胀过程；相反的过程是气体自动收缩，回到 A 中，这样的过程我们也是从没看见过。以上的例子说明，自然界中发生的过程总是自动地向一个方向进行。热力学第二定律正是反映了自然界中热力学过程的方向性问题，它不同于热力学第一定律。热力学第一定律指出了热和功转化中的数值关系（能量守恒），但它并不能说明过程进行的方向。如热传导问题，热力学第一定律只能说明一个物体得到的热量等于另一个物体失去的热量，至于哪个物体得到热量，哪个物体失去热量，热力学第一定律不能加以说明。热力学第二定律是经验的总结。

7.6.1　开尔文表述和克劳修斯表述

1. 开尔文表述

热机不可能从单一热源吸热，使其全部转化为功而不产生任何其他影响，这称为热力学第二定律的开尔文表述。不产生任何其他影响意味着不与外界进行热交换或功的交换。开尔文表述强调工作在循环过程中的热机如果吸热并做功就必须向外界释放热量。这意味着热机效率不可能达到 100%。开尔文表述中的热机又称为第二类永动机，因此热力学第二定律又可以表述为：**不可能制造出第二类永动机。**

应该说明的是，若系统经历的不是循环过程，则系统可以从单一热源吸热并使其全部转化为功。如理想气体等温膨胀，从单一热源吸热，并全部转化为对外所做的功，但气体的体积增大了。

2. 克劳修斯表述

不可能把热量从低温物体传递给高温物体而不引起其他变化，这称为热力学第二定律的克劳修斯表述。该表述说明，热量不可能自发地从低温物体传递给高温物体。当有外界干预时，热量可以从低温物体传向高温物体。例如，冰箱制冷过程中，外界的干预就是输入了电能，使冷冻室更冷。

开尔文表述和克劳修斯表述虽然说法不同，但物理内涵是相同的。可以证明，这两种表述是完全等价的。证明如下。

证明方式：

（1）违背克氏说法（即克劳修斯表述）的，也就违背了开氏说法（即开尔文表述）。

（2）违背开氏说法的，也就违背了克氏说法。

证：（1）设克氏说法不成立，即允许有一种循环 I，产生的唯一效果是从低温热源自动向高温热源传递热量 Q_2。在此二热源之间又有一个热机 II，每一次循环它从高温热源吸收热量 Q_1，向低温热源放出热量 Q_2，对外做的功 $A = Q_1 - Q_2$，如图 7-17 所示。把 I、II 看成复合机，一次循环后，有：低温热源净放出的热量为零；高温热源净放出的热量为 $Q_1 - Q_2$；复合机对外做的功 $A = Q_1 - Q_2$。

结论：复合机循环一次从单一热源吸收热量并使其完全变为有用功，而没产生其他影响，显然这违背了开氏说法。

（2）设开氏说法不成立，即允许有一热机 I，循环一次只从单一热源 T_1 吸收热量并使其完全变为功 A 而不产生其他影响。在热源 T_1（高温热源）和 T_2（低温热源）之间有一卡诺制冷机，它接受 I 对外做的功 A 使从系统低温热源吸收热量 Q_2，向高温热源放出热量 Q_1，如图 7-18 所示。把 I、II 看成复合机，完成一次循环，有：低温热源放出热量 Q_2；高温热源净吸收热量 Q_2；复合机无任何变化。

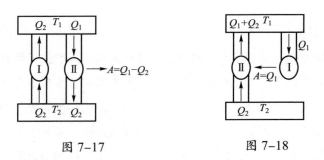

图 7-17　　　　　　　　图 7-18

结论：相当于热量 Q_2 自动从低温热源传到高温热源，显然，这违背了克氏说法。

由此可知，违背克氏说法也就违背了开氏说法，违背开氏说法也就违背了克氏说法。这说明两种说法是等效的。

例 7-19　证明绝热线和等温线不能交于两点。

解　（1）从热力学第一定律的角度看：假设绝热线与等温线有两个交点，如图 7-19 所示，则在等温过程中有

$$\Delta E = E_b - E_a = 0，\text{即 } E_b = E_a$$

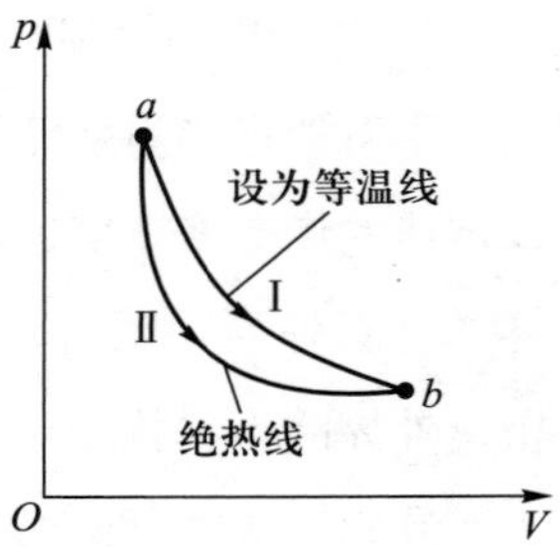

图 7-19

在绝热过程中，$Q = 0$，$A > 0$，所以

$$\Delta E = E_b - E_a < 0，即 E_b < E_a$$

可见，上面结果矛盾，故假设不对，即绝热线与等温线不能有两个交点。

（2）从热力学第二定律的角度看：假设绝热线与等温线交于两点，如图 7-19 所示，则这两个过程构成了一个循环。整个循环的结果是，循环一次后，只从单一热源吸收热量并将其全部用来对外做功，而没产生其他任何影响。显然，这是违背热力学第二定律的。故绝热线与等温线不能有两个交点（即不能构成一个循环）。

7.6.2　可逆过程和不可逆过程

从前面的讨论可知，热力学第一定律指明了在自然界发生的一切过程中，能量必须守恒。热力学第二定律则表明，符合能量守恒的过程并不一定都能自动发生，它实质上反映了自然界中与热现象有关的一切实际过程，都是沿一定方向进行的。为了进一步研究热力学过程的方向问题，下面介绍可逆过程和不可逆过程的概念。

设想体系经历了一个过程，如果过程的每一步都可沿相反的方向进行，同时不引起外界的任何变化，那么这个过程就称为**可逆过程**。显然，在可逆过程中，系统和外界都能恢复到原来状态。反之，如果对于某一过程，用任何方法都不能使系统和外界恢复到原来状态，那么该过程就是**不可逆过程**。

不难看出，热力学第二定律的开尔文表述实际上说明了热功转化过程是不可逆过程；克劳修斯表述则说明了热传导过程也是不可逆过程。两种表述的等价性又进一步表明，这两种不可逆过程之间存在着内在的联系，由其中任一过程的不可逆性可以推断出另一过程的不可逆性。自然界中不受外界影响而能够自动发生的过程，称为**自发过程**，一个不受外界影响的热力学系统则称为孤立系统。自发过程也是孤立系统内发生的与热现象有关的实际过程。功转化为热，热量从高温物体传向低温物体都是自发过程，也是两种典型的不可逆过程。实际上，自然界的一切自发过程都是不可逆过程。例如，气体的自由膨胀过程，各种气体的相互扩散过程，各种爆炸过程等。与证明热力学第二定律两种表述的等价性类似，我们同样可以证明：自然界中的一切不可逆过程都具有等价性和内在的联系，由一种过程的不可逆性可以推断出其他过程的不可逆性。

仔细考察实际的自发过程，我们可以发现它们有着共同的特征。那就是系统中原来存在着某种不平衡因素，或者过程中存在着摩擦等耗散因素。例如，气体的自由扩散是由密度或压强不平衡引起的，热传导是由温度不平衡引起的，功转化为热

是由于做功过程中存在摩擦阻力等耗散因素等。自发过程的方向总是由不平衡趋向平衡，并且在达到新的平衡态后，过程就自动终止。由此可见，存在不平衡和耗散等因素，是导致过程不可逆的原因。在一切自动发生的实际过程中，或者有不平衡因素存在，或者有摩擦等耗散因素存在，因此它们都是不可逆过程。

从以上讨论不难看出，只有当过程的每一步，系统都无限接近平衡态，并且消除了摩擦等耗散因素时，过程才是可逆的。也就是说，只有无摩擦的准静态过程才是可逆过程。由此可见，可逆过程是一种实际上不可能存在的理想过程。但是可逆过程的概念，就像质点、平衡态、理想气体等理想化概念一样，在理论研究中具有重要的意义。应当指出的是，通常在讨论中提到的准静态过程，实际上总是指可逆过程。

自然界的一切自发过程，既然存在着共同的特征和内在的联系，那么从一个过程的不可逆性便可以推断出其他过程的不可逆性，因而任一自发过程都可用来作为热力学第二定律的表述。不过无论采用什么样的表述方式，热力学第二定律的实质就是揭示了自然界的一切自发过程都是单方向进行的不可逆过程。

下面通过气体自由膨胀来说明热力学第二定律的统计意义。

如图 7–20 所示，用一活动隔板 P，将容器分为容积相等的 A、B 二室，A 中充满气体，B 为真空。现考虑任一个分子，如分子 a。在 P 抽掉前，a 在 A 内运动，P 抽掉后，它就可在整个容器内运动，由于碰撞，它可能一会儿在 A 内，一会儿在 B 内。因此，对任一个分子而言，它处在 A、B 内的概率是相等的，即 1/2。如果考虑三个分子，它们原先都在 A 室，如果把 P 抽掉，它们就有可能在 B 室。总之，这三个分子在容器中的分配有 8 种可能，全部回到 A 室（自动收缩）的概率为 $1/8 = 1/2^3$。

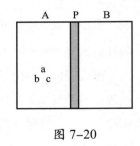

图 7–20

根据概率理论，如果分子数为 N，则上述自动收缩的概率应为 $\dfrac{1}{2^N}$。所以分子数 N 越大，自动收缩的概率越小。假定气体为 1 mol，则分子总数为 $N_0 \approx 6 \times 10^{23}$，则自由膨胀后，自动收缩的概率是 $\dfrac{1}{2^{6 \times 10^{23}}}$，这是微不足道的。实际上也就是说，气体的自由膨胀是不可逆过程。

以上讨论说明：不可逆过程实际上是一个从概率较小的状态到概率较大的状态转变的过程。

一个不受外界影响的孤立系统，其内部发生的过程（自发过程）总是由概率小的状态向概率大的状态进行，这就是热力学第二定律的统计意义。

7.6.3 卡诺定理

工作在可逆过程上的热机称为可逆热机，相反的热机称为不可逆热机。

为研究热机理论上的效率，法国工程师卡诺提出了卡诺定理：

（1）在相同的高温热源与低温热源之间工作的一切可逆热机效率都相同，与工作物质无关。

（2）在相同的高温热源与低温热源之间工作的一切不可逆热机的效率不可能大于可逆热机的效率。

卡诺定理在数学上表示为

$$\eta \leqslant 1 - \frac{T_2}{T_1} \qquad (7\text{-}14)$$

式中等号对应可逆热机，小于号对应不可逆热机。

卡诺定理指明了提高热机效率的方向。首先，要增大高低温热源的温度差。由于一般热机总是以周围环境作为低温热源，所以实际上只能提高高温热源的温度。其次，要尽可能地减少热机循环的不可逆性，也就是减少摩擦、漏气、散热等耗散因素。

现在用热力学第一定律和热力学第二定律来证明卡诺定理（图 7-21）。设有两可逆热机 C 和 C′，令 C 正向循环，从高温热源吸收热量 Q_1，向低温热源放出热量 Q_2，对外做的功为 $A = Q_1 - Q_2$。令 C′ 逆向循环，从低温热源吸收热量 Q_2'，向高温热源放出热量 Q_1'，外界输入的功为 $A' = Q_1' - Q_2'$。适当控制两个热机的循环次数，设法使 $Q_2 = Q_2'$，则两个热机构成的联合热机对外所做的净功为

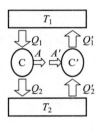

图 7-21

$$A - A' = Q_1 - Q_2 - (Q_1' - Q_2') = Q_1 - Q_1'$$

若该功大于零，即 $A - A' > 0$，则相当于联合热机从单一热源吸收热量，而低温热源没有受到任何影响，这显然违反了热力学第二定律的开尔文表述，故只能有

$$A - A' \leqslant 0$$

故

$$Q_1 \leqslant Q_1'$$

上式说明

$$\eta \leqslant \eta'$$

若让热机 C 逆向循环，C′正向循环，同理可得

$$\eta \geqslant \eta'$$

上两个式子要同时成立，只能有

$$\eta = \eta'$$

这样我们就证明了卡诺定理的第一个命题。

若两个热机中有一个是不可逆热机，如设 C′为不可逆热机，则只能证明 $\eta \geqslant \eta'$，而不能证明 $\eta \leqslant \eta'$，因此工作在相同高温热源与低温热源之间的一切不可逆热机的效率不可能高于可逆热机的效率。这就是卡诺定理的第二个命题。

7.7   克劳修斯熵

自发的热力学过程都具有方向性，本节讨论自然界中孤立系统热力学过程的方向性。

首先定义热温比的概念：在等温过程中，系统吸收（或放出）的热量除以该过程的温度定义为该过程的**热温比**。

在卡诺循环中，热机在经历一次循环后其热温比的和为 $\dfrac{Q_1}{T_1} + \dfrac{-Q_2}{T_2}$（绝热过程热温比为 0）。按照卡诺定理，一次卡诺循环的效率满足关系 $\eta \leqslant 1 - \dfrac{T_2}{T_1}$，则有 $1 - \dfrac{Q_2}{Q_1} \leqslant 1 - \dfrac{T_2}{T_1}$，或表示为 $\dfrac{Q_1}{T_1} - \dfrac{Q_2}{T_2} \leqslant 0$。将 Q_2 表示为吸收的热量则有

$$\frac{Q_1}{T_1} + \frac{Q_2}{T_2} \leqslant 0$$

上式说明，一个热力学系统在经历一次循环后，其热温比之和不可能大于 0。若此过程是可逆过程，则热温比为 0；若此过程是不可逆过程，则热温比小于 0。对于任意一个循环过程，如图 7–22 所示，可以认为它是由一系列微小卡诺循环构成的，其热温比之和为

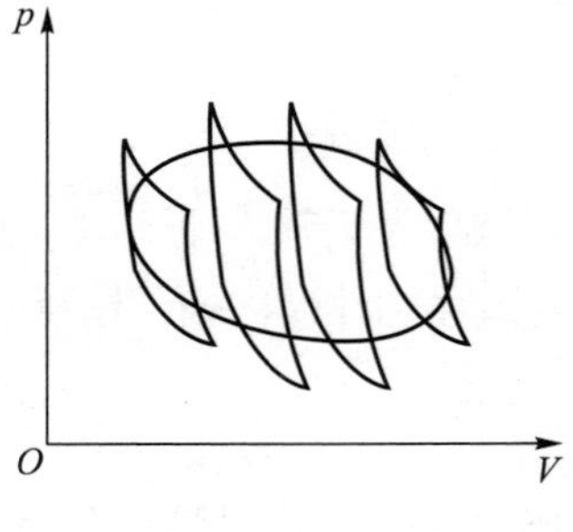

图 7–22　循环过程

$$\frac{\Delta Q_{i1}}{T_{i1}} + \frac{\Delta Q_{i2}}{T_{i2}} \leqslant 0$$

当无限分割时，上式可表示为

$$\oint \frac{\mathrm{d}Q}{T} \leqslant 0 \tag{7-15}$$

7.7.1 熵（差）

如图 7–23 所示，设热力学系统从状态 1 出发沿可逆过程 1a2 到达状态 2，再沿可逆过程 2b1 回到状态 1。根据（7–15）式，此循环过程的热温比为

$$\int_{1a}^{2} \frac{\mathrm{d}Q}{T} + \int_{2b}^{1} \frac{\mathrm{d}Q}{T} = 0$$

由此可以看出，对一个可逆过程而言，该过程的热温比之和只与该过程的初态和末态有关，而与过程无关。由此定义一个状态函数 S，称之为熵。任意两个状态之间热温比之和定义为熵差：

$$S_2 - S_1 = \int_{1}^{2} \frac{\mathrm{d}Q}{T} \qquad\qquad （7–16）$$

需要注意的是，熵的变化只与状态相关而与具体的过程无关。

实际过程都是不可逆过程，因此需要人为设计一个可逆过程来计算实际系统的熵变。

例 7–20 1 mol 理想气体沿如图 7–24 所示的路径变化。分别计算各个过程的熵变。

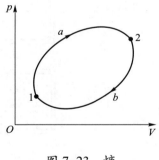

图 7–23 熵

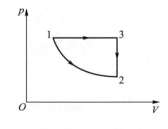

图 7–24 熵的计算

解

1 → 2 等温过程：$S_2 - S_1 = \int_{1}^{2} \frac{\mathrm{d}Q}{T} = \int_{1}^{2} \frac{p\mathrm{d}V}{T} = R\int_{V_1}^{V_2} \frac{\mathrm{d}V}{V} = R\ln\frac{V_2}{V_1}$

1 → 3 等压过程：$S_3 - S_1 = \int_{1}^{3} \frac{\mathrm{d}Q}{T} = \int_{T_1}^{T_3} \frac{C_{p,\mathrm{m}}\mathrm{d}T}{T} = C_{p,\mathrm{m}}\ln\frac{T_3}{T_1}$

3 → 2 等容过程：$S_2 - S_3 = \int_{3}^{2} \frac{\mathrm{d}Q}{T} = \int_{T_3}^{T_2} \frac{C_{V,\mathrm{m}}\mathrm{d}T}{T} = C_{V,\mathrm{m}}\ln\frac{T_2}{T_3}$

$1 \rightarrow 3 \rightarrow 2$ 过程的熵变为

$$S_2 - S_1 = C_{p,\mathrm{m}}\ln\frac{T_3}{T_1} + C_{V,\mathrm{m}}\ln\frac{T_2}{T_3} = R\ln\frac{T_3}{T_1} = R\ln\frac{V_2}{V_1}$$

以上可知，两个过程的熵变相同。

例 7-21　计算 1 mol 理想气体经可逆过程由状态 $(p_A, V_A, T_A) \rightarrow (p_B, V_B, T_B)$ 过程的熵变。

解　对于可逆过程，有

$$S_B - S_A = \int_A^B \frac{\mathrm{d}Q}{T} = \int_A^B \frac{\mathrm{d}E}{T} + \int_A^B \frac{p\mathrm{d}V}{T}$$

因为

$$\mathrm{d}E = C_{V,\mathrm{m}}\mathrm{d}T$$

$$p = \frac{1}{V}RT$$

所以

$$S_B - S_A = \int_{T_A}^{T_B} \frac{C_{V,\mathrm{m}}\mathrm{d}T}{T} + \int_{V_A}^{V_B} \frac{R\mathrm{d}V}{V} = C_{V,\mathrm{m}}\ln\frac{T_B}{T_A} + R\ln\frac{V_B}{V_A}$$

例 7-22　理想气体自由膨胀（绝热），体积由 V 变为 $2V$，如图 7-25 所示，试求此过程的熵变。

解　在此过程中，系统与外界绝热，系统对外界又不做功，即

$$\mathrm{d}Q = 0, \quad \mathrm{d}A = 0$$

则

$$\mathrm{d}E = 0$$

因此

$$T = \text{常量}$$

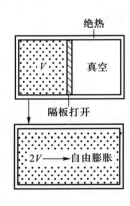

图 7-25

绝热自由膨胀过程中温度不变。此过程为不可逆过程，但是只要膨胀的初始与终末状态都为平衡态，那么它们就对应一定的熵值，因为 S 为态函数。为了求出不可逆过程中的熵变，我们总可以适当选择一个连接始末状态（平衡态）的可逆过程，使得可以利用可逆过程中的熵变公式 $S_B - S_A = \int_A^B \dfrac{\mathrm{d}Q}{T}$ 来求出 B、A 二态熵差。此题中，$T = $ 常量，所以选用一个等温可逆过程连接始末二态。

$$S_B - S_A = \int_A^B \frac{\mathrm{d}Q}{T} = \int_V^{2V} \frac{p\mathrm{d}V}{T} = \int_V^{2V} \frac{\frac{m}{M}RT}{V} \frac{\mathrm{d}V}{T} = \frac{m}{M}R\int_V^{2V} \frac{\mathrm{d}V}{V} = \frac{m}{M}R\ln 2$$

例 7-23 将两个温度不同的物体接触，两个物体的热容及质量相同。高温物体的温度为 T_2，低温物体的温度为 T_1。求系统熵变。

解 系统的熵变分别为高温物体和低温物体熵变之和。由于热传递过程本质上是不可逆过程，所以需要将此过程无限缓慢进行以使其可近似看作一个准静态过程。

$$\Delta S = \int_{T_1}^{T} \frac{\mathrm{d}Q}{T} + \int_{T_2}^{T} \frac{\mathrm{d}Q}{T} = \int_{T_1}^{T} \frac{mc\mathrm{d}T}{T} + \int_{T_2}^{T} \frac{mc\mathrm{d}T}{T} = mc\ln\frac{T}{T_1} + mc\ln\frac{T}{T_2} = mc\ln\frac{T^2}{T_1 T_2}$$

式中 $T = \dfrac{T_1 + T_2}{2}$。

例 7-24 如图 7-26 所示，1 mol 双原子分子理想气体，从初态 $V_1 = 20$ L，$T_1 = 300$ K 经历三种不同的过程到达末态 $V_2 = 40$ L，$T_2 = 300$ K。图中 $1 \to 2$ 为等温线，$1 \to 4$ 为绝热线，$4 \to 2$ 为等压线，$1 \to 3$ 为等压线，$3 \to 2$ 为等容线。试分别沿这三种过程计算气体的熵变。

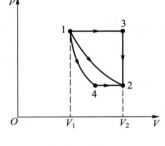

图 7-26

解 计算 $1 \to 2$ 的熵变，由于为等温过程，所以

$$\mathrm{d}Q = \mathrm{d}A, \quad \mathrm{d}A = p\mathrm{d}V$$

$$pV = RT$$

因此

$$S_2 - S_1 = \int_1^2 \frac{\mathrm{d}Q}{T} = \frac{1}{T_1}\int_{V_1}^{V_2} \frac{RT_1}{V}\mathrm{d}V$$

$$S_2 - S_1 = R\ln\frac{V_2}{V_1} = R\ln 2 \approx 5.76\ \mathrm{J\cdot K^{-1}}$$

计算 $1 \to 3 \to 2$ 的熵变，由

$$S_2 - S_1 = \int_1^3 \frac{\mathrm{d}Q}{T} + \int_3^2 \frac{\mathrm{d}Q}{T}$$

$$S_2 - S_1 = \int_{T_1}^{T_3} \frac{C_{p,\mathrm{m}}\mathrm{d}T}{T} + \int_{T_3}^{T_2} \frac{C_{V,\mathrm{m}}\mathrm{d}T}{T} = C_{p,\mathrm{m}}\ln\frac{T_3}{T_1} + C_{V,\mathrm{m}}\ln\frac{T_2}{T_3}$$

因为 $1 \to 3$ 为等压过程，所以

$$p_1 = p_3, \quad \frac{V_1}{T_1} = \frac{V_2}{T_3}$$

$$\frac{T_3}{T_1} = \frac{V_2}{V_1}$$

$$\frac{p_3}{T_3} = \frac{p_2}{T_2}$$

因为 $3 \rightarrow 2$ 为等容过程，所以

$$\frac{T_2}{T_3} = \frac{p_2}{p_3}, \quad \frac{T_2}{T_3} = \frac{p_2}{p_1}$$

$$S_2 - S_1 = C_{p,\mathrm{m}} \ln \frac{V_2}{V_1} + C_{V,\mathrm{m}} \ln \frac{p_2}{p_1}$$

在 $1 \rightarrow 2$ 等温过程中，有

$$p_1 V_1 = p_2 V_2$$

所以

$$S_2 - S_1 = R \ln \frac{V_2}{V_1} = R \ln 2$$

$1 \rightarrow 4 \rightarrow 2$ 的熵变为

$$S_2 - S_1 = \int_1^4 \frac{\mathrm{d}Q}{T} + \int_4^2 \frac{\mathrm{d}Q}{T}$$

$$S_2 - S_1 = 0 + \int_{T_4}^{T_2} \frac{C_{p,\mathrm{m}} \mathrm{d}T}{T} = C_{p,\mathrm{m}} \ln \frac{T_2}{T_4} = C_{p,\mathrm{m}} \ln \frac{T_1}{T_4}$$

由于 $1 \rightarrow 4$ 为绝热过程，所以

$$T_1 V_1^{\gamma-1} = T_4 V_4^{\gamma-1}, \quad \frac{T_1}{T_4} = \frac{V_4^{\gamma-1}}{V_1^{\gamma-1}}$$

$$p_1 V_1^{\gamma} = p_4 V_4^{\gamma}, \quad \frac{V_4}{V_1} = \left(\frac{p_1}{p_4}\right)^{1/\gamma} = \left(\frac{p_1}{p_2}\right)^{1/\gamma}$$

在 $1 \rightarrow 2$ 等温过程中，有

$$p_1 V_1 = p_2 V_2$$

$$\frac{V_4}{V_1} = \left(\frac{p_1}{p_4}\right)^{1/\gamma} = \left(\frac{p_1}{p_2}\right)^{1/\gamma} = \left(\frac{V_2}{V_1}\right)^{1/\gamma}$$

$$\frac{T_1}{T_4} = \left(\frac{V_2}{V_1}\right)^{\frac{\gamma-1}{\gamma}}$$

$$S_2 - S_1 = C_{p,\mathrm{m}} \ln \frac{T_1}{T_4} = C_{p,\mathrm{m}} \frac{\gamma-1}{\gamma} \ln \frac{V_2}{V_1} = R \ln 2$$

例 7-25 有两个容积相同的容器，分别装有 1 mol 的水，初始温度分别为 T_1 和 T_2，$T_1 > T_2$，令其进行接触，最后达到相同温度 T。求熵的变化（设水的摩尔

热容为 C_m)。

解 两个容器中的总熵变

$$S - S_0 = \int_{T_1}^{T} \frac{C_m dT}{T} + \int_{T_2}^{T} \frac{C_m dT}{T}$$

$$= C_m \left(\ln \frac{T}{T_1} + \ln \frac{T}{T_2} \right) = C_m \ln \frac{T^2}{T_1 T_2}$$

因为是两个容积相同的容器，故

$$C_m (T - T_2) = C_m (T_1 - T)$$

得

$$T = \frac{T_2 + T_1}{2}$$

$$S - S_0 = C_m \ln \frac{(T_2 + T_1)^2}{4 T_1 T_2}$$

7.7.2　熵增加原理

以图 7–23 为例来考虑一个循环过程。设过程 1a2 为不可逆过程，过程 2b1 为可逆过程。

根据克劳修斯不等式，对任意一个循环过程有

$$\oint \frac{dQ}{T} \leqslant 0$$

则有

$$\oint \frac{dQ}{T} = \int_{1a}^{2} \frac{dQ}{T} + \int_{2b}^{1} \frac{dQ}{T} \leqslant 0$$

即

$$\int_{1a}^{2} \frac{dQ}{T} \leqslant -\int_{2b}^{1} \frac{dQ}{T} \left(\text{即} \int_{1b}^{2} \frac{dQ}{T} \right)$$

根据熵差的定义，有

$$S_2 - S_1 = \int_{1b}^{2} \frac{dQ}{T} > \int_{1a}^{2} \frac{dQ}{T}$$

若过程 1a2 为可逆过程，则应有

$$S_2 - S_1 = \int_{1a}^{2} \frac{dQ}{T}$$

合并两式后，对任意过程有

$$S_2 - S_1 \geqslant \int_{1}^{2} \frac{dQ}{T} \tag{7-17}$$

微分式为

$$dS \geqslant \frac{dQ}{T} \qquad (7-18)$$

上式说明，系统经过任意过程的熵的增量不小于该过程的热温比。若此过程为可逆过程，则熵的增量等于该过程的热温比；若此过程为不可逆过程，则熵的增量大于该过程的热温比。

在孤立系统或绝热系统的过程中，由于 $dQ = 0$，所以 $dS \geqslant 0$。**孤立系统或绝热系统的熵永不减少，这就是熵增加原理。**

思 考 题

7-1 一定量的理想气体，开始时处于压强、体积、温度分别为 p_1、V_1、T_1 的平衡态，后来变到压强、体积、温度分别为 p_2、V_2、T_2 的终态。若已知 $V_2 > V_1$，且 $T_2 = T_1$，则以下各种说法中正确的是：

（A）不论经历的是什么过程，气体对外所做的净功一定为正值。

（B）不论经历的是什么过程，气体从外界吸收的净热量一定为正值。

（C）若气体从初态变到末态经历的是等温过程，则气体吸收的热量最少。

（D）如果不给定气体所经历的过程，则气体在过程中对外所做的净功和从外界吸收的净热量的正负皆无法判断。

7-2 对于一定量理想气体，从同一状态开始把其体积由 V_0 压缩到 $\frac{1}{2}V_0$，分别经历以下三种过程：（1）等压过程；（2）等温过程；（3）绝热过程。问其中什么过程外界对气体做的功最多？什么过程气体内能减少得最多？什么过程气体放出的热量最多？

7-3 为什么气体热容的数值可以有无穷多个？什么情况下气体的热容为零？什么情况下气体的热容是无穷大？什么情况下气体的热容是正值？什么情况下气体的热容是负值？

7-4 某理想气体按 $pV^2 = $ 常量的规律膨胀，问此理想气体的温度是升高了，还是降低了？

7-5 一卡诺机，将它当作热机使用时，如果工作的两热源的温度差越大，则对做功就越有利；在将它当作制冷机使用时，如果两热源的温度差越大，那么对于制冷机是否也越有利？为什么？

7-6 两条绝热线和一条等温线是否可能构成一个循环？为什么？

7-7 所谓第二类永动机是指什么？它不可能制成是因为违背了什么关系？

习 题

7-1 假设火箭中的气体为单原子分子理想气体，温度为 2 000 K，当气体离开喷口时，温度为 1 000 K。（1）设气体分子质量为 4 个原子质量单位，求气体分子原来的方均根速率 $\sqrt{\overline{v^2}}$；（2）假设气体离开喷口时的流速（即分子定向运动速度）大小相等，均沿同一方向，求这速度的大小，已知气体总的能量不变。（已知 1 个原子质量单位 = $1.660\,5 \times 10^{-27}$ kg。）

7-2 单原子分子理想气体从状态 a 经过程 $abcd$ 到状态 d，如习题 7-2 图所示。已知 $p_a = p_d = 1.013 \times 10^5$ Pa，$p_b = p_c = 2.026 \times 10^5$ Pa，$V_a = 1$ L，$V_b = 1.5$ L，$V_c = 3$ L。（1）试计算气体在 $abcd$ 过程中做的功，内能的变化量和吸收的热量；（2）如果气体从状态 d 保持压强不变到状态 a，如图中虚线所示，问以上三项的计算结果变成多少？（3）若过程沿曲线从状态 a 到状态 c，已知该过程吸收的热量为 257 cal，求该过程中气体所做的功。

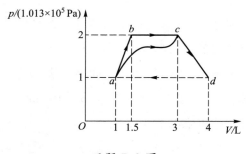

习题 7-2 图

7-3 2 mol 的氮气从标准状态加热到 373 K，如果加热时：（1）体积不变；（2）压强不变，问在这两种情况下气体吸收的热量分别是多少？哪个过程吸收热量较多？为什么？

7-4 10 g 氧气在 $p = 3 \times 10^5$ Pa 时温度为 $t = 10$ ℃，等压地膨胀到 10 L，求：（1）系统在此过程中吸收的热量；（2）内能的变化量；（3）系统所做的功。

7-5 双原子分子理想气体在等压膨胀过程中吸收了 500 cal 的热量，试求在这个过程中气体所做的功。

7-6 一定质量的氧气在状态 A 时 $V_1 = 3$ L，$p_1 = 8.2 \times 10^5$ Pa，在状态 B 时 $V_2 = 4.5$ L，$p_2 = 6 \times 10^5$ Pa。分别计算在如习题 7-6 图所示的两个过程中气体吸收的热量，所

做的功和内能的改变量：（1）经 ACB 过程；（2）经 ADB 过程。

7-7　1 g 氮气密封在容器中，容器上端为一活塞，如习题 7-7 图所示。（1）求把氮气的温度升高 10 ℃所需要的热量；（2）氮气的温度升高 10 ℃时，问活塞升高了多少？已知活塞质量为 1 kg，横截面积为 10 cm²，外部压强为 1.013×10^5 Pa。

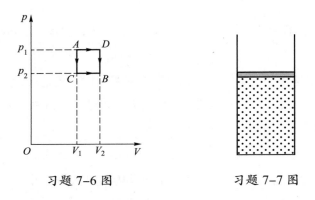

习题 7-6 图　　　　习题 7-7 图

7-8　10 g 某种理想气体，等温地从 V_1 膨胀到 $V_2(=2V_1)$，做的功为 575 J，求在相同温度下该气体的 $\sqrt{\overline{v^2}}$。

7-9　2 m³ 的气体等温膨胀，压强从 $p_1 = 5.065 \times 10^5$ Pa 变到 $p_2 = 4.052 \times 10^5$ Pa，求气体所做的功。

7-10　在圆筒中活塞下的密闭空间中有空气，如习题 7-10 图所示。如果空气柱最初的高度为 $h_0 = 15$ cm，圆筒内外的最初压强均为 $p_0 = 1.013 \times 10^5$ Pa。问如要将活塞提高 $h = 10$ cm，需做多少功？已知活塞面积为 $S = 10$ cm²，活塞质量可以忽略不计，筒内温度保持不变。

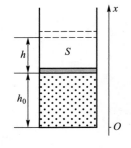

习题 7-10 图

7-11　今有温度为 27 ℃、压强为 1.013×10^5 Pa、质量为 2.8 g 的氮气，首先在等压的情况下加热，使体积增加一倍，其次在体积不变的情况下加热，使压强增加一倍，最后等温膨胀使压强降回 1.013×10^5 Pa。（1）作出过程的 $p-V$ 图；（2）求在三个过程中气体吸收的热量、所做的功和内能的改变量。

7-12　双原子分子理想气体 $V_1 = 0.5$ L，$p_1 = 5.065 \times 10^4$ Pa，先绝热压缩到一定的体积 V_2 和一定的压强 p_2，然后等容冷却到原来的温度，且压强降到 $p_0 = 1.013 \times 10^5$ Pa。（1）作出过程的 $p-V$ 图；（2）求 V_2，p_2。

7-13　推证质量为 m，摩尔质量为 M 的理想气体，由状态（p_1、V_1、T_1）绝热膨胀到状态（p_2、V_2、T_2）时气体所做的功为

$$W = \frac{1}{\gamma - 1}\left(p_1 V_1 - p_2 V_2\right) = \frac{m}{M}\frac{RT_1}{\gamma - 1}\left[1 - \left(\frac{V_1}{V_2}\right)^{\gamma - 1}\right]$$

7-14 32 g 氧气处于标准状态，后分别经如下两过程被压缩至 5.6×10^{-3} m³：（1）等温压缩；（2）绝热压缩。试在同一个 p – V 图上作出两过程曲线，并分别计算两过程最终的温度以及所需要的外功。

7-15 体积为 $V_1 = 1$ L 的双原子分子理想气体，压强 $p_1 = 1.013 \times 10^5$ Pa，使之在下述条件下膨胀到 $V_2 = 2$ L：（1）等温膨胀；（2）绝热膨胀。试在同一 p – V 图上作出两过程曲线，并分别计算两过程气体吸收的热量、所做的功及内能的改变量。

7-16 0.1 mol 单原子分子理想气体，由状态 A 经直线 AB 所表示的过程到状态 B，如习题 7-16 图所示，已知 $V_A = 1$ L，$V_B = 3$ L，$p_A = 3.039 \times 10^5$ Pa，$p_B = 1.013 \times 10^5$ Pa。（1）试证 A、B 两状态的温度相等；（2）求 AB 过程中气体吸收的热量；（3）求在 AB 过程中温度最高的状态 C 的体积和压强 [提示：写出 $T = T(V)$]；（4）由（3）的结果分析从 A 到 B 的过程中温度变化的情况，从 A 到 C 是吸热还是放热？证明 $Q_{CB} = 0$。能否由此说，在从 C 到 B 的每个微小过程中都有 d$Q = 0$？

7-17 一热机以理想水蒸气作为工作物质，如习题 7-17 图所示，其循环包括以下几个过程：（1）进气阀打开，锅炉与汽缸接通，水蒸气进入汽缸最初瞬间活塞不动，汽缸内水蒸气体积 V_0 不变，压强迅速地从 p_0 升高到 p_1（即 $A \rightarrow B$）；（2）随着水蒸气继续输入，水蒸气等压地推动活塞，体积由 V_0 增加到 V_1（即 $B \rightarrow C$）；（3）进气阀关闭，汽缸内水蒸气绝热膨胀至体积 V_2（即 $C \rightarrow D$）；（4）排气阀打开，汽缸与冷凝器接通，开始排汽，在此瞬间汽缸内水蒸气体积 V_2 不变，而压强迅速降到 p_0（即 $D \rightarrow E$）；（5）接着活塞在飞轮带动下回移，汽缸内水蒸气继续排出，压强 p_0 不变，体积由 V_2 变至 V_0（即 $E \rightarrow A$），然后排气阀关闭，完成一次循环。

试写出水蒸气在一个循环中所做的功的表达式。假设 $V_0 = 0.5$ L，$V_1 = 1.5$ L，

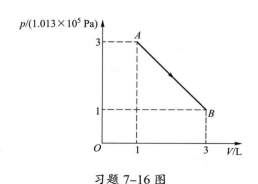

习题 7-16 图

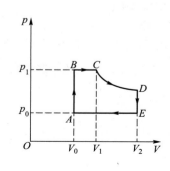

习题 7-17 图

$V_2 = 3.0$ L，$p_0 = 1.013 \times 10^5$ Pa，$p_1 = 1.216 \times 10^6$ Pa，$\gamma = 1.33$，计算一个循环的功（可利用题 7-13 的结果）。

7-18　1 mol 双原子分子理想气体，原来压强为 2.026×10^5 Pa，体积为 20 L，首先等压地膨胀到原体积的 2 倍，然后等容冷却到原温度，最后等温压缩到初状态。（1）作出循环的 $p-V$ 图；（2）求工作物质在各过程所做的功；（3）计算循环的效率。

7-19　一热机以理想气体为工作物质，其循环如习题 7-19 图所示，试证明循环的效率为

$$\eta = 1 - \gamma \frac{\dfrac{V_1}{V_2} - 1}{\dfrac{p_1}{p_2} - 1}$$

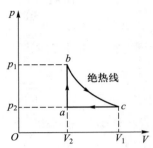

习题 7-19 图

7-20　1 mol 双原子分子理想气体，原来温度为 300 K，体积为 4 L，首先等压膨胀到 6.3 L，然后绝热膨胀回原来的温度，最后等温压缩回原状态。试在 $p-V$ 图上表示此循环，并计算循环的效率。

7-21　汽油机的工作过程可以近似地看作如习题 7-21 图所示的理想循环，这个循环叫作奥托循环，其中 AB 为吸入燃料（汽油蒸气及助燃空气）过程，在此过程中压强为 p_0 不变，体积从 V_2 增加到 V_1；BC 为压缩过程，燃料被绝热压缩，体积从 V_1 压缩到 V_2，压强从 p_0 增加到 p_1；CD 为燃料燃烧过程，在此过程中体积不变，压强从 p_1 增加到 p_2；DE 为膨胀做功过程（绝热膨胀），体积从 V_2 增加至 V_1；EB 为膨胀到极点 E 时排气阀打开过程，在此过程中体积不变，压强下降至 p_0；BA 为排气过程，压强不变，活塞将废气排出气缸。试证明此循环的效率为

$$\eta = 1 - \left(\frac{V_2}{V_1}\right)^{\gamma - 1}$$

$\dfrac{V_1}{V_2}$ 称为压缩比。

7-22　柴油机的循环叫作狄塞尔循环，如习题 7-22 图所示。其中 BC 为绝热压缩过程，DE 为绝热膨胀过程，CD 为等压膨胀过程，EB 为等容冷却过程。试证明此循环的效率为

$$\eta = 1 - \frac{\left(\dfrac{V'}{V_2}\right)^{\gamma} - 1}{\gamma \left(\dfrac{V_1}{V_2}\right)^{\gamma - 1} \left(\dfrac{V'}{V_2} - 1\right)}$$

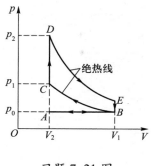

习题 7-21 图

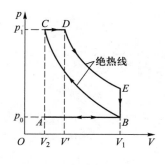

习题 7-22 图

7-23 一理想卡诺热机，把从高温热源吸取的热量 Q_1 的 80% 放到低温热源中去，已知一个循环吸收的热量为 1.5 kcal。求：（1）循环的效率；（2）一个循环做的功。

7-24 有一卡诺热机，工作在 100 ℃ 和 0 ℃ 之间，每一循环所做之功为 8 000 J，当该热机工作在 t（℃）和 0 ℃ 之间时，每一循环所做之功是 10 000 J。若向低温热源放出的热量与前相同，求：（1）热源温度 t；（2）此时的循环效率。

7-25 一电冰箱可视为卡诺制冷机，当室温为 27 ℃ 时，用电冰箱把 1 kg 的温度为 0 ℃ 的水结成冰，问电源至少应给电冰箱多少功？电冰箱周围是得到热量还是放出热量？已知冰的熔化热为 79.8 cal·g^{-1}。

7-26 用一卡诺循环的制冷机从 7 ℃ 的热源中提取 100 J 的热量传向 270 ℃ 的热源需做多少功？从 –173 ℃ 向 27 ℃ 呢？从 –223 ℃ 向 27 ℃ 呢？从计算结果能得出什么结论？

7-27 试证明：（1）一条等温线和一条绝热线不能相交两次；（2）两条绝热线不能相交。

7-28 1 mol 的水，在 1.013×10^5 Pa 和 100 ℃ 时蒸发为水蒸气，吸收 4.06×10^5 J 的热量，试求其熵变。

7-29 1 kg 水在 1.013×10^5 Pa 时，温度由 27 ℃ 上升到 57 ℃，求水的熵变。（$C_{p,m} = 4.18 \times 10^3$ J·kg^{-1}·K^{-1}。）

7-30 如习题 7-30 图所示，1 mol 理想气体从状态 a（T_a，V_a）分别经路径 acb 和路径 adb 到达状态 b（T_b，V_b）。求：（1）由 a 态经路径 acb 到达 b 态的熵变；（2）由 a 态经路径 adb 到达 b 态的熵变。

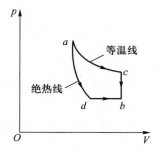

习题 7-30 图

克劳修斯

Clausius

Part 4

第 4 部分
狭义相对论和量子物理基础

　　在 20 世纪前，古老的牛顿力学城堡始终屹立不倒，物理学家们开始相信，这个世界所有的基本原理都已经被发现了，物理学已经尽善尽美，它走到了自己的极限和尽头，再也不可能有任何突破性的进展了，如果说还有什么要作的事情，那就是作一些细节上的修正和补充，更加精确地测量一些常量罢了。一位著名的科学家说："物理学的未来，将只有在小数点第六位后面去寻找。"普朗克的导师甚至劝他不要再浪费时间去研究这个已经高度成熟的体系。然而，这个统一的强大帝国却注定了只能昙花一现。喧嚣一时的繁盛，终究要像泡沫那样破灭凋零。

　　开尔文在 1900 年 4 月曾发表过题为《19 世纪热和光的动力学理论上空的乌云》的文章。他所说的第一朵乌云，主要是指迈克耳孙 – 莫雷实验结果和以太漂移说相矛盾；他所说的第二朵乌云，主要是指热学中的能量均分定理在气体比热容以及势辐射能谱的理论解释中得出与实验不符的结果，其中以黑体辐射理论出现的"紫外灾难"最为突出。迈克耳孙 – 莫雷实验是物理学史上最有名的"失败的实验"，它证明以太是不存在的；而在黑体辐射的研究过程中，普朗克戏剧般地提出了量子论，因为作为老派物理学家，他是保守的，所以在量子论未提出之前，他也认为那是不可思议、不可想象的。第一朵乌云，最终导致了相对论革命的爆发。第二朵乌云，最终导致了量子论革命的爆发。这一切的发生，并不是偶然的，它是物理学发展的必然结果，只不过当时被人们所漠视。当我们拥有一颗严谨、公正的物理之心，去探索世界的奥秘时，得到的一切都是那么的自然、合理。因此，我们在今后的学习中应多掌握一些学习的方法，多了解一些学习的思维，然后去找它们的共性，总结出自己的一套普适方法，再将它们应用到我们的生活中。就像伟大的物理学家牛顿说的："自然界喜欢简单化。"当我们在学习中遇到新问题时，不要恐慌、紧张，要坚持它的本质是简单的，只是我们要通过"特殊——普遍——最普遍"的过程去实现它。这样的学习，何乐而不为？

本部分将具体介绍近代物理学中的狭义相对论和量子力学基础。

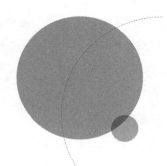

第 8 章
狭义相对论

　　伽利略和牛顿建立的物理学体系经历了近 200 年的发展，由于热力学和统计物理学的建立特别是电磁学上的突破，在 19 世纪与 20 世纪之交取得了辉煌的成就。当时不少物理学家认为，物理学领域中原则性的理论问题都已解决了，留给后人的只是在细节方面作些补充和发展。可是，历史的进程恰和人们的预期相反，一系列经典物理学无法解释的新现象接踵而来。如迈克耳孙－莫雷实验的零结果、黑体辐射、元素的放射性、光电效应等。作为经典物理学两大支柱的经典电磁学和经典力学也在一些根本观念上出现了矛盾，电磁理论中场的概念不仅不能与牛顿力学的物理实验相容，而且触及了"绝对时空"观念。在牛顿力学中力是超距作用，电磁理论判定场以有限的速度传播。为了在经典理论的框架内把两者调和起来，人们曾假设在空间里存在某种特殊的物质——"以太"，但是为"以太"所构造的任何一种力学模型都被实验事实所否决。

　　虽然为旧观念所无法容纳的新经验已经积累到一定程度，但是排除旧理论中根深蒂固的偏见却不是轻而易举的事情。因为要从根本上改变基本观念的构架，整个理论大厦必须重新构筑。从洛伦兹到庞加莱，许多物理学家都没有想走一条根本变革的道路，他们还在自己熟悉的领域徘徊，孜孜不倦地寻求新的经验与旧的观念协调起来的方案。"谁也没有想过，整个物理学的基础可能需要从根本上加以改造。"

　　爱因斯坦深刻洞悉已出现的尖锐矛盾，他不为旧传统所束缚，不再试图铲补一条漏洞百出的旧船，而是决定在新的基础上"建造一条新船"。1905 年，爱因斯坦发表了题为《论动体的电动力学》的论文，否定了牛顿的"绝对时空"观念，提出了相对论的时空观念。在狭义相对性原理和光速不变原理的基础上，爱因斯坦建立了狭义相对论。狭义相对论解释并预言了一系列非牛顿力学的行为，并把牛顿力学作为低速条件下十分精确的理论而容纳其中。经典电磁学无须修改即可纳入相对论体系。作为狭义相对论的一个推论，爱因斯坦揭示了质量和能量的当量关系，发展了物质和运动不可分割的原理。

1999 年 12 月 26 日，爱因斯坦被《时代》杂志评为"世纪人物"。《时代》在解释爱因斯坦的重要地位时写道："过去的一百年里，全世界发生的变化比历史上任何一个世纪都多得多。其原因不是政治或经济上的，而是技术上的——技术直接来自基础科学的进展，任何科学家显然都不能像爱因斯坦那样代表这些进展。"

相对论和量子论是近代物理学的两大理论支柱，是现代高新技术的理论基础。

相对论是关于时间、空间和物质运动关系的理论，包括两部分：狭义相对论和广义相对论。狭义相对论不考虑物质质量对时空的影响，是相对论的特殊情况。广义相对论考虑质量对时空的影响，是关于引力的理论。相对论自建立以来已百余年，经受了大量的实践检验，至今人们还没有发现有什么结果和相对论相违背。

本章将对狭义相对论的基本概念、基本思想和一些重要结论作简单介绍和讨论。

8.1 力学相对性原理和牛顿时空观

狭义相对论被认为是对牛顿时空观变革的产物。为了理解相对时空理论，需要首先回顾一下牛顿时空理论，在此基础上，引入狭义相对论的两个基本原理，依据这两个基本原理讨论狭义相对论的基本问题。

下面从伽利略时空坐标入手，讨论牛顿时空观和力学相对性原理。

8.1.1 力学相对性原理 伽利略坐标变换

力学是研究物体的运动的，物体的运动就是它的位置随时间的变化。为了定量研究这种变化，我们必须选定适当的参考系，而力学概念，如速度、加速度等，以及力学规律都是对一定的参考系才有意义的。在处理实际问题时，根据问题的情况，可以选用不同的参考系。相对于任一参考系分析物体的运动时，都要应用基本力学定律。这里就出现了这样的问题，对于不同的参考系，基本力学定律的形式是完全一样的吗？

运动既然是物体位置随时间的变化，那么，无论是运动的描述或是运动定律的说明，都离不开长度和时间的测量。因此，和上述问题紧密联系而又更根本的问题是：相对于不同的参考系，长度和时间的测量结果是一样的吗？

物理学对于这些根本问题的解答，经历了从牛顿力学到相对论的发展。下面先说明牛顿力学是怎样理解这些问题的，然后再着重介绍狭义相对论的基本内容。

对于上面的第一个问题，牛顿力学的回答是干脆的：对于任何惯性参考系，牛顿运动定律都成立。也就是说，对于不同的惯性系，力学的基本定律——牛顿运动定律，其形式都是一样的。因此，在任何惯性系中观察，同一力学现象将按同样的形式发生和演变。这个结论叫**牛顿相对性原理或力学相对性原理**，也叫**伽利略不变性**。这个思想首先是伽利略表述的。在宣扬哥白尼的日心说时，为了解释地球表观上的静止，他曾以大船作比喻，生动地指出：在"以任何速度前进，只要运动是匀速的，同时也不这样那样摆动"的大船船舱内，观察各种力学现象，如人的跳跃、抛物、水滴的下落、烟的上升、鱼的游动，甚至蝴蝶和苍蝇的飞行等，你会发现，它们都会和船静止不动时一样地发生。人们并不能从这些现象来判断大船是否在运动。无独有偶，这种关于相对性原理的思想，在我国古籍中也有记述，成书于东汉时代（比伽利略要早约 1 500 年！）的《尚书纬·考灵曜》中有这样的记述："地恒动不止而人不知，譬如人在大舟中，闭牖而坐，舟行而人不觉也。"

在作匀速直线运动的大船内观察任何力学现象，都不能据此判断船本身的运动。只有打开船窗向外看，当看到岸上灯塔的位置相对于船不断地在变化时，才能判定船相对于地面是在运动的，并由此确定航速。即使这样，也只能作出相对运动的结论，并不能肯定"究竟"是地面在运动，还是船在运动。我们只能确定两个惯性系的相对运动速度，谈论某一惯性系的绝对运动（或绝对静止）是没有意义的。这是力学相对性原理的一个重要结论。

关于空间和时间的问题，牛顿有的是**绝对空间**和**绝对时间**概念，或**绝对时空观**。所谓绝对空间，是指长度的量度与参考系无关。绝对时间是指时间的量度与参考系无关。这也就是说，同样两点间的距离或同样的前后两个事件之间的时间，无论在哪个惯性系中测量都是一样的。牛顿曾说过："绝对空间，就其本性而言，与外界任何事物无关，而永远是相同的和不动的。"他还说过："绝对的、真正的和数学的时间自己流逝着，并由于它的本性而均匀地与任何外界对象无关地流逝着。"还有，在牛顿那里，时间和空间的量度是相互独立的。

牛顿的相对性原理和他的绝对时空概念是有直接联系的，下面就来说明这种联系。

如图 8-1 所示，有两个惯性参考系 S（$Oxyz$）和 S′（$O'x'y'z'$），其对应坐标轴相互平行，x 轴与 x' 轴重

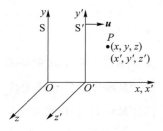

图 8-1　两个相对作匀速直线运动的参考系

合，且 S′系相对 S 系以速度 u 沿 x 轴的正方向运动。开始时（即 $t = t' = 0$），两惯性参考系重合。

由经典力学可知，在 t 时刻点 P 在这两个惯性系中的位置坐标有如下关系：

$$
\begin{array}{lll}
x' = x - ut & & x = x' + ut \\
y' = y & & y = y' \\
z' = z & \text{或} & z = z' \\
t' = t & & t = t'
\end{array}
\tag{8-1}
$$

这就是经典力学中的伽利略坐标变换公式。

把（8-1）式中的前三式对时间求一阶导数，即得经典力学中的速度变换法则：

$$
\begin{aligned}
v'_x &= v_x - u \\
v'_y &= v_y \\
v'_z &= v_z
\end{aligned}
\tag{8-2}
$$

式中 v'_x、v'_y、v'_z 是 P 点对于 S′系的速度分量；v_x、v_y、v_z 是 P 点对 S 系的速度分量，（8-2）式就是伽利略速度变换公式。

把（8-2）式对时间求导数，即得经典力学中的加速度变换法则：

$$
\begin{aligned}
a'_x &= a_x \\
a'_y &= a_y \\
a'_z &= a_z
\end{aligned}
\tag{8-3}
$$

上式表明，在两个惯性系中，P 点的加速度相同，即在伽利略变换中，对不同的惯性系而言，加速度是个不变量。其矢量形式为

$$
a' = a
\tag{8-4}
$$

由于在经典力学中，质量是与运动状态无关的常量，所以由（8-4）式可知，在惯性系中，牛顿运动定律的形式是相同的，有如下形式：

$$
F = ma, \quad F' = ma'
\tag{8-5}
$$

上述结果表明，在惯性系 S′和 S 中，牛顿运动定律的形式不变，即牛顿运动定律对伽利略变换具有协变性。由此不难推出，对于所有惯性系，牛顿运动定律的数学描述都应具有相同的形式。换句话说，一切惯性系在力学意义上都是等价的、平权的，这就是牛顿力学的**相对性原理**。上述力学相对性原理有时也可以表述如下：牛顿运动定律在伽利略变换下具有协变性。

8.1.2　牛顿的绝对时空观

1. 同时性和时间间隔的绝对性

如果两个事件在 S 系中的观察者看来是同时发生的，即 $t_2 = t_1$，由伽利略坐标变换式，必有 $t'_2 = t'_1$，即两个事件在 S′系中的观察者看来也必然同时发生。

同样，如果在 S 系中的观察者看两个物理事件的发生有先后顺序，如 $t_2 > t_1$，则在 S′系中必有 $t'_2 > t'_1$，且 $\Delta t' = t'_2 - t'_1 = t_2 - t_1 = \Delta t$，即两个事件在两惯性系中的时间顺序和时间间隔都相同。

因此牛顿时空观认为同时性和时间间隔是绝对的，与观察者所处的参考系无关。

2. 空间间隔的绝对性

为了明确起见，设两个物理事件 P_1 和 P_2 分别是对一直尺两个端点的测量事件，直尺沿 x 轴放置且相对 S 系静止，如图 8–2 所示。两个事件的空间间隔即直尺的长度。

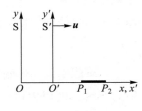

图 8–2

因为直尺静止于 S 系，所以在 S 系中的观察者对直尺两端的测量可以同时进行，也可以不同时进行，直尺长度总是 $L = x_2 - x_1$。但 S′系中的观察者必须同时测量，即要求 $t'_2 = t'_1$，这样得到的两个空间坐标的间隔才是直尺的长度。于是 S′系中的观察者测量的直尺长度为 $L' = x'_2 - x'_1$。按伽利略变换，$L' = x'_2 - x'_1 = (x_2 - ut_2) - (x_1 - ut_1)$，因为 $t'_2 = t'_1$，所以 $t_2 = t_1$，因此 $L' = x_2 - x_1 = L$。因此，对同一直尺长度的测量是绝对的，与观察者所处的参考系无关，即空间间隔是绝对的。

然而，实践证明，绝对时空观是不正确的。相对论否定了这种时空观，并建立了新的时空观。

8.2　狭义相对论基本原理与洛伦兹变换

8.2.1　牛顿时空观的困难

其实，物体在作低速运动时，伽利略变换是符合实际情况的。可以肯定地说，利用牛顿力学和伽利略变换，原则上可以解决任何惯性系中低速运动物体的运动问题。

然而，在涉及电磁学现象，包括光的传播时，伽利略变换遇到了不可克服的困难。大家知道，麦克斯韦电磁理论预言了电磁波在真空中的传播速度与光的传播速度相同，尤其在赫兹实验确认存在电磁波后，光作为一种电磁波，在理论和实验上就逐步被确定了。另外，人们早就明白传播机械波需要弹性介质，例如空气可以传播声波，而真空却不能。因此，在光的电磁理论发展初期，人们自然会想到光和电磁波的传播也需要一种弹性介质。19世纪的物理学家们称这种介质为以太。他们认为，以太充满了整个空间，即使是真空也不例外，并且可以渗透到一切物质的内部。在相对以太静止的参考系中，光的速度在各个方向都是相同的，这个参考系称为以太参考系。于是，以太参考系就可以作为所谓的绝对参考系了。倘若有一运动的参考系，它相对绝对参考系以速度 v 运动，那么由伽利略变换，光在运动参考系中的速度应为 $c' = c + v$，其中 c 是光在绝对参考系中的速度，c' 是光在相对参考系中的速度。从上式可以看出，在运动的参考系中，光的速度在各个方向是不同的。

不难想象，如果能借助某种方法测出运动参考系相对于以太的速度，那么作为绝对参考系的以太也就被确定了。为此，历史上的确有许多科学家做过很多实验来寻找绝对参考系，但都得出了否定的结果。其中最为著名的是迈克耳孙 – 莫雷实验。

迈克耳孙 – 莫雷实验及其他一些实验的结果给人们带来了一些困惑，似乎经典力学只适用于低速运动的物体，而不能用于麦克斯韦的电磁场理论。看来要解决这一难题必须在物理观念上来个变革。这时许多物理学家都预感到一个新的基本理论即将产生，在洛伦兹、庞加莱等人为探求新理论所作的先期工作的基础上，一位具有变革思想的青年学者——爱因斯坦于1905年创立了狭义相对论，为物理学的发展树立了新的里程碑。

8.2.2　狭义相对论的基本原理

爱因斯坦坚信世界的统一性和合理性。他在研究牛顿力学和麦克斯韦电磁场理论的基础上，认为相对性原理具有普适性，无论是对牛顿力学或者是对麦克斯韦电磁场理论皆是如此。此外，他还认为相对于以太的绝对运动是不存在的，光速是一个常量，它与惯性系的选择无关。1905年，爱因斯坦在一篇论文中，摒弃了以太假说和绝对参考系的假设，提出了两条狭义相对论的**基本原理**：

（1）**爱因斯坦相对性原理**　物理定律在所有惯性系中都具有相同的表达形式，**即所有的惯性参考系对运动的描述都是等效的**。也就是说，对运动的描述只有相对意义，绝对静止的参考系是不存在的。

（2）光速不变原理　真空中的光速是常量，它与光源或观察者的运动无关，不依赖于惯性系的选择。

应当指出，爱因斯坦提出的狭义相对论基本原理是与伽利略变换相矛盾的。例如，在一切惯性系中光速都相同就与伽利略速度变换公式相矛盾。机场照明跑道的灯光相对于地球以速度 c 传播，若从相对于地球以速度 v 运动着的飞机上看，按光速不变原理，光仍然是以速度 c 传播的。而按伽利略变换，当光速传播方向与飞机运动方向一致时，从飞机上测得的光速应为 $c-v$；当两者运动方向相反时，从飞机上测得的光速应为 $c+v$。但这与实际观测是相矛盾的。其实，此时伽利略变换已经不再适用了。

当然，狭义相对论的这两条基本原理的正确性，最终仍要以由它们所导出的结果与实验事实是否相符来判定。

8.2.3　洛伦兹坐标变换

仍以图 8-1 为例，有两个惯性参考系 S($Oxyz$) 和 S′($O'x'y'z'$)，其对应坐标轴相互平行，且 S′系相对 S 系以速度 u 沿 x 轴的正方向运动。当两惯性参考系的坐标原点重合时，两个参考系内的时钟开始计时（即 $t = t' = 0$）。对同一物理事件 P，两个参考系的坐标分别为（x, y, z, t）和（x', y', z', t'）。因为这两组时空坐标描述的是同一物理事件，所以它们之间必然有确定的联系，即时空坐标变换。从狭义相对论的两条基本原理出发，可以导出事件 P 在任意两个惯性参考系中时空坐标的变换关系式。正变换式为

$$\begin{cases} x' = \gamma(x - ut) \\ y' = y \\ z' = z \\ t' = \gamma\left(t - \dfrac{u}{c^2}x\right) \end{cases} \qquad (8\text{-}6)$$

按照相对性原理可以给出从 S′系到 S 系时空变换的逆变换式为

$$\begin{cases} x = \gamma(x' + ut') \\ y = y' \\ z = z' \\ t = \gamma\left(t' + \dfrac{u}{c^2}x'\right) \end{cases} \qquad (8\text{-}7)$$

式中

$$\gamma = \frac{1}{\sqrt{1-\beta^2}} = \frac{1}{\sqrt{1-\dfrac{u^2}{c^2}}}$$

（8-6）式和（8-7）式统称为洛伦兹变换。它是同一物理事件在不同惯性参考系中的时空坐标之间的变换关系。

可以看出：

（1）在低速情况下，即 $u \ll c$ 时，$\gamma \to 1$。洛伦兹变换退化回伽利略变换。这个事实表明：洛伦兹变换更具有普遍性，而伽利略变换只是洛伦兹变换在低速情况下的一个近似而已。

（2）与伽利略变换不同，在洛伦兹变换中，时间坐标明显与空间坐标有关。这说明，相对论中对时间和空间的测量是不能分割的。因此，相对论的时空实际上是一个四维的空间，这个空间与物质的运动有关。

（3）当 $u \geqslant c$ 时，变换式将出现无穷大或虚数值，这是没有物理意义的。因此，任意两个惯性系之间的相对速度 u 不能大于或等于 c。由于惯性系总是选择在一定的运动物体上，所以物体对于任意惯性参考系的速度一定小于 c。也就是说，真空中的光速是物体运动速度所不能达到和逾越的极限。

*关于洛伦兹变换式的推导

在图 8-1 中，对于 S 系的原点 O，在 S 系中观察时，无论在任何瞬时，都有 $x = 0$。但在 S′系中观察时，其瞬时 t' 的坐标是 $x' = -ut'$ 或 $x' + ut' = 0$。可见，对空间同一点而言，x 和 $x' + ut'$ 同时为零。而若考虑两者关系的一般情况，那就可以假设 x 和 $x' + ut'$ 具有线性关系，即

$$x = k(x' + ut') \tag{1}$$

式中 k 为一与 u 有关的常量。

同理，考虑 S′系的原点 O'，有

$$x' = k'(x - ut) \tag{2}$$

根据狭义相对论的相对性原理，这两个惯性系是等效的，即除了应把 u 改成 $-u$ 以外，（1）式和（2）式应有相同的形式。这就要求 $k' = k$，故有

$$x' = k(x - ut) \tag{3}$$

关于 y 和 y' 以及 z 和 z' 的变换关系，由图 8-1 可得

$$y' = y$$
$$z' = z \tag{4}$$

现在寻求 t 和 t' 的变换关系。把（3）式代入（1）式，有

$$x = k^2(x - ut) + kut'$$

由此可得

$$t' = kt + \left(\frac{1-k^2}{ku}\right)x \tag{5}$$

（3）、（4）和（5）式组成一组满足狭义相对论的第一条原理——相对性原理的坐标变换式，而各式中的 k 则需由第二条原理——光速不变原理求得。为此，假设在 O' 与 O 重合的瞬时（ $t = t' = 0$ ），由重合点发出一沿 x 轴传播的光信号，对两个坐标系来说，光信号达到点 P 的坐标分别为

$$x = ct \quad 和 \quad x' = ct'$$

把（3）式和（5）式代入 $x' = ct'$ ，得

$$k(x - ut) = ckt + \left(\frac{1-k^2}{ku}\right)cx$$

由上式求解 x ，并与 $x = ct$ 相比较，可得

$$k = \frac{1}{\sqrt{1-\dfrac{u^2}{c^2}}} = \gamma \tag{6}$$

将（6）式分别代入（3）式和（5）式，并与（4）式一起，即构成洛伦兹时空坐标变换式。

例 8-1 一短跑选手，在地球上以 10 s 的时间跑完 100 m，在飞行速率为 $0.98c$ 的飞船中的观测者看来，这个选手跑了多长时间和多长距离（设飞船沿跑道方向航行）？

解 设地面为 S 系，飞船为 S′系。利用洛伦兹坐标变换式

$$x' = \frac{x - ut}{\sqrt{1 - u^2/c^2}}, \quad x'_2 - x'_1 = \frac{(x_2 - x_1) - u(t_2 - t_1)}{\sqrt{1 - u^2/c^2}}$$

$$t' = \frac{t - \dfrac{u}{c^2}x}{\sqrt{1 - u^2/c^2}}, \quad t'_2 - t'_1 = \frac{(t_2 - t_1) - u(x_2 - x_1)/c^2}{\sqrt{1 - u^2/c^2}}$$

得

$$\Delta x = x_2 - x_1 = 100 \text{ m}, \ \Delta t = t_2 - t_1 = 10 \text{ s}, \ u = 0.98c$$

$$x'_2 - x'_1 = \frac{100 \text{ m} - 0.98c \times (10 \text{ s})}{\sqrt{1 - 0.98^2}} \approx -1.48 \times 10^{10} \text{ m}$$

$$t_2' - t_1' = \frac{10 \text{ s} - 0.98c \times (100 \text{ m})/c^2}{\sqrt{1 - 0.98^2}} \approx 50.25 \text{ s}$$

例 8-2 在惯性系 S 中，相距 $\Delta x = 5 \times 10^6$ m 的两个地方发生两个事件，时间间隔 $\Delta t = 10^{-2}$ s；而在相对于 S 系沿 x 轴正方向匀速运动的 S′系中观测到这两事件却是同时发生的，试求 S′系中这两事件发生的地点间的距离 $\Delta x'$。

解 设 S′系相对于 S 系的速度大小为 u，利用洛伦兹坐标变换，得

$$x' = \frac{x - ut}{\sqrt{1 - u^2/c^2}}, \quad t' = \frac{t - \dfrac{u}{c^2}x}{\sqrt{1 - u^2/c^2}}$$

$$\Delta t' = \frac{\Delta t - u\Delta x/c^2}{\sqrt{1 - u^2/c^2}} = 0$$

$$\Delta t - u\Delta x/c^2 = 0$$

$$u = \frac{\Delta t}{\Delta x}c^2$$

所以有

$$\Delta x' = \frac{\Delta x - u\Delta t}{\sqrt{1 - u^2/c^2}} = \frac{\Delta x - \dfrac{(\Delta t)^2}{\Delta x}c^2}{\sqrt{1 - \dfrac{(\Delta t)^2}{(\Delta x)^2}c^2}} = 4 \times 10^6 \text{ m}$$

例 8-3 一惯性系 S′相对另一惯性系 S 沿 x 轴作匀速直线运动，取两坐标原点重合时刻作为计时起点。在 S 系中测得两事件的时空坐标分别为 $x_1 = 6 \times 10^4$ m，$t_1 = 2 \times 10^{-4}$ s，以及 $x_2 = 12 \times 10^4$ m，$t_2 = 1 \times 10^{-4}$ s。已知在 S′系中测得两事件同时发生。试问：（1）S′系相对 S 系的速度是多少？（2）S′系中测得的两事件的空间间隔是多少？

解 （1）设 S′系相对 S 系的速度为 u，有

$$t_1' = \gamma\left(t_1 - \frac{u}{c^2}x_1\right)$$

$$t_2' = \gamma\left(t_2 - \frac{u}{c^2}x_2\right)$$

由题意知

$$t_2' - t_1' = 0$$

则

$$t_2 - t_1 = \frac{u}{c^2}(x_2 - x_1)$$

故

$$u = c^2 \frac{t_2 - t_1}{x_2 - x_1} = -\frac{c}{2} = -1.5 \times 10^8 \text{ m} \cdot \text{s}^{-1}$$

（2）由洛伦兹变换，有

$$x_1' = \gamma(x_1 - ut_1), \quad x_2' = \gamma(x_2 - ut_2)$$

代入数值，得

$$x_2' - x_1' = 5.2 \times 10^4 \text{ m}$$

8.3 狭义相对论时空观

经典力学的时空观是绝对的时空观，也就是任何物质或事件所占据的空间和持续的时间与参考系无关。通俗地讲，同一物质或事件在任何人看来都一样。而相对论时空观则强调物质或事件的时间和空间与参考系密切相关。处于不同参考系下的观察者对同一物质或事件的观测结果不同。这是相对论时空观与经典力学时空观的最显著区别。

爱因斯坦对物理规律和参考系的关系进行考查时，不仅注意到了物理规律的具体形式，而且注意到了更根本更普遍的问题——关于时间和长度的测量问题。他对牛顿的绝对时间概念提出了怀疑，并且据他说，他从 16 岁起就开始思考这个问题了。经过 10 年的思考，他终于得到了异乎寻常的结论：时间的量度是相对的！对于不同的参考系，同样的先后两个事件之间的时间间隔是不同的。

爱因斯坦的论述是从讨论"同时性"概念开始的。在 1905 年发表的《论动体的电动力学》那篇著名论文中，他写道："如果我们要描述一个质点的运动，我们就以时间的函数来给出它的坐标值。现在我们必须记住，这样的数学描述，只有在我们十分清楚懂得'时间'在这里指的是什么之后才有物理意义。我们应该考虑到：凡是时间在里面起作用的我们的一切判断，总是关于同时的事件的判断。比如我们说，'那列火车 7 点钟到达这里'，这大概是说，'我的表的短针指到 7 同火车到达是同时的事件'。"

注意到了同时性，我们就会发现，和光速不变紧密联系在一起的是：在某一惯性系中同时发生的两个事件，在相对于此惯性系运动的另一惯性系中观察，并不是同时发生的。

下面我们阐述相对论下物质和事件的时间、空间及其运动的关系。

8.3.1　同时的相对性（同时不同地）

同时的相对性是指在某一参考系中所看到的同时发生的事件，在另一参考系中却未必同时发生。先来看一个例子。有一名乘客在站台候车并与站台相对静止。此时，一列火车进站。假设火车没有停，并以速度 u 匀速通过站台。假设站台上的乘客看到站台上有两个路灯同时点亮，问火车中的乘客看到两个路灯是否同时点亮？

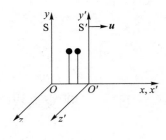

图 8-3

如图 8-3 所示，静止于站台上的乘客为静止系 S 中的观察者，火车上的乘客为运动系 S′中的观察者。显然，静止系 S 中的观察者看到在 $t_2 = t_1(\Delta t = 0)$ 时刻，在 $x_2 \neq x_1$ 处同时发生灯亮事件。问题需求解出在运动系 S′中的观察者看来 $\Delta t'$ 是多少。

根据洛伦兹变换

$$t' = \gamma\left(t - \frac{u}{c^2}x\right)$$

可以得到

$$\Delta t' = \gamma\left(\Delta t - \frac{u}{c^2}\Delta x\right)$$

因此 S′系中的观察者测得的时间为

$$\Delta t' = \gamma\left(\Delta t - \frac{u}{c^2}\Delta x\right) = -\gamma\frac{u}{c^2}\Delta x \qquad (8-8)$$

由于 $\Delta x \neq 0$，所以火车中的乘客看到两个路灯并不是同时点亮的。

8.3.2　时间的相对性（时间延缓）

我们利用上一个例子，假设在某一时刻站台上的一盏路灯亮了，经过一段时间后这盏路灯熄灭。站台上的乘客测得灯亮的时间为 $\Delta\tau$（由于观察者相对灯亮事件保持静止，故 $\Delta\tau$ 又称为本征时间或固有时间、原时），问火车上的乘客看到路灯亮了多长时间？

S 系中的观察者测得 t_1 时刻，位于 x_1 处的路灯亮了；t_2 时刻，位于 x_2 处的路灯灭了。则灯亮的时间为 $\Delta t = t_2 - t_1$，显然 $\Delta t = \Delta\tau$。同时有 $\Delta x = x_2 - x_1 = 0$。在 S′

系中的观察者看来，t_1' 时刻，位于 x_1' 处的路灯亮了；t_2' 时刻，位于 x_2' 处的路灯灭了。则灯亮的时间为 $\Delta t' = t_2' - t_1'$。由于路灯与火车存在相对运动，所以在火车中的乘客看来，同一路灯的亮与灭发生在不同地点，即

$$x_2' \neq x_1'$$

根据洛伦兹坐标变换式 $t' = \gamma\left(t - \dfrac{u}{c^2}x\right)$，可得

$$\Delta t' = \gamma\left(\Delta t - \frac{u}{c^2}\Delta x\right)$$

因此 S′ 系中的观察者测得的时间为

$$\Delta t' = \frac{\Delta t}{\sqrt{1 - \left(\dfrac{u}{c}\right)^2}} = \frac{\Delta \tau}{\sqrt{1 - \left(\dfrac{u}{c}\right)^2}} \tag{8-9}$$

由上例可以看出：相对而言，在火车中的乘客看来，路灯灯亮的时间较长，而站台上的乘客看到灯亮的时间较短，即火车中的乘客的表走慢了，这就是时间延缓问题。

这一问题的实质在于：同一事件发生的时间，因事件相对不同时钟的运动状态不同而不同。也就是说，事件的运动状态借由具体的参考系而定。因此时钟究竟会不会变慢、慢多少取决于具体的参考系。读者可以想一想：在上一问题中，若车厢中的灯亮了，谁的表会慢？

8.3.3 空间的相对性（长度收缩）

先来看一个例子。设有一木棒，长度为 l_0。必须注意，l_0 是当木棒相对观察者静止时刻的长度，因此又称为**本征长度**（或固有长度、原长）。当木棒相对观察者以速度 **u** 匀速运动时，它的长度是多少？

首先建立参考系。如图 8-4 所示，观察者在静止系 S 中，木棒在运动系 S′ 中。运动系相对静止系的速度为 **u**。假设运动系中另有一观察者相对木棒静止不动。则 S′ 系中的观察者测得木棒两端坐标分别为 x_1' 和 x_2'，那么木棒的长度应为 $\Delta x' = x_2' - x_1'$。由于 S′ 系中的观察者相对木棒静止不动，所以有

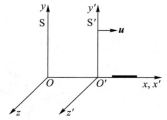

图 8-4　长度收缩

$\Delta x' = l_0$。并且 S′ 系中的观察者不必在同一时刻测量，因此 $t_1' \neq t_2'$。

S 系中的观察者则不同。由于木棒相对 S 系运动，因此 S 系中的观察者必须

同时测量木棒两端。设木棒两端位置分别是 x_1 和 x_2，则有 $\Delta x = x_2 - x_1$，同时有 $t_1 = t_2$，即 $\Delta t = 0$。

根据洛伦兹坐标变换式 $x' = \gamma(x - ut)$ 可得 $\Delta x' = \gamma(\Delta x - u\Delta t)$，因此 S 系中的观察者测得的木棒长度为

$$\Delta x = \Delta x' \sqrt{1 - \left(\frac{u}{c}\right)^2} = l_0 \sqrt{1 - \left(\frac{u}{c}\right)^2} \qquad (8-10)$$

由此可以看出，S 系中的观察者测得的木棒的长度收缩了。其原因在于木棒相对观察者存在相对速度。从公式（8-10）中可以看出，木棒的速度越大，长度就越收缩。

在相对论时空观中，物体的空间距离由其运动状态决定。这意味着同一物体相对不同的观察者由于其运动状态的不同会占据不同的空间距离。我们知道物质的运动状态是依赖于具体的参考系的，因此，脱离具体的参考系来讨论物体的空间距离将得不到任何结论。

我们可以看到，运动的相对性导致了结论的相对性。这就是相对论的最大特点。在相对论中，任何结论的得出都必须先指明条件，即观察者处于哪一个惯性系，与物质或事件之间的运动关系如何，否则将得不到任何结论。

例 8-4 一本征长度为 10 m 的飞船以 3×10^3 m·s^{-1} 的速率相对于地面匀速飞行时，从地面上测量，它的长度是多少？

解 $l = l_0 \sqrt{1 - \dfrac{u^2}{c^2}} = 10 \sqrt{1 - \left(3 \times 10^3 / 3 \times 10^8\right)^2}$ m $= 9.999\ 999\ 999\ 5$ m

可以看出，这种长度收缩效应实际上很难测出。

例 8-5 一飞船以 3×10^3 m·s^{-1} 的速率相对于地面匀速飞行，飞船上的钟走了 10 s，问地面上的钟经过了多少时间？

解 由于

$$\Delta t = \frac{\Delta t'}{\sqrt{1 - u^2/c^2}}$$

$\Delta t'$ 为本征时间，所以

$$\Delta t = \frac{\Delta t'}{\sqrt{1 - \dfrac{u^2}{c^2}}} = \frac{10}{\sqrt{1 - \left(\dfrac{3 \times 10^3}{3 \times 10^8}\right)^2}} \text{ s} = 10.000\ 000\ 000\ 5 \text{ s}$$

可以看出，这种时间延缓效应实际上很难测出。

例 8-6 一长度为 $l_0 = 1$ m 的米尺静止于 S′系中，与 x' 轴的夹角为 $\theta' = 30°$，S′系相对 S 系沿 x 轴运动，在 S 系中的观测者测得米尺与 x 轴的夹角为 $\theta = 45°$。试求：

（1）S′系和 S 系的相对运动速度；（2）在 S 系中测得的米尺长度。

解 （1）米尺相对 S′系静止，它在 x' 轴、y' 轴上的投影长度分别为

$$l'_x = l_0\cos\theta' \approx 0.866 \text{ m}, \quad l'_y = l_0\sin\theta' = 0.5 \text{ m}$$

米尺相对 S 系沿 x 轴运动，设相对运动速度为 u，S 系中的观察者测得米尺在 x 方向收缩，而 y 方向的长度不变，即

$$l_x = l'_x\sqrt{1-\frac{u^2}{c^2}}, \quad l_y = l'_y$$

故

$$\tan\theta = \frac{l_y}{l_x} = \frac{l'_y}{l_x} = \frac{l'_y}{l'_x\sqrt{1-\dfrac{u^2}{c^2}}}$$

把 $\theta = 45°$ 及 l'_x、l'_y 代入，则

$$\sqrt{1-\frac{u^2}{c^2}} = \frac{0.5}{0.866}$$

故

$$u \approx 0.816c$$

（2）在 S 系中测得的米尺长度为

$$l = \frac{l_y}{\sin 45°} \approx 0.707 \text{ m}$$

例 8-7 一门的宽度为 a，今有一固有长度为 l_0（$l_0 > a$）的水平细杆，在门外贴近门的平面内沿其长度方向匀速运动。若站在门外的观察者认为此杆的两端可同时被拉进此门，则此杆相对于门的运动速度 u 至少为多少？

解 门外观察者测得的杆长为运动长度，$l = l_0\sqrt{1-\left(\dfrac{u}{c}\right)^2}$，当 $l \leq a$ 时，可认为此杆能被拉进门，则

$$a \geq l_0\sqrt{1-\left(\frac{u}{c}\right)^2}$$

解得此杆相对于门的运动速度至少为

$$u = c\sqrt{1-\left(\frac{a}{l_0}\right)^2}$$

例 8-8 两个惯性系中的观察者 O 和 O' 以 $0.6c$（c 表示真空中光速）的相对速度接近，如果 O 测得的两者的初始距离是 20 m，那么 O' 测得两者经过多长时间相遇？

解 O 测得的相遇时间为 Δt，则

$$\Delta t = \frac{l_0}{u} = \frac{20 \text{ m}}{0.6c}$$

O' 测得的是固有时间 $\Delta t'$，则

$$\Delta t' = \frac{\Delta t}{\gamma} = \frac{l_0\sqrt{1-\beta^2}}{u} \approx 8.89 \times 10^{-8} \text{ s}$$

式中

$$\beta = \frac{u}{c} = 0.6, \quad \gamma = \frac{1}{0.8}$$

或者，O' 测得的长度收缩，有

$$l = l_0\sqrt{1-\beta^2} = l_0\sqrt{1-0.6^2} = 0.8l_0, \quad \Delta t' = \frac{l}{u}$$

$$\Delta t' = \frac{0.8l_0}{0.6c} = \frac{0.8 \times 20}{0.6 \times 3 \times 10^8} \text{ s} \approx 8.89 \times 10^{-8} \text{ s}$$

8.3.4 时间延缓的确凿证据

放射性衰变是一个统计过程（个别粒子的衰变是随机事件，大量粒子的衰变服从统计规律）。以 $N(t)$ 表示 t 时刻尚未衰变的粒子数，它与时间的依赖关系为

$$N(t) = N_0 \mathrm{e}^{-t/\tau}$$

式中 $N_0 = N(0)$，τ 为粒子的平均寿命（半衰期 $T_{1/2} = \tau \ln 2$）。就这一统计规律而言，不稳定粒子也是一种天然的时钟，从粒子数的变化能够提供时间流逝的信息。

μ 子作为宇宙射线的次级辐射，对它的探测为时间延缓提供了确凿的证据。

宇宙射线中快速原子核在核碰撞中产生 π 介子，它的平均寿命只有约 2.6×10^{-8} s，作为初级辐射的 $\pi^\pm$ 介子很快衰变产生 $\mu^\pm$ 子（其静止质量为电子静止质量的 207 倍）和 μ 子中微子 $\overline{\nu}_\mu$（符号上加一横表示该粒子是反粒子），即 $\pi^\pm \to \mu^\pm + \overline{\nu}_\mu$，静止 μ 子的平均寿命约为 2.21×10^{-6} s，它通过弱相互作用又衰变成电子和电子中微子 ν_e，即

$$\mu^+ \to \overline{e}^+ + \nu_e + \overline{\nu}_\mu, \quad \mu^- \to e^- + \overline{\nu}_e + \nu_\mu$$

π 介子与原子核有很强的相互作用，μ 子与物质之间的相互作用仅是电磁相互作用，在衰变前容易穿透大量物质。

在海拔几千米的大气层里，π 介子衰变成 μ 子。μ 子是宇宙射线的产物，进入

大气层的速度接近光速，可达 $0.998\,c$。但是静止 μ 子的平均寿命只有约 $2.21 \times 10^{-6}\,\text{s}$，以这个时间乘以 μ 子速度，其结果只有约 $600\,\text{m}$，人们曾预期只有少量的 μ 子能够到达海平面，在海平面用带电粒子探测器记录到 μ 子几乎不太可能。但是，人们在海平面探测到的 μ 子数大大超过了原来的预期值。

按照相对论，μ 子的平均寿命是原时 τ，相对地球高速运动的 μ 子在地球参考系中的寿命因时间延缓，故应为 $\gamma\tau$。因为 $u = 0.998\,c$，$\gamma(u) = \left(1 - \dfrac{u^2}{c^2}\right)^{-\frac{1}{2}} \approx 15.8$，所以 μ 子在地球参考系中可行进的距离为 $\gamma\tau u \approx 9 \times 10^3\,\text{m}$，当然可在海平面探测到 μ 子。

同样，在随 μ 子一起运动的参考系中，μ 子的平均寿命是 τ。但大气层的厚度是在地球参考系中给出的测量值，例如，$l = 9 \times 10^3\,\text{m}$ 是地球参考系中的原长。考虑到长度收缩效应，在随 μ 子一起运动的参考系中，大气层厚度只有 $l' = \dfrac{l}{\gamma} \approx 600\,\text{m}$。这同样说明了 μ 子能够到达海平面。

总之，无论相对于地球参考系，还是相对于随 μ 子一起运动的参考系，相对论都对这个现象作出了圆满的解释。

不仅"微观钟"——不稳定粒子——为时间延缓提供了证据，1971 年，人们将铯原子钟放在飞机上，沿赤道向东向西各绕地球飞行一周，回到原地后运动的铯原子钟分别比静止在地面上的铯原子钟慢 59 ns($1\,\text{ns} = 10^{-9}\,\text{s}$)和快 273 ns。由于地球从西向东自转，所以地面不是精确的惯性系。以地心指向太阳的参考系为惯性系，因为飞机的速度总是小于太阳的速度，所以飞机无论向东还是向西飞，它相对于地心参考系都是向东转的，只是向东飞相对惯性系速度大，向西飞相对惯性系速度小，地面上的钟介于两者之间。这个实验表明，相对于惯性系速度越大的钟走得越慢。

8.4 洛伦兹速度变换

当在两个不同的惯性参考系下测量同一质点的速度时，两个速度之间的关系应满足洛伦兹速度变换，而不再是伽利略速度变换。

根据洛伦兹变换，可以导出洛伦兹速度变换公式。设惯性系 S 及 S′的相对运动情况和计时零点的规定与图 8-1 相同，在 S 系和 S′系中分别观察质点 P 的运动速度（图 8-5）。对洛伦兹变换式（8-6）微分，得

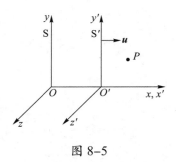

图 8-5

$$\begin{cases} \mathrm{d}x' = \dfrac{\mathrm{d}x - u\mathrm{d}t}{\sqrt{1 - \dfrac{u^2}{c^2}}} \\[4ex] \mathrm{d}t' = \dfrac{\mathrm{d}t - \dfrac{u}{c^2}\mathrm{d}x}{\sqrt{1 - \dfrac{u^2}{c^2}}} \\[4ex] \mathrm{d}y' = \mathrm{d}y \\[1ex] \mathrm{d}z' = \mathrm{d}z \end{cases} \quad (8\text{--}11)$$

则

$$v_x' = \frac{\mathrm{d}x'}{\mathrm{d}t'} = \frac{\dfrac{\mathrm{d}x'}{\mathrm{d}t}}{\dfrac{\mathrm{d}t'}{\mathrm{d}t}} = \frac{\dfrac{\mathrm{d}x}{\mathrm{d}t} - u}{1 - \dfrac{u}{c^2}\dfrac{\mathrm{d}x}{\mathrm{d}t}}$$

即

$$v_x' = \frac{v_x - u}{1 - \dfrac{uv}{c^2}}$$

$$v_y' = \frac{\mathrm{d}y'}{\mathrm{d}t'} = \frac{\mathrm{d}y}{\gamma\left(1 - \dfrac{u}{c^2}v_x\right)\mathrm{d}t} = \frac{v_y}{\gamma\left(1 - \dfrac{u}{c^2}v_x\right)}$$

$$v_z' = \frac{\mathrm{d}z'}{\mathrm{d}t'} = \frac{\mathrm{d}z}{\gamma\left(1 - \dfrac{u}{c^2}v_x\right)\mathrm{d}t} = \frac{v_z}{\gamma\left(1 - \dfrac{u}{c^2}v_x\right)}$$

所以有

$$\begin{cases} v_x' = \dfrac{v_x - u}{1 - \dfrac{uv_x}{c^2}} \\[4ex] v_y' = \dfrac{v_y}{\gamma\left(1 - \dfrac{u}{c^2}v_x\right)} \\[4ex] v_z' = \dfrac{v_z}{\gamma\left(1 - \dfrac{u}{c^2}v_x\right)} \end{cases} \quad (8\text{--}12)$$

根据相对性原理，上式中的 u 变为 $-u$，带撇的量和不带撇的量对调，可得到从 S′系到 S 系的速度变换式为

$$\begin{cases} v_x = \dfrac{v'_x + u}{1 + \dfrac{uv'_x}{c^2}} \\[3em] v_y = \dfrac{v'_y}{\gamma\left(1 + \dfrac{u}{c^2}v'_x\right)} \\[3em] v_z = \dfrac{v'_z}{\gamma\left(1 + \dfrac{u}{c^2}v'_x\right)} \end{cases} \qquad (8\text{-}13)$$

以上速度变换式称为**洛伦兹速度变换式**。

当 $u \ll c$ 和 $v_x \ll c$ 时，$\gamma \to 1$，$\dfrac{uv_x}{c^2} \to 0$，则（8-12）式变为

$$v'_x = v_x - u, \quad v'_y = v_y, \quad v'_z = v_z$$

又回到了伽利略变换式。

在 v 平行于 x 轴的情况下，$v_x = v$，$v_y = 0$，$v_z = 0$，代入（8-12）式，得到

$$v'_x = \dfrac{v - u}{1 - \dfrac{uv}{c^2}}, \quad v'_y = 0, \quad v'_z = 0 \qquad (8\text{-}14)$$

在 v' 平行于 x' 轴的情况下，$v'_x = v'$，$v'_y = 0$，$v'_z = 0$，代入（8-13）式，得到

$$v_x = \dfrac{v' + u}{1 + \dfrac{uv'}{c^2}} \quad v_y = 0, \quad v_z = 0 \qquad (8\text{-}15)$$

（8-14）式和（8-15）式是常用的特殊情况。

例 8-9 有一辆火车以速度 u 相对地面作匀速直线运动。在火车上向前和向后射出两道光，求光相对地面的速度。

解 以地面为 S 系，火车为 S' 系，则光相对于车向前的速度为 $v' = +c$，向后的速度为 $v' = -c$，代入 $v_x = \dfrac{v' + u}{1 + \dfrac{uv'}{c^2}}$，可得光向前的速度为

$$v_x = \dfrac{c + u}{1 + \dfrac{uc}{c^2}} = c$$

光向后的速度为

$$v_x = \dfrac{-c + u}{1 - \dfrac{uc}{c^2}} = -c$$

这正符合光速不变原理。

例 8-10 一飞船以速度 $0.8c$ 飞行，一彗星以速度 $0.6c$ 沿同一方向飞行。问宇

航员测得的彗星的速度有多大？

解 以飞船为运动系，地面为静止系。$u = 0.8c$，$v = 0.6c$，所以

$$v' = \frac{v-u}{1-\dfrac{uv}{c^2}} = \frac{0.6c-0.8c}{1-\dfrac{0.6c \times 0.8c}{c^2}} \approx -0.38c$$

例 8-11 飞船 A 以 $0.8c$ 的速度相对地球向正东方向飞行，飞船 B 以 $0.6c$ 的速度相对地球向正西方向飞行。当两飞船即将相遇时飞船 A 在自己的天窗处相隔 2 s 发射两颗信号弹。问在飞船 B 的观测者测得的两颗信号弹发射的时间间隔为多少？

解 取飞船 B 为 S 系，地球为 S′系，自西向东为 x（x'）轴正方向，则飞船 A 对 S′系的速度为 $v'_x = 0.8c$，S′系对 S 系的速度为 $u = 0.6c$，飞船 A 对 S 系（飞船 B）的速度为

$$v_x = \frac{v'_x + u}{1 + \dfrac{uv'_x}{c^2}} = \frac{0.8c + 0.6c}{1 + 0.48} \approx 0.946c$$

两颗信号弹是从飞船 A 的同一点发出的，其时间间隔为固有时间 $\Delta t' = 2$ s，则飞船 B 的观测者测得的时间间隔为

$$\Delta t = \frac{\Delta t'}{\sqrt{1-\dfrac{v_x^2}{c^2}}} = \frac{2}{\sqrt{1-0.946^2}}\,\text{s} \approx 6.17\,\text{s}$$

例 8-12 （1）火箭 A 和火箭 B 分别以 $0.8c$ 和 $0.6c$ 的速度相对地球向 $+x$ 和 $-x$ 方向飞行。试求由火箭 B 测得的火箭 A 的速度；（2）若火箭 A 相对地球以 $0.8c$ 的速度向 $+y$ 方向运动，火箭 B 的速度不变，求火箭 A 相对于火箭 B 的速度。

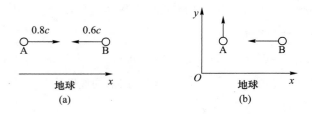

图 8-6

解 （1）如图 8-6（a）所示，取地球为 S 系，火箭 B 为 S′系，则 S′系相对 S 系的速度为 $u = -0.6c$，火箭 A 相对于 S 系的速度为 $v_x = 0.8c$，则火箭 A 相对于 S′系（B）的速度为

$$v'_x = \frac{v_x - u}{1 - \dfrac{u}{c^2}v_x} = \frac{0.8c - (-0.6c)}{1 - \dfrac{(-0.6c)(0.8c)}{c^2}} \approx 0.946c$$

或者取火箭 A 为 S′ 系，则 $u = 0.8c$，火箭 B 相对于 S 系的速度为 $v_x = -0.6c$，于是火箭 B 相对于火箭 A 的速度为

$$v'_x = \frac{v_x - u}{1 - \dfrac{u}{c^2}v_x} = \frac{-0.6c - 0.8c}{1 - \dfrac{(0.8c)(-0.6c)}{c^2}} \approx -0.946c$$

（2）如图 8-6（b）所示，取地球为 S 系，火箭 B 为 S′ 系，S′ 系相对 S 系沿 $-x$ 方向运动，速度为 $u = -0.6c$，火箭 A 相对于 S 系的速度为 $v_x = 0$，$v_y = 0.8c$，由洛伦兹变换式，火箭 A 相对于火箭 B 的速度为

$$v'_x = \frac{v_x - u}{1 - \dfrac{u}{c^2}v_x} = \frac{0 - (-0.6c)}{1 - 0} = 0.6c$$

$$v'_y = \frac{\sqrt{1 - \dfrac{u^2}{c^2}}v_y}{1 - \dfrac{u}{c^2}v_x} = \sqrt{1 - 0.6^2}\,(0.8c) = 0.64c$$

则火箭 A 相对于火箭 B 的速度大小为

$$v' = \sqrt{v'^2_x + v'^2_y} \approx 0.88c$$

速度方向与 x' 轴的夹角 θ' 可如下求出：

$$\tan\theta' = \frac{v'_y}{v'_x} \approx 1.07$$

$$\theta' \approx 46.9°$$

8.5 狭义相对论基本原理的再认识

"相对论往往被看作是惊人的，……高度神秘的东西。……强调这些惊人的，神秘的方面……对于相对论的良好理解几乎没有好处。……要理解相对论，肯定应当强调相对论与以前思想的联系。""要把牛顿力学的观点搞得非常清楚。牛顿第一定律导致惯性观察者的观念；惯性观察者……发现惯性定律是正确的。惯性观察者彼此之间完全等价是该定律的一个直接的、合乎逻辑的推论。对于牛顿第二定律，惯性观察者彼此间的等价性在逻辑上不是必然的，而是一种很通行的推广。根据这种推广我们得到了力学的相对性原理：只对力学实验而言，一切惯性观察者是等价的。""然而要把动力学与物理学其他部分在任何意义上分割开是何等荒谬。在物理

学中没有一个实验仅涉及动力学而不涉及其他，……所以力学的相对性原理是空洞的。"所有惯性观察者都是等价的，这个爱因斯坦的相对性原理，并不是作为一个逻辑推论提出来的，而是作为一个合理的猜测提出来的，这个猜测经受住了实践的检验。

8.5.1 相对性和绝对性

相对性和绝对性似乎是两个对立的概念，但是，相对论并不厚此薄彼，而是强调了它们互为因果、互为表里的相依关系。相对性指的是观测的相对性：对于一个现象，在不同的参考系中有不同的描述，相对性强调了不一致的方面。最突出的例子是放弃了普适的时间，引出了同时的相对性。绝对性或不变性是指一致的部分，是指不同参考系中的观测者共同的认识。相对性原理否定了绝对运动，肯定了每个惯性系的平等地位，每个惯性系都替自己说话，而且运用完全相同的测量程序替自己说话。物理规律放之每一个惯性系而皆准。相对论出人意料地给科学增添了更多的相对性的同时也增添了更多的绝对性。一些原来认为是不变的量，实际上不是绝对的，而是相对一定参考系观测的结果，例如时间。而新认识的不变性中最重要的是，尽管对现象的原始观测具有相对性，但支配这些现象的规律必定是不变的。相对性原理实际上是物理定律不随惯性系变化的原理，它被爱因斯坦升格到基本科学假设的高度。正是在许多观测具有相对性的衬托下，人们对物理定律的客观性才有了更为深刻的认识。

处于相对运动状态的两个观测者，对同一物体测出了不同的长度，对同样两个事件测出了不同的时间间隔，这使时间、长度失去了绝对的意义，动摇了牛顿的时空观念。相对论明确指出，两个事件发生的时间间隔和发生地点的空间距离的测量值与观测者依据的参考系有关。相对论是一种测量的理论，而运动要影响测量。另一方面，相对论中也有测量的不变量：量杆的原长是一个绝对量，在一切惯性系中进行的原长测量，其结果都一致，所有观测者对原长都认同。时间测量也有不变性，一个时钟或一个固有的周期性变化过程，在相对于它静止的参考系中，由相继两个读数（或若干个变化周期）所确定的时间（原时）也是个绝对量。离开了这些不变性就失去了测量的基础，时空的对称性也会荡然无存。

相对论的两条基本原理正是指出了两个不变性。它和牛顿力学的区别在于它改变了理论的基石，以自然规律的绝对性和光速的绝对性取代了时间和空间的绝对性。相对论放弃了绝对时空观念，消除了物理世界的内在矛盾，还复了自然图景的内在协调。

8.5.2　信号传递的极限速率

如果能够以无限大的速率传递信息，我们就能够绝对地确定发生于不同地点的两事件是否同时。指望物理作用能够超越时空以无限大的速率传播，是一种空想。然而牛顿力学却建立在这种虚构的基础之上。相对论的时间测量立足于用以有限速率传播的信号为一个参考系的所有时钟整步。信号不能以无限大的速率传播，这必然导致极限速率的存在。既然是最大速率，按照相对性原理，它只能在一切惯性系中具有相同的数值，不管这个数值是多少，并为自然界设置了速率的上限。自然界的极限速率为什么属于光而不属于别的什么东西，回答是光子的静止质量为零。

从根本上讲，时间的测量是第一性的，空间的测量是第二性的。长度的定义也离不开时间的概念，现今我们使用的长度单位米为当真空中光速以 $m \cdot s^{-1}$ 表示时，将其固定数值取为 299 792 458 来定义米。经典物理学中也存在类似的情况，天文学中距离以光年为单位，这暗示了测量的距离是电磁波往返时间的一半与光速的乘积。一些动物也采用"声呐"测定距离。

光速 c 的另一个作用是转换因子。空间和时间既然是统一时空的组成部分，那么理应有相同的量度单位。因为在认识空间和时间的任何联系之前，人们已经独立地规定了米和秒，所以光速 c 就是联系这两个不同（它们本质相同）单位的转换因子。

8.6　相对论动力学

传统的牛顿力学建立在伽利略时空观基础上，存在无法解决的矛盾。例如，一质点在常力的作用下速度会不断增加，只要力的持续时间足够长，其速度必然会超过光速。此外，在相对论条件下，质点的质量也不是保持不变的。因此，需要建立满足相对论条件的动力学理论。

8.6.1　相对论动量和质量与速度的关系

牛顿第二定律 $F = ma$ 作为经典力学的基本定律，在伽利略变换下具有协变性；但是在洛伦兹变换下，它将不再具有协变性。所以在狭义相对论中，牛顿第二定律的数学表达形式需要修改。从牛顿力学来看，物体的质量为一常量，与物体的速率无关，但实际上当速率接近光速时，物体的质量与速率有关，质量随速率的增大而增大。因此，在狭义相对论中，物体的质量并非常量，而是随速率而变化的，我们可以根据相对性原理来探讨质量与速率的关系。

考虑到动量守恒定律是一条普遍规律，在相对论中也成立，那么根据相对性原理，在一个惯性系中系统的动量守恒，则经过洛伦兹变换，在另一个惯性系中，系统的动量仍然是守恒的。因此从动量守恒定律出发，可以推导出运动物体质量与其速率的关系。

在相对论中定义一个质点的动量为

$$p = mv \tag{8-16}$$

式中 v 是速度，m 为质点的质量。不过动量在数值上不一定与速率 v 成正比，因为 m 不再是常量，可以假定 m 是速率 v 的函数。由于空间各向同性，m 只与速率 v 有关，而与方向无关，所以

$$m = m(v)$$

对于一个由许多质点组成的系统，其动量为

$$p = \sum p_i = \sum m_i v_i \tag{8-17}$$

在没有外力作用于系统的情况下，系统的总动量是守恒的，即

$$\sum m_i v_i = \text{常矢量}$$

按照狭义相对论原理和洛伦兹变换公式，当动量守恒表达式在任意惯性系中都保持不变时，质点的动量表达式为

$$p = mv = \frac{m_0}{\sqrt{1 - \dfrac{v^2}{c^2}}} v = \gamma m_0 v \tag{8-18}$$

式中 m_0 为质点静止时的质量，v 为质点相对某惯性参考系运动时的速度。当质点的速度远小于光速，即 $v \ll c$ 时，有 $\gamma \approx 1$，$p \approx m_0 v$，这与牛顿力学中的动量表达式是相同的。（8-18）式称为**相对论动量表达式**。

为了不改变动量的基本定义（质量乘以速度），可将动量统一写成

$$p = mv$$

式中

$$m = \frac{m_0}{\sqrt{1 - \dfrac{v^2}{c^2}}} = \gamma m_0 \tag{8-19}$$

可见，在狭义相对论中，质量 m 是与速率 v 有关的，称为相对论质量，而 m_0 则是质点相对某惯性参考系静止时的质量，故称为静止质量。（8-19）式是质量与速率的关系式，从该式可以看出，当质点的速率远小于光速，即 $v \ll c$ 时，其相对论质量近似等于静止质量，即 $m \approx m_0$。这时，相对论质量与静止质量没有明显的差别了，可以认为质点的质量为一常量。这表明，在 $v \ll c$ 的情况下，牛顿力学仍然是适用的。

（8-19）式所表达的质量的相对性可以用图 8-7 表示。一般来说，宏观物体的速率比光速小得多，其质量和静止质量很接近，因而可以忽略其质量的改变。但是对于微观粒子，如电子、质子、介子等，其速率跟光速很接近，这时质量和静止质量就有显著的不同。质点的质量随其速率的增加而增加已被高能物理实验所证实，如电子在加速到接近光速时的质量可以达到其静止质量的几十万倍，在加速器中被加速的质子，其速率达到 $2.7 \times 10^8 \text{ m} \cdot \text{s}^{-1}$ 时，其质量是静止质量的 2.3 倍。

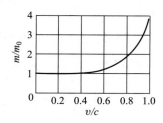

图 8-7　质量的相对性

*8.6.2　相对论动力学方程

在相对论条件下，当外力作用于质点时，由相对论动量表达式可得质点动力学方程为

$$F = \frac{\mathrm{d}\boldsymbol{p}}{\mathrm{d}t} = \frac{\mathrm{d}}{\mathrm{d}t} \left(\frac{m_0}{\sqrt{1 - \dfrac{v^2}{c^2}}} \boldsymbol{v} \right) \tag{8-20}$$

从上式出发，有

$$F = \frac{\mathrm{d}\boldsymbol{p}}{\mathrm{d}t} = \frac{\mathrm{d}(m\boldsymbol{v})}{\mathrm{d}t} = m\boldsymbol{a} + \boldsymbol{v}\frac{\mathrm{d}m}{\mathrm{d}t} \tag{8-21}$$

当质点的运动速度远小于光速时，（8-21）式可以写成

$$F = \frac{\mathrm{d}\boldsymbol{p}}{\mathrm{d}t} = \frac{\mathrm{d}(m_0\boldsymbol{v})}{\mathrm{d}t} = m_0\frac{\mathrm{d}\boldsymbol{v}}{\mathrm{d}t} = m_0\boldsymbol{a}$$

这正是经典力学中的牛顿第二定律。这表明在物体的速度远小于光速（$v \ll c$）的情况下，牛顿第二定律的形式 $F = m_0\boldsymbol{a}$ 是成立的。同样在物体的速度远小于光速（$v \ll c$）的情况下，系统的总动量亦可由公式（8-17）写成

$$\boldsymbol{p} = \sum \boldsymbol{p}_i = \sum m_{0i}\boldsymbol{v}_i = 常矢量 \tag{8-22}$$

上式正是经典力学的动量守恒定律。

总之，相对论的动量概念、质量概念，以及相对论的动力学方程式（8-21）和动量守恒定律具有普遍的意义，而牛顿力学只是相对论力学在低速运动条件下很好的近似。

*8.6.3 质量和能量的关系

在相对论条件下的动能定理与经典力学条件下的动能定理的表述仍然是一致的，但动能的表示形式有所更改。

设质点在外力 $\boldsymbol{F}$ 的作用下从静止开始运动，利用相对论中的力的定义，有

$$\boldsymbol{F} = \frac{\mathrm{d}\boldsymbol{p}}{\mathrm{d}t} = \frac{\mathrm{d}(m\boldsymbol{v})}{\mathrm{d}t} \qquad (8\text{-}23)$$

这里的 $\boldsymbol{p}$ 是相对论动量。（8-23）式表示的力学规律，对不同的惯性系，在洛伦兹变换下是不变的。但要说明的是，质量和速度在不同惯性系中是不同的，所以相对论中力 $\boldsymbol{F}$ 在不同惯性系中也是不同的。它们都不是常量，不同惯性系之间有其相应的变换关系，这一点与经典力学不同。下面将给出质量与能量的关系。

在相对论中，功能关系仍具有牛顿力学中的形式。设静止质量为 m_0 的质点，初始时刻静止，在外力作用下，位移为 $\mathrm{d}\boldsymbol{r}$，获得速度 $\boldsymbol{v}$，质点的动能增量等于外力所做的功，即

$$\mathrm{d}E_k = \boldsymbol{F} \cdot \mathrm{d}\boldsymbol{r} = \boldsymbol{F} \cdot \boldsymbol{v}\,\mathrm{d}t$$

把（8-23）式代入上式，得

$$\mathrm{d}E_k = \mathrm{d}(m\boldsymbol{v}) \cdot \boldsymbol{v} = (\mathrm{d}m)\boldsymbol{v} \cdot \boldsymbol{v} + m(\mathrm{d}\boldsymbol{v}) \cdot \boldsymbol{v} = v^2\mathrm{d}m + m\,v\mathrm{d}v$$

式中

$$(\mathrm{d}\boldsymbol{v}) \cdot \boldsymbol{v} = \frac{1}{2}\mathrm{d}(\boldsymbol{v} \cdot \boldsymbol{v}) = \frac{1}{2}\mathrm{d}v^2 = v\mathrm{d}v$$

根据

$$m = \frac{m_0}{\sqrt{1 - \dfrac{v^2}{c^2}}}$$

对上式微分得

$$\mathrm{d}m = \frac{m_0 v\mathrm{d}v}{c^2\left(1 - \dfrac{v^2}{c^2}\right)^{\frac{3}{2}}}$$

解得

$$\mathrm{d}v = \frac{c^2 \left(1 - \dfrac{v^2}{c^2}\right)^{\frac{3}{2}} \mathrm{d}m}{m_0 v}$$

将上式代入 $\mathrm{d}E_\mathrm{k}$，并化简得到

$$\mathrm{d}E_\mathrm{k} = c^2 \mathrm{d}m$$

当 $v = 0$ 时，$m = m_0$，动能 $E_\mathrm{k} = 0$，对上式积分有

$$\int_0^{E_\mathrm{k}} \mathrm{d}E_\mathrm{k} = \int_{m_0}^m c^2 \mathrm{d}m$$

得

$$E_\mathrm{k} = mc^2 - m_0 c^2 \tag{8-24}$$

这是相对论动能的表达式，显然与经典力学的动能表达式不同。但当 $v \ll c$ 时，

$$E_\mathrm{k} = \frac{m_0 c^2}{\sqrt{1 - \dfrac{v^2}{c^2}}} - m_0 c^2 = \left(1 + \frac{v^2}{2c^2} + \frac{3v^4}{8c^4} + \cdots\right) m_0 c^2 - m_0 c^2 \approx \frac{1}{2} m_0 v^2$$

这里忽略了高阶小量，回到了经典力学中的动能公式。

因此，（8-24）式可以写成

$$E_\mathrm{k} + m_0 c^2 = mc^2$$

爱因斯坦称 $m_0 c^2$ 为静能，mc^2 等于物体的动能和静能之和，称为总能量，即

$$E = E_\mathrm{k} + m_0 c^2 = mc^2 \tag{8-25}$$

这就是质能关系，它把质量和能量联系在一起了。

质能关系说明，一定的质量就代表一定的能量，质量和能量是相当的，二者之间的关系只是相差一个常量因子 c^2。质量和能量都是物质属性的量度，质量和能量可以相互转化。当然，这只是物质属性的转化。在相对论中，质量的概念不独立存在，质量守恒定律和能量守恒定律归结为**质能守恒定律**，简称**能量守恒定律**。当微观粒子（如原子核、基本粒子等）相互作用，导致分裂、聚合等反应时，反应前粒子的总静止质量和反应后生成物的总静止质量之差，称为**质量亏损** Δm。质量亏损 Δm 对应的能量称为**结合能** ΔE，通常称为**原子能**。原子能的利用使人类进入原子能时代。爱因斯坦建立的质能关系式被认为是一个具有划时代意义的理论公式。

质量亏损 Δm 和结合能 ΔE 之间的关系为

$$\Delta E = (\Delta m) c^2 \qquad\qquad (8-26)$$

在日常生活中，观测系统的能量变化并不难，但相应的质量变化却极微小，不易被观察到。例如，1 kg 水由 0 ℃被加热到 100 ℃，其所增加的能量为

$$\Delta E = 4.18 \times 10^3 \times 100 \text{ J} = 4.18 \times 10^5 \text{ J}$$

而质量相应只增加了 $\Delta m = \dfrac{\Delta E}{c^2} \approx 4.6 \times 10^{-12}$ kg，在研究核反应时，实验完全验证了质能关系。

1932 年，英国物理学家考克饶夫和爱尔兰物理学家瓦尔顿利用他们所设计的质子加速器进行了人工核蜕变实验，为此他们于 1951 年获得诺贝尔物理学奖，这也是质能关系获得实验验证的第一例。在实验中，他们使加速的质子束射到威尔逊云室内的锂靶上。锂原子核俘获一个质子后成为不稳定的铍原子核，然后又蜕变为两个氦原子核，并在接近于 180° 的角度下，以很大的速度飞出。这个核反应可以写为下式：

$$_3^7\text{Li} + _1^1\text{H} \rightarrow _4^8\text{Be} \rightarrow _2^4\text{He} + _2^4\text{He}$$

实验测得两个氦原子核的总动能为 17.3 MeV(1 MeV $= 1.60 \times 10^{-13}$ J)，这个总动能就是核反应后两个氦核所具有的动能之和。由质能关系（8-26）式得，两个氦核的质量应比其静止质量增加了 Δm，其中

$$\Delta m = \frac{\Delta E}{c^2} = 3.08 \times 10^{-29} \text{ kg}$$

如果原子核的质量用原子质量单位 u 表示（1 u $= 1.66 \times 10^{-27}$ kg），则有

$$\Delta m = \frac{3.08 \times 10^{-29}}{1.66 \times 10^{-27}} \text{ u} \approx 0.018\,55 \text{ u} \qquad\qquad (1)$$

另一方面，由质谱仪测得质子 $(_1^1\text{H})$、锂原子核 $(_3^7\text{Li})$、氦原子核 $(_2^4\text{He})$ 的静止质量分别为

$$m_\text{H} = 1.007\,83 \text{ u}, \quad m_\text{Li} = 7.016\,01 \text{ u}, \quad m_\text{He} = 4.002\,60 \text{ u}$$

那么，在核反应后，两个氦核的质量增加量为

$$\Delta m = (1.007\,83 \text{ u} + 7.016\,01 \text{ u}) - 2 \times 4.002\,60 \text{ u} = 0.018\,64 \text{ u} \qquad\qquad (2)$$

比较（1）式和（2）式，可见理论计算和实验结果是相符的。后来，人们又作了许

多核反应方面的实验，都得出了与（8-26）式相符合的结果。因此，实验充分验证了质能关系的正确性，乃至狭义相对论基本原理的正确性。

相对论把经典力学中两个孤立的守恒定律结合成统一的质能守恒定律。

8.6.4　相对论动量和能量的关系

相对论动量 p、静止能量 E_0 和总能量 E 之间的关系非常简单，下面我们给出这一关系。

根据质量与速度关系 $m = \dfrac{m_0}{\sqrt{1 - \dfrac{v^2}{c^2}}}$，有

$$m^2c^2 - m^2v^2 = m_0^2c^2$$

因此 $E^2 = m^2c^4 = m^2v^2c^2 + m_0^2c^4$，由此得到相对论总能量与动量关系为

$$E^2 = E_0^2 + p^2c^2 \tag{8-27}$$

这就是相对论动量和能量的关系式。它们之间的关系可以用图 8-8 的三角形表示出来。

如果质点的能量 E 远远大于其静止能量 E_0，那么（8-27）式中等号右边的第一项可以略去不计，上式可以写成

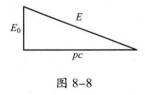

图 8-8

$$E \approx pc \tag{8-28}$$

此公式可以表示像光子这类静止质量为零的粒子的能量和动量之间的关系。我们知道频率为 ν 的光束，其光子的能量为 $h\nu$，h 为普朗克常量。于是由（8-28）式可得光子的动量为

$$p = \frac{E}{c} = \frac{h\nu}{c} = \frac{h}{\lambda} \tag{8-29}$$

式中 λ 为光的波长。这就告诉我们，光子的动量与光的波长成正比。由此，人们对光的本性的认识又加深了一步。

例 8-13　μ 子静止质量是电子静止质量的 207 倍，静止时的平均寿命 $\tau_0 = 2 \times 10^{-6}$ s，若它在实验室参考系中的平均寿命 $\tau = 7 \times 10^{-6}$ s，试问其质量是电子静止质量的多少倍？

解　设 μ 子静止质量为 m_0，相对实验室参考系的速度为 $v = \beta c$，相应质量为

m，电子静止质量为 m_{0e}，因 $\tau = \dfrac{\tau_0}{\sqrt{1-\beta^2}}$，故 $\dfrac{1}{\sqrt{1-\beta^2}} = \dfrac{\tau}{\tau_0} = \dfrac{7}{2}$。

由质速关系，μ 子在实验室参考系中的质量为

$$m = \frac{m_0}{\sqrt{1-\beta^2}} = \frac{207m_{0e}}{\sqrt{1-\beta^2}}$$

故

$$\frac{m}{m_{0e}} = \frac{207}{\sqrt{1-\beta^2}} = 207 \times \frac{7}{2} \approx 725$$

例 8-14 一物体的速度使其质量增加了 10%，试求此物体的长度在运动方向上的相对收缩量。

解 设静止质量为 m_0，运动质量为 m，由题设条件有

$$\frac{m - m_0}{m_0} = 0.10$$

$$m = \frac{m_0}{\sqrt{1-\beta^2}}$$

由此二式得

$$\frac{1}{\sqrt{1-\beta^2}} - 1 = 0.10$$

则

$$\sqrt{1-\beta^2} = \frac{1}{1.10}$$

在运动方向上的长度和原长分别为 l 和 l_0，则相对收缩量为

$$\frac{\Delta l}{l_0} = \frac{l_0 - l}{l_0} = 1 - \sqrt{1-\beta^2} = 1 - \frac{1}{1.10} \approx 9.1\%$$

例 8-15 一电子在电场中从静止开始加速，试问它应通过多大的电势差才能使其质量增加 0.4%？此时电子速度是多少？已知电子的静止质量为 9.1×10^{-31} kg。

解 由质能关系有

$$\frac{\Delta m}{m_0} = \frac{\Delta E}{m_0 c^2} = \frac{0.4}{100}$$

则

$$\Delta E = \frac{0.4 m_0 c^2}{100} = \left[0.4 \times 9.1 \times 10^{-31} \times \left(3 \times 10^8\right)^2 / 100 \right] \text{J}$$

$$\approx 3.28 \times 10^{-16} \text{J} = \frac{3.28 \times 10^{-16}}{1.6 \times 10^{-19}} \text{eV} \approx 2.1 \times 10^3 \text{eV}$$

所求电势差为 2.1×10^3 V。

由质速关系有

$$\sqrt{1-\beta^2} = \frac{m_0}{m} = \frac{m_0}{m_0 + \Delta m} = \frac{1}{1 + \dfrac{\Delta m}{m_0}} = \frac{1}{1 + \dfrac{0.4}{100}} = \frac{1}{1.004}$$

则

$$\beta^2 = \left(\frac{v}{c}\right)^2 = 1 - \left(\frac{1}{1.004}\right)^2 = 7.95 \times 10^{-3}$$

故电子速度为

$$v = \beta c \approx 2.7 \times 10^7 \ \text{m} \cdot \text{s}^{-1}$$

8.7 广义相对论简介

狭义相对论和广义相对论分别建立于1905年和1915年前后，是许多物理学家、数学家和天文学家长期集体努力的结果。其中，最具有突出贡献的则是伟大的物理学家爱因斯坦。这两种理论都是关于物质世界中的时空关系及变换的理论。狭义相对论认为，在惯性系中，空间的大小和时间的快慢取决于物质的运动状态，但空间的几何性质却不受影响，即空间是所谓的平直的欧几里得空间。广义相对论认为空间的大小以及时间的快慢不仅要受到运动物质的影响，还与其周围环境有关，即是否存在引力场。广义相对论认为，我们所生活的空间并不是平直的欧几里得空间，而是一个弯曲的黎曼空间。因此，狭义相对论不过是广义相对论的一种特殊情况，是无引力场情况下的广义相对论。

在狭义相对论中，我们讨论的问题限制在惯性系范围，即不存在力的作用。问题是在现实世界中，大到宇宙星系的运动，小到原子和电子的运动，力的作用是无法回避的问题。

本节将简要介绍一下在非惯性系中物质运动的基本原理。

8.7.1 等效原理

我们来看一个例子。如图 8-9 所示，在地球表面有一静止不动的火箭。火箭内部有一位宇航员，宇航员手中拿有一个小球，现在让宇航员来作小球自由落体实验。当小球从宇航员手中自由脱落时，小球向下运动的加速度大小为 g。这是第一个实验。

下面来作第二个实验，假设火箭处于无重力场中，当火箭以加速度 g 向上运动时，让宇航员松开手使小球自由脱落，如图 8-10 所示。在第二个实验中，宇航员看到小球下落的加速度大小显然也是 g。

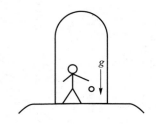
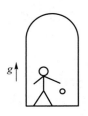

图 8-9　处于引力场中的火箭　　　　　图 8-10　无引力场加速运动的火箭

在这两个实验中，宇航员看到相同的物理现象，即小球都是以加速度 g 相对宇航员运动。由此我们可以想象到，在一个引力场中作加速运动的物体，其运动规律等效于这个物体在无引力场中作加速运动的非惯性系中的运动。这就是爱因斯坦提出的等效原理的出发点。

等效原理：在相同条件下，处于均匀、恒定引力场中的惯性系中所发生的物理现象，与一个不受引力场影响，但以恒定加速度运动的非惯性系中的物理现象完全相同。

根据等效原理，我们可以看到，在引力场中的惯性系与无引力场中的非惯性系具有等价性。这意味着，在这两种参考系中关于物质运动的数学描述应该具有某种协变性。

我们依旧以图 8-9 和图 8-10 中的例子来说明这一问题。

在图 8-9 中，以地面为惯性系。根据牛顿第二定律，小球运动的力学方程为

$$m\frac{\mathrm{d}^2 y}{\mathrm{d}t^2} = -G\frac{mm_\mathrm{E}}{R^2}$$

化简后可得

$$\frac{\mathrm{d}^2 y}{\mathrm{d}t^2} = -G\frac{m_\mathrm{E}}{R^2} = -g \tag{8-30}$$

此公式中，众所周知的结论是：引力场中，物质运动的加速度与其惯性质量无关。

在图 8-10 中，加速运动的火箭为非惯性系，地面为惯性系。根据坐标变换，有

$$y' = y - \frac{1}{2}gt^2$$

则有

$$\frac{\mathrm{d}^2 y'}{\mathrm{d}t^2} = \frac{\mathrm{d}^2 y}{\mathrm{d}t^2} - g$$

由于小球处于无重力场中，所以有 $\dfrac{\mathrm{d}^2 y}{\mathrm{d}t^2} = 0$。则上式为

$$\frac{\mathrm{d}^2 y'}{\mathrm{d}t^2} = -g \qquad\qquad (8\text{-}31)$$

比较（8-30）式和（8-31）式我们可以看到，小球运动的数学描述形式完全相同。

对于等效原理，必须强调的是，等效性仅适用于空间的局部范围，在较大的范围内不成立。

8.7.2 广义相对论的相对性原理

爱因斯坦推广了狭义相对论中相对性原理的内容。他认为：既然在惯性系中所有力学定律具有协变性，那么在非惯性系中也应该如此。据此爱因斯坦提出假设：**在所有作加速运动的非惯性系中，物理定律具有相同的数学描述形式，或者说物理规律的形式应保持不变，即广义协变性**。爱因斯坦提出这一假设的根本原因在于惯性系这一基本概念。什么是惯性系？不受外力作用的系统；什么系统不受外力作用？作匀速直线运动或静止的系统；什么系统作匀速直线运动或静止？不受外力的系统或惯性系。显然对于惯性系而言，无法逃避关于力的作用问题。然而，在宇宙中并不存在严格的惯性系，因此我们总是要在非惯性系中研究物质的运动。所谓的惯性系不过是一种近似而已。

既然如此，是否存在一种理论，可以在非惯性系中研究所有的物质运动规律？这就是提出广义相对论的出发点。

由于在数学上描述广义相对论需要多维空间及黎曼空间，所以我们在这里不再具体叙述了。

8.7.3 广义相对论的预言和验证

1. 光线弯曲及空间弯曲

根据广义相对论，光线在引力场中会发生弯曲。如图 8-11 所示，在电梯从静止开始自由下降的同时，有一灯发光照射到对面的墙壁。显然，电梯内的人观察到光线沿直线传播到对面的墙壁上。然而，在电梯外的人看来，电梯内的灯所发出的光线走的路径是一条曲线，如图 8-12 所示。光线在经过引力场时会发生弯曲这一物理现象已经被实验所证实。星体所发出的光线在经过太阳时会弯曲，而且理论

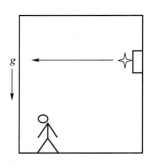

图 8-11　电梯内光的运动

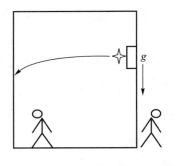
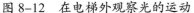

图 8-12　在电梯外观察光的运动

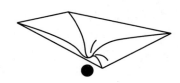

图 8-13　引力场空间发生弯曲

计算和实验都表明，光经过引力场时要比不经过引力场时走得慢。光速在真空中始终不变，为什么光经过引力场却慢下来了？爱因斯坦对此的解释为：由于引力的作用，引力场附近的空间发生弯曲，原本是平面的空间变成了曲面，使得光经过此区域时要走一段弯路，所以晚到了，如图 8-13 所示。

2. 时间延缓

处于引力场中的时钟也会变慢。如图 8-14 所示，在作加速运动的飞船内，船尾的光源配有时钟，船头配有光接收装置和时钟。两个时钟完全相同并同时开始计时。假设光源根据本地时钟每隔一秒发送一束光且这束光当飞船静止时经一秒到达船头。现在飞船作加速运动，当光源发出光后，由于飞船作加速运动，所以船头的时钟要多于一秒后才能接收到光，如图 8-15 所示。因此在船头的时钟看来，船尾的时钟是多于一秒才发射一束光。这意味着，在船头的时钟看来，船尾的时钟走慢了。而在船尾的时钟看来，它确实是每隔一秒发射一束光。由于加速运动的非惯性系中的物理现象与引力场中的惯性系中的物理现象相同，所以可以得出结论：引力场中的时钟会变慢。这一点也已经被实验所证实，实验表明，从太阳发射出的可见光的频率要变小。这是由于在太阳引力场中的时钟变慢，导致光的周期变长。这种

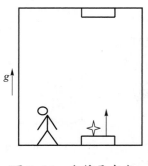

图 8-14　光信号出发

图 8-15　光信号到达接收端

由于引力场引起的可见光频率减小的物理现象称为**引力红移**，它与由多普勒现象引起的红移并不相同。

3. 黑洞

在太阳系内，广义相对论的效应是非常小的，因此必须找到引力非常强的地方才能发现经典力学与广义相对论之间的差别。现代宇宙力学指出，黑洞就是引力特别强的地方。

黑洞是星体演化的最后阶段。由于星体坍塌造成收缩，所以会出现一种体积非常小、密度非常大的状态，这便是**黑洞**。例如，通过计算，如果太阳坍塌变成黑洞的话，其半径将只有 3 km；换作地球则只有 9 mm。

由于黑洞具有异常强大的引力，任何物质一旦落入黑洞便永无出头之日，甚至连光也无法逃脱，所以我们看不到黑洞发出的光，黑洞由此得名。

我们知道，对于半径为 R、质量为 m 的均匀球状星体，其逃逸速度是

$$v = \sqrt{\frac{2Gm}{R}} \qquad (8\text{--}32)$$

如果此星体的质量非常大以至于这一公式给出的速度比光速还大时，光就无法逃逸了，此时星体就变成了黑洞。在公式（8-32）中，以光速 c 替代 v 可得

$$R = \frac{2Gm}{c^2} \qquad (8\text{--}33)$$

这一公式里的 R 就是质量为 m 的星体成为黑洞时具有的最大半径，称为**史瓦西半径**。凑巧的是，广义相对论也给出了同样的公式。

在黑洞内部及附近，空间极度扭曲，时间延缓效应也非常明显，在外部看来时间几乎是停滞不前。假设黑洞内部和外部分别有一个观测者，那么外部观测者会看到黑洞内部的人几乎没有任何变化，似乎已经"冷冻"起来。而黑洞内部的观测者却发现自己一切正常，只是外面的变化都加快了。

虽然我们看不到黑洞，但黑洞并非不可测量。例如天鹅 X-1，它是天鹅座内的一个强 X 射线源。天文学家通过分析发现，天鹅 X-1 是一个双星系统，由两个星体组成。一个是普通的发光星体，其质量是太阳的 30 倍。另一个则是黑洞，其质量是太阳的 10 倍，但其直径不到 300 km。这两个星体相距很近并绕质心转动。黑洞不断地从发光星体中拉出物质。这些被拉出的物质首先绕黑洞旋转，在黑洞强大的引力下被加速和压缩，其温度可达到 1 亿摄氏度。在这样的高温下的粒子发生碰撞时就会发出 X 射线。可这些物质一旦进入黑洞，就无法再发射出任何射线了。因此，我们可以通过观测黑洞周围物质发出的 X 射线来发现黑洞。

思 考 题

8-1 同时的相对性是什么意思？为什么会有这种相对性？如果光速是无限大的，那么是否还会有同时的相对性？

8-2 什么是力学的相对性原理？在一个参考系内作力学实验能否测出这个参考系相对于惯性系的加速度？

8-3 在某一参考系中同一地点、同一时刻发生的两个事件，在任何其他参考系中观察都将是同时发生的，对吗？

8-4 什么是本征时间？为什么说本征时间最短？

8-5 前进中的一列火车的车头和车尾各遭到一次闪电轰击，据车上的观察者测定，这两次轰击是同时发生的。试问，据地面上的观察者测定，它们是否仍然同时发生？如果不同时发生，何处先遭到轰击？

8-6 长度的量度和同时性有什么关系？为什么长度的量度会和参考系有关？长度收缩效应是否因为棒的长度受到了实际的压缩？

8-7 能把一个粒子加速到光速吗？为什么？

8-8 什么叫质量亏损？它和原子能的释放有何关系？

习 题

8-1 一粒子从坐标原点运动到 $x = 1.5 \times 10^8$ m 处，历时 1.5 s。计算该过程的本征时间。

8-2 一宇航员要到离地球 5 光年的星球去旅行，现宇航员希望将这路程缩短为 3 光年，求他所乘火箭相对于地球的速度。

8-3 一飞船本征长度为 l_0，以 $0.6c$ 的速度飞行。问地面观察者看到的飞船长度为多少？

8-4 一飞船原长为 l_0，以速度 u 相对于恒星系作匀速直线飞行，飞船内一小球从飞船尾部运动到头部，宇航员测得的小球运动速度为 v，试算出恒星系中的观察者测得的小球的运动时间。

8-5 在运动系 S′ 中，两事件先后发生于相距 200 m 处，时间间隔为 1.00 s。问：（1）若在静止系中的观察者看到两事件同时发生，则 S′ 系的速度为多大？（2）在静止系中，两事件的时间间隔为多少？

8-6 假设一运动员以 $0.8c$ 的速度跑完了百米，则与地面相对静止的裁判员测得的时间为多少？运动员自己测得的时间为多少？二人是否会起争执？

8–7 一根直杆在 S 系中观察，其长度为 l，其与 x 轴的夹角为 30°，S′ 系沿 S 系的 x 轴正方向以 $0.6c$ 的速度运动，问在 S′ 系中观察到的该直杆与 x' 轴的夹角为多少？

8–8 地面观众观看释放烟花，共持续了 10 s。若此时有一太空飞船经过，设该飞船的速度为 $0.6c$，问该飞船上的宇航员看到烟花持续了多久？

8–9 S 系中有一直杆沿 x 轴方向放置，且以 $0.98c$ 的速度沿 x 轴正方向运动，S 系中的观察者测得该直杆长为 10 m，另有一飞船以 $0.8c$ 的速度沿 S 系 x 轴负方向运动，问该飞船上的观察者测得的该直杆有多长？

8–10 一飞船和彗星均相对于地面以 $0.8c$ 的速度相向运动，在地面上观察，5 s 后两者将相撞，求：（1）飞船上看彗星的速度是多少？（2）在飞船上观察，二者将经历多长时间后相撞？

8–11 一飞船本征长度为 l_0，以速度 u 相对地面飞行。飞船中有一小球以速度 v 从船头滚到船尾。问地面观察者看到的小球速度是多大？

8–12 已知一粒子的动能是其静止能量的 n 倍。求：（1）粒子的速率；（2）粒子的动量。

8–13 一宇宙飞船船身的固有长度为 L_0，飞船相对地面以速度 u 在一观测站上空飞过，问观测站测得的飞船船身通过观测站的时间间隔是多少？宇航员测得的飞船船身通过观测站的时间间隔是多少？

8–14 一列固有长度为 $l_0 = 0.5$ km 的火车，以 $u = 100$ km·h^{-1} 的速度在地面上匀速直线前进。在地面上的观察者看到两个闪电同时击中火车头尾，问在火车上的观察者测出的这两个闪电的时间差是多少？这个结论说明了什么？

8–15 从加速器中以速度 u 飞出的粒子在它的运动反方向上又发射出一个光子。求这光子相对于加速器的速度。

爱因斯坦

Albert Einstein

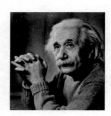

第 9 章
量子物理基础

经典物理理论（牛顿力学、热力学、电动力学及统计物理）发展到 19 世纪末期，可以说已达到了相当完美、相当成熟的程度。牛顿预言了海王星的存在，麦克斯韦电磁场理论预言了电磁波的存在，这些均得到了证实。然而 19 世纪末到 20 世纪初，一系列实验却无法用已知的经典理论来解释，其中包括黑体辐射、光电效应、康普顿散射、固体的比热容以及原子的光谱，等等。为此，普朗克提出了量子说，成功解释了黑体辐射的规律。爱因斯坦发展了普朗克理论，提出了光量子说，成功解释了固体的比热容的实验规律。康普顿的 X 射线散射实验证明了爱因斯坦理论的正确性。玻尔在普朗克和爱因斯坦理论的基础上，提出了原子的量子模型，成功解释了氢原子光谱。

9.1　经典力学遇到的困难

9.1.1　黑体辐射问题

冶金测量技术及天文学等方面的需要，推动了对热辐射现象的研究，人们相继得出了大量结论，如基尔霍夫定律、斯特藩 – 玻耳兹曼定律等。到 19 世纪末，人们已经认识到热辐射与光辐射都是电磁波并开始研究辐射能量在不同频率范围内的分布问题，特别是对黑体辐射进行了较为深入的理论和实验研究。

1. 热辐射现象

（1）热辐射

所有物体在任何温度下都要辐射电磁波，所辐射的电磁波的强度与物体的性质及表面形状有关。电磁波携带的能量、物体的温度与辐射的能量密切相关。这种现象叫作**热辐射**。其中，在单位表面积上、单位时间内辐射出的所有能量称为**辐出度**，用 $M(T)$ 表示。

同样，当电磁波到达物体表面时，物体也会吸收相应的电磁波，即**热吸收**。

在单位表面积上、单位时间内发出的波长在 λ 附近，单位波长间隔的电磁波的能量称为单色辐出度，用 $M(\lambda, T)$ 表示。有如下关系：

$$M(T) = \int_0^\infty M(\lambda, T) \mathrm{d}\lambda \qquad (9\text{–}1)$$

为了描述物体的辐射和吸收能力，定义物体吸收的能量 ε_a 与外界入射的能量 ε_i 之比为物体的**吸收系数**，即

$$\alpha(T) = \frac{\varepsilon_a}{\varepsilon_i} \qquad (9\text{–}2)$$

而物体反射的能量 ε_r 与外界入射的能量 ε_i 之比为物体的**反射系数**，即

$$R(T) = \frac{\varepsilon_r}{\varepsilon_i} \qquad (9\text{–}3)$$

单位波长内物体吸收的能量 ε_a 与外界入射的能量 ε_i 之比为物体的**单色吸收系数**，即

$$\alpha(\lambda, T) = \frac{\mathrm{d}\varepsilon_a(\lambda)}{\mathrm{d}\varepsilon_i(\lambda)} \qquad (9\text{–}4)$$

单位波长内物体反射的能量 ε_r 与外界入射的能量 ε_i 之比为物体的**单色反射系数**，即

$$R(\lambda, T) = \frac{\mathrm{d}\varepsilon_r(\lambda)}{\mathrm{d}\varepsilon_i(\lambda)} \qquad (9\text{–}5)$$

入射能量为吸收能量和反射能量的和，即

$$\mathrm{d}\varepsilon_i(\lambda) = \mathrm{d}\varepsilon_r(\lambda) + \mathrm{d}\varepsilon_a(\lambda) \qquad (9\text{–}6)$$

$$\alpha(\lambda, T) + R(\lambda, T) = 1 \qquad (9\text{–}7)$$

若 $\alpha(\lambda, T) = 1$，则说明物体吸收了所有的入射能量。

将到达该物体表面的热辐射的能量完全吸收的物体称为**黑体**。黑体能吸收各种频率的电磁波，是一种理想模型。它的吸收比和单色吸收比皆为 100%。

（2）基尔霍夫定律

1859 年，基尔霍夫发现在相同温度下，单色辐出度与单色吸收系数的比值与材料及材料表面的性质无关，仅取决于物体的温度和波长，即

$$\frac{M_1(\lambda,T)}{\alpha_1(\lambda,T)}=\frac{M_2(\lambda,T)}{\alpha_2(\lambda,T)}=\cdots=M_B(\lambda,T)\qquad（9-8）$$

2. 黑体辐射的基本规律

对于黑体，$\alpha(\lambda,T)=1$，则（9-8）式可改写为

$$M_1(\lambda,T)=M_2(\lambda,T)=\cdots=M_B(\lambda,T)\qquad（9-9）$$

对于黑体，单色辐出度是一个十分重要的物理量。

（1）斯特藩 - 玻耳兹曼定律

斯特藩和玻耳兹曼分别在实验和理论上证明：温度为 T 的黑体的辐出度与温度的四次方成正比，即

$$M_B(T)=\sigma T^4\qquad（9-10）$$

（2）维恩位移定律

黑体单色辐出度的极值波长 λ_m 与黑体温度之积为常量，即

$$T\lambda_m=b\qquad（9-11）$$

式中 $b=2.898\times10^{-3}$ m·K 为**维恩常量**，该定律为**维恩位移定律**。

斯特藩 - 玻耳兹曼定律和维恩位移定律是以经典物理学中的理论为基础的。

（3）维恩公式

1893 年，维恩基于经典统计理论，导出了黑体单色辐出度的数学表达式：

$$M_B(\lambda,T)=\frac{c_1}{\lambda^5}e^{-c_2/\lambda T}\qquad（9-12）$$

式中 c_1、c_2 为常量，这就是维恩公式。维恩公式在短波段与实际相符，当波长较长时与实验偏差较大，如图 9-1 所示。

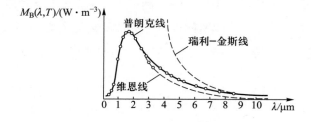

图 9-1　黑体辐射实验数据与经验公式的对比曲线

（4）瑞利－金斯公式

瑞利和金斯从经典电动力学和统计物理理论出发，利用能量均分定理得到黑体的单色辐出度：

$$M_{\mathrm{B}}(\lambda, T) = \frac{2\pi ckT}{\lambda^5} \qquad (9\text{--}13)$$

式中 $k = 1.380\ 649 \times 10^{-23}$ J·K^{-1} 为玻耳兹曼常量，$c = 299\ 792\ 458$ m·s^{-1} 为真空中的光速。

瑞利－金斯公式在长波段与实验符合得特别好，在短波段与实验有明显区别。特别是当波长趋于零时，单色辐出度趋于无穷大，这在历史上称为"紫外灾难"。

9.1.2　光电效应

19 世纪末，赫兹和霍尔瓦克斯先后制备了电路。他们发现当紫外线照射在抛光的金属表面上时，回路中有电流产生。此现象称为**光电效应现象**，但当时人们对其机制还不清楚。由于电器工业的发展，稀薄气体放电现象开始引起人们的注意，汤姆孙通过气体放电现象及阴极射线的研究发现了电子。之后赫兹意识到光电现象实际上是由于紫外线照射，大量电子从金属表面逸出而导致的。1899 年勒纳德通过荷质比的测定，证明了金属发射的是电子。

光电效应对一定的金属材料制成的电极有一定的临界频率，若照射光的频率小于临界频率，则没有光电效应现象。每一个光电子的能量只与照射光的频率有关，与光强无关，光强只影响电流的大小。一旦发生光电效应，响应时间就很短，几乎立刻发生（10^{-9} s），这些现象无法用经典理论解释。

9.1.3　原子的光谱及其规律

最原始的光谱分析始于牛顿（17 世纪）。到了 19 世纪中叶，这种方法在生产中得到了广泛的应用。例如，本生、基尔霍夫等人开始利用不同元素所特有的谱线来作微量元素的成分分析。元素铷（Rb）和铯（Cs）就是根据光谱分析发现的。

由于光谱分析积累了相当丰富的资料，所以不少人对这些资料进行了整理与分析。1884 年，巴耳末（Balmer）发现，氢原子可见光的波数（$\sigma = \dfrac{1}{\lambda} = \dfrac{\nu}{c}$）具有以下规律：

$$\sigma = R\left(\frac{1}{2^2} - \frac{1}{n^2}\right) (n = 3, 4, 5, \cdots) \qquad (9\text{--}14)$$

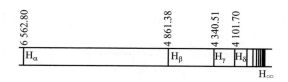

图 9-2　氢原子光谱的巴耳末线系

式中 $R = 109\ 737.316\ \text{cm}^{-1}$，称为里德伯常量。

巴耳末公式与实验观测结果惊人地符合，如图 9-2 所示，这引起了光谱学家的注意。紧接着人们对其他谱线也得到了类似的结论。最后里兹的组合原则对此作了更普遍的概括。按此原则，每一种原子都有它特有的一系光谱项 $T(n)$，而原子发出的光谱线的波数 σ，总可以表示成两个光谱项之差：

$$\sigma_{mn} = T(m) - T(n) \qquad\qquad (9\text{--}15)$$

式中 m、n 是整数，显然，光谱项数比光谱线数少得多，这一结论用经典理论难以解释。

9.1.4　原子的稳定性

1895 年伦琴发现了 X 射线。1896 年，贝可勒尔从铀盐中发现了天然放射线（人们后来知道，这种天然放射线是由 α、β、γ 三种射线构成的）。1898 年居里夫妇发现了放射性元素钋和镭。经进一步研究，人们发现，原子是由原子核和核外运动的电子构成的。而按经典理论，加速运动的带电粒子将不断辐射电磁波而丧失能量，因此电子最终会掉到原子核上，同时原子也会崩溃。而实际原子是相当稳定的。

9.1.5　固体与分子的比热容问题

在单原子分子的固体中，每一个原子都在其平衡位置附近作小幅振动，可以将其看成具有三个自由度的粒子。按经典理论，其平均动能与势能均为 $\frac{3}{2}kT$，总能量为 $3kT$。因此，1 g 这种固体物质的平均能量为 $3N_A kT = 3RT$。固体的比热容为 $c_V = 3R \approx 5.958\ \text{cal} \cdot \text{K}^{-1}$。此即**杜隆－珀蒂定律**。但后来实验发现，极低温下固体的比热容都趋于 0，如图 9-3 所示，这是什么原因呢？此外，若考虑到原子是由原子核与若干电子组成的，那么为什么原子核与电子这样多的自由度对于固体比热容都没有贡献呢？多原子分子的固体的比热容也有类似的问题，例如，双原子分子可认为有 5 个自由度，比热容应该是 $\frac{5}{2}RT \approx 5\ \text{cal} \cdot \text{K}^{-1}$。常温下结果的确相近，但温

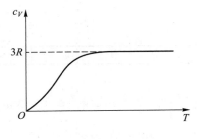

图 9-3　固体的比热容

度低于 60 K 后，比热容降到了 3 cal·K^{-1} 左右。这又是什么原因呢？

量子理论就是在解决生产实践和科学实验同经典物理学的矛盾中逐步建立起来的。

9.2　普朗克量子假设

历史上，量子力学首先是在黑体辐射问题上突破的。一方面，按照电磁理论和统计物理得到的结论（如维恩公式和瑞利 – 金斯公式），均与实验有明显的矛盾。另一方面，普朗克得到的黑体辐射公式与实验符合得非常好，这就促使他进一步探索公式的本质。

1900 年，普朗克提出假设：**对于一定频率的电磁辐射，物体只能以 $h\nu$ 为单位吸收或发射**。换言之，能量是以"量子"的方式进行吸收和辐射的，公式为

$$\varepsilon = h\nu \tag{9-16}$$

ε 称为能量子，h 为普朗克常量，$h = 6.626\,070\,15 \times 10^{-34}$ J·s。这种吸收和发射是不连续的，这是经典力学无法解释的。

利用经典电动力学，黑体的单色辐出度为

$$M_{\mathrm{B}}(\nu, T) = \frac{2\pi\nu^2}{c^2}\overline{\varepsilon} \tag{9-17}$$

式中 $\overline{\varepsilon}$ 为频率为 ν 的谐振子的平均能量。按玻耳兹曼能量分布律，能量为 $\varepsilon_n = nh\nu$ 的谐振子出现的概率正比于 $\mathrm{e}^{-\varepsilon_n/kT}$，所以谐振子的平均能量为

$$\overline{\varepsilon} = \frac{\displaystyle\sum_{n=0}^{\infty}\varepsilon_n\mathrm{e}^{-nh\nu/kT}}{\displaystyle\sum_{n=0}^{\infty}\mathrm{e}^{-nh\nu/kT}} = \frac{\displaystyle\sum_{n=0}^{\infty}nh\nu\mathrm{e}^{-nh\nu/kT}}{\displaystyle\sum_{n=0}^{\infty}\mathrm{e}^{-nh\nu/kT}} = \frac{h\nu}{\mathrm{e}^{h\nu/kT}-1} \tag{9-18}$$

$$M_{\mathrm{B}}(\nu, T) = \frac{2\pi\nu^2}{c^2} \frac{h\nu}{e^{h\nu/kT} - 1} \qquad (9\text{-}19)$$

这就是**普朗克公式**。

从经典的观点看，能量子的假设是不可思议的，就连普朗克本人也觉得难以相信。直到 1905 年爱因斯坦为了解释光电效应，在普朗克假设的基础上提出光量子的概念后，能量子假设才逐渐被人们接受。因其对量子理论的杰出贡献，普朗克获得了 1918 年诺贝尔物理学奖。

9.3　光电效应　爱因斯坦的光子理论

在光电效应中（实验装置如图 9-4 所示），按照光的经典电磁理论，光波的能量与光的强度或振幅有关，与频率无关。一定强度的光照射金属表面一定时间后，只要吸收足够多的能量，电子即可逸出金属表面，这与光的频率无关，更不存在截止频率。

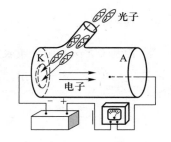

图 9-4　光电效应实验装置

按照经典理论，若用极微弱的光照射，则阴极电子积累一定能量达到能够挣脱表面束缚的能量 A，需要一定时间。理论计算表明，1 mW 的光照射逸出功为 1 eV 的金属，从光照射到阴极，到光电子逸出这一过程需要大约十几分钟，光电效应是不可能瞬时发生的。然而，光电效应实验却表明，无论这种光照射多久，都没有电子逸出。而且实验发现，电子是否逸出与光的强度没有关系，光强只会影响到电流的大小。实验曲线如图 9-5 所示。

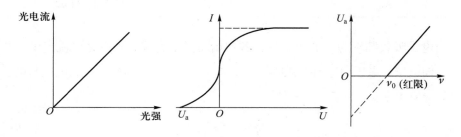

图 9-5　光电效应实验曲线

爱因斯坦在 1905 年用普朗克的量子解释去解决光电效应问题，进一步提出了光量子的概念，即认为辐射场由光量子组成，每一个光量子的能量与辐射场的频率的关系为

$$E = h\nu \qquad (9\text{--}20)$$

根据狭义相对论以及光速不变原理，光子的动量与能量的关系是

$$p = E/c = h/\lambda \qquad (9\text{--}21)$$

当采用了光量子概念之后，光电效应迎刃而解。当光子射到金属表面时，一个光子的能量可能被一个电子吸收。但只有入射光的频率足够大，即每一个光子的能量足够大时，电子才从金属表面逸出。逸出后电子的动能为

$$\frac{1}{2}mv^2 = h\nu - A \qquad (9\text{--}22)$$

若电子无法克服金属表面的束缚力而无法逸出，则没有光电效应。当逸出电子的速度为零时，电子逸出的截止频率为（表 9-1）

$$\nu_0 = \frac{A}{h} \qquad (9\text{--}23)$$

表 9-1　几种金属的逸出功和截止频率

金属	逸出功 A/eV	截止频率 $\nu_0/(10^{14}\,Hz)$
铯 Cs	1.94	4.69
铷 Rb	2.13	5.15
钾 K	2.25	5.44
钠 Na	2.29	5.53
钙 Ca	3.20	7.73
铍 Be	3.90	9.40
汞 Hg	4.53	10.95
金 Au	4.80	11.60

当电子吸收频率为 ν 的光子后，若初始动能不为零，则有光电流产生。只有加上反向电压，电子的运动受到抑制，光电流才会为零。显然，截止电压与电子动能之间应有关系：

$$\frac{1}{2}mv^2 = eU_a \qquad (9\text{--}24)$$

因此，有

$$U_a = \frac{h\nu - A}{e} \qquad (9\text{--}25)$$

可见截止电压和频率呈线性关系。

爱因斯坦成功地解释了光电效应，为此，他于 1921 年获得了诺贝尔物理学奖。

美国物理学家密立根花 10 年时间测量光电效应，得到了截止电压和光子频率的严格线性关系；并由直线斜率的测量测得了普朗克常量 h 的精确值，测量值与热辐射和其他实验测得的值符合得相当好。密立根也由此从反对到支持光量子学说，他于 1923 年获得了诺贝尔物理学奖。

例 9-1 已知铯的逸出功为 $A = 1.9$ eV，用钠黄光（$\lambda = 589.3$ nm）照射。计算钠黄光的光子的能量、质量和动量；求铯在光电效应中释放的光电子的动能；求铯的截止电压和截止频率。

解

$$E = h\nu = hc/\lambda = 3.4 \times 10^{-19} \text{ J}$$

$$m = h\nu/c^2 = 3.8 \times 10^{-36} \text{ kg}$$

$$p = \frac{h\nu}{c} = 1.1 \times 10^{-27} \text{ kg} \cdot \text{m} \cdot \text{s}^{-1}$$

$$E_k = \frac{mv^2}{2} = h\nu - A = 2.9 \times 10^5 \text{ eV}$$

$$U_a = \frac{h\nu - A}{e} = \frac{E_k}{e} = 2.9 \times 10^5 \text{ V}$$

$$\nu_0 = \frac{A}{h} = 4.6 \times 10^{14} \text{ Hz}$$

9.4 康普顿效应

爱因斯坦将能量不连续理论应用到固体原子的振动中去，成功地解决了在温度趋近于绝对零度时，固体比热容趋近于零的现象。

早在 1912 年，萨德勒及米香就发现了 X 射线被轻原子量的物质散射后，波长有变化的现象。

1920 年，康普顿研究了 X 射线在石墨上的散射，结果发现在散射的 X 射线中不但存在与入射线波长相同的射线，同时还存在波长大于入射线波长的射线成分，这一现象称为**康普顿效应**。其实验装置如图 9-6 所示。

康普顿散射实验进一步验证了光量子概念及普朗克 – 爱因斯坦关系式，证明了 X 射线具有粒子性。为此康普顿获得了 1927 年诺贝尔物理学奖。

康普顿散射（图 9-7）实验结论如下：

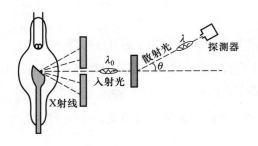

图 9-6 散射实验装置

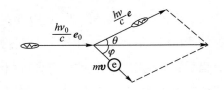

图 9-7 散射示意图

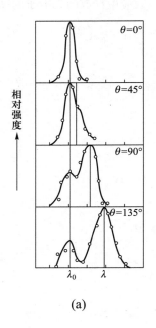

(a)

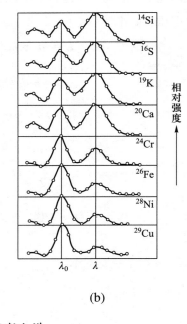

(b)

图 9-8 散射光谱

（1）散射 X 射线中除波长 λ_0 外，还出现了波长大于 λ_0 的新散射波长 λ；

（2）波长差 $\Delta\lambda = \lambda - \lambda_0$ 随散射角的增大而增大，如图 9-8（a）所示；

（3）新波长的谱线强度随散射角 θ 的增加而增加，单元波长的谱线强度降低；

（4）对不同的散射物质，只要在同一个散射角下，波长的改变量 $\Delta\lambda = \lambda - \lambda_0$ 都相同，与散射物质无关，如图 9-8（b）所示。

用经典理论无法解释康普顿效应，如果入射的 X 射线是某种波长的电磁波，那么散射 X 射线的波长是不会改变的。

康普顿认为 X 射线的散射应是光与原子内部电子碰撞的结果，如图 9-9 所示。由于内层电子与原子核结合得较为紧密，所以散射实际上可以看作发生在光子与质量很大的整体原子间的碰撞，光子基本上不损失能量，保持波长不变。但当 X 射

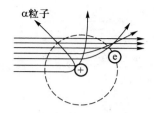

图 9-9 散射原理图

线光子与原子外层电子发生碰撞时，由于外层电子与原子结合较弱，所以与 X 射线相比这些电子可近似看成静止的自由电子。当光子与这些电子碰撞时，光子会失去部分能量，使得频率下降，波长增加。

下面给出康普顿效应的定量计算结果，X 射线光子与静止的自由电子发生弹性碰撞，动量守恒，因此有

$$\frac{h}{\lambda_0} = \frac{h}{\lambda} + mv \qquad (9-26)$$

根据能量守恒，则有

$$h\nu_0 = h\nu + mc^2 \qquad (9-27)$$

考虑到相对论效应，电子的质量应取

$$m = \frac{m_0}{\sqrt{1 - \dfrac{v^2}{c^2}}} \qquad (9-28)$$

则波长差为

$$\Delta\lambda = \lambda - \lambda_0 = \frac{h}{m_0 c}(1 - \cos\theta) = 2\lambda_C \sin^2\frac{\theta}{2} \qquad (9-29)$$

式中 $\lambda_C = h/m_0 c = 2.426\ 31 \times 10^{-12}$ m 称为康普顿波长，与散射物质无关。

应该说明的是，只有当入射 X 射线的波长 λ_0 与康普顿波长 λ_C 相差不大时，康普顿效应才显著。

例 9-2 已知入射 X 射线的波长为 λ_0。求在 θ 方向上观测到的散射 X 射线的波长，并计算相应的康普顿散射反冲电子的动量和动能。

解 根据 $\Delta\lambda = \lambda - \lambda_0 = 2\lambda_C \sin^2\dfrac{\theta}{2}$，波长为

$$\lambda = \Delta\lambda + \lambda_0 = \lambda_0 + 2\lambda_C \sin^2\frac{\theta}{2}$$

根据能量守恒，有

$$h\nu_0 = h\nu + mc^2$$

$$p = \frac{h\nu_0}{c}\boldsymbol{e}_0 - \frac{h\nu}{c}\boldsymbol{e}$$

$$p_x = \frac{h\nu_0}{c} - \frac{h\nu}{c}\cos\theta = \frac{h}{\lambda_0} - \frac{h}{\lambda}\cos\theta$$

$$p_y = -\frac{h\nu}{c}\sin\theta = -\frac{h}{\lambda}\sin\theta$$

$$E_k = mc^2 - m_0c^2 = h\nu_0 - h\nu = hc\left(\frac{1}{\lambda_0} - \frac{1}{\lambda}\right)$$

9.5 氢原子光谱 玻尔理论

普朗克的能量子和爱因斯坦的光量子的概念，促进了物理学中其他领域的一些疑难问题的解决。当时，正逢原子的"有核模型"被提出，经典物理与原子的稳定性发生矛盾的时刻。玻尔把这种概念应用到原子结构问题上，提出了他的原子量子论。这个理论虽然被量子力学所替代，但在历史上曾经起过重大的推动作用。图 9–10 给出了原子能级示意图。

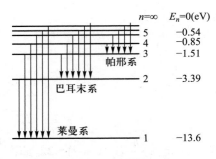

图 9–10 原子能级示意图

9.5.1 玻尔假设

玻尔原子模型主要有以下几个内容。

定态条件：电子绕原子核作圆周运动，但不辐射能量，呈稳定的状态，称之为定态，每一个定态对应着电子的一个能级。

原子的定态只能是某些具有一定分立值能量（E_1，E_2，E_3，E_m，…，E_n，…）的状态。为了具体确定这些能量的数值，玻尔提出了量子化条件——电子的角动量只能是 $\hbar$（$\hbar = \dfrac{h}{2\pi}$）的整数倍。

角动量量子化条件：电子绕原子核作圆周运动时，其角动量是量子化的，取值为

$$J = mv_n r_n = n\frac{h}{2\pi} = n\hbar \ (n = 1, 2, 3, \cdots) \tag{9-30}$$

量子跃迁概念：原子处于定态时是不产生电磁辐射的；但由于某种原因，电子在从一个能级 E_m 跃迁到另一个能级 E_n 时产生电磁辐射，发射或吸收一个光子，且光子的频率满足条件：

$$\nu_{mn} = \frac{E_m - E_n}{h} \tag{9-31}$$

处于基态的原子，不再发射光子，而是稳定地存在着。量子跃迁概念深刻地反映了微观粒子运动的特征，而频率条件则揭示了里兹组合原则的实质——光谱项是与原子不连续的能量联系在一起的。

9.5.2　氢原子光谱的玻尔理论

玻尔理论对于当时已发现的氢原子光谱线系的规律给出了很好的解释，并预言在紫外区还有另外一个线系存在。第二年，这个线系果然被莱曼观测到了，而且与理论计算的结果相当符合。原子能量不连续的概念也在第二年被弗兰克与赫兹直接从实验中证实。因此，玻尔理论立即引起了人们的注意，这反过来又大大促进了光谱分析等方面实验的发展。

对于氢原子，电子绕原子核作圆周运动，静电力作为向心力，即

$$\frac{e^2}{4\pi\varepsilon_0 r^2} = mv^2 / r \tag{9-32}$$

再利用玻尔的角动量量子化条件：

$$J = mvr = n\hbar \tag{9-33}$$

从而得到氢原子的半径为

$$r_n = n^2 \frac{\varepsilon_0 h^2}{\pi m e^2} = n^2 r_1 \tag{9-34}$$

可以得到

$$r_1 = \frac{\varepsilon_0 h^2}{\pi m e^2} = a_0 = 0.053 \, \text{nm} \tag{9-35}$$

这一结果称为玻尔半径。

氢原子的能量为电子的动能和电子与原子核相互作用的势能之和，即

$$E = \frac{1}{2}mv^2 - \frac{e^2}{4\pi\varepsilon_0 r} \qquad (9-36)$$

而 $\frac{1}{2}mv^2 = \frac{e^2}{8\pi\varepsilon_0 r}$，则有

$$E = -\frac{e^2}{8\pi\varepsilon_0 r} \qquad (9-37)$$

将（9-34）式代入得

$$E_n = -\frac{e^2}{8\pi\varepsilon_0 r_n} = -\frac{me^4}{8\varepsilon_0^2 h^2 n^2} \qquad (9-38)$$

则

$$E_1 = -\frac{me^4}{8\varepsilon_0^2 h^2} \qquad (9-39)$$

或

$$E = E_n = -\frac{E_1}{n^2} \qquad (9-40)$$

式中 $n = 1, 2, 3, \cdots, n$ 为整数，$E_1 = -13.6$ eV 为氢原子的**基态能**（也称为电离能）。

氢原子在两能级之间跃迁，释放的光子的频率为

$$\nu = -\frac{E_m - E_n}{h} = \frac{E_n - E_m}{h} = R_H\left(\frac{1}{m^2} - \frac{1}{n^2}\right) \qquad (9-41)$$

式中

$$R_H = \frac{me^4}{8\varepsilon_0^2 h^3 c} = 1.097\,373 \times 10^7\ \text{m}^{-1} \qquad (9-42)$$

为**里德伯常量**。

玻尔理论是半经验理论，在经典理论的基础上加上一个量子化条件，不自成体系。因此人们称其为旧量子学，但它为后来量子力学的建立打下了坚实的基础。

例 9-3   用能量为 12.6 eV 的电子轰击氢原子，产生哪些光谱线？

解   设氢原子在轰击下跃迁到第一能级，则有

$$\Delta E = E_n - E_1 = \frac{E_1}{n^2} - E_1$$

将 $E_1 = -13.6$ eV 和 $\Delta E = 12.6$ eV 代入上式，可解出

$$n = \sqrt{\frac{13.6}{13.6 - 12.6}} \approx 3.69$$

用能量为 12.6 eV 的电子轰击氢原子，只能使氢原子所处的能级为 $n = 3$，在该能级上可产生的光谱线为

$$3 \rightarrow 1: \qquad \frac{1}{\lambda_1} = R_\mathrm{H}\left(\frac{1}{1^2} - \frac{1}{3^2}\right) \approx 0.975 \times 10^7\,\mathrm{m^{-1}}$$

$$\lambda_1 \approx 1.025 \times 10^{-7}\,\mathrm{m}$$

$$3 \rightarrow 2: \qquad \frac{1}{\lambda_2} = R_\mathrm{H}\left(\frac{1}{2^2} - \frac{1}{3^2}\right) \approx 0.152 \times 10^7\,\mathrm{m^{-1}}$$

$$\lambda_2 \approx 6.561 \times 10^{-7}\,\mathrm{m}$$

$$2 \rightarrow 1: \qquad \frac{1}{\lambda_3} = R_\mathrm{H}\left(\frac{1}{1^2} - \frac{1}{2^2}\right) \approx 0.823 \times 10^7\,\mathrm{m^{-1}}$$

$$\lambda_3 \approx 1.215 \times 10^{-7}\,\mathrm{m}$$

9.6 量子力学的建立

从对原子的稳定性的分析中可知，玻尔理论并不完善，存在下列问题：

（1）玻尔理论虽然成功地说明了氢原子光谱的规律，但对复杂的原子光谱，例如氦原子光谱，玻尔理论遇到了极大的困难，不但定量上无法处理，甚至在原则上对有的问题无法解决；

（2）玻尔理论只提出了计算光谱线频率的规则，而对于光谱分析中另外一个重要的观测量——谱线强度却无法很好地解释；

（3）玻尔理论认为电子作简单的周期运动，不能解决电子束缚态问题，例如散射问题；

（4）从理论上来看，玻尔提出的量子化条件与经典力学是不相容的，因此多少带点人为的性质。而且它只是把能量的不连续性问题转化为角动量的不连续性问题，并未从根本上解决不连续性的本质。

正是这一系列问题推动了理论的进一步发展，而量子力学就是在克服这些困难中逐步建立起来的。

量子力学是在 1923—1927 年建立起来的。量子力学的两个等价的理论——矩阵力学与波动力学几乎同时被人提出。

9.6.1 矩阵力学的提出

矩阵力学的创始人是海森伯。他的观点是任何物理理论都只应讨论物理上可以观察的物理量，对于建立微观现象的正确理论，尤其要注意这一点。他认为旧量子理论引用了一整套没有实验根据的概念，如没有任何实验支持的电子轨道的概念。即：要假设轨道半径为 a_0；还必须要求检测轨道半径时，其误差远小于 a_0；还要确定电子确实沿这一轨道运动。这些情况只有用波长远小于 a_0 的 X 射线进行观察才行，但按照康普顿散射，X 射线的光子与电子相互作用，伴随有动量转移 $h/\lambda \gg h/a_0$，因此对电子的运动将有一个扰动。位置的测量要求越精确，使用的光的波长就要求越短，但这会导致给电子的扰动就越大，电子就不可能维持原来的运动状态，因此无法无限精确地跟踪一个电子。事实上，没有什么实验证据妨碍我们抛弃电子有绝对精确轨道的概念。

海森伯、玻恩与约当的矩阵力学，从物理上可观测（如原子辐射的频率及强度）出发，赋予每一个物理量一个矩阵，它们的代数运算规则与经典物理的运算规则不相同，遵守乘法不可对易的代数运算规则。量子体系的各力学量（矩阵）之间的关系（矩阵方程），形式上与经典力学相似，但运算规则不同。

海森伯、玻恩与约当的矩阵力学被应用到原子光谱上，成功地解决了其中的一系列问题。

9.6.2 波动力学的提出

波动力学理论是由薛定谔提出的。

德布罗意在研究力学与光学的相似性之后，想找到实物粒子与辐射的统一的基础。他提出了下列假设：波粒二象性是微观客体的普遍特性。他从这一概念出发，较自然地导出了量子化条件。

薛定谔基于德布罗意物质波的思想，从与海森伯、玻恩与约当的矩阵力学完全不同的观点出发，进一步推广了物质波的概念，找到了一个量子化体系的物质波运动方程——薛定谔方程，它是波动力学的核心。

薛定谔运用波动方程成功地解决了原子光谱的一系列问题。接着他还证明了矩阵力学和波动力学是等价的，是同一种力学规则的两种不同表述。

9.7 粒子的波动性

我们都知道光具有波粒二象性：光的干涉和衍射现象证明光具有波动性；而光电效应则说明光具有粒子性。法国物理学家德布罗意大胆假设所有的物质都具有波粒二象性，因此提出了物质波的理论。德布罗意认为，所有的物质既有能量、动量

（粒子性），又有波长、频率（波动性）。他假设粒子的波长为

$$\lambda = \frac{h}{p}$$

上式即光的波长公式。式中 $h = 6.626\,070\,15 \times 10^{-34}$ J · s 为普朗克常量，p 是物质的动量。这种波称为**德布罗意波**。假设有一粒子，其速度为 v，质量为 m，则按照相对论理论，其动量为

$$p = \gamma mv \tag{9-43}$$

那么这种粒子的波长为

$$\lambda = \frac{h}{\gamma mv} \tag{9-44}$$

在通常情况下，由于物质的质量很大，而普朗克常量又非常小，因此宏观上的物质表现出来的波动性几乎观察不到；但在微观世界中，粒子的质量非常小，因此其波动性非常大。对德布罗意物质波理论最强有力的证明是电子衍射实验。戴维孙－革末实验以及汤姆孙实验都证明电子具有晶体衍射图案；约翰孙也通过实验证实电子具有单缝衍射图案。电子能够进行衍射，这说明电子也具有波动性。此后，物理学家陆续证实质子、中子等微观粒子都具有波动性。这说明波动性也是物质运动的基本属性之一。

德布罗意波的意义还在于它强调了物质运动的概率性，即粒子在某处出现的概率取决于其德布罗意波的强度。我们已经知道，在光的衍射图案中，亮条纹意味着光波在该处的波强极大，那么单位时间内到达该处的光量子数就多。对于微观粒子也是如此，波强大的地方，粒子出现的概率就大，反之出现的概率就小，我们不能简单地理解为它同一时间只出现在某一点。

微观粒子的波动性在现代科学技术中得到了广泛的应用。由于电子的波长远小于光的波长，所以电子显微镜的分辨率比光学显微镜高。由于技术上的限制，电子显微镜在 1933 年才由德国人鲁斯卡研制成功。1981 年，德国人宾尼西和瑞士人罗雷尔研制出扫描隧穿显微镜，其分辨率可以达到 0.01 nm。它对纳米材料、生命科学和微电子学的发展起到了巨大的促进作用。

例 9-4 计算温度为 25 ℃时慢中子的德布罗意波长。

解 按照能量均分定理，慢中子的平均平动动能为

$$\bar{\varepsilon}_\mathrm{t} = \frac{3}{2}kT$$

已知 $T = 298$ K，则慢中子的平均平动动能为

$$\overline{\varepsilon}_t \approx 3.85 \times 10^{-2} \text{ eV}$$

考虑到中子的质量为 $m_n = 1.67 \times 10^{-27}$ kg，其动能与动量的关系为 $p = \sqrt{2m_n\overline{\varepsilon}_t}$，那么中子的动量为

$$p \approx 4.54 \times 10^{-24} \text{ kg} \cdot \text{m} \cdot \text{s}^{-1}$$

因此，慢中子的德布罗意波长为

$$\lambda = \frac{h}{p} \approx 0.146 \text{ nm}$$

9.8 不确定关系

在经典力学中，质点在任一时刻的位置及动量都可以精确地描述或测量。然而在微观状态下，对波动性极为明显的微观粒子来说，这却作不到。下面，我们以电子单缝衍射实验来说明这个问题。

如图 9-11 所示，单缝宽度为 b，电子波长为 λ，动量为 p。那么有一个问题，某一个电子在通过单缝时究竟在缝中的哪一点通过？根据德布罗意波的理论，此时，电子是一列波。既然是一列波，那么显然无法找到它的具体位置。但电子肯定通过了单缝，那么可以认定电子处于缝宽的范围，因此有 $\Delta x = b$。此时电子的动量有多大？假设此电子最终到达一级暗条纹处，那么其动量沿 x 轴的分量为

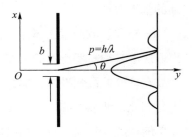

图 9-11 电子单缝衍射

$$\Delta p_x = p\sin\theta = p\frac{\lambda}{b} = \frac{h}{b} \qquad (9\text{-}45)$$

不难看出，此时有

$$\Delta x \Delta p_x = h$$

考虑到电子可以到达更高级次的条纹，可以将上式改写为

$$\Delta x \Delta p_x \geq h \qquad (9\text{-}46)$$

上式称为**不确定关系**或**测不准关系**。从上式中我们可以看出，粒子在某一时刻所处的空间范围要受到其动量的限制。若 $\Delta x = 0$（即电子位置可以具体确定），那么其

动量范围为无穷大。反之，对有限动量范围的粒子，其具体位置不可能确定。也就是说，在某一时刻，粒子究竟处于什么位置是无法确定的，我们只能确定它出现的空间范围。对微观粒子而言，企图同时确定其位置和动量是办不到的。必须明确的是，不确定关系并不是由于仪器或技术不够精确造成的，而是理论上就是如此。

例 9-5 一电子速率为 $200\ \mathrm{m \cdot s^{-1}}$，其动量的不确定范围为其动量的 0.01%，问该电子位置的不确定范围有多大？

解 电子动量为

$$p = mv = 9.1 \times 10^{-31} \times 200\ \mathrm{kg \cdot m \cdot s^{-1}} \approx 1.8 \times 10^{-28}\ \mathrm{kg \cdot m \cdot s^{-1}}$$

动量的不确定范围：

$$\Delta p = 0.01\% \times p = 1.8 \times 10^{-32}\ \mathrm{kg \cdot m \cdot s^{-1}}$$

则电子位置的不确定范围：

$$\Delta x = \frac{h}{\Delta p} \approx \frac{6.63 \times 10^{-34}}{1.8 \times 10^{-32}}\ \mathrm{m} \approx 3.7 \times 10^{-2}\ \mathrm{m}$$

可见，电子位置的不确定范围远远超过了原子的线度（$10^{-10}\ \mathrm{m}$）。

9.9　波函数及统计解释

从 19 世纪末到 20 世纪初，物理学家在对微观领域的研究中发现，微观粒子有着与宏观物质完全不同的性质和运动规律。无论是光的波粒二象性、电磁波频谱还是原子能级分布，它们都使得经典力学遇到了不可克服的困难。对经典力学进行改造用以解释微观物理现象更是漏洞百出。这都说明经典力学在微观领域已经不再适用。在大量物理实验的基础上，经过薛定谔、海森伯、玻恩和狄拉克等杰出物理学家的工作，人类最终建立了量子力学。量子力学可以非常准确地解决微观领域的物质运动问题。从本节开始，我们将介绍量子力学的一些基本概念和原理。

既然微观粒子的行为遵从物质波的规律，那么是否可以用我们已经了解的关于机械波的理论来研究微观粒子的运动规律呢？答案是不行，原因在于机械波仍属于经典力学范畴，而微观粒子则存在相对论效应。相对于机械波，微观粒子的波动更类似于电磁波。因此薛定谔认为微观粒子如电子、中子和质子等也同样具有波粒二象性。而且，对于微观粒子，其频率、波长、能量和动量也应该和光是一样的。

我们借用平面电磁波的函数方程来给出微观粒子波函数的表达式。

平面电磁波方程为

$$E(x,t) = E_0 \cos 2\pi \left(\nu t - \frac{x}{\lambda} \right), \quad H(x,t) = H_0 \cos 2\pi \left(\nu t - \frac{x}{\lambda} \right)$$

参考上面两式并将其改写为复数形式:

$$\Psi(x,t) = \Psi_0 e^{-i2\pi \left(\nu t - \frac{x}{\lambda} \right)} \tag{9-47}$$

上式中的实数部分即平面电磁波方程。考虑到物质波的波长 $\lambda = \dfrac{h}{p}$ 以及光的能量公式 $E = h\nu$,上式还可以写成

$$\Psi(x,t) = \Psi_0 e^{-i\frac{2\pi}{h}(Et-px)} \tag{9-48}$$

前面曾指出,微观粒子在空间出现的概率取决于其德布罗意波的强度,也就是物质波的波函数的实数部分。由于波强与波函数的实数部分的二次方成正比,所以微观粒子在 dV 体积内出现的概率为

$$|\Psi|^2 dV = \Psi\Psi^* dV \tag{9-49}$$

式中 Ψ^* 是 Ψ 的共轭复数。在空间某处,$|\Psi|^2$ 越大,粒子在该处出现的概率就越大,只要 $|\Psi|^2$ 不是零,粒子总是有可能在该点出现的。因此德布罗意波有时又称为概率波。上述观点是物理学家玻恩于 1926 年提出的,因此称为**玻恩假设**。

由于理论上微观粒子在限定的空间范围内都有可能出现,所以在此空间内发现该粒子的概率应为 1,那么有

$$\int |\Psi|^2 dV = 1 \tag{9-50}$$

上式称为**归一化条件**。

9.10　薛定谔方程

在经典力学中,我们可以根据牛顿第二定律来确定质点的运动状态。在量子力学中则有不同的方法,下面我们介绍量子力学中粒子运动的基本方程。

9.10.1 薛定谔方程的建立

根据物质波波动方程：

$$\Psi\left(x,t\right)=\Psi_0 e^{-i\frac{2\pi}{h}(Et-px)}$$

将该式分别对 x 取二阶偏导，对 t 取一阶偏导得

$$\frac{\partial^2 \Psi}{\partial x^2}=-\frac{4\pi^2 p^2}{h^2}\Psi, \quad \frac{\partial \Psi}{\partial t}=-\frac{i\cdot 2\pi p^2}{h}E\Psi$$

对自由粒子，其能量等于其动能。当自由粒子的速度远小于光速时，其动量与动能之间的关系为 $p^2=2mE_k$，于是有

$$-\frac{h^2}{8\pi^2 m}\frac{\partial^2 \Psi}{\partial x^2}=i\frac{h}{2\pi}\frac{\partial \Psi}{\partial t} \tag{9-51}$$

这就是作一维运动自由粒子的**薛定谔方程**。

若粒子处于势能为 E_p 的势场中，则其能量为 $E=E_p+\dfrac{p^2}{2m}$，代入上式得

$$-\frac{h^2}{8\pi^2 m}\frac{\partial^2 \Psi}{\partial x^2}+E_p\Psi=i\frac{h}{2\pi}\frac{\partial \Psi}{\partial t} \tag{9-52}$$

这就是在势场中作一维运动粒子的薛定谔方程。

在某些情况下，微观粒子的势能仅仅是空间坐标的函数，与时间无关。在这种情况下，波函数可以写成

$$\Psi\left(x,t\right)=\varphi\left(x\right)\varphi\left(t\right)=\varphi_0\left(x\right)e^{-i\frac{2\pi}{h}Et}$$

式中 $\varphi\left(x\right)=\varphi_0\left(x\right)e^{-i\frac{2\pi}{h}px}$，将此式代入（9-52）式得

$$\frac{d^2\varphi\left(x\right)}{dx^2}+\frac{8\pi^2 m}{h^2}\left(E-E_p\right)\varphi\left(x\right)=0$$

由于在这种情况下，波函数只是空间坐标的函数，与时间无关，所以上式又称为势场中作一维运动粒子的**定态薛定谔方程**。

若粒子在三维势场中运动，则可以将上式改写为

$$\nabla^2\varphi+\frac{8\pi^2 m}{h^2}\left(E-E_p\right)\varphi=0 \tag{9-53}$$

式中 ∇ 是拉普拉斯算符，且 $\nabla^2=\dfrac{\partial^2}{\partial x^2}+\dfrac{\partial^2}{\partial y^2}+\dfrac{\partial^2}{\partial z^2}$。

薛定谔方程是量子力学中的基本方程，由此方程得出的理论结果与实验结果符合得非常好。

9.10.2 薛定谔方程的应用

如图 9-12 所示，有一粒子处于势能为 E_p 的场中，沿 x 轴作一维运动。同时，粒子满足边界条件：

$$E_p = \begin{cases} 0 & 0 \leqslant x \leqslant a \\ \infty & x < 0, x > a \end{cases}$$

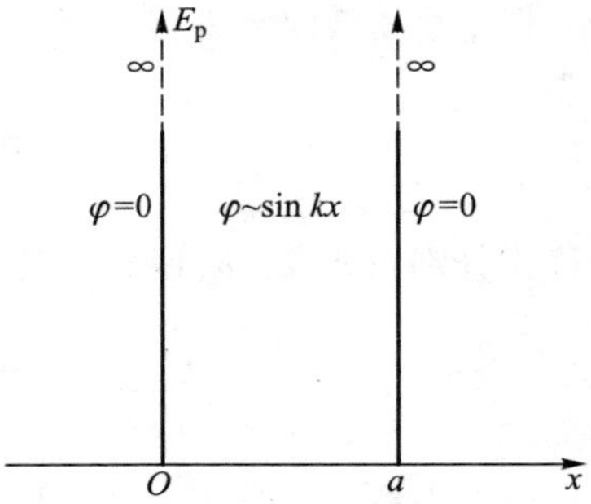

粒子在一维无限深势阱中的定态薛定谔方程为

图 9-12　一维无限深势阱中的粒子

$$\nabla^2 \varphi + \frac{8\pi^2 m}{h^2} E\varphi = 0$$

其通解为

$$\varphi(x) = A \sin(kx), \quad k = \sqrt{\frac{8\pi^2 mE}{h^2}}$$

边界条件为 $x = a$ 时，$\varphi(a) = 0$。此时有 $\varphi(a) = A \sin(ka) = 0$，因此 $ka = n\pi$ （$n = 1, 2, 3, \cdots$)，于是 $k = \dfrac{n\pi}{a}$ （$n = 1, 2, 3, \cdots$)。由此可得粒子在一维无限深势阱中的能量为

$$E = n^2 \frac{h^2}{8ma^2} (n = 1, 2, 3, \cdots)$$

n 称为**量子数**。上式表明在势场中的粒子，其能量取值只能是离散的，或者说是量子化的。$n = 1$ 时，势阱中粒子的能量为 $E_1 = \dfrac{h^2}{8ma^2}$；$n = 2, 3, 4, \cdots$，时，粒子的能量分别为 $4E_1$，$9E_1$，$16E_1$，$\cdots$，如图 9-13 所示。

根据归一化条件：

$$\int |\varphi|^2 \mathrm{d}V = 1$$

有

$$A^2 \int_0^a \sin^2 \left(\frac{n\pi}{a} x \right) \mathrm{d}x = 1$$

解得

$$A = \sqrt{\frac{2}{a}}$$

由此得粒子在一维无限深势阱中的波函数为

$$\varphi(x) = \sqrt{\frac{2}{a}} \sin \left(\frac{n\pi}{a} x \right) (0 \leqslant x \leqslant a)$$

粒子在一维无限深势阱中的概率密度为

$$\left| \varphi \left(x \right) \right|^2 = \frac{2}{a} \sin^2 \left(\frac{n\pi}{a} x \right)$$

从图 9-13 中可以看出，粒子在势阱中的概率密度并不均匀，随量子数的不同而改变。例如，当量子数 $n = 1$ 时，粒子在势阱中部出现的概率最大，在两端出现的概率为零。这一点与经典力学很不相同。按照经典力学，粒子在势阱中的运动并不受到约束，因此其在各处出现的概率应该相同。此外，随着量子数的增加，概率密度曲线出现多个峰值。例如，当量子数 $n = 2$ 时，有两个峰值；当量子数 $n = 3$ 时，有三个峰值；随着量子数的增加，峰值数相应增加，且峰值的间距越来越小。可以看到，当量子数 n 趋于无穷大时，峰值数也无穷大。最终峰值消失，概率密度曲线变成一条直线，粒子在各处出现的概率相同，演变成经典力学的结果。

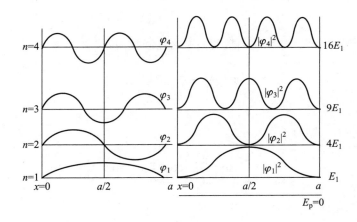

图 9-13 粒子的能级、波函数和概率密度

例 9-6 已知质量为 m 的一维粒子的波函数为

$$\Psi \left(x, t \right) = \begin{cases} \sqrt{\dfrac{2}{a}} \sin \left(\dfrac{n\pi}{a} x \right) \mathrm{e}^{-\mathrm{i}E_n t / h} & \left(0 \le x \le a \right) \\ 0 & \left(x < 0, x > a \right) \end{cases}$$

式中 $E_n = n^2 \dfrac{h^2}{8ma^2}$, $n = 1, 2, 3, \cdots$。求：（1）基态和第 4 激发态的能量；（2）粒子的概率密度函数；（3）粒子在基态和第 2 激发态出现概率最大的位置。

解 由于 $$\Psi \left(x, t \right) = \varphi \left(x \right) \varphi \left(t \right)$$

式中， $$\varphi \left(x \right) = \sqrt{\frac{2}{a}} \sin \left(\frac{n\pi}{a} x \right), \quad \varphi \left(t \right) = \mathrm{e}^{-\mathrm{i}E_n t / h}$$

则粒子的能级为

$$E_n = n^2 \frac{h^2}{8ma^2}$$

（1）当 $n = 1$ 时，基态能量为

$$E_1 = \frac{h^2}{8ma^2}$$

当 $n = 5$ 时，第 4 激发态能量为

$$E_5 = \frac{25h^2}{8ma^2}$$

（2）粒子的概率密度函数为

$$|\varphi(x)|^2 = \begin{cases} \dfrac{2}{a} \sin^2 \left(\dfrac{n\pi}{a} x \right) & (0 \leqslant x \leqslant a) \\ 0 & (x < 0, x > a) \end{cases}$$

（3）在势阱内部，基态波函数的概率密度函数为

$$|\varphi(x)|^2 = \frac{2}{a} \sin^2 \left(\frac{\pi}{a} x \right)$$

令 $\dfrac{\mathrm{d}|\varphi(x)|^2}{\mathrm{d}x} = 0$，则有

$$\frac{4\pi}{a^2} \sin \left(\frac{\pi}{a} x \right) \cos \left(\frac{\pi}{a} x \right) = 0$$

解得

$$x = ka \ \text{或} \ x = \frac{(2k+1)a}{2}$$

式中 $k = 0, 1, 2, \cdots$。考虑到 $0 \leqslant x \leqslant a$，则粒子在基态出现概率最大的位置为

$$x = 0, \frac{a}{2}, a$$

经过验证，粒子在 $x = \dfrac{a}{2}$ 处出现的概率最大。

同理，在第 2 激发态有

$$|\varphi(x)|^2 = \frac{2}{a} \sin^2 \left(\frac{3\pi}{a} x \right)$$

令 $\dfrac{\mathrm{d}|\varphi(x)|^2}{\mathrm{d}x} = 0$，则粒子在第 2 激发态出现概率最大的位置为

$$x = \frac{a}{6}, \frac{a}{2}, \frac{5a}{6}$$

9.11 量子力学中的氢原子问题

玻尔的氢原子理论结果与氢原子模型的实验结论相比存在较大误差，对于电子在核外轨道的运动状态也没有令人满意的描述。我们可以看到，在量子力学范围内，核外电子的运动状态描述是自然而然的结论。

在量子力学中，即使是对于氢原子，其数学运算也非常复杂，因此我们只给出电子的定态薛定谔方程。

根据静电场理论，电子在氢原子核外 r 处所具有的电势能为

$$E_{\mathrm{p}} = -\frac{e^2}{4\pi\varepsilon_0 r}$$

则电子的定态薛定谔方程为

$$\nabla^2\varphi + \frac{8\pi^2 m}{h^2}\left(E + \frac{e^2}{4\pi\varepsilon_0 r}\right)\varphi = 0 \qquad (9\text{--}54)$$

由于上述方程的求解过程较为复杂，所以我们直接给出结论，即氢原子能级公式：

$$E = -\frac{1}{n^2}\left(\frac{me^4}{8\varepsilon_0^2 h^2}\right) \quad (n = 1, 2, 3, \cdots) \qquad (9\text{--}55)$$

n 称为**主量子数**。当 $n = 1$ 时，原子处于基态；当 $n > 1$ 时，原子处于激发态。

此外，根据定态薛定谔方程还可以解得电子作轨道运动的角动量为

$$L = \sqrt{l(l+1)}\,\frac{h}{2\pi} \quad (0 \leqslant l \leqslant n-1) \qquad (9\text{--}56)$$

$l = 0, 1, 2, \cdots, n-1$，称为**角动量量子数**。因此，我们可以看到，原子核外电子的能量及角动量都是不连续的，都是量子化的。

此外，根据薛定谔方程，我们还可以得到以下结论：电子绕核运动的角动量的空间取向必须满足量子化条件，即

$$L_z = m_l\frac{h}{2\pi} \qquad (9\text{--}57)$$

式中 $m_l = 0, \pm1, \pm2, \cdots, \pm l$，称为**磁量子数**。

9.12 电子的自旋 泡利不相容原理

核外电子本身还存在自旋。核外电子因自旋产生的角动量也是量子化的。1921

年，施特恩和格拉赫为验证电子角动量的量子化进行了实验。其基本思想是：如果原子磁矩是连续的，那么原子束在经过非均匀磁场后将在照相底片上留下连续的图案；否则，图案应当是不连续的。实验结果证实，原子束在经过非均匀磁场后分为两束，这表明原子确实存在磁矩，而且磁矩在外磁场中只有两种取向，从而证明了原子磁矩的空间取向是量子化的。

9.12.1 电子的自旋

为了解释上述实验结果，在 1925 年，荷兰物理学家乌伦贝克和古兹密特提出了电子自旋的假说。他们认为，电子除绕原子核运动外还存在自旋，具有自旋角动量和磁矩。其自旋磁矩与角动量大小成正比，但方向相反。依照氢原子模型，可以认为电子自旋的角动量为

$$S = \sqrt{s(s+1)}\frac{h}{2\pi} \qquad (9\text{–}58)$$

其在外磁场方向上的分量为

$$S_z = m_s \frac{h}{2\pi}$$

式中 s 为自旋量子数，m_s 为**自旋磁量子数**。

为了符合施特恩－格拉赫实验的结论，让自旋量子数 $s = \frac{1}{2}$，自旋磁量子数 $m_s = \pm\frac{1}{2}$，这样得到了电子自旋的角动量为

$$S = \sqrt{\frac{3}{4}}\,\frac{h}{2\pi} \qquad (9\text{–}59)$$

其在外磁场方向上的分量为 $S_z = \pm\frac{1}{2}\left(\frac{h}{2\pi}\right)$。

这样便从理论上解释了在施特恩－格拉赫实验中原子束在经过非均匀磁场后分成两束的现象。电子自旋理论使得钠黄光的双谱线（589.0 nm 和 589.6 nm）得到了合理的解释。

电子自旋的物理图像究竟是什么？目前对这个问题还无法回答。把电子自旋简单归结为自转显然不合理，因为电子的内部结构至今还不清楚。

9.12.2 泡利不相容原理

从以上讨论可以看出，原子中的电子状态是由以下四个量子数来决定的，即：

（1）主量子数 $n = 1, 2, 3, \cdots$，决定电子总能量；

（2）角量子数 $l = 0, 1, 2, \cdots, n-1$，决定电子轨道角动量；

（3）磁量子数 $m_l = 0, \pm1, \pm2, \cdots, \pm l$，决定电子轨道角动量在外磁场中的分量；

（4）自旋磁量子数 $m_s = \pm\dfrac{1}{2}$，决定电子自旋角动量在外磁场中的分量。

1925 年，奥地利物理学家泡利指出：在一个原子系统内，不可能有两个或两个以上的电子具有相同的状态，即在同一原子内部不可能有两个电子具有相同的四个量子数。这就是**泡利不相容原理**。

按照泡利不相容原理，对能级为 n 的原子，其角动量量子数的取值为 $l = 0, 1,$ $2, \cdots, n-1$；磁量子数取值为 $m_l = 0, \pm1, \pm2, \cdots, \pm l$；自旋磁量子数取值为 $m_s = \pm\dfrac{1}{2}$。那么其所有可能的量子态个数为

$$\sum_{l=0}^{n-1} 2(2l+1) = 2n^2 \tag{9-60}$$

因此，能级为 n 的原子最多可以容纳 $2n^2$ 个电子。

9.12.3　原子的壳层结构

对于核外电子分布，玻尔提出了原子内电子按一定壳层排列的观点。柯赛尔提出了更加细化的壳层模型。对应于主量子数 $n = 1, 2, 3, 4, 5, 6, 7$ 的壳层分别用大写字母 K、L、M、N、O、P、Q 来命名。对每一壳层，根据对应的角动量量子数 $l = 0, 1, 2, \cdots, n-1$，命名了分支壳层，分别对应为 s、p、d、f、g、h 等。例如，对于 $n = 2$ 的壳层，$l = 0, 1$，说明 K 壳层内有两个支壳层 s 层和 p 层。

核外电子会优先占据哪一个壳层还需要根据**能量最小原理**来判断：电子总是先占据能级最低的壳层，因为此时整个原子最稳定。电子主要根据主量子数 n 以及角动量量子数 l 来决定先占据哪一个壳层。一般来说，占据的次序是

1s, 2s, 2p, 3s, 3p, 4s, 3d, 4p, 5s, …

其中，4s 优先于 3d 进行占据是一种反常情况。

思　考　题

9-1　霓虹灯发出的光是热辐射吗？熔炉中的铁水发出的光是热辐射吗？

9-2　人体也向外发出热辐射，为什么在黑暗中还是看不见人呢？

9-3 如果普朗克常量增大 10^{34} 倍，那么弹簧振子将会表现出什么奇特的行为？

9-4 用一定波长的光照射金属表面产生光电效应时，为什么逸出金属表面的光电子的速度大小不同？

9-5 用可见光能产生康普顿效应吗？能观察到它吗？

9-6 若一个电子和一个质子具有相同的动能，则哪个粒子的德布罗意波长较长？

9-7 根据不确定关系，一个分子即使在 0 K,它能完全静止吗？

9-8 薛定谔方程是通过严格的推理过程导出的吗？

9-9 什么是波函数必须满足的标准条件？

9-10 波函数归一化是什么意思？

习　题

9-1 已知天狼星的温度大约是 11 000 ℃，利用维恩定律求出其辐射峰值的波长。

9-2 地球和金星的大小差不多，金星的平均温度为 773 K，地球的平均温度为 293 K。若将它们看作黑体，则两个星体向空间辐射的能量之比是多少？

9-3 已知 2 000 K 时钨的辐出度与黑体的辐出度之比为 0.259。设灯泡的钨丝面积为 10 cm^2，其他能量损失不计，求维持钨丝温度所消耗的电功率。

9-4 天文学中常用热辐射定律估算恒星的半径。现观测到某恒星热辐射的峰值波长为 λ_m；辐射到地面上单位面积的功率为 W。已测得该恒星与地球间的距离为 l，若将恒星看作黑体，试求该恒星的半径。（维恩常量 b 和斯特藩 – 玻尔兹曼常量 σ 均已知。）

9-5 分别求出红外线（$\lambda = 1\,500$ nm),X 射线（$\lambda = 0.15$ nm),γ 射线（$\lambda = 0.001$ nm）的光子的能量、动量和质量。

9-6 100 W 钨丝灯在 1 800 K 温度下工作。假定可视其为黑体，试问每秒内，钨丝灯在 5 000 Å 到 5 001 Å 波长间隔内发射多少个光子？

9-7 已知钨的逸出功为 4.52 eV，求截止频率。

9-8 在康普顿效应中，入射光子的波长为 3×10^{-3} nm，反冲电子的速度为 0.6 c，求散射光子的波长和散射角。

9-9 波长为 1 Å 的 X 射线在石墨上发生康普顿散射，在 $\theta = \dfrac{\pi}{2}$ 处观察散射 X

射线。试求:(1)散射 X 射线的波长 λ';(2)反冲电子的动能。

9-10 计算氢原子光谱中莱曼系的最短和最长波长。

9-11 (1)一个氢原子从 $n=1$ 的基态激发到 $n=3$ 的激发态,计算氢原子吸收的能量;(2)若氢原子原来静止,则从 $n=4$ 直接跃回基态时,计算氢原子的反冲速率。

9-12 为使电子的德布罗意波长为 1 Å,需加多大的加速电压?

9-13 一质量为 m 的粒子,约束在长度为 L 的线段上,试计算其最小能量。

9-14 已知某粒子在一维无限深势阱中的波函数为

$$\varphi(x)=\frac{1}{\sqrt{a}}\cos\frac{3\pi x}{2a}(-a\leqslant x\leqslant a)$$

那么,粒子在 $x=\dfrac{5}{6}a$ 处出现的概率是多少?

9-15 粒子在一维无限深势阱中运动,波函数为

$$\varphi(x)=A\sin\frac{n\pi x}{a}(0\leqslant x\leqslant a)$$

若此时 $n=1$,求:(1)A;(2)在 $0\sim\dfrac{1}{4}a$ 区间内发现粒子的概率。

薛定谔

Erwin Schrödinger

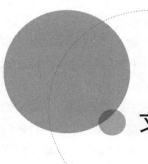

习题参考答案

扫码获取习题参考答案